1級管工事施工管理技術検定
受験テキスト
－改訂新版－

管工事試験突破研究会　編

日本教育訓練センター

まえがき

　管工事の規模の大型化やその機能と，システム上の高度化により施工技術の向上が以前にも増して必要となってきております．「管工事施工管理技術検定」は建設業法に基づき1972年より実施されており，これまで数多くの技術者が，この試験にチャレンジし，それぞれ栄冠を獲得し「1級管工事施工管理技士」の資格を得，主任技術者や監理技術者として多方面で活躍しております．

　これらは建設業の営業許可を得る場合や建設現場での技術上の管理を司る場合に必要となる資格であり，管工事を施工する事業所にとりこの資格を所有する多くの技術者の確保が必要ですし，その事業会社等の技術力の評価の判断基準にもなり得るものです．

　試験の内容は学科試験と実地試験に分けられます．

　学科試験は，一般基礎，電気・建築，空気調和設備，給排水衛生設備，設備に関する知識，設計図書に関する知識，施工管理，法規の広い分野から出題され（択一問題で），必須問題，選択問題の2種類があり，60問を解答することになります．

　実地試験は「施工体験記述問題」，「管工事に関する事項」，「施工管理」，「法規」より出題され解答は記述式となります．

　本試験は確実に65％程度を獲得できれば合格するといわれています．

　最小の努力で最大の効果を得るには適切なテキストや問題集を選択することが合格の秘訣とも言えます．

　本書は知識や技術を系統的にまとめたテキストとしての内容と，豊富な問題と，それに対する詳しい解説，および解答という構成であり，本書の特徴を充分理解され準備されれば合格圏内の実力は必ず獲得できると確信しております．

平成28年1月

目　次

まえがき……………………………………………………………………………iii
受験案内……………………………………………………………………………viii

第1章　一般基礎 ………………………………………………………… 1

1.1　環境工学 ………………………………………………………… 2
　　1.　大気 ………………………………………………………… 2
　　2.　人体と代謝 ………………………………………………… 3
　　3.　室内環境 …………………………………………………… 5
　　4.　水の性質 …………………………………………………… 7
　　5.　汚濁 ………………………………………………………… 8
1.2　流体工学 …………………………………………………………10
1.3　熱工学 ……………………………………………………………15
1.4　音 …………………………………………………………………22
1.5　地球環境問題 ……………………………………………………25
この問題をマスタしよう ………………………………………………27

第2章　電気・建築 ………………………………………………………45

2.1　電気 ………………………………………………………………46
　　1.　電気一般 …………………………………………………46
　　2.　低圧・高圧屋内配線の施工 ……………………………47
　　3.　動力設備 …………………………………………………49
　　4.　接地 ………………………………………………………51
2.2　建築 ………………………………………………………………52
　　1.　建築一般 …………………………………………………52
　　2.　建物の構造 ………………………………………………53
　　3.　土木工事 …………………………………………………55
　　4.　構造力学 …………………………………………………56
この問題をマスタしよう ………………………………………………59

第3章　空気調和設備 ……………………………………………………69

3.1　空気調和 …………………………………………………………70
　　1.　空気調和の計画 …………………………………………70

	2. 空調負荷	71
	3. 空気線図	73
	4. 空調方式	76
	5. 空調機器類	81
	6. 自動制御	85
3.2	**冷暖房**	87
3.3	**換気・排煙**	93
	1. 換気設備	93
	2. 排煙設備	96
	この問題をマスタしよう	100

第4章　給排水衛生設備 …… 113

4.1	**上・下水道**	114
	1. 上水道	114
	2. 下水道	116
4.2	**給水・給湯**	119
	1. 給水	119
	2. 給湯	123
4.3	**排水・通気**	125
	1. 排水	125
	2. 通気	128
4.4	**消火設備**	132
4.5	**ガス設備**	139
4.6	**浄化槽**	142
	この問題をマスタしよう	150

第5章　設備に関する知識 …… 171

5.1	**機器・材料**	172
	この問題をマスタしよう	183

第6章　設計図書に関する知識 …… 199

6.1	**請負契約**	200
6.2	**公共工事標準請負契約約款**	201
6.3	**JIS や SHASE 等に規定する機材と記号**	206
	この問題をマスタしよう	210

目 次　　v

第 7 章　施工管理 ……………………………………………… 213
7.1 施工計画 ……………………………………………………… 214
7.2 工程管理 ……………………………………………………… 218
7.3 品質管理 ……………………………………………………… 229
7.4 安全衛生管理 ………………………………………………… 235
7.5 工事施工 ……………………………………………………… 237
　　1. 施工計画と実施 ………………………………………… 237
　　2. 基礎工事 ………………………………………………… 237
　　3. 機器の据付 ……………………………………………… 238
　　4. 配管 ……………………………………………………… 241
　　5. ダクト …………………………………………………… 244
　　6. 試運転，調整 …………………………………………… 245
この問題をマスタしよう …………………………………………… 247

第 8 章　法規 …………………………………………………… 277
8.1 建設業法 ……………………………………………………… 278
8.2 建築基準法 …………………………………………………… 283
8.3 労働基準法 …………………………………………………… 290
8.4 労働安全衛生法 ……………………………………………… 293
8.5 消防法 ………………………………………………………… 301
8.6 廃棄物の処理及び清掃に関する法律 ……………………… 306
8.7 建設工事に係る資材の再資源化等に関する法律 ………… 309
8.8 その他 ………………………………………………………… 311
　　1. 水道法 …………………………………………………… 311
　　2. 下水道法 ………………………………………………… 313
　　3. 騒音規制法 ……………………………………………… 314
この問題をマスタしよう …………………………………………… 316

第 9 章　実地試験 ……………………………………………… 341

索　引 …………………………………………………………………… **351**

受験案内

1級管工事施工管理技術検定・学科試験の内容

● **基本的な内容**（ただし毎年同じ内容で試験が行われるとは限りません．）

	試験時間	出題数	必要解答数
午前の部	2時間30分	44問	33問
午後の部	2時間	29問	27問
合　計	4時間30分	73問	60問

※ 国家試験の合格点の最低ラインは，一般的には60％と言われていますので，午前・午後，いずれも70％を確保することを目標に学習してください．

◇午前の部

出題分類				出題数	必要解答数	備考
機械工学等	原論	環境工学	(3)	10	10	必須問題
		流体工学	(3)			
		熱工学	(3)			
		その他	(1)			
	電気工学		(2)	2	2	
	建築学		(2)	2	2	
	空調	空気調和	(5)	23	12	選択問題 23問の中から任意に12問を選び解答する． 余分に解答すると減点されます．
		冷暖房	(2)			
		換気・排煙	(4)			
	衛生	上下水道	(2)			
		給水・給湯	(3)			
		排水・通気	(3)			
		消火設備	(1)			
		ガス設備	(1)			
		浄化槽	(2)			
設備に関する知識		機材	(3)	5	5	必須問題
		配管・ダクト	(2)			
設計図書に関する知識			(2)	2	2	
合　計				44	33	

◇午後の部

出題分類		出題数	必要解答数	備考
施工管理法	施工計画 (2)	17	17	必須問題
	工程管理 (2)			
	品質管理 (2)			
	安全管理 (2)			
	工事施工　機器の据付け (2)			
	配管・ダクト (4)			
	保温・保冷 (1)			
	その他 (2)			
法規	労働安全衛生法 (2)	12	10	選択問題 12問の中から任意に10問を選び解答する． 余分に解答すると減点されます．
	労働基準法 (1)			
	建築基準法 (2)			
	建設業法 (2)			
	消防法 (2)			
	その他 (3)			
合　計		29	27	

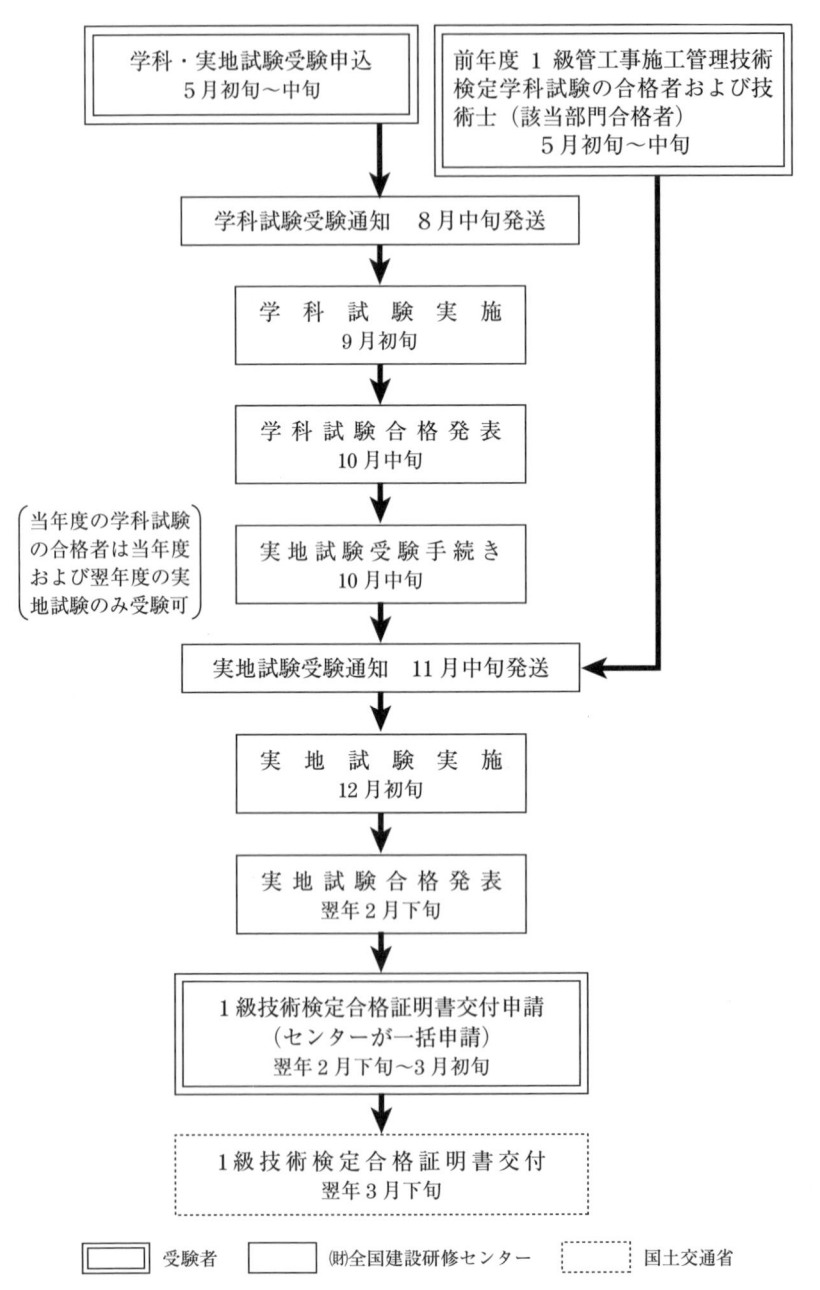

受験資格と申込みに必要な書類（平成27年度の例）

●学科試験

- 受験資格：下表の区分(イ)、(ロ)、(ハ)、(ニ)、(ホ)のいずれかに該当する者
- 申込みに必要な書類：下表の受験資格に応じて必要な書類および受験者全員が必要な書類

区分	学歴と資格	管工事施工管理に関する必要な実務経験年数		受験資格に応じた必要な証明書類
		指定学科	指定学科以外	
(イ)	大学卒業者 専門学校卒業者「高度専門士」	卒業後3年以上の実務経験年数	卒業後4年6ヵ月以上の実務経験年数	卒業証明書 ○卒業証明書の発行年月日は問いません。 ○卒業証書及びそのコピーは不可 ○指定された学校・学科・学科目によっては卒業証明書等が必要 ※大学院修了の方は大学の卒業証明書が必要（大学院修了の修了証明書は不可）
		この年数のうち、1年以上の指導監督的実務経験年数が含まれていること。	この年数のうち、1年以上の指導監督的実務経験年数が含まれていること。	
	短期大学卒業者 高等専門学校（5年制）卒業者 専門学校卒業者「専門士」	卒業後5年以上の実務経験年数	卒業後7年6ヵ月以上の実務経験年数	
		この年数のうち、1年以上の指導監督的実務経験年数が含まれていること。	この年数のうち、1年以上の指導監督的実務経験年数が含まれていること。	
	高等学校卒業者 専門学校卒業者「専門課程」	卒業後10年以上の実務経験年数	卒業後11年6ヵ月以上の実務経験年数	
		この年数のうち、1年以上の指導監督的実務経験年数が含まれていること。	この年数のうち、1年以上の指導監督的実務経験年数が含まれていること。	
	その他の者	15年以上の実務経験年数		（卒業証明書は必要ありません。）
		このうち、1年以上の指導監督的実務経験年数が含まれていること。		
(ロ)	2級管工事施工管理技術検定合格者	合格後5年以上の実務経験年数 （本年度該当者は、平成21年度までの2級管工事施工管理技術検定合格者）		2級管工事施工管理技術検定合格証明書（写）と卒業証明書 （卒業証明書は上記参照）
(ハ)	2級管工事施工管理技術検定合格後5年未満の者	高等学校卒業者	卒業後9年以上の実務経験年数 このうち、1年以上の指導監督的実務経験年数が含まれていること。	卒業後10年6ヵ月以上の実務経験年数 このうち、1年以上の指導監督的実務経験年数が含まれていること。	
		その他の者	14年以上の実務経験年数 このうち、1年以上の指導監督的実務経験年数が含まれていること。		
(ニ)	技能検定合格者 職業能力開発促進法による検定のうち1級の技能検定に合格した者	この年数のうち、10年以上の実務経験年数が含まれていること。ただし、職業能力開発促進法施行規則の一部を改正する省令（平成15年12月25日厚生労働省令第180号）による改正前の配管（旧検定職種に限る。）に係る1級の技能検定に合格した者については、実務経験の記載内容は不要です。（改正前の職業訓練法施行令（昭和48年政令第98号）による「配管工」又は「給排水衛生設備配管」を含む）		1級技能検定合格証書（写）

◆実務経験年数とは、管工事の施工に関する技術上の職務経験を合計した年数です。
◆管工事の施工の「指導監督的実務経験」、及び「管工事の施工に関する実務経験」については、「指導監督的実務経験」及び「管工事の施工に関する実務経験」を参照してください。

注1 実務経験年数は、平成27年5月31日現在で計算してください。
注2 すでに、1級管工事施工管理技士の資格を取得されている方は、再受験できません。

申込みに必要な書類（受験者全員が必要な書類）

① 受検申請書類 2枚
- 受検案内と同封の指定用紙を使用のこと。

② 受験申込書 1枚（コンピュータータ入力用）
- 受検案内と同封の指定用紙を使用のこと。

③ 住民票 1通
- 住民票の発行年月日は問いません。
- 住民票のコピーは不可
- 住民票コード（住基ネット番号）・個人番号（マイナンバー入力）は記入されている場合、住民票を提出しない住民票コードその他の書類（卒業証明書等）と住民票を取得し、添付する場合は戸籍抄本が必要です。
- ただし、外国籍の方は、住民票を提出してください。

④ 証明写真 1枚
- 縦4.5cm×横3.5cmに限る。
- 申請前6ヵ月以内に撮影した証明写真用のもの。カラーでも白黒でも可。
- 無帽子正面を向いて胸から上で上半身（概ね胸より上）のもの。
- サングラス（色のついたレンズ）マスク等で顔が隠れているもの、背景に影が写っているもの（不鮮明なもの）、スナップ写真、サイズの異なるもの、パソコン等で普通紙にプリントしてあるものは不可。
- 写真貼付欄からはみ出さないようにのりづけして貼ってください。（写真の裏面に氏名、受験希望地を必ず記入してください。）
- ※検定合格証明書は写真貼付のままとなります。

⑤ 受検手数料振替払込受付証明書
- 郵便局の窓口で8,500円を指定の振替払込書で必ず個人別に払込む。インターネット振込・ATM振込・振込取扱票の受付はできません。
- 指定振込用紙の受付証明書以外は振込払込書受検申請書の受検者本人が保管のこと。
- 振替払込受付証明書は受検申請書の付付欄にはみ出さない全面的にのりづけして貼り付けてください。（領収書と代えさせていただきます。）

受験資格：区分（二）「専任の主任技術者の実務経験が1年（365日）以上ある者」

区分			管工事施工管理に関する必要な実務経験年数		申込みに必要な書類	
			指定学科	指定学科以外	受験資格に応じた必要な証明書類	受験者全員が必要な書類
(一)	専任の主任技術者の実務経験が3年以上の者		合格後3年以上の者	合格後に1年以上の専任の主任技術者の実務経験を含め3年以上の実務経験年数 (本年度該当者は、平成23年度までの2級管工事施工技術検定合格者)	② 2級管工事施工管理技術検定合格証明書（写）（卒業証明書は必要ありません）	① 受験申請書 2枚 ② 受験申込書 1枚（コンピュータ入力用） ③ 住民票 1通 ④ 受験手数料振替払込付証明書 ⑤ 受験者写真 1枚（A4サイズで複写） ⑥ 工事請負契約書の写しまたはあなたが従事した工事名、工事場所、工期、請負金額等が明示してあるもの。専任の主任技術者として従事したことが明確にできるもの。（A4サイズで複写） ⑦ コリンズ工事カルテ（接工時）、現場代理人主任技術者選任届、施工体系図（元請の建設会社が作成したもの）、施工体制台帳等のいずれか1つを添付してください。 上記⑥、⑦の書類については、管工事に関する1年（365日）以上の主任技術者として実務です。
(二)	専任の主任技術者の実務経験が1年以上の者	短期大学・高等専門学校（5年制）卒業者	卒業後7年以上の実務経験年数	卒業後8年6ヶ月以上の実務経験年数	② 2級管工事施工管理技術検定合格証明書（写）と卒業証明書 ※卒業証明書の発行年月日は問いません ※卒業された学校・学科によっては追加証明書等が必要です。	
		高等学校卒業者	12年以上の実務経験年数	※11年以上の実務経験年数	② 卒業証明書 ※卒業証明書の発行年月日は問いません ※卒業された学校・学科によっては追加証明書等が必要です。	
		その他の者	13年以上の実務経験年数		（卒業証明書は必要ありません）	

※職業能力開発促進法による2級配管技能検定合格者、給水装置工事主任技術者、平成23年度までの2級管工事施工技術検定合格者は9年6ヵ月以上の実務経験となります。（合格証明書の写しを添付してください。）

「専任の主任技術者の実務経験が1年（365日）以上ある者」

1. 「区分（二）の専任の主任技術者経験年数にあっては、管工事施工管理に関する実務経験年数のうち、主任技術者の資格要件を満たした後、1年（365日）以上の主任技術者としての実務経験年数が必要になります。

2. 「専任の主任技術者」について
   (1) 公共性のある施設又は多数の者が利用する施設若しくは工作物に関する重要な建設工事で、工事1件の請負金額が、2,500万円以上の工事が対象になります。（建設業法第26条第3項）
   したがって、「専任者」とは個人住宅を除いたほとんどの工事が対象になります。ただし、請負金額が、2,500万円未満の工事の「主任技術者」は「専任の主任技術者」は適用されません。
   (2) 工事現場の現場専任制度については、元請、下請にかかわらず適用されます。
   (3) 工事現場の「専任」とは、専任に継続が必要です。
   (4) 専任で設置する場合は、工事の契約工期、下請が受けうけた専門工事についても、下請の工事の期間。
   (5) 専任の主任技術者は、当該工事を請け負った企業と直接的かつ恒常的な雇用関係にある必要があります。

申込みに必要な書類に不足があると受験できません。

「主技術者」について

1. 「主任技術者」
建設業の許可を受けている建設業者が、請け負った工事を施工する場合には、請負金額の大小にかかわらず工事施工上の管理をつかさどるものとして、必ず現場に、「主任技術者」を置かなければならない。（建設業法第26条第1項）

2. 「監理技術者」になるための資格要件（建設業法第7条第2号イ、ロ、又はハ）
   (イ) 大学、高等専門学校 指定学科卒業後3年以上の実務経験を有する者
   (ロ) 高等学校 指定学科卒業後5年以上の実務経験を有する者
   (ハ) 10年以上の実務経験を有する者

3. 主任技術者及び監理技術者の職務
主任技術者及び監理技術者は、工事現場における建設工事を適正に実施するため、当該建設工事の施工計画の作成、工程管理、品質管理、その他の技術上の管理及び当該建設工事の施工に従事する者の技術上の指導監督の職務を誠実に行わなければならない。（建設業法第26条の3第1項）

【参考】特定建設業者等から直接下請けた一式工事で下請契約の請負代金の合計額が、3,000万円以上（建築一式工事では4,500万円以上）となる工事の場合、施工の技術上の「監理技術者」を置かなければならない。（建設業法第26条第2項）

受検資格：区分別に「指導監督的実務経験年数が1年以上、主任技術者の資格要件成立後専任の監理技術者の指導のもとにおける実務経験が2年以上ある者」
（2級管工事施工管理技術検定合格者及び高等学校指定学科卒業者が該当）

区分	学歴と資格	管工事施工管理に関する実務経験年数		申込みに応じた証明書類	区分内の受験者全員が必要な書類
		指定学科	指定学科以外		
イ 2名術者共通 指導監督的実務経験1年以上のある者 かつ 主任技術者の資格要件成立後、専任の監理技術者の指導を受けた実務経験が2年以上ある者	2級管工事施工管理技術検定合格者	合格後3年以上の実務経験年数 （本年度該当者は平成23年度の2級管工事施工管理技術検定合格者） ※2級管工事施工管理技術検定合格後、指導監督的実務経験年数を1年以上、主任技術者の資格要件成立後、専任の監理技術者の配置が必要な工事に配置され、監理技術者の指導を受けた2年以上の実務経験		2級管工事施工管理技術検定合格証明書（写） （卒業証明書は必要ありません）	① 受験申請書類 2枚 ② 受験申込書 1枚 　（コンピュータ入力用） ③ 住民票 1通 ④ 証明用写真 1枚 ⑤ 受験手数料振込受付証明書
	高等学校の他卒業者	卒業後8年以上の実務経験年数、以下に示す内容の両方を含んでいる者 ※指導監督的実務経験年数を1年以上 ただし、主任技術者の要件（実務経験年数5年以上）成立後、専任の監理技術者の配置が必要な工事に配置され、専任の監理技術者の指導を受けた2年以上の実務経験年数 ※主任技術者資格要件A	卒業後※主任技術者資格要件B	卒業証明書 ○卒業証明書の発行年月日は新しいもの ○卒業証明書のコピーは不可 ○卒業年度の証明がない場合にはその旨追記 ○指定学科以外は卒業証明書が必要です。	

「指導監督的実務経験年数が1年以上に加え、主任技術者の資格要件成立後専任の監理技術者の指導のもとにおける実務経験年数が2年以上ある者」について
（注1）区分内の受験資格のうち、管工事施工管理に関する実務経験のうち、主任技術者の資格要件となったその後（注3）、所属している会社が特定建設業の許可を受けて請負った建設工事で（注5、6、8）、専任の監理技術者の配置が必要な工事に配置され（注5、6、8）、専任の監理技術者の指導のもとに名乗工事にて実施した実務経験が通算で2年以上になります。

下記項目のすべてに該当している必要があります。
● 2級管工事施工管理技術検定の合格者又は、最終学歴が指定学科高等学校の指定学科卒業者となります。（注3）
● 所属している会社が特定建設業者であり、発注者から直接建設工事を請け負い（元請）工事となります。
● 受験者本人として専任の監理技術者の指導を受けていた必要があります（注5、6、8）
● 専任の監理技術者の配置が必要な工事に配置されていた必要があります（注5、6、8）

（注2）「主任技術者」とは
建設業の許可を受けている建設業者が、請け負った工事を施工する場合には、請負金額の大小にかかわらず、工事現場の技術の管理をつかさどるものとして、「主任技術者」を置かなければなりません。（建設業法第26条第1項）

（注3）受験資格になるための資格要件（指定学科）について該当するのは、主任技術者資格要件A・Bのみ
① 大学、高等専門学校　指定学科卒業者　実務経験　3年以上
② 高等学校　　　　　　指定学科卒業者　実務経験　5年以上
③ 指定学科とは（建設業施行規則第1条　国土交通省令で定める学科）
10年以上の実務経験を有する者
④ 国土交通大臣が、（1又は2）と同等以上と認定した（2級管工事施工管理技術検定合格者等）

（注4）一般建設業の許可（建設業法第3条第1項第1号）
軽微な建設工事（下請工事のみを請け負って営業する者及び特定建設業の許可を受けようとする者を除く、建設業を営む者）は建設業の許可（一般建設業の許可）を受けなければなりません。

（注5）特定建設業の許可（建設業法第3条第1項第2号）
発注者から直接建設工事を請け負い、かつ総額3,000万円以上を下請契約して工事を施工しようとする者は、特定建設業の許可を受けなければなりません。

※建築一式工事については、施工が一体であり、総額4,500万円以上を下請契約して施工するものについては、特定建設業の許可対象となります。

（注6）「監理技術者」とは
特定建設業者は、発注者から直接建設工事を請け負った場合、工事現場における建設工事を適正に実施するため、当該建設工事の施工の技術上の管理及び当該建設工事の施工に従事する者の指導監督を行わなければなりません。
（建設業法第26条第2項、建設業法施行令第2条）

（注7）主任技術者と監理技術者の職務
主任技術者及び監理技術者は、工事現場における建設工事を適正に実施するため、当該建設工事の施工計画の作成、工程管理、品質管理その他の技術上の管理及び当該建設工事の施工に従事する者の技術上の指導監督の職務を誠実に行わなければなりません。
（建設業法第26条の3第1項）

（注8）専任の監理技術者について
(1) 公共性のある工作物（「要件」）に関する重要な工事で、工事1件の請負金額が2,500万円以上（建築一式工事は5,000万円）以上の場合は、工事現場ごとに、専任の主任技術者又は監理技術者を置かなければなりません。（建設業法第26条第3項、建設業法施行令第27条）
(2) 公共性のある工作物に関する重要な工事とは、個人住宅を除くほとんど全ての工事が対象となります。
(3) 監理技術者の現場専任制度は、元請工事の場合のみ適用されます。
(4) 工事現場への「専任」とは、他の工事現場との兼任を認めない専属的に配置することをいいます。現場に常駐することではありません。現場に常駐すべき期間は、工事の契約工期が対象です。
(5) 専任の監理技術者は、現場稼働期間中、当該工事を請け負った企業と直接的かつ恒常的な雇用関係にある必要があります。

※主任技術者資格要件等
※主任技術者資格要件A
※主任技術者資格要件B

管工事施工管理に関する実務経験について

1. 「実務経験」とは，管工事の施工に直接的に関わる技術上のすべての職務経験をいい，具体的には下記に関するものを言います．

　(1) 管工事施工管理に関する実務経験として認められる工事種別・内容等

　① 工事種別・工事内容

工事種別	工事内容
冷暖房設備工事	冷温熱源機器据付及び配管工事，ダクト工事，蒸気配管工事，燃料配管工事，TES機器及び配管工事，冷暖房機器据付及び配管工事，圧縮空気管設備工事，熱供給設備配管工事，ボイラー据付及び配管工事，コージェネレーション設備工事　等
冷凍冷蔵設備工事	冷凍冷蔵機器据付及び冷媒配管工事，冷却水・エアー設備工事，自動計装工事　等
空気調和設備工事	空気調和機器据付工事，ダクト工事，冷温水配管工事，自動計装工事，クリーンルーム設備工事　等
換気設備工事	給・排風機器据付工事，ダクト工事，排煙工事　等
給排水・給湯設備工事	給排水配管工事，給湯器及び配管工事，簡易水道工事，ゴルフ場散水配管工事，散水消雪設備工事，プール・噴水施設配管工事，ろ過機設備工事，給排水配管布設替工事，受水槽及び高置水槽設置工事，さく井工事　等
厨房設備工事	厨房機器据付及び配管工事　等
衛生器具設備工事	衛生機器取付工事　等
浄化槽設備工事	浄化槽設備工事，浄化槽補修工事，農業集落排水設備工事　等 ※ 集未処理場等は除く
ガス管配管設備工事	都市ガス配管工事，プロパンガス配管工事，LPガス配管，LNGガス配管，NH3配管，液化ガス供給配管，医療ガス設備工事　等 ※ 道路本管工事を含む
管内更正工事	給水管ライニング更正工事　等
消火設備工事	屋内・屋外消火栓ポンプ据付・消火栓箱取付及び配管工事，スプリンクラーポンプ据付及び配管工事，CO2消火配管　等
配水支管工事	給水装置の分岐を有する配水小管工事，小支管工事，本管からの引込工事（給水装置）　等 ※ 道路本管工事は除く
下水道配管工事	施設の敷地内の配管工事，公共下水道切替・接続工事　等 ※ 公道下の工事は除く

　② 従事した立場

　上記「実務経験」の中で，現場代理人，主任技術者，施工監督，工事主任，設計監理，施工管理係，配管工，現場施工係等

　　・受注者（請負人）として施工を指揮・監督した経験（施工図の作成や，補助者としての経験も含む）

　　・発注者側における現場監督技術者等（補助者も含む）及び配管工としての経験

　　・設計者等による工事監理の経験（補助者としての経験も含む）
　　　※ 施工に直接的に関わらない設計のみの経験は除く．

管工事の施工に関する実務経験とは認められない工事・業務等

① 管渠，暗渠，開渠，用水路，灌漑，しゅんせつ等の土木工事
② 敷地外の公道下等の上下水道の配管工事
③ プラント，内燃力発電設備，集塵機器設備，揚排水機等の機械器具設置工事，工場での配管プレハブ加工
④ 電気，電話，通信，電気計装，船舶，航空機等の配管工事
⑤ 保守・点検，保安，営業，事務，設計・積算
⑥ 官公庁における行政及び行政指導，教育機関及び研究所等における教育・指導及び研究等
⑦ 工程管理，品質管理，安全管理等を含まない単純な労務作業等（単なる雑務のみの業務）
⑧ アルバイトによる作業員としての経験

● 実地試験

1. 受験資格
   (1) 27年度1級管工事施工管理技術検定学科試験に合格した者
   (2) 26年度1級管工事施工管理技術検定学科試験に合格した者
   (3) 技術士法による第二次試験のうち，技術部門を機械部門（選択科目を「流体機械」または「暖冷房及び冷凍機械」および「流体工学」または「熱工学」とするものに限る.），水道部門および上下水道部門，衛生工学部門または総合技術監理部門（選択科目を「流体機械」，「暖冷房及び冷凍機械」，「流体工学」，「熱工学」または水道部門及び上下水道部門もしくは衛生工学部門に係るものとするものに限る.）に合格した者で，学科試験受験資格がある者.

2. 試験日　　　　　12月6日（日）
3. 試験地　　　　　札幌，仙台，東京，新潟，名古屋，大阪，広島，高松，福岡，那覇
4. 受験手数料　　　8,500円
5. 申込受付期間　　1). 上記受験資格の(1)に該当する者
　　　　　　　　　　　　10月8日〜10月23日
　　　　　　　　　　2). 上記受験資格の(2)及び(3)に該当する者
　　　　　　　　　　　　5月7日〜5月21日

● 管工事施工管理技術検定試験に関する申込書類提出先および問合せ先

〒187-8540　東京都小平市喜平町2-1-2
　　　　一般財団法人　全国建設研修センター　管工事試験課
　　　　TEL：042（300）6855
　　　　URL：http://www.jctc.jp

試験申込書，同手引書のおもな取扱所一覧

電話での購入，インターネットによる購入，その他の取扱所に関しては，全国建設研修センターのホームページ（http://www.jctc.jp）をご覧になるか，下記にお問い合わせ下さい．

取扱所	所在地
（一財）北海道開発協会	〒001-0011　札幌市北区北11条西2丁目　セントラル札幌北ビル 願書販売等の問い合わせ　TEL 011-709-5215 受験資格等の問い合わせ　TEL 011-709-5212
（一社）東北地域づくり協会	〒980-0871　仙台市青葉区八幡1丁目4番16号　公益ビル （TEL 022-268-4192）
（一社）関東地域づくり協会	〒100-0042　東京都千代田区神田東松下町45　神田金子ビル7F （TEL 03-3254-3195）
（一社）北陸地域づくり協会	〒950-0197　新潟県新潟市江南区亀田工業団地2-3-4 （TEL 025-381-1301）
（一社）中部地域づくり協会	〒460-8475　名古屋市中区丸の内3丁目5番10号 　名古屋丸の内平和ビル8F （TEL 052-962-9086）
（一社）近畿建設協会	〒540-6591　大阪府大阪市中央区大手前1-7-31 　OMMビル　B1 （TEL 06-6947-0121）
（一社）中国建設弘済会	〒730-0013　広島市中区八丁堀15-10　セントラルビル4F （TEL 082-502-6934）
（一社）四国クリエイト協会	〒760-0066　高松市福岡町3-11-22　建設クリエイトビル （TEL 087-822-1177）
（一社）九州地域づくり協会	〒812-0013　福岡市博多区博多駅東2-5-19 　サンライフ第3ビル4F （TEL 092-481-3784）
（一社）沖縄しまたて協会	〒901-2122　浦添市勢理客4丁目18番1号 （TEL 098-879-2097）

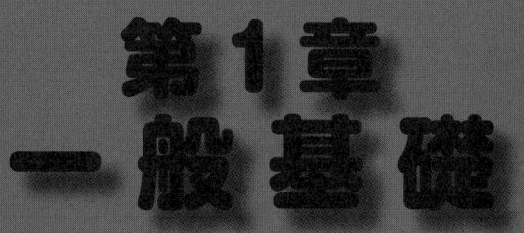

最近の出題傾向のうち，環境工学の地球環境問題や室内の空気環境について注目する必要があります．
(1) 環境工学
　(a) 気象：気候，日較差，クリモグラフ，相対湿度，絶対湿度，暖冷房デグリーデー
　(b) 人体と体感：人体の温熱感覚の4要素，有効温度，不快指数，室内環境基準，メット，クロ，呼吸商，基礎代謝量
(2) **流体力学**
　(a) 法則：ベルヌーイの定理，トリチェリーの定理
　(b) 流体の運動：層流，乱流，遷移流，レイノルズ数
　(c) 流量の測定：ベンチュリ管，ピトー管
　(d) 圧力損失と摩擦係数：ダルシーワイスバッハの式，ムーディー線図
(3) **熱と伝熱**
　(a) 熱の伝わり方：熱伝導，熱伝達，熱放射および熱貫流
　(b) 熱の種類：顕熱，潜熱
　(c) 比熱：定圧比熱，定容比熱
　(d) 冷凍トン：1日本冷凍トン，1米国冷凍トン
　(e) 空気の状態：乾き空気，湿り空気，乾球温度，湿り空気，相対湿度，絶対湿度，露点温度　エンタルピー，湿り空気線図
　(f) 冷媒の特性：モリエ線図，冷凍サイクル
(4) **その他**
　(a) 水質の汚濁指標：SS，BOD，COD，DO
　(b) 音に関する事項：音の強さ，NC曲線，マスキング，ホン

1.1 環境工学

1. 大 気

(1) 気象と気候

気象とは，大気の温度，湿度，風，雨，雪などの物理的現象をいい，気候はその地域における，長期間平均した気象現象をいう．各地における気候を示す図に「気温図」，「気圧図」，「降水量図」などがある．

(2) 気温と湿度

気温とは大気の温度のことで，1日の気温は，朝夕が低く日中は高い．1日の最高気温と最低気温との差を日較差といい，一般に海岸地方では小さく，内陸地方では大きい．

湿度は大気中に含まれる水蒸気の度合いで，相対湿度，絶対湿度などによって表される．

(3) 気候図（クリモグラフ）

その地方の季節による気象の特色をグラフにしたものがクリモグラフで，いろいろな気象要素を月別に平均して，これを気温と組み合わせてグラフにしたものである．これには，気湿図

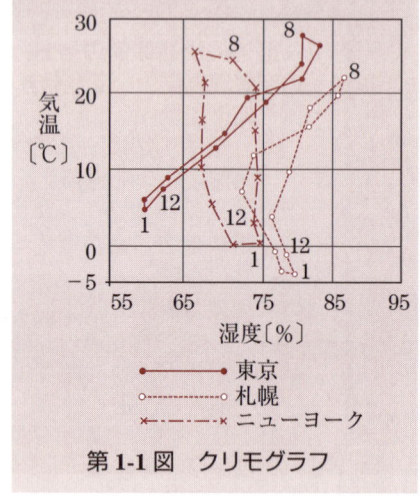

第 1-1 図　クリモグラフ

（気温，湿度），気風図（気温，風速），気水図（気温，降雨量），気照図（気温，日照時間）などがある（第 1-1 図）．

(4) 湿度

相対湿度（RH）は，ある状態の空気中の水蒸気分圧と，同じ温度の飽和空気の水蒸気分圧の比を百分率で表したもので，φ〔%〕と表される．

絶対湿度（AH）は，湿り空気中に含まれている乾き空気 1 kg に対する水分の重量で，x〔kg/kg'〕で表す．

(5) 日射

日射とは太陽の放射エネルギーの作用のうち熱に関する働きをいい，**直達日射**と**天空放射**に分けられる．

直達日射は，太陽から放射される熱エネルギーのうち，大気中で乱反射されたり吸収されたりせず，直接地上に達するもの，天空放射は，太陽からの熱エネルギーのうち大気中のチリ，浮遊物により乱反射し地表に到達したものである．

日射量とは，日照により，単位時間，単位面積に入射する熱量で〔W/m²〕などで表される．

日照とは，太陽から放射される直射光線が地上に到達することで，日照のある時間を**日照時間**という．**可照時間**は日照を妨げる障害物が無い場所での日の出から日没までの時間をいう．

日照率とは，日照時間の可照時間に対する百分率（日照時間/可照時間×100）〔%〕で表す．太陽光は，**第1-1表**に示すような特徴を示す．

第 1-1 表

	波長〔nm〕	特　徴
可視光線	380～760	人間の視覚，明るさ．
紫外線	20～380	日焼け作用，殺菌効果．
赤外線	760～4000	熱線といわれ熱作用．

〔nm〕＝ 10^{-9} 〔m〕

日射のエネルギーは全日量の約80％が波長380～1100 nm の範囲に含まれている．つまり可視領域の波長帯に40～45％，赤外線部に50～57％で紫外線部ではわずか1～2％程度で少ない．

(6) 暖冷房デグリーデー

暖冷房デグリーデーは，暖房や冷房に要する年間エネルギーを算出するのに用いられる概略の指数で，デグリーデーは，その土地の暖かさ，寒さの程度がわかる他建築物の熱損失の概算や燃料消費量の概算に役立つ．

例えば暖房の場合，外気の日平均温度が10℃以下になったときに暖房を開始し，室温を18℃に保つとすると，暖房デグリーデーは D_{18-10}〔℃ day〕と表す．これは t_o を外気温度とすると，暖房の期間中 $(18-t_o)$〔℃〕の値を毎日積算し累計したものである（第1-2図）．

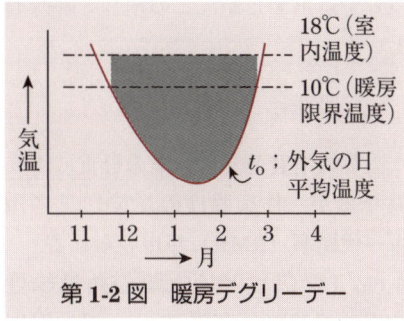

第 1-2 図　暖房デグリーデー

2. 人体と代謝

(1) 代　謝

基礎代謝量は，生命を維持するのに必要な最小限の代謝量で，身体の単位表面積当たり，かつ1時間当たりの必

要熱量で表される〔W/m²〕. 年令が高齢化すると，基礎代謝基準値は減少する（第1-2表）. 安静時の代謝量は基礎代謝の20〜25％増しで，安静時における熱代謝の標準値を58.2 W/m²とし **1 met**（メット）としている.

第1-2表　日本人の基礎代謝基準値
〔kcal/(m²·h)〕

年　齢	男　子	女　子
1歳	53.6	52.6
5歳	55.1	51.6
10歳	46.2	44.1
20〜29歳	37.5	34.3
30〜39歳	36.5	33.2
40〜49歳	35.6	32.5
50〜59歳	34.8	32.0

（空気調和・衛生工学便覧）

人体は呼吸によりO_2を取り入れ，CO_2を排出するが，この割合を**呼吸商**という.

$$呼吸商 = \frac{CO_2 排出量}{O_2 摂取量}$$

人体の消費熱量は作業の軽重により異なるが，作業強度の単位に**エネルギー代謝率（RMR）**が用いられる.

clo（クロ）とは衣類の熱絶縁性を表す単位で，気温21℃，相対湿度50％，気流 10 cm/s 以下の室内で身体表面からの放熱量が 1 met の代謝とバランスする着衣の状態を 1 clo（クロ）としている.

(2) 体　感

人体温熱感覚の4要素は，気温，湿度，気流速度，周壁表面温度からの放射熱である. 人間の温熱感覚の表現法として以下のような用語がある.

(a) **有効温度（ET：Effective Temperature）**

ヤグローにより提案されたもので，人体に感ずる快適さを，温度・湿度・気流の三つの要素の組み合わせによる指標で表す. さらに改良を加えたものに新有効温度がある.

(b) **修正有効温度（CET：Corrected Effective Temperature）**

乾球温度，湿球温度，気流速度と周壁からの放射熱の要素を取り入れた指標であり，壁や天井からの放射熱の影響が大きい場合に採用される. 乾球温度を求める代わりに，グローブ温度を用いて放射効果の修正をしたものである.

(c) **効果温度（OT：Operative Temperature）**

乾球温度，気流速度，周壁からの放射熱と体感との関係を示したもので，冬季の窓ガラス面や壁体表面温度と気温の差が大きい暖房時に用いられる. 湿度の要素は入っていない.

(d) **新有効温度（ET*）**

気温，湿度，気流，熱放射，着衣量，作業強度などを取り入れた総合的温熱指数で，有効温度では湿度100％としているため，新有効温度の方が現実に近い.

(e) **不快指数（DI：Discomfort Index）**

乾球温度と湿球温度から求められる

もので，夏の蒸し暑さの不快さを指数としたものであり，一例として次式により示される．

$$DI = 0.81t + 0.01\varphi(0.99t - 14.3) + 46.3$$

ここで，t：気温，φ：相対湿度である．
DI が80以上で暑くて汗が出る状態，85以上で全員不快を感じるようになる（第1-3表）．

第1-3表 不快指数と体感

不快指数	米国	日本
70以上	一部不快	
75以上	半数が不快	やや暑い
80以上	全員不快	暑くて汗が出る
85以上		非常に暑い（全員不快）

(f) 予想平均申告（PMV：Predicted Mean Vote）

気温，湿度，気流，放射熱，作業強度および着衣量の組み合わせにより，熱環境を温冷感で表したもので，+3～−3の数値として予測している．この数値と温冷感との関係は，+3：暑い，+2：暖かい，+1：やや暖かい，0：どちらともいえない，−1：やや涼しい，−2：涼しい，−3：寒い，としている．

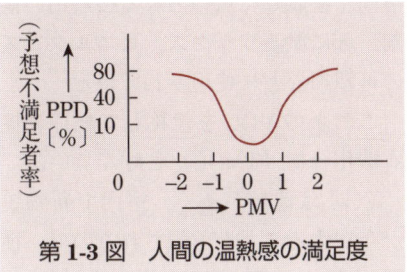

第1-3図 人間の温熱感の満足度

3. 室内環境

人間が居住する室内で，快感や保健衛生上障害になるものに粉じん，一酸化炭素（CO），炭酸ガス（CO_2），窒素酸化物（NO_x）や揮発性有機化合物（VOC），臭気などがある．

(1) 粉じん

粉じんには，たばこの煙，綿ぼこり，砂じんや細菌などが付着しており，一般のビル内の環境として粉じん濃度は0.15 mg/m³ 以下が推奨される．一般に空気中の粉じんは重力により自然に沈降するが，粒径が小さいものはエアロゾルとして空気中を浮遊している．人体に有害か否かは呼吸により吸入された粉じんが肺胞に付着するかどうかが重要で，1 μm 程度の粉じんがもっとも沈積しやすい．粉じんの吸入により肺に生じる疾病をじん肺といい，けい肺，アスベスト肺等がある．

(2) CO

一酸化炭素（CO）は不完全燃焼が原因の燃焼器具からの発生が多く，非常に危険なガスであり，その許容値として一般のビル内では，10 ppm 以下が基準となっている．一酸化炭素の人体への影響を第1-4表に示す．

第 1-4 表

CO 濃度	影響の程度
0.05%	20 分で神経系の反射作用の変化.
0.08%	40 分程度でめまい, はき気, 2 時間で失神.
0.16%	20 分で頭痛, めまい, はき気, 2 時間で致死.
0.32%	5〜10 分で頭痛, めまい, 30 分で致死.
1.28%	1〜3 分で致死.

(3) CO_2

二酸化炭素（CO_2）濃度は室内の換気の良否を示す目安として用いられ，換気が十分行われないと CO_2 濃度が増加するだけでなく粉じんや臭気，湿度なども上昇する．大気中の炭酸ガス濃度は 0.03% 程度であるが，室内環境基準では 0.1% まで許容されている．炭酸ガス含有率が人体に与える有害度の例を示すと以下のとおりである．

第 1-5 表

CO_2 濃度	概要
0.07%	多数継続在室する場合の限度.
0.10%	一般の場合の限度で, 呼吸器大脳などの機能に影響しはじめる.
0.15%	換気計算に用いられる限度.
0.2〜0.5%	燃焼器具を併用する場合, 相当不良と認められる.
0.5%以上	最も不良と認められる.

(4) NO_x

窒素酸化物（NO_x）は，室内では石油ストーブ，ファンヒータなどの開放式燃焼器具を採用すると高濃度になる恐れがあるため，換気に注意を払わなければならない．

(5) 臭気

臭気は，喫煙や燃焼，調理の他，人体やペットなどから生じる．

VOC や臭気などは，CO_2 濃度が 1000 ppm（0.1%）以下になるような十分な換気量（30 m^3/(h・人)）程度を確保できる換気を行うことで対応している．

(6) 揮発性有機化合物（VOC）

新築の家に入ったり，古い住宅をリフォームした後，体調がすぐれないと訴える人がよく見かけられるが，その原因が，室内の建材，接着剤（フローリングやビニルクロスに使われているもの）などの，化学物質による影響と考えられている．室内汚染物質として，ホルムアルデヒド，ベンゼン，テトラクロロエチレンなどは発がん性物質ともいわれている．

ホルムアルデヒドは，建材のうち合成樹脂や接着剤に含まれるもので，合板などは接着剤が多量に使われている．カーペットやクロスを貼る接着剤に含まれているものもある．

トルエンやキシレン等は，ペンキの溶剤や壁紙類に用いられる接着剤の溶剤，床に塗るワックス，ビニルクロスの可塑剤などに使用されている．

これらの VOC を総称して総揮発性有機化合物（TVOC）と呼んでいる．

VOC は種類が多く，室内で新物質が存在することも予想されるので，種類ごとの濃度（VOC 値）と合計値

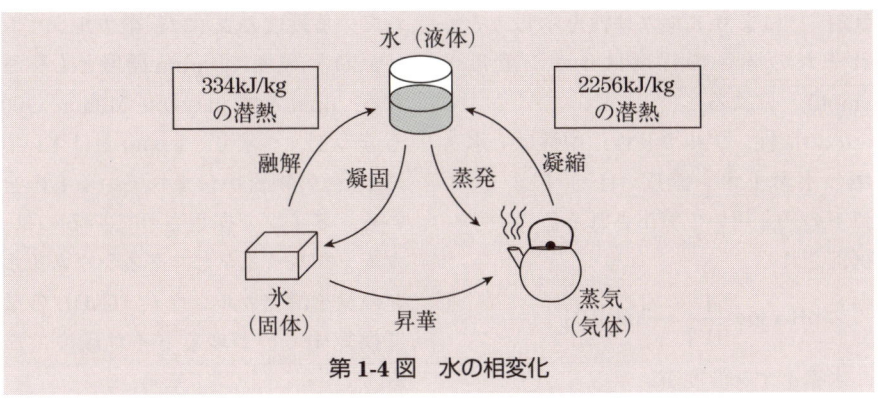

第1-4図 水の相変化

（TVOC値）がWHO（世界保健機構）により示されている．

なお，ホルムアルデヒドに人が被曝したときに受ける影響は，2〜3 ppmで目や鼻への刺激を受け，4〜5 ppmで涙が出，30〜50 ppmで肺炎，浮腫や生命の危険を感じ，50〜100 ppmで死に至る危険にさらされる．

厚生労働省により，VOCの室内濃度に関する指針値が示されており，それによると，ホルムアルデヒドは，100 μg/m³（0.08 ppm），トルエンは260 μg/m³（0.07 ppm）などが規定されている．TVOCの暫定目標値は400 μg/m³とされている．これは，指針値が定められていない有害物質による汚染の進行を予防するために定められたものである．

4. 水の性質

(1) 物理的特性

(a) 相の変化

水の性質は，温度と圧力により影響を受け，固体，液体，気体の相に変化する．1気圧の圧力下では0℃で氷になり（凝固点0℃），100℃で沸騰する（沸点100℃）．

また0℃の氷が0℃の水になる融解熱（0℃の水が0℃の氷になる凝固熱）は333.6 kJ/kgで，100℃の水が100℃の蒸気になる蒸発潜熱（100℃の蒸気が100℃の水になる凝縮熱）は2256.2 kJ/kgである（第1-4図）．

(b) 水の比熱

1気圧における水の比熱は，1 kgの水を14.5℃から15.5℃まで1℃上昇させるために必要な熱量で，4.186 kJ/(kg·K)で表される．

(c) 溶解度

水に溶解する気体の体積と水の体積の比を溶解度という．溶解度は温度の上昇とともに減少し，圧力の上昇に比例する．

(2) 化学的特性

(a) 酸性とアルカリ性（pH）

水はその中に含まれる水素イオン（H^+）により酸性を，水酸イオン

（OH⁻）によりアルカリ性を示し，それぞれの強さの程度はイオン濃度〔mol/L〕による．

水の酸性，アルカリ性，中性は，水中の水素イオン濃度〔H⁺〕により，以下の式を用いて算出される値により区別される．

$$\text{pH} = \log \frac{1}{[\text{H}^+]} = -\log [\text{H}^+]$$

水素イオン濃度が，

〔H⁺〕＞ 1×10^{-7} mol/L ならば
　　pH ＜ 7 となり酸性
〔H⁺〕＝ 1×10^{-7} mol/L ならば
　　pH ＝ 7 で中性
〔H⁺〕＜ 1×10^{-7} mol/L であれば
　　pH ＞ 7 でアルカリ性

を示す（第 1-5 図）．

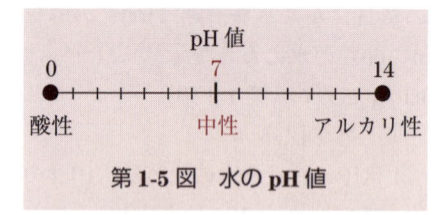

第 1-5 図　水の pH 値

(b) イオン積

水 1 L 中の水素イオン濃度〔H⁺〕と水酸イオン濃度〔OH⁻〕の積は，同じ温度では常に等しい．これを水のイオン積という．

(c) 水の硬度

水中に溶存するカルシウムイオンとマグネシウムイオンの量を炭酸カルシウムの量に換算し，水 1 L 中の mg で表示する．

日本，米国，フランスなどで採用されている硬度の表示は炭酸カルシウム（CaCO₃）硬度で，**ppm 硬度**とも称される．ppm とは，parts per Million（100 万分の 1），つまり，1 ppm とは 1 L 中に 1 mg の物質が含まれているものをいう．ドイツで採用されているのは，カルシウムイオンとマグネシウムイオンの量を酸化カルシウム（CaO）の量に換算するいわゆるドイツ硬度である．

(d) 濁度と色度

濁度は濁りの程度を表示する数値で，白陶土 1 mg を蒸留水 1 L に懸濁させたときの濁りの度合いを 1 度としている．水道水の水質基準では，2 度以下であることと定めている．

色度は白金 1 mg を含む塩化白金カリウム標準液を蒸留水 1 L に溶かしたときに生じる色相を 1 度とし，色度はこの標準液との比較により決められる．水道法では，色度は 5 度以下と定めている．

5. 汚　濁

「水質汚濁防止法」や「排水基準を定める総理府令」などにより，規制区域を定めて様々な制限が加えられている．

(1) 汚濁指標

(a) 浮遊物質（SS：Suspended Solid）

水の汚濁度を視覚的にとらえることができるもので粒径 2 mm 以下の水に

溶けない懸濁性の物質のことをいう．単位は ppm（mg/L）で表される．

(b) **生物化学的酸素要求量（BOD：Biochemical Oxygen Demand）**

水中の有機物が，溶存酸素の存在のもと，20℃ 5 日間で好気性微生物により分解される際に消費される水中の酸素量で，mg/L や ppm で表す．BOD の値が大きいということは水中の有機汚染物質が多いということで，水質汚濁の指標として用いられる．

(c) **化学的酸素要求量（COD：Chemical Oxygen Demand）**

酸化剤で汚濁水を化学的に酸化させ，消費した酸化剤の量を測定し酸素量に換算して求める．この値は水中の有機物等の量を示す指標であり，BOD より測定が容易である．

(d) **全有機体炭素量（TOC：Total Organic Carbon）**

水中に存在する有機物に含まれる炭素の総量のことで，高温酸化により生じる CO_2 から炭素を求める方法である．水の汚染度の指標として BOD や COD が用いられるが，これらは間接法で時間がかかるため直接法の TOC が重要視されている．

(e) **全酸素要求量（TOD：Total Oxygen Demand）**

水に溶けている有機物を，白金を触媒として高温で完全燃焼させ，消費される酸素ガス量を測定することにより汚染度を測定するものである．

(f) **溶存酸素（DO：Dissolved Oxygen）**

水中に溶け込んでいる酸素量を mg/L または ppm で表す．この値の大小は，有機物を分解する微生物などの生存に影響を与える．DO の少ない水は汚濁の度合が大きく，水中の生命に害を与えることになる．つまり，溶存酸素が多いほど汚濁されていない水といえる．

1.2 流体工学

流体は気体と液体があり，前者は圧縮性流体であり，後者は非圧縮性流体である．

(1) 流体の性質

(a) 粘性

相対的な運動をしている流体が互いに変形を生じる場合や管内を流れるとき，その変形の速さに比例して，その運転を妨げようとする力が生じる．これを粘性といい，**第1-6図**に示すように，管内の流体の速度分布は管壁に近いほど速度が小さくなる．

この図において，流れに直角な方向の Δx の中の流速の差を Δv とすると，

$$\tan\theta = \frac{\Delta v}{\Delta x}\left(=\frac{dv}{dx}\right)$$

は速度勾配であり，この間の摩擦抵抗は，

$$\tau = \mu \cdot \frac{\Delta v}{\Delta x}$$

で表される．ここで μ は比例定数であり**粘性係数**といわれ，流体の密度 ρ で除したものが**動粘性係数** ν である．

$$\nu = \frac{\mu}{\rho}$$

(b) 表面張力，毛細管現象

液体分子の凝集力により，液体の表面はできるだけ小さく保とうとする力が働く．液体表面上の任意の線の両側に単位長さ当たり作用する引張り力が表面張力である．

細い管を液体中に垂直に入れたとき，液体の表面張力により管の内側と外側で高さが相違する現象を毛細管現象という．

細管の毛細管現象を**第1-7図**で調べてみると，表面張力による上向きの力と細管中の液体の重量による下向きの力がつり合っていることから，

・表面張力による上向きの力

$$F = T\cos\theta \times 2 \times \pi \cdot \frac{d}{2} \qquad (1)$$

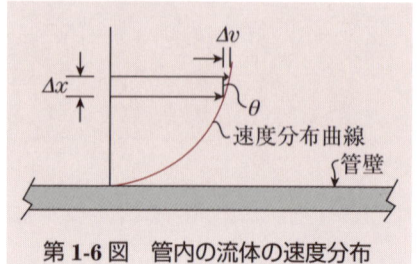

第1-6図　管内の流体の速度分布

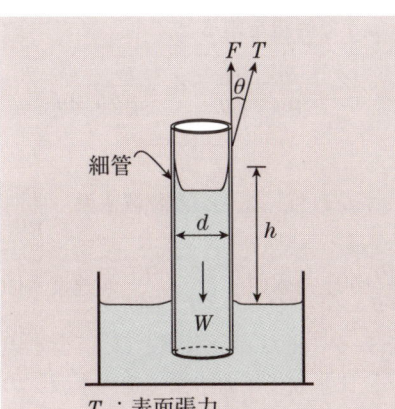

T : 表面張力
F : 表面張力の垂直分の力
ρ : 液体の密度
d : 細管の直径
W : 液体の重量
h : 液面の高さ
g : 重力の加速度

第1-7図　表面張力と毛細管現象

・細管中の液体の下向きの重力

$$W = \pi \cdot \left(\frac{d}{2}\right)^2 \cdot h \cdot \rho \cdot g \qquad (2)$$

(1)式と(2)式がつり合うから,

$$T\cos\theta \times 2 \times \pi \cdot \frac{d}{2} = \pi \cdot \left(\frac{d}{2}\right)^2 \cdot h \cdot \rho \cdot g$$

$$\therefore\ h = \frac{4T\cos\theta}{\rho \cdot g \cdot d}$$

(c)　層流と乱流

　層流は,流体粒子が滑らかな線を描いて互いに交ることなく整然と運動する状態をいい,これに対して乱流は流体粒子の不規則な混乱した流れをいう.また,層流から乱流,乱流から層流に移り変わるときの流れを**遷移流**という.

　層流,乱流,遷移流を数値的にとらえたものがレイノルズ数 Re であり,以下の式に示す.

$$Re = \frac{v \cdot d}{\nu}$$

　ここで, v : 流体の流速〔m/s〕
　　　　　d : 管の内径〔m〕
　　　　　ν : 動粘性係数〔m²/s〕

であり,

・$Re < 2320$ …層流
・$Re > 4000$ …乱流
・$2320 \leq Re \leq 4000$ …遷移流

といい,層流から乱流に変わる速度を臨界速度という.

(d)　連続の定理

　同一の場所を流れる流体が,時間とは関係なしに同じ流れ方をするのが定常流であるが,管の中を流れる流体の密度が一定で定常流であれば任意の断面における流量 Q は一定である.つまり,ある任意の二つの断面における流速,断面積をそれぞれ v_1, v_2, A_1, A_2 とすると,断面積 A_1 において単位時間に流れる流量は断面積 A_2 における流量と等しくなる.したがって,

$$A_1 v_1 = A_2 v_2 = 一定$$

となる.これが連続の定理である.

(e)　定常流と流線

　流体の流れの運動状態が時間経過とともに変わることが無いときこれを定常流といい,流れの状態が同一場所において時間とともに変化するような流れを非定常流という.

　流れのなかで,1本の曲線を考え,その線上任意の点で,これに引いた接線が,そのときそのときの流れの方向

1.2　流体工学

(f) ベルヌーイの定理

粘性や摩擦がなく，圧縮を考慮しない理想流体（完全流体）の定常流で，外力として重力だけが作用する場合に流線に沿って成り立つエネルギー保存則が，ベルヌーイの定理である．**第1-8図**において，流体の単位体積当たりの質量を m 〔kg/m³〕とすると，

A点の位置，圧力，運動のエネルギーの和
　　　＝ B点の位置，圧力，運動のエネルギーの和
　　　＝一定

$$mgZ_1 + m\frac{p_1}{\rho} + \frac{1}{2}mv_1^2$$
$$= mgZ_2 + m\frac{p_2}{\rho} + \frac{1}{2}mv_2^2$$
$$=一定$$

mg で両辺を割ると，

$$Z_1 + \frac{p_1}{\rho g} + \frac{v_1^2}{2g} = Z_2 + \frac{p_2}{\rho g} + \frac{v_2^2}{2g}$$
$$=一定$$

すなわち，Z_1，Z_2 が位置水頭，$\frac{p_1}{\rho g}$，$\frac{p_2}{\rho g}$ が圧力水頭，$\frac{v_1^2}{2g}$，$\frac{v_2^2}{2g}$ が速度水頭である．また，**全水頭**とは，"全水頭＝位置水頭＋圧力水頭＋速度水頭" のことである．

(g) トリチェリーの定理

第1-9図のように，十分大きな水槽に水を入れて，水槽の下部に小穴を空けたことを考えてみる．

水面Aにおける圧力を p_1，流速を v_1，水面の高さを h_1 とし，水槽の下部Bにおける圧力を p_2，流速を v_2，

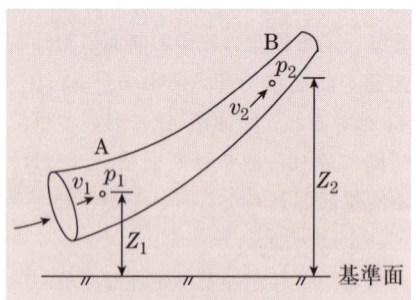

A点 $\begin{cases} Z_1：高さ \\ v_1：流体の速度 \\ p_1：流体の圧力 \end{cases}$

B点 $\begin{cases} Z_2：高さ \\ v_2：流体の速度 \\ p_2：流体の圧力 \end{cases}$

ρ ：水の密度〔kg/m³〕
g ：重力の加速度　9.8 m/s²

第1-8図　ベルヌーイの定理のエネルギー保存則

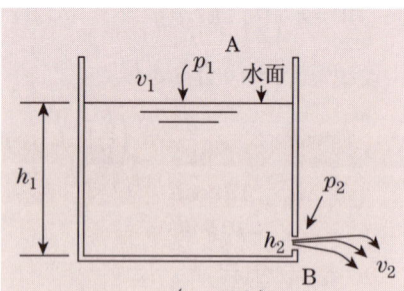

水面Aにおける $\begin{cases} p_1：圧力 \\ v_1：流速 \\ h_1：水面の高さ \end{cases}$

水槽の下部Bにおける $\begin{cases} p_2：圧力 \\ v_2：流速 \\ h_2：小穴の高さ \end{cases}$

ρ ：水の密度〔kg/m³〕
g ：重力の加速度　9.8 m/s²

第1-9図　トリチェリーの定理

高さを h_2 とすると，ベルヌーイの定理より，

$$h_1 + \frac{p_1}{\rho g} + \frac{v_1^2}{2g} = h_2 + \frac{p_2}{\rho g} + \frac{v_2^2}{2g}$$
$$= 一定 \quad (1)$$

ここで p_1，p_2 は大気圧で $p_1 \fallingdotseq p_2$，v_1 は水面の下降速度で v_2 に比べ十分無視できる値であるから $v_1 = 0$，h_2 は水槽の底面に近い小穴の高さで $h_2 = 0$ と考えることができる．したがって(1)式は，

$$h_1 = \frac{v_2^2}{2g}$$
$$\therefore \quad v_2 = \sqrt{2gh_1}$$

となる．つまり，小穴からの水の流出速度は水面の高さだけで決まることになる．

(h) 管水路の圧力損失

管路内に流体が流れると，粘性による流体間の摩擦や流体と管壁との摩擦により流体のエネルギーが減少する．この摩擦によるエネルギーの損失を圧力差で表し，摩擦損失水頭（H）としている（**第 1-10 図**）．

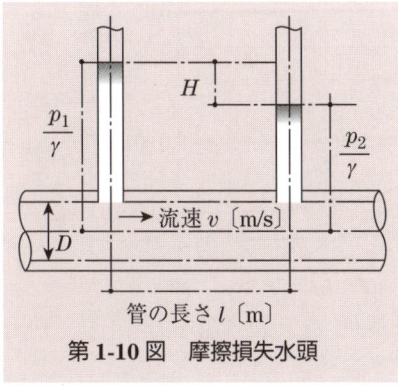

第 1-10 図 摩擦損失水頭

$$H = \frac{p_1 - p_2}{\gamma} = \lambda \cdot \frac{l}{D} \cdot \frac{v^2}{2g} \text{ m}$$

（ダルシー・ワイスバッハの式）

ここで，$p_1 - p_2$：圧力損失
  λ：摩擦係数
  v：流速〔m/s〕
  D：管径〔m〕
  g：重力の加速度 = 9.8 m/s^2
  l：管の長さ〔m〕
  γ：比重量 ρg

上式から摩擦損失水頭は管の長さ（l），流速（v）の2乗に比例し，管の内径（D）に反比例することがわかる．

(i) ピトー管，ベンチュリ管

ピトー管は，ベルヌーイの定理を応用し，管路内の全圧と静圧を測定し動圧を求め，流量を測定しようというもので，**第 1-11 図**において A，B にベルヌーイの定理を適用すると，

$$\frac{v_1^2}{2g} + \frac{p_t}{\gamma} = \frac{v_2^2}{2g} + \frac{p_s}{\gamma}$$

ここで，$\gamma : \rho g$
上式で $v_1 = 0$ であるから，

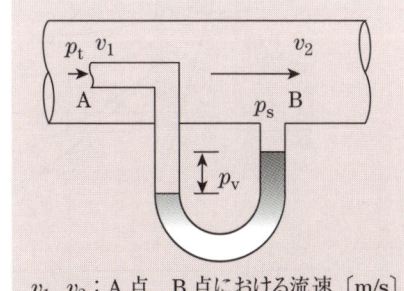

v_1, v_2：A点，B点における流速〔m/s〕
p_t, p_s：A点，B点における全圧，静圧
p_v：動圧

第 1-11 図 ピトー管による動圧の測定

$$v_2 = \sqrt{\frac{2g(p_t - p_s)}{\gamma}} = \sqrt{\frac{2g \cdot p_v}{\gamma}}$$

$(\because p_t = p_s + p_v)$
全圧 静圧 動圧

ベンチュリ管は，水管路の一部を絞り，その後に元の管径まで次第に拡大したもので，絞った細管の上流側と，最も細い部分の圧力差から流量を求めるものである．

$$Q = A \cdot B \cdot C \sqrt{\frac{2g \Delta h}{A^2 - B^2}}$$

ここで，
 A，B：太い部分と細い部分の断面積
 C：流量係数
 Δh：U字管内の高さの差

(j) **ムーディー線図**（第1-12図）

水管路に対して，管摩擦係数 λ とレイノルズ数 Re および管壁の相対粗度との関係を示した線図である．層流の管摩擦係数は $\lambda = 64/Re$ で表され，レイノルズ数に反比例する．

(k) **水撃現象（ウォーターハンマー）**

管内の流体の流れを水栓や弁で急激に閉止すると，流体の運動エネルギーは圧力エネルギーに変わり，上流側の圧力は異常に上昇し上昇圧力は圧力波となって，その点と給水源との間を往復し，しだいに減衰する．この現象をウォーターハンマーといい，異常に上昇した圧力を水撃圧という．ウォーターハンマーは，配管や機器類を振動損傷させたり衝撃音を発生させることもある．

弁を急に閉じたとき生じる圧力上昇 h〔m〕は下記のジューコフスキの式より求めることができる．

$$h = \frac{aV_0}{g}$$

ここで，a：圧力波の伝搬速度〔m/s〕
 V_0：水の流速〔m/s〕
 g：重力の加速度〔m/s^2〕

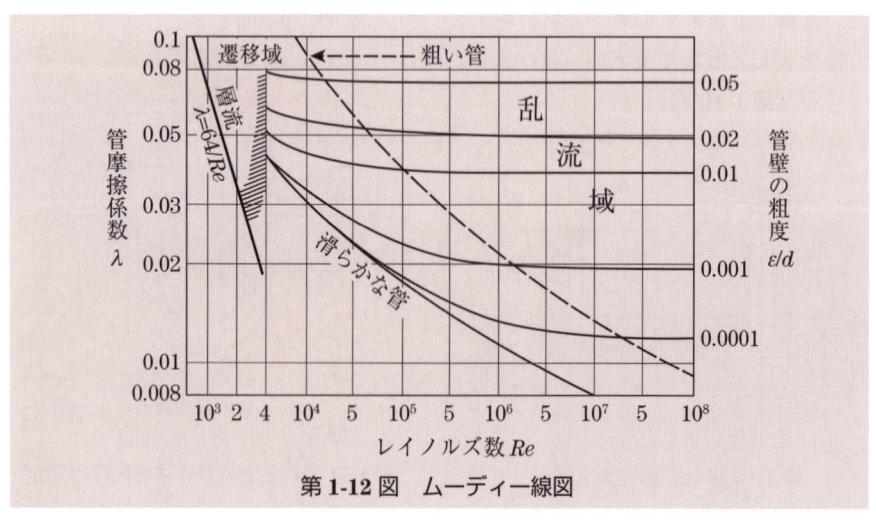

第1-12図 ムーディー線図

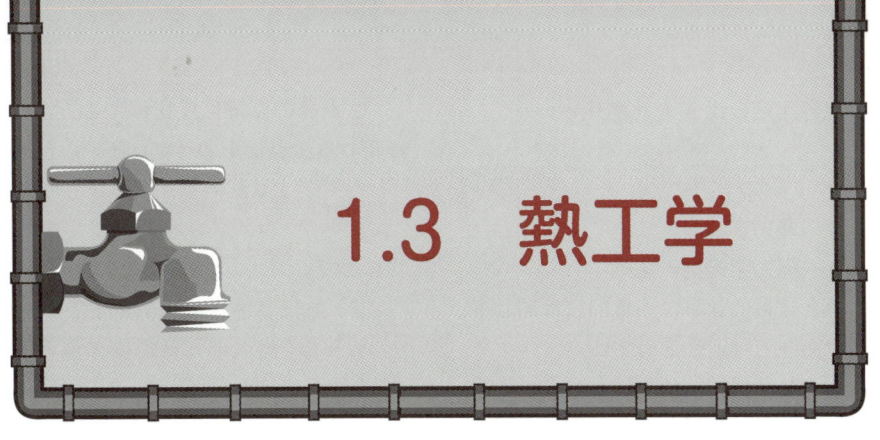

1.3 熱工学

(1) 温度
(a) 摂氏と華氏

温度には摂氏温度〔℃〕と華氏温度〔°F〕とがあり，摂氏温度は標準大気圧で水が凍る温度を0℃，沸騰する温度を100℃とし，これを100等分したものが1℃である．

摂氏温度と華氏温度とは下記のような関係がある．

$$T_C = \frac{5}{9}(T_F - 32)$$

ここで，T_C：摂氏温度〔℃〕
T_F：華氏温度〔°F〕

(b) 絶対温度

絶対温度とは，分子の運動が停止する温度 −273.15℃を0K（ケルビン），0℃を273.15Kとして目盛った温度で，次の式で表される．

$$T_K〔K〕= 273.15 + T_C〔℃〕$$

ここで，T_K：絶対温度〔K〕

(2) 熱容量と比熱

熱容量とは，加熱したときの温まりやすさや温まりにくさを表すもので，物体の比熱と重量の積から求められる．

比熱は，SI単位系では，1gの物質の温度を1K高める熱量で，単位はJ/(g・K)で表す．重量単位系では，1kgの物質の温度を1℃高めるのに必要な熱量をkcalで表したものである．1 kcalは，1kgの純水の温度を標準大気圧のもとで1℃上昇させるのに必要な熱量である．1 kcal/(kg・℃) = 4.186 kJ/(kg・K)である．

G〔kg〕の物質の温度をt_1〔℃〕からt_2〔℃〕まで上昇させるのに要する熱量Qは，

$$Q = G \cdot c (t_2 - t_1)$$

ここで，c：比熱（温度により変化する場合はその平均値）．

比熱には**定圧比熱**（c_p）と**定容比熱**（c_v）とがあり気体の場合は常に，

$$c_p > c_v$$

である（固体や液体では$c_p \fallingdotseq c_v$）．

ここで，定圧比熱（c_p）は圧力一定の状態で加熱し，外部に仕事をしながら温度上昇させたときの比熱であり，定容比熱は，容積一定の状態で加熱し，外部に仕事をさせないで温度を上昇させたときの比熱である．定圧比熱c_p

と定容比熱の比 K を比熱比という．

$$K = \frac{c_\mathrm{p}}{c_\mathrm{v}}$$

(3) 熱力学
(a) 熱力学の第一法則

熱と機械的仕事は本質的には同じものであり，可逆性を有する．

① 熱と機械的仕事はともにエネルギーの一種であり，一方から他方に変えることができる．
② 熱は力学的エネルギーと同種のエネルギーである．

(b) 熱力学の第二法則

熱と仕事の可逆性と方向性の困難さを経験により示したもので，

① 低温の物体から高温の物体に熱が自然に移ることがない（クロジュースの原理）．
② 一定の熱源から取り出した熱量を他に変化を与えることなしにすべてを仕事に変えることはできない（トムソンの原理）．

(4) 伝熱
(a) 熱移動

熱の移動には伝導，対流，放射の三つがあり，それらが複合的に起こることが多い．

伝導は物質の移動なしに同一の物体内で温度差があるとき，または隣接の物体間に温度差があるとき，高温の分子から低温の分子に熱エネルギーが伝わり，高温部から低温部へ熱が移動する現象をいう．熱伝導量は，フーリエの法則により 2 点間の温度差に比例し，2 点間の距離に反比例する．単位時間の熱伝導量を Q〔W〕とすると，

$$Q = \lambda \cdot \frac{t_1 - t_2}{l} \cdot A$$

ここで，
λ：熱伝導率〔W/(m・K)〕
$t_1 - t_2$：高温部と低温部の温度差〔K〕
l：2 点間の距離（壁の厚さ）〔m〕
A：壁の表面積〔m^2〕

放射は，分子の振動による電磁波を放出し，それが空間を直進し，物体表面に達し熱に変わる現象をいう．

完全黒体は，熱の吸収率 100％の表面をもつ物体のことであり，完全黒体の放射熱量はステファン・ボルツマンの法則

$$E = C \cdot T^4$$

で示される．ここで，
E：放射熱量
C：放射定数
T：完全黒体の絶対温度
である．

つまり，完全黒体の場合の放射熱量は，絶対温度の 4 乗に比例する．

(b) 熱通過

建物の構造体の壁や屋根などを熱が伝わることを熱通過といい，壁体の両側の空気に温度差がある場合に，壁体を通して高温側空気から低温側に熱が伝わる現象で，空気から壁面への熱伝達，壁体内を伝わる熱伝導，反対側の壁面から空気への熱伝達により熱が伝わる．熱通過率は，壁体などの熱の伝

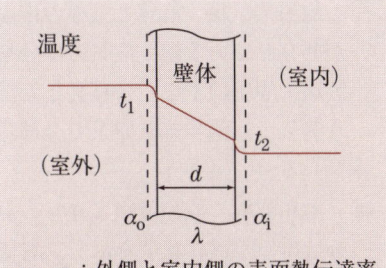

α_o, α_i：外側と室内側の表面熱伝達率〔W/(m²·K)〕
λ：壁体の熱伝導率〔W/(m·K)〕
d：壁の厚さ〔m〕

第1-13図　熱通過

わりやすさを表す値で次の式で示される（第1-13図参照）．

$$\frac{1}{K} = \frac{1}{\alpha_o} + \sum \frac{d}{\lambda} + \frac{1}{\alpha_i}$$

ここで，
K：熱通過率〔W/(m²·K)〕
である．

(5) 燃焼

(a) 高発熱量，低発熱量

一定量の燃料が完全燃焼して生じる熱量をその燃料の発熱量という．また燃焼ガス中の蒸気の潜熱を含めた発熱量を**高発熱量**，これを含まない発熱量を**低発熱量**という．

潜熱分は熱機関では利用できないため，ボイラー等の燃焼計算には低発熱量が用いられる．

(b) 理論空気量，空気過剰率

燃料を完全燃焼させるために，最小限必要となる空気量を理論空気量という．

燃料が燃焼機関内で完全燃焼するためには理論空気量だけでは不足で，実際にはそれより多くの空気が必要となる．理論空気より多く必要な空気を**過剰空気**という．

空気過剰率 $m = \dfrac{L}{L_0}$

ここで，L：実際に必要となる空気量，L_0：理論空気量

一般には空気過剰率は燃料が固体，液体，気体の順で小さくなる（第1-6表）．

第1-6表　ボイラーの空気過剰率

燃料の種類	空気過剰率
気体燃料	1.1～1.2
液体燃料	1.2～1.3
固体燃料	1.5～1.6

(6) 冷凍

冷凍とは，物体や室内空間などを周囲の大気温度よりも低い温度に冷却し，それを維持することである．

(a) 冷凍法

空調設備では，蒸発しやすい液体，たとえばフロンやアンモニア水を冷媒として利用し低圧低温で気化させ，その蒸発潜熱で冷却するもので，蒸発したガスは圧縮機で加圧，冷却し液化し繰り返し利用する．機械的エネルギーを加えて圧縮液化する圧縮式冷凍機や熱エネルギーを加えて化学的に冷凍する吸収式冷凍機がある．

(b) 冷凍トン

1日本冷凍トン（RT）は0℃の水1000 kg（1 ton）を1日（24時間）に全部を0℃の氷にするために必要な冷

凍能力をいう．

$$1\,\mathrm{RT} = \frac{79.6 \times 1\,000}{24}$$

$$= 3\,320\ \mathrm{kcal/h}\,(= 3.816\ \mathrm{kW})$$

1米国冷凍トン（USRT）は0℃の水2000ポンド〔Ib〕を1日（24時間）に全部を0℃の氷にするために必要な冷凍能力のことである．

$$1\,\mathrm{USRT} = \frac{144 \times 2\,000}{24}$$

$$= 12\,000\ \mathrm{BTU/h}$$

$$= 3\,024\ \mathrm{kcal/h}\,(= 3.157\ \mathrm{kW})$$

上式で，氷の凝固熱は144 BTU/Ib，1 BTU（British Thermal Unit）= 0.252 kcalである．

1日本冷凍トンの方が，約1割1米国冷凍トンより多い能力がある．

(c) モリエ線図

冷媒の特性を表した線図で，横軸にエンタルピー，縦軸に絶対圧力をとり，冷凍サイクルの検討に利用される（第1-14図）．

① 飽和蒸気線：液体と気体の冷媒が共存している湿り蒸気の部分を等温・等圧線上を右に移動した湿り蒸気は，飽和蒸気線上で全部蒸発する．

② 飽和液線：飽和液線より左の部分は冷媒が液体状態を示し，右側は湿り蒸気の状態を示す．

③ 等温度線：液体状態では上向き方向で，湿り蒸気部分では等圧線上（水平）に移動し，気体領域では下向き方向となる．

④ 乾き度：単位重量中に含まれる乾き飽和蒸気の重量割合をいい，乾き度 $x = \dfrac{\mathrm{AC}}{\mathrm{AB}}$ で表される．湿り度は $1-x$ となるため，$1-x = \dfrac{\mathrm{CB}}{\mathrm{AB}}$ となる．

(d) 冷凍サイクル

冷凍機において冷媒の状態変化を表すもので，第1-15図に示す．冷凍機

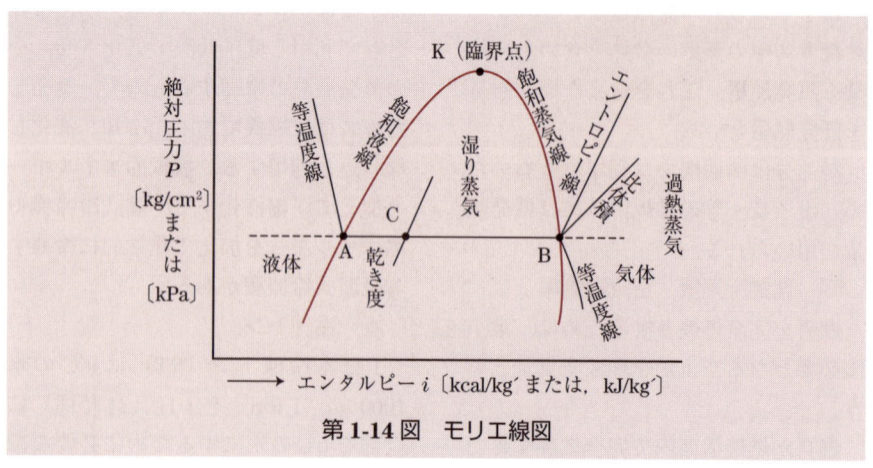

第1-14図　モリエ線図

のモリエ線上に表した冷凍サイクルを第1-16図に示す.

第1-16図において,

① 1→2：圧縮機内で断熱圧縮，冷媒ガスが圧縮機で圧縮され，冷媒ガスは等エントロピー線に沿って圧力や温度が上昇する.

圧縮機の仕事の熱当量＝ $i_2 - i_1$.

② 2→3：凝縮器で熱を放出し冷却する．高温高圧の過熱蒸気が冷却されて液体になる.

凝縮器で放出する熱量＝ $i_2 - i_3$.

③ 3→4：膨張弁の絞り弁により断熱膨張し，熱を吸収しやすい，低温，低圧の湿り蒸気となる.

④ 4→1：蒸発器に入り周囲から熱を奪いながら蒸発しエンタルピーを増加する．冷凍量＝ $i_1 - i_4$.

(e) **成績係数（COP：Coefficient of Performance）**

第1-16図において，循環冷媒量を G〔kg〕とすると,

　冷凍能力＝ $G(i_1 - i_3)$
　圧縮仕事＝ $G(i_2 - i_1)$
　凝縮器の放熱量＝ $G(i_2 - i_3)$

となる.

$$冷凍機のCOP = \frac{蒸発器で奪う熱量}{圧縮機の入力}$$

$$= \frac{i_1 - i_3}{i_2 - i_1}$$

で表される.

ヒートポンプとして冷凍機を利用した場合の成績係数は,

$$ヒートポンプのCOP = \frac{i_2 - i_3}{i_2 - i_1}$$

$$= \frac{(i_2 - i_1) + (i_1 - i_3)}{i_2 - i_1}$$

$$= 1 + \frac{i_1 - i_3}{i_2 - i_1}$$

$$= 1 + 冷凍機のCOP$$

したがって，理論上は冷凍機の成績係数に1を加えた値がヒートポンプの成績係数である.

(7) **湿り空気**

(a) **湿り空気と乾き空気**

空気は容積比で78.1％の窒素と21％の酸素およびわずかの炭酸ガス，

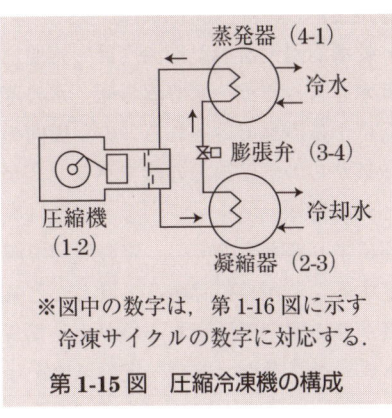

第1-15図　圧縮冷凍機の構成

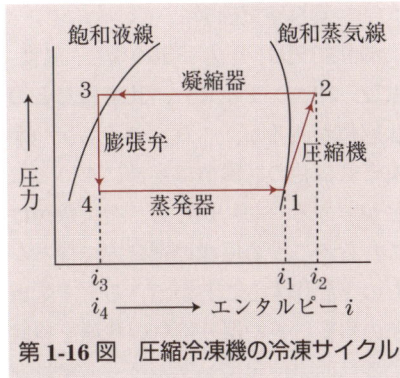

第1-16図　圧縮冷凍機の冷凍サイクル

1.3　熱工学

アルゴンなどから構成されていて，その構成比はほぼ一定であるが，水蒸気は気象状況により変動する．このため，便宜上，水蒸気を含まない乾き空気の概念を想定し，水蒸気を含む我々の周囲の空気を湿り空気と呼び，乾き空気と水蒸気との混合物として取り扱っている．つまり，乾き空気1kgと湿り空気に含まれる水蒸気x〔kg〕の値をそれぞれ別に扱い，$(1+x)$〔kg〕の湿り空気で考えることが多い．

(b) 絶対湿度と相対湿度

湿り空気中の水蒸気の含有率を表すのに，乾き空気1kgに対してx〔kg〕の比率で水蒸気が含まれているとし，x〔kg/kg′〕で表す．これを絶対湿度としている．

相対湿度φは，湿り空気中の水蒸気分圧hとその温度における飽和水蒸気分圧h_sとの比を百分率で表したものである．

$$\varphi = \frac{h}{h_s} \times 100 \ \text{〔\%〕}$$

(c) 飽和空気と露点温度

湿り空気中の水蒸気の量は，温度や圧力によって定まる最大値があり，この限度まで水蒸気を含んだ状態の空気を飽和空気という．

湿り空気の温度を下げていくと相対湿度100%の飽和空気となり，空気中の水蒸気が結露し始める温度がある．この温度が露点温度である．

(d) エンタルピー

ある状態における物質は，"顕熱+潜熱"の一定の熱を持っている．エンタルピーは物質が有するエネルギーの総和であり，圧力変化がない場合のエンタルピーの変化は熱量の変化で表される．

比エンタルピーは単位質量当たりのエンタルピーであり，湿り空気の比エンタルピーは0℃の乾き空気を基準とし，乾き空気1kg当たりのエンタルピー〔kcalまたはkJ〕で示される．よって比エンタルピーの単位は，kcal/kg′（kJ/kg′）である（ここでkg′は乾き空気1kgのことである）．

(e) オーガスト式，アスマン式乾湿球温度計

乾湿球温度計の湿球温度計の感温部は水を含んだガーゼで湿らせ，水の蒸発による潜熱で冷される一方，周囲の空気からの熱伝達との熱でバランスがとれた湿球温度を示す．湿球温度は風速により変わるので，一定の風速で測定することが必要である．ほとんど気流が無い室内で測定するのがオーガスト式，小さなファンで一定の気流を与えて測定するのがアスマン式である．

(f) 湿り空気線図

湿り空気は，圧力一定の場合，温度，湿度，比エンタルピー，比容積などの状態値があるが，これらのうち一つが決まれば他の状態値は容易に求めることができる．したがって，空気線図はこれらの二つの座標の選び方で種々なものを製作することができる．空気調和の負荷計算や湿り空気の状態を検討する目的で，比エンタルピーと絶対湿

第 1-17 図　湿り空気 h-x 線図

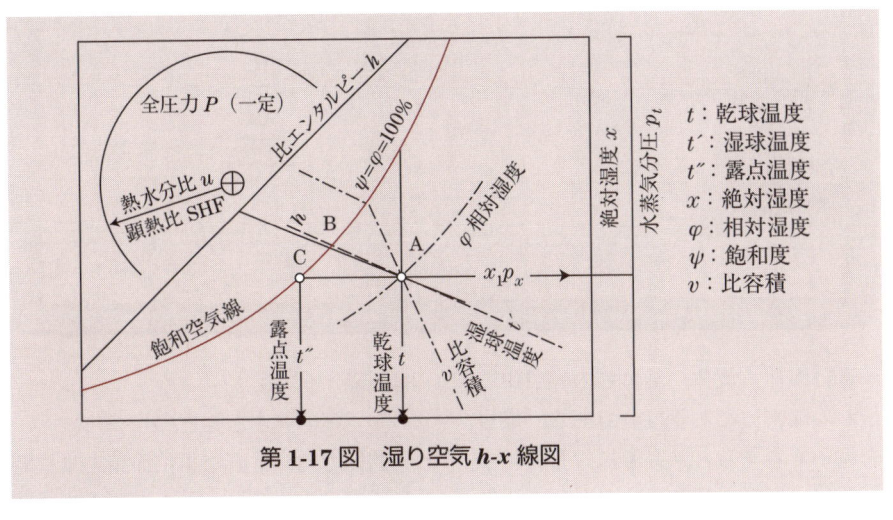

t：乾球温度
t'：湿球温度
t''：露点温度
x：絶対湿度
φ：相対湿度
ψ：飽和度
v：比容積

度を座標にとった h-x 線図が一般に用いられている（第 1-17 図）.

1.4 音

音は固体，液体，気体等の媒質中を伝わる疎密波であり縦波である．媒質を粒子で考えると，音源に対して粒子が前後に振動を繰り返すことにより音が伝っていくと考えられる．

(1) 音の速さ

$$c = \lambda f$$

の関係がある．ここで，

　c：音速〔m/s〕
　λ：波長〔m〕
　f：周波数〔Hz〕

である．

音の速さは気体の密度と体積弾性率とに影響される．

$$c = \sqrt{\frac{x}{\rho}} = 331.5 \text{ m/s}$$

ここで，

　ρ：気体の密度〔kg/m^3〕（ただし0℃において）
　x：気体の体積弾性率〔N/m^2〕〔Pa〕

である．

気温 t〔℃〕のとき，

$$c = 331.5 + 0.6t$$

したがって，$t = 15$℃の場合，$c = 340$ m/s となる．

(2) 音の強さと強さのレベル

進行方向に垂直な単位面積を単位時間に通過する音のエネルギーを音の強さといい，

$$I = \frac{P^2}{\rho c}$$

で表される．

ここで，

　I：音の強さ〔W/m^2〕
　P：音圧〔N/m^2〕
　ρ：空気密度〔kg/m^3〕
　c：音速〔m/s〕

である．

人間が音を感覚として聞くことができる強さの範囲は 10^{-12} 〜 10 W/m^2 といわれている．人間の耳はこの物理的対数の値に比例する．

音の強さのレベル

$$\text{SIL} = 10 \log_{10} \frac{I}{I_0} = 20 \log_{10} \frac{P}{P_0}$$

ここで，

　I：音の強さ〔W/m^2〕
　I_0：10^{-12}〔W/m^2〕（可聴最小エネルギー）

P：音圧〔N/m²〕〔Pa〕
P_0：2×10^{-5} 〔N/m²〕〔Pa〕

(3) 音の大きさ

　人間の耳に聞こえる音の大きさは，音圧レベルが低いと周波数によっては聞くことができない場合がある．音の大きさとは人間の音に対する感度の大きさであり，音の物理的尺度 dB に対して人間の耳による音の大きさの感覚による尺度をフォン（Phon）で表している．つまり，ある音の大きさを，これと同じ大きさで聞こえる 1000 Hz の純音の音圧レベル dB で表し，フォンを用いて音の大きさとしている．

　第 1-18 図に，聴感曲線（等ラウドネス曲線）を示す．

(4) 音の合成

　音の合成や分解は，その値が対数によるものであるため，単純なレベルの値の和や差にはならない．例えば L_1〔dB〕，L_2〔dB〕，L_3〔dB〕＋…の音が同時に存在したときの音の合成レベルは，

$$L = 10 \log_{10} \left(10^{\frac{L_1}{10}} + 10^{\frac{L_2}{10}} + 10^{\frac{L_3}{10}} + \cdots \right)$$

となる．

　同じ強さの音が二つ存在したときは 3 dB 増加する．

(5) 騒音

　騒音とは「望ましくない音，例えば音声，音楽などの伝達を妨害したり，耳に苦痛や傷害を与えたりする音」と JIS で規定されている．

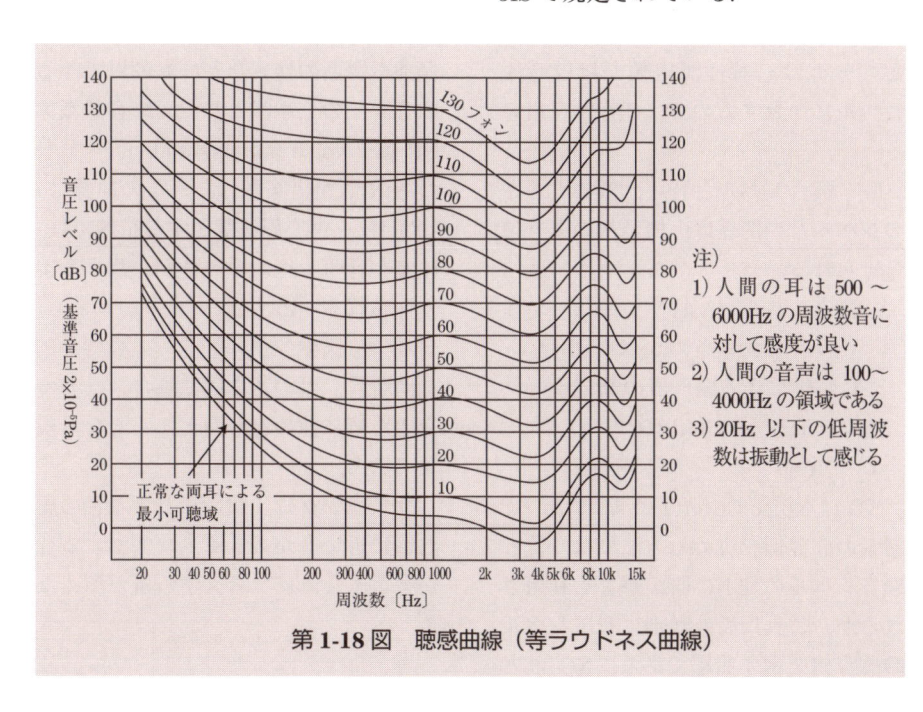

注）
1) 人間の耳は 500〜6000Hz の周波数音に対して感度が良い
2) 人間の音声は 100〜4000Hz の領域である
3) 20Hz 以下の低周波数は振動として感じる

第 1-18 図　聴感曲線（等ラウドネス曲線）

1.4 音

騒音レベルは，JIS に基づき製作された騒音計による測定で周波数補正回路を A 特性にして得られる dB またはフォン（Phon）として測定される．

(a) 騒音計

(i) 音の大きさを大・小二つに分けており，A 特性は聴感曲線（等ラウドネス曲線）の 40 フォンの聴感曲線に合う補正をしたもの，C 特性は 100 フォンの聴感曲線に近い補正をしたものである．

(ii) A 特性で測定した値が，人間の聴覚に最も近いといわれる．JIS 規程で，騒音レベルは，音の大小にかかわらず，原則として A 特性で測定することになっている．

(iii) 空調機器等の騒音測定は A，C の 2 特性で測定しておくとよい．周波数の分析は C 特性測定値がほぼ音圧レベルに一致するので，C 特性を用いる．

(iv) 騒音レベルと音圧，音の大きさのレベルとの関係は，概ね次のように考えられる．

騒音レベル（A 特性）
 ≒音の大きさのレベル dB(A)
C 特性による騒音計の測定値
 ≒音圧レベル dB(C)

(b) NC値

NC は Noise Criteria の略である．騒音の許容値を決める方法には，許容騒音レベルの他 NC 曲線がよく利用されるが，これは周波数別に音圧レベルの許容値を示す曲線である．NC-30 と

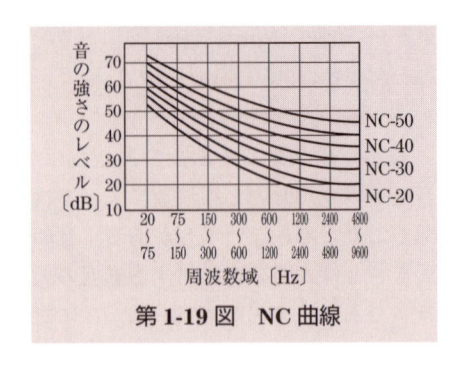

第 1-19 図　NC 曲線

は騒音をオクターブ分析した結果，すべての周波数について，NC-30 の曲線より小さいということを意味する．第1-19 図のように，NC 曲線は低音になるほど高い音圧レベルが許容されることがわかる．

(c) NR数

ISO（国際標準化機構）により，騒音としてのうるささだけでなく，聴力保護や会話の妨害などにも利用できる騒音評価の一手法として，騒音評価数 NR 数（Noise Rating Number），すなわち N 値が提案された．この曲線は，1000 Hz を中心周波数とする帯域では，N 値と音圧レベルの数値が一致するよう作られている．

(d) マスキング

同時に二つの音を聞く場合，一方の音のために他の音が聞えにくくなる現象のこと．

マスキングは，聞こうとする音の周波数に近い音が大きく，マスクする音が大きくなればマスクする量が多くなる．

1.5 地球環境問題

(1) 地球温暖化

産業活動の拡大や生活水準の改善に伴い，大気中に放出される水蒸気や二酸化炭素，メタンなどの温室効果ガス（Green House Gas：GHG）が，地表面からの放射熱を吸収し，吸収された熱の一部は地表に向け再放射され，結果的に地表は温暖化する．国際的な地球温暖化防止の対策として，数値目標等を盛り込んだ京都議定書が採択されている．京都議定書の対象ガスは CO_2，メタン，亜酸化炭素，HFC，PFC，SF_6 の6種類である．

地表から放射された遠赤外線（日射エネルギーにより加熱された地表面から放出される）の振動数と温室効果ガスの分子の固有振動数が近いと，赤外線の吸収率が高くなり温暖化を加速する原因となる．二酸化炭素の影響を1とした場合の赤外線の吸収割合を地球温暖化係数（Global Warming Potential：GWP）としているが，メタンは23倍，フロン類では数百〜数万倍といわれている．

(2) オゾン層破壊

地球を取り巻くオゾン層の大部分は，成層圏に存在し，太陽から放射される有害な紫外線の大部分を吸収し，地球上の生物を保護している．

このオゾン層がいわゆる特定フロン（CFC）により破壊されることが判明している．この特定フロンは空調用の冷媒や消火剤，半導体の製造工程で使われる洗浄剤や建材のウレタンフォーム等の断熱材など幅広く利用されていたが，その影響が大きいため，モントリオール議定書により5種類の特定フロンおよび3種類の特定ハロンの生産量の削減が合意されている．この趣旨に基づき，日本でも1988年に「特定物質の規制等におけるオゾン層の保護に関する法律」（オゾン層保護法）が制定されている．

特定フロンはCFC-11，12，113，114，115などで，化学的に安定した分子構造を有し，放出されたフロンは約10年で成層圏に達し，強い太陽光からの紫外線で分解されて塩素を発生し，これがオゾン層を破壊する．ター

ボ冷凍機などの冷媒として利用されていたが，1995年に生産，輸出入が禁止され，最近ではオゾン層破壊係数（ODP）がゼロのHFC134aが代替フロンとして使われている．

ルームエアコンやパッケージエアコンに使用されているHCFC22，123等の指定フロンは，CFCに比べてオゾン層への影響が小さいがゼロではないので，2020年までに補充用を除き生産，輸出入が禁止されている．この代替品としてR410A，R407Cなどの冷媒が開発されているが，取扱いが難しい側面がある．

(3) 酸性雨，光化学大気汚染

酸性雨は石油，石炭などの化石燃料の燃焼により排出される硫黄酸化物（SO_x）や窒素酸化物（NO_x）が化学反応を起こし硫酸や硝酸となり，これらが雨水に溶解し強い酸性を帯びたもので，pHが5.6以下とされていたが，最近では酸性の強い霧や雪，ガス状の酸についても酸性雨と見なされている．樹木の枯死，湖沼生物の死滅などの自然環境の影響はもとより，建築構造物の腐食・劣化などを引き起こす原因となる．光化学大気汚染は，生産工場や自動車から排出される炭化水素と窒素化合物が大気中で光化学反応することで発生する．

(4) 環境負荷評価の手法

建築物はその建設時から建物の維持，運用，改修，解体，除去等のライフサイクルにおいて，様々な面で環境に大きな負担（負荷）を与えている．これらの負荷に一定の歯止めをかけるため，環境要素別（大気，水，天然資源や音，騒音，振動など）に環境基本法により基準が示されている．また，1997年には「環境影響評価法」が成立し，一定規模以上の開発には地球環境の影響を事前評価することが義務づけられている．

(5) 省エネ技術の新しい傾向

建築物においては，様々な省エネ技術が採用され，それなりの実績を上げているが，一次エネルギーの消費量を極小に抑える手段として，エネルギーの面的利用やその地域での再生可能エネルギーの活用等により削減し，年間の一次エネルギー消費量をゼロまたは概ねゼロとする建築物をZEB（Zero Energy Building）という．ここで，エネルギーの面的利用とは，地域冷暖房による熱源の集約やネットワーク化，未利用エネルギーの活用（ゴミ焼却熱等）などである．

この問題をマスタしよう

問1 日射に関する記述のうち，適当でないものはどれか．
(1) 天空日射は，主に日の出から日没までの間に存在する．
(2) 大気透過率は，一般に冬期より夏期の方が大きい．
(3) 太陽定数は，緯度には関係しない．
(4) 日射のエネルギーは，主に赤外線部および可視部に存在する．

解説 (a) 一般に，冬期よりも夏期の方が大気中の水蒸気量が多い．そのため，太陽からの放射エネルギーを吸収しやすい．大気透過率は地表に到達する日射の強さと大気外の日射の強さの比であるので，冬の方が大きな値となる．

(b) 日射は直達日射と天空日射に分けられるが，太陽からの放射エネルギーが，直接地表に到達するものが直達日射であり，大気中の微粒子で散乱され，全天空から地表に到達するものが天空日射であり，日の出から日没までの間に存在する．

(c) 太陽定数は大気圏外で日射に対して直角な面の単位時間，単位面積に受ける熱量のことであり，1.362 W/m² である．したがって，地球の緯度には関係しない．

答 (2)

問2 室内の空気環境に関する記述のうち，適当でないものはどれか．
(1) 浮遊粉じんとは「建築物における衛生的環境の確保に関する法律」によれば，空気中に浮遊する粒径が概ね 10 µm 以下の物質のことである．
(2) ホルムアルデヒドは化学物質過敏症の原因物質であるが，濃度が 0.1 mg/m³ 程度になると死に至ることがある．
(3) 建築基準法では，建築材料からの飛散または発散による衛生上の支障を生ずるおそれのある物質として，石綿，ホルムアルデヒド，クロルピリホスが規制の対象となっている．
(4) 厚生労働省の定めた TVOC（総揮発性有機化合物）の暫定的目標値は個別物質の指針値とは別に空気質の状態の目安として用いられる．

解説 0.1 mg/m³ は 0.08 ppm に相当し，鼻咽などの粘膜の刺激程度である．死に至るのは 50 ～ 100 ppm の濃度である．

答 (2)

> **問3** 空気環境に関する記述のうち，適当でないものはどれか．
> (1) 硫黄酸化物による汚染の原因は，その大部分が石油などの化石燃料の燃焼による．
> (2) 空気中に浮遊する粒径 10 μm 以下のものを，浮遊粒子状物質という．
> (3) 光化学大気汚染の状況の指標であるオキシダント濃度は，気象条件により大きく影響される．
> (4) 温室効果ガスである大気中の二酸化炭素の濃度は増加してきており，現在では約 200 ppm である．

解説 (1) 石油などの化石燃料の燃料中に含まれる硫黄分が燃焼時に酸化して大気中に放出されたものが硫黄酸化物で，SO_2（二酸化硫黄）を代表とする SO_x で示される．

(2) 浮遊粒子状物質とは，空気中に存在する固体粒子のうち，粒径が小さいためにほとんど沈降せず浮遊しているもので，粒径は 10 μm 以下が多く，大気中に比較的長時間滞留し，人の健康に影響する．

(3) 窒素酸化物 NO_x 等が，紫外線などで光化学反応を起こして生成するオキシダントは，主としてオゾンやアルデヒトなどからなる．悪臭と眼に刺激がある．オキシダント濃度は気象条件により影響される．

(4) 二酸化炭素（CO_2）は，低温常圧化ではドライアイスとなり，常温常圧下では炭酸ガスとなる．地球温暖化の原因とされる二酸化炭素の濃度は増加傾向にあり，最近の大気中の濃度は 360 ppm 程度である．

答 (4)

> **問4** 次の用語の組み合わせのうち，関係のないものはどれか．
> (1) 相当外気温度――日射量
> (2) 実効温度差――冷房負荷
> (3) 不快指数――ドラフト
> (4) デグリーデー――空調エネルギー量

解説 (1) 相当外気温度とは，日射の影響を温度に換算したもので，壁からの流入熱量を求めるときに使われる．気温に日射による外壁表面温度上昇分を加えた値に相当する．

相当外気温度 = 外気温度 + 外壁面全日射量 × $\dfrac{日射吸収率}{外壁表面熱伝達率}$

(2) 熱負荷計算において，壁体などの熱容量の大きい部材を通しての熱伝導は非定常的に解くことが必要であるが，これを簡略化して等価な定常熱伝

導に置き換えるために使われる仮想の温度差のことを実効温度差という．壁体の蓄熱による時間遅れを伴う仮想の温度に換算したもので，外壁屋根などの日射や夜間放射の影響を受ける部分の熱負荷の計算には，温度差の代わりに実効温度差を用いる．

(3) 不快指数（DI）とは，蒸し暑さによる不快感を表す指標で，一般に気温と相対湿度から求めることができる．DIはDiscomfort Indexのことである．

ドラフトとは，いわゆるすき間風などのような気流の流れをいい，冬季の暖房時など，冷たい風が足元に流れ不快感を生じることがあるが，これをコールドドラフトという．

(4) デグリーデーとは暖房度日ともいい，暖房または冷房に要する年間エネルギーを算出するのに用いられる概略の指数で，冷暖房を行う日の室内温度と外気の平均温度の差をシーズンを通して集計した値である．その土地の暖かさ，寒さの程度がわかることや燃料消費量の概算に役立つ，建物の熱損失の概算に利用できる等がある．

答 (3)

問5 人体の代謝に関する記述のうち，適当でないものはどれか．
(1) clo（クロ）とは，作業強度を表す単位である．
(2) 基礎代謝量とは，生命保持に必要最小限とされる基準量をいう．
(3) 呼吸商とは，二酸化炭素排出量を酸素摂取量で除した値をいう．
(4) met（メット）とは，代謝量を表す単位である．

解説 (a) 衣服の熱的な絶縁性を示す単位で，ある一定の温湿度，気流の室内で体の表面からの放射熱量が1 met（58.2 W/m^2）の代謝とバランスするような着衣状態を1クロ（clo）としている．

(b) 呼吸商とは人体が酸素（O_2）を取り入れ，二酸化炭素（CO_2）を排出するが，取り入れる酸素と排出する二酸化炭素の比を呼吸商という．

$$呼吸商 = \frac{CO_2排出量}{O_2摂取量}$$

重労働になると数値が大きくなる．

答 (1)

問6 熱環境に関する記述のうち，適当でないものはどれか．
(1) 不快指数（D.I）は，乾球温度および相対湿度に関係する．
(2) 有効温度（E.T）は，乾球温度，湿球温度および気流速度の組み合わせで表す．
(3) 等価温度（E.W）は，グローブ温度計で気流速度が小さいときに測った温度で表す．
(4) 効果温度（O.T）は，乾球温度，湿球温度および周壁からの輻射に関係する．

解説 (a) 効果温度（OT：Operative Temperature）は乾球温度，気流速度，周壁からの放射（輻射）熱と体感との関係を示したもので，冬季の窓ガラス面や壁体表面温度と気温の差が大きいときに用いられる．実際には周壁面の平均放射温度と室内温度の平均値で示される．湿度については考慮されていない．

(b) 米国人のヤグローによる実験によりヤグロー線図として知られているもので，人体が感じる快適さを乾球温度，湿球温度，気流速度の3要素を用いて表したものを有効温度（ET：Effective Temperature）という．室内の周囲の壁の表面温度は室内の空気の温度と等しく，そこからの放射の影響がないものとし，壁面と室内空気温度の差が小さいときに使用される．

(c) 等価温度（EW：Equivatent Warmth）は，気流が無い場所での乾球温度と放射とを組み合わせて表したもので，グローブ温度計により測定する．グローブ温度計は，放射熱を吸収するために黒塗りでツヤ消しされた中空の銅球（直径15 cm）の中心に温度計が入れられている（図1-1）．

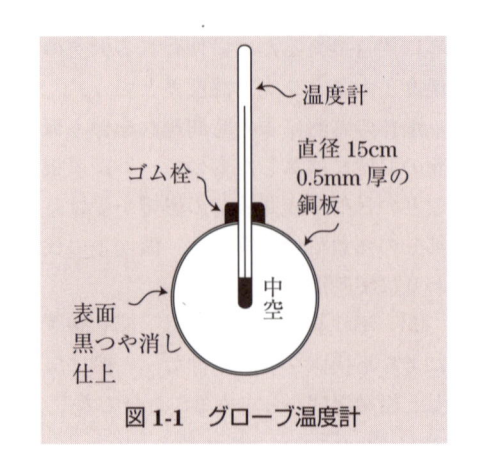

図1-1 グローブ温度計

答 (4)

問7 次の用語の組み合わせのうち，適当でないものはどれか．
(1) RMR ―― エネルギー代謝率
(2) PMV ―― 予想平均申告
(3) ET* ―― 修正有効温度
(4) MRT ―― 平均輻射（放射）温度

解説 (a) ET*（new Effective Temperature：新有効温度）は，気温，湿度，気流，放射（輻射）熱，着衣量，作業強度などを考慮した総合的な温熱指数である．有効温度（ET）は湿度100％を基準に定めていたが，ET*（新有効温度）は相対湿度50％を基準としているため現実に近い．

(b) RMR（Relative Metabolic Rate：エネルギー代謝率）とは，作業や運動の種類や軽重により人体の消費熱量は異なるが，エネルギー代謝量と基礎代謝量の割合をエネルギー代謝量（RMR）で表す．

エネルギー代謝率（RMR）

$$= \frac{\text{作業代謝量} - \text{安静時代謝量}}{\text{基礎代謝量}}$$

(c) MRT（Mean Radiant Temperature：平均放射温度）は壁面からの平均的な放射効果を示すもので，室内の各壁面について壁面温度と面積を乗じて，その総計をとり，全壁面積で除した値である．

$$\text{MRT} = \frac{\sum \begin{pmatrix} \text{室内各部分の表面温度} \\ \times \text{各部分の表面積} \end{pmatrix}}{\text{室内各部の表面積の和}}$$

で表される．

グローブ温度計は球形のため室内の全方向性の熱放射測定器として，平均放射温度を測定することができる．

答　(3)

問7　次の表は，中央管理方式の空気調和設備について，「建築基準法」の規定に従い，居室の環境を表す要素と設備の性能上求められる基準値とを対比させてまとめたものである．

表中の空欄　A　，　B　および　C　に当てはまる数値の組み合わせとして，**適当なもの**はどれか．

居室の環境を表す要素	設備の性能上求められる基準値
浮遊粉じんの量	空気 1m³ につき　A　mg 以下
一酸化炭素の含有率	100万分の　B　以下
炭酸ガスの含有率	100万分の 1000 以下
温　　　度	1. 17 度以上 28 度以下 2. 居室における温度を外気の温度より低くする場合は，その差を著しくしないこと．
相　対　湿　度	40％以上 70％以下
気　　　流	1 秒間につき　C　m 以下

　　　〔A〕　　　〔B〕　　　〔C〕
(1)　0.25　——　10　——　1.5
(2)　0.15　——　10　——　0.5
(3)　0.15　——　100　——　1.5
(4)　0.25　——　100　——　0.5

解説　建築基準法では中央管理方式の空気調和設備について基準を定めている（**表 1-1**）．これは中央管理方式の空調に限らず一般の居室の環境の基準ともなるものである．

答　(2)

表 1-1　中央管理方式の空気調和設備の室内環境基準（建基令第 129 条の 2 の 6）

(1)	浮遊粉じん量	空気 1 m³ につき 0.15 mg 以下
(2)	CO 含有率	10 ppm 以下（100 万分の 10 以下）
(3)	CO_2 含有率	1000 ppm 以下（100 万分の 1000 以下）
(4)	温度	1. 17℃ 以上，28℃ 以下 2. 居室における温度を外気の温度より低くする場合には，その差を著しくしないこと．
(5)	相対湿度	40% 以上，70% 以下
(6)	気流	0.5 m/s 以下

※ ホルムアルデヒドの量：0.1 mg/m³ 以下
　中央管理方式の空気調和設備があるかホルムアルデヒドの量を 0.1 mg/m³ 以下に保つことができるとして，大臣認定を受けた居室については，建材の面積制限の適用を除外される．

問 9　水質に関する記述のうち，適当でないものはどれか．
(1) SS は，水に溶けない懸濁性の物質のことをいい，水の汚濁度を判断する指標として使用する．
(2) 下水道の排水基準では pH は，5.8 以上 8.6 以下と定められている．
(3) BOD は，一般に 1 L の水を 20℃で 24 時間放置し，その間に消費される酸素量で表している．
(4) 窒素およびりんは，河川，湖沼，内湾等の富栄養化の原因物質である．

解説

(a) BOD は水中に含まれている有機物質の程度を表すもので，腐敗性の有機物が無機性の酸化物とガスに微生物の働きで分解され安定な状態に至るまで水中の酸素が消費される．このときに使われる必要量の酸素量を BOD（Biochemical Oxygen Demand）といい，生物化学的酸素要求量のことであり，1L の水を 20℃の温度で 5 日間放置して，消費される酸素の量がその間どれ程かを測定し，濃度（mg/L）で表す．一般に，BOD が大きい場合，水中の腐敗性の有機物が多く汚染が進んでいると考えられる．

(b) 窒素，りんが河川，湖沼，内湾など閉鎖性の水域に流入すると，富栄養化の原因となり，湖沼にアオエが発生したり，内湾に赤湖が発生する要因となる．

答　(3)

問10 次の文中，[　]内に当てはまる語句の組み合わせのうち，適当なものはどれか．

pHは，水素イオン濃度を示す指数で，pH値が[A]のときは[B]濃度が高く，[C]である．

　　　〔A〕　　〔B〕　　　　〔C〕
(1)　6——水酸イオン——酸　　　性
(2)　9——水酸イオン——アルカリ性
(3)　6——水素イオン——アルカリ性
(4)　9——水素イオン——酸　　　性

解説　水にはいろいろの物質が溶けこんでいる．その物質の割合により酸性，アルカリ性を表す．

水中の水素イオン（H^+）が水酸イオン（OH^-）より多ければその水は酸性を示し，（OH^-）が多ければアルカリ性を示す．温度が一定であれば，1Lの水の水素イオン濃度［H^+］と水酸イオン濃度［OH^-］との積は等しい．

pHは水素イオン指数といい，

$$pH = \log \frac{1}{[H^+]} = -\log [H^+]$$

で表す．pH＝7で中性を，pH＜7であれば酸性を，pH＞7の場合はアルカリ性を示すことになる．

自然水のうち表流水はアルカリ性が多く，地下水は酸性が多いが，これに溶け込んでいるCO_2が大気に放出されるとアルカリ性になる．

飲料水のpHや下水道への放流水のpHは，5.8以上8.6以下と規制されている．

建築設備で使用されている配管で，鋼管は酸性の水には弱いがアルカリ性の水に対しては損傷が少ない．これに対して，鉛管は酸性の水に強く，アルカリ性の水に弱い性質がある．

答　(2)

問11　ベルヌーイの定理に関する記述のうち，適当でないものはどれか．
(1) ベルヌーイの定理は，流体のもっている運動エネルギー，圧力エネルギー，位置エネルギーの総和が流線に沿って一定であることを表している．
(2) ベルヌーイの定理は，定常流の中に置かれた物体の前面で流速がゼロになる点（よどみ点）においては成立しない．
(3) ベルヌーイの定理は，管路内の半径方向の流速が一様でない流れに対しても管内平均流速を用いることにより拡張して使うことができる．
(4) ベルヌーイの定理では，流体の圧縮性と粘性は考慮しない．

解説 　(a) ベルヌーイの定理は，粘性が無く，しかも圧縮しない液体（完全流体）が流管内に流れるとき，この流体のもっている運動エネルギー，重力による位置エネルギー，圧力によるエネルギーの総和は流線に沿って一定であるということである。ここで，速度を v，圧力を p，高さを Z，流体の比重を γ とすると，

$$\frac{v^2}{2g} + \frac{p}{\gamma} + Z = 一定$$

となる．

この第1項を速度水頭，第2項を圧力水頭，第3項を位置水頭という

(b) ベルヌーイの定理が成り立つ条件は，管内を流れる流体は粘性がなく，圧縮しない完全流体ということであるから，管路内の半径方向に流速が一様でない流れに適用できない．

(c) ベルヌーイの定理は，定常流の中であれば，物体の前面で流速がゼロとなる点（よどみ点）においても成立する．

答 (3)

問12 水位が H である水槽の小穴から流れ出る流速を測ったところ v であった．このまま水を流し続け水位が $\dfrac{H}{3}$ になったときの流速として，適当なものはどれか．

(1) $\dfrac{v}{3}$

(2) $\dfrac{\sqrt{v}}{3}$

(3) $\dfrac{v}{\sqrt{3}}$

(4) $\sqrt{\dfrac{v}{3}}$

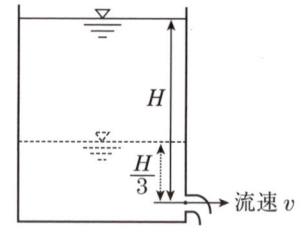

解説 　ベルヌーイの定理より，流管内の定常流において基準面からのある高さの点を単位時間に通過するエネルギー E は，

$$E = \frac{v^2}{2g} \cdot \gamma + Z\gamma + \rho \quad （一定）\quad (1)$$

ここで，
　g：重力の加速度 9.8 m/s^2
　ρ：密度 〔kg/m³〕
　γ：比重量（ρg）
または，

$$H = \frac{v^2}{2g} + Z + \frac{P}{\gamma} \quad (2)$$

(2)式において，
　H：全水頭，　$\dfrac{v^2}{2g}$：速度水頭
　Z：位置水頭，　$\dfrac{P}{\gamma}$：圧力水頭

図 1-2 において，

A 点の全水頭 $H_1 = \dfrac{v_A{}^2}{2g} + Z_A + \dfrac{P_0}{\gamma}$

B 点の全水頭 $H_2 = \dfrac{v_B{}^2}{2g} + Z_B + \dfrac{P_0}{\gamma}$

$H_1 = H_2$，つまり，

$$\dfrac{v_A{}^2}{2g} + Z_A + \dfrac{P_0}{\gamma} = \dfrac{v_B{}^2}{2g} + Z_B + \dfrac{P_0}{\gamma}$$

ここで，$Z_B = 0$，$v_A = 0$ であるから，

$v_B{}^2 = 2g \cdot Z_A$

∴ $v_B = \sqrt{2g \cdot Z_A}$

ここで，$Z_A = H$ とおくと，

$v_B = \sqrt{2g \cdot H}$

設問より $H \to \dfrac{1}{3}H$ としたときの v_B を求めると，

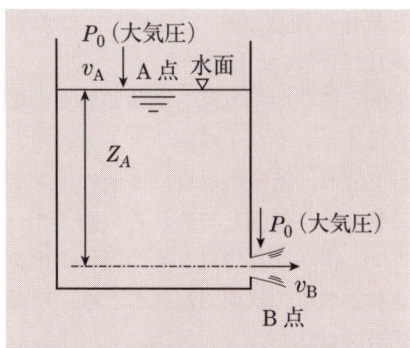

図 1-2 水槽の B 点での流出速さ

$v_B = \sqrt{2g \cdot \dfrac{H}{3}} = \dfrac{\sqrt{2g \cdot H}}{\sqrt{3}}$

したがって，流速は $\dfrac{1}{\sqrt{3}}$ となる．

答　(3)

問 13　流体に関する記述のうち，適当でないものはどれか．
(1) レイノルズ数は，速度に比例し，動粘性係数に反比例する．
(2) 層流における管摩擦係数は，レイノルズ数が大きくなるにしたがって大きくなる．
(3) レイノルズ数が約 2000 より小さい流れは，層流である．
(4) 乱流における管摩擦係数は，一般にレイノルズ数と管の相対あらさに関係する．

解説　(a) 流体が流れる状態には，流体が規則正しく層をなして流れる層流と不規則に流れが乱れる乱流がある．また層流から乱流に移り変わるときの流れを遷移流といい，このときの速度を臨界速度という．

流体の速度を v〔m/s〕，管の内径を d〔m〕，動粘性係数を ν〔m²/s〕とするとレイノルズ数 Re は，

$Re = \dfrac{v \cdot d}{\nu}$

で表される．

レイノルズ数（Re）は層流，乱流の判定に用いられ，層流の場合 $Re < 2320$，乱流の場合 $Re > 4000$，$2320 \leq Re \leq 4000$ の場合は不安定の流れとなる．

レイノルズ数（Re）は管の内径（d）

この問題をマスタしよう

と流体の速度 (v) に比例し，動粘性係数 (ν) に反比例する．

(b) 管の中を流れる流体が層流の場合は赤インクを1滴流すと1本の線として流れ，乱流の場合は1滴のインクは管全体に散乱して流れる（図1-3）．

(c) 滑らかな管壁をもつ円管の中を流体が層流の状態で流れるとき，摩擦係数 λ は，

$$\lambda = \frac{64}{Re}$$

で表される．つまりレイノルズ数 Re が大きくなると管摩擦係数 λ は小さくなる．また一般に管壁の相対粗さ，レイノルズ数 Re，管摩擦係数 λ の関係は，ムーディー線図（第1-12図）で読み取ることができる．

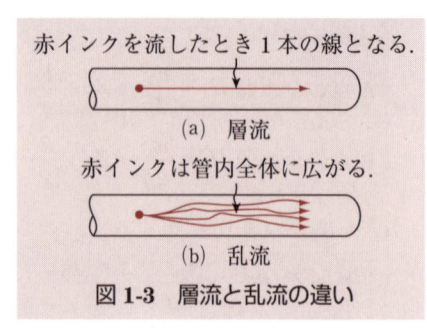

図1-3 層流と乱流の違い
(a) 層流：赤インクを流したとき1本の線となる．
(b) 乱流：赤インクは管内全体に広がる．

答 (2)

問14 熱に関する記述のうち，適当でないものはどれか．
(1) 空気の比熱比とは，定圧比熱を定容比熱で除したものである．
(2) 等方性を有する固体では，体膨張係数は線膨張係数より小さい．
(3) 潜熱とは，温度変化を伴わない相変化に費やされる熱量である．
(4) 液体の定圧比熱と定容比熱はほとんど同じ値である．

解説 (a) 固体や液体を加熱すると，一般には体積の膨張が起こる．温度0℃における体積を V_0，t〔℃〕における体積を V とし，温度変化に対しての体積の変化の度合いを $\dfrac{\Delta v}{\Delta t}$ とすると，

$$\frac{\Delta v}{\Delta t} = \alpha \cdot V_0$$

また，今0℃におけるその物体の長さを L_0 とし t〔℃〕における長さを l とすれば，同様な考え方で，

$$\frac{\Delta l}{\Delta t} = \beta \cdot L_0$$

の関係となる．ここで α を体膨張係数，β を線膨張係数といい，設問のような等方性を有する固体では $\alpha \fallingdotseq 3\beta$ である（表1-2）．

表1-2

	線膨張係数 β〔×10^{-6}/℃〕
コンクリート	12
鋼	11.6
ステンレス	17.3
アルミ	23.6
ガラス	1.2
石英ガラス	0.55

(b) 熱は顕熱と潜熱に分けられる．物体に熱を加えると，物体の温度を上

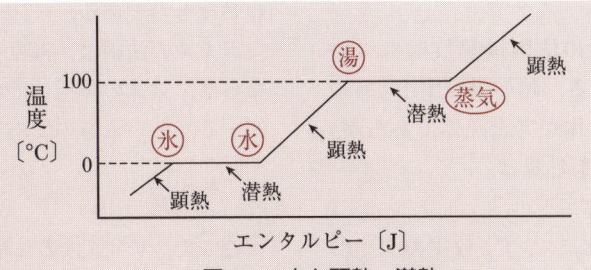

図 1-4 水と顕熱，潜熱

昇させ内部エネルギーとなり，一部は膨張により外部に仕事をする．この温度の上昇（温度の変化）に使われる熱を顕熱といい，これに対して温度変化を伴わないで相の変化つまり固体から液体に，液体から気体に，固体から直接に気体へと状態を変えるとき，状態の変化（相の変化）だけに費される熱が潜熱である（図 1-4）．

答 (2)

問15 伝熱形式に関する記述のうち，適当でないものはどれか．
(1) 輻射（放射）による放熱量は，物体の絶対温度の4乗に比例する．
(2) 強制対流は，自然対流に比べて伝熱量が大きくなる．
(3) 輻射（放射）の強さは，物体の温度と表面の性状により決まる．
(4) 熱伝導とは，固体壁とこれに接する流体間の熱移動現象をいう．

解説 選択肢(4)は熱伝達の説明である．熱伝達は，固体とそれに接する流体の接触面において生じる熱移動のことで，実際の固体壁の表面と流体の間の伝達は，対流の他伝導や放射（輻射）を伴う熱移動であるが，これを熱伝達としている．熱伝達量 Q（単位時間，単位面積を通過する熱量．W/m²）を式で表すと，

$$Q = \alpha (t_w - t_o) \cdot A$$

ここで，α：熱伝達率〔W/(m²·K)〕
t_w：固体壁表面温度〔K〕
t_o：周囲流体温度〔K〕
A：固体表面積〔m²〕

答 (4)

問16 次の用語の組み合わせのうち，関係のないものはどれか．
(1) ステファン・ボルツマンの法則――熱伝導
(2) ダルトンの法則――混合気体
(3) カルノーの原理――冷凍サイクル
(4) ボイル・シャールの法則――理想気体

この問題をマスタしよう

解説 (1) ステファン・ボルツマンの法則は熱放射についての法則である．熱の吸収率100%の表面をもつ物体が完全黒体であるが，完全黒体の放射熱量は，

$$E = C \cdot T^4$$

で表される．ここで，E：放射熱量，T：完全黒体の絶対温度，C：放射定数である．

(2) ダルトンの法則とは，混合気体の全圧とそれぞれの気体の分圧との関係の法則であり，同一温度の数種類の気体がそれぞれ v の体積を有し，そのときの分圧を $p_1, p_2, p_3, \cdots, p_n$ とすれば，それらを混合した気体の全体の圧力 P は，次式となる．

$$P = p_1 + p_2 + p_3 + \cdots + p_n$$

(3) カルノーの原理は，熱機関のサイクルにおいて，等温放熱，断熱圧縮，等温加熱，断熱膨張から成り立つ熱機関のサイクルのことで，この原理から圧縮式冷凍機は蒸発器，圧縮器，凝縮器および膨張弁の各要素から構成され，冷媒がこれらを循環することにより冷凍サイクルを構成している．

(4) ボイル・シャールの法則は，ボイルの法則とシャールの法則を組み合わせたものである．

ボイルの法則は，温度を一定とするならば，気体の体積はその圧力に反比例する，というものである．

$$V = \frac{C}{P}$$

ここで，V：気体の体積，P：圧力，C：定数である．

圧力が P_1 から P_2 に変わると，$P_1V_1 = P_2V_2$ であるから体積は圧力に反比例して V_1 から V_2 になる．

シャールの法則は，気体を一定圧力の状態で温度変化させると，体積は絶対温度 T〔K〕に比例して変化する，というものである．

$$\frac{V_1}{V_2} = \frac{T_1}{T_2}$$

ここで，$T_1 = 273 + t_1$，$T_2 = 273 + t_2$ である．

以上のボイルの法則，シャールの法則をまとめると，

$$\frac{P_1V_1}{T_1} = \frac{P_2V_2}{T_2} = 一定$$

である．ここで，$PV = RT$ となる．R をガス常数という．

答 (1)

問17 湿り空気に関する記述のうち，適当でないものはどれか．
(1) 絶対湿度とは，湿り空気の水蒸気分圧と，同じ温度の飽和空気の水蒸気分圧の割合である．
(2) 湿り空気の比エンタルピーは，その成分である乾き空気と水蒸気のエンタルピーの和である．
(3) 湿り空気の全圧は，乾き空気の分圧と水蒸気の分圧の和で示される．
(4) アスマン乾湿計を用いて測定した湿球温度は，熱力学的湿球温度にほぼ等しい．

解説 (a) 絶対湿度とは，乾き空気1kgを含む湿り空気中の水分の重量〔kg/kg'〕で表す．x〔kg〕の水蒸気が含まれている空気（乾き空気1kgを含んだ空気）を$(1+x)$〔kg〕とすると，絶対湿度x〔kg/kg'〕とはx〔kg〕の水蒸気が含まれている状態をいう．

(b) 混合気体の圧力は各気圧の分圧の和で表され，これをダルトンの法則という．選択肢(2)の記述のとおり，乾き空気の分圧と水蒸気の分圧の和が湿り空気の全圧である．

(c) アスマン乾湿計は2本の棒状温度計を平行に設置し，1本の温度計の感温部を常に湿ったガーゼで包み，空気が流れるようにファンが組み込まれたもので，その湿球温度は熱力学的湿球温度（断熱飽和温度）にほぼ近くなる．

答　(1)

問18 モリエ線図上に示した圧縮式冷凍機の冷凍サイクルに関する記述のうち，適当でないものはどれか．

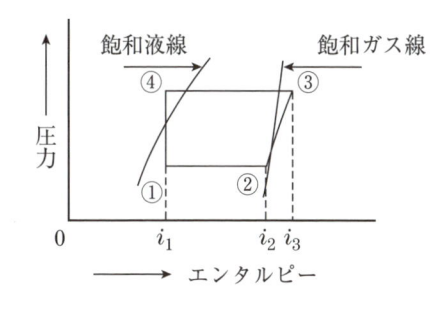

(1) 蒸発器での冷却熱量は，$(i_2 - i_1)$で表される．
(2) この冷凍サイクルの成績係数は，$(i_2 - i_1) / (i_3 - i_1)$で表される．
(3) 膨張弁での冷媒の変化は，④①で表される．
(4) 圧縮機の仕事量は，$(i_3 - i_2)$で表される．

解説 (a) 圧縮式冷凍機の主要機器は，蒸発器，圧縮器，凝縮器および膨張弁より構成されており，冷媒はこれらの機器間を循環し冷凍サイクルを作っている（図1-5，図1-6）．それぞれの機器の機能は以下のとおりである．

① 蒸発器：冷媒が一定の圧力（低圧）で周囲から熱を奪いながら蒸発する（冷却効果）．エンタルピーの差$(i_2 - i_1)$は，蒸発器における冷媒の冷凍効果を示す．

② 圧縮器：冷媒を高温・高圧の過熱蒸気にする．冷媒ガスが圧縮機で圧縮されるとき，ガスは等エントロピー線に沿って圧力や温度が変化する．

この問題をマスタしよう

図 1-5 冷凍サイクル

図 1-6 モリエル線図と冷凍サイクル

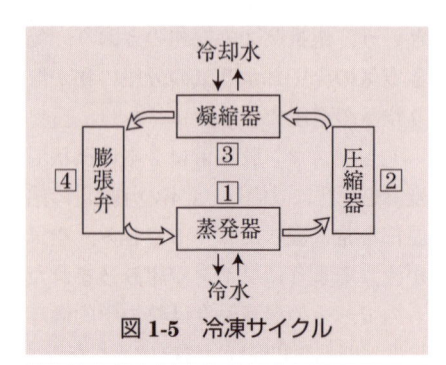

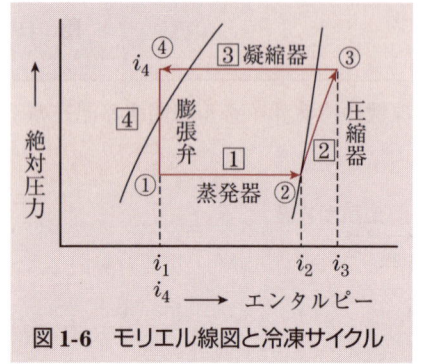

エンタルピーの差 $(i_3 - i_2)$ は圧縮器のする仕事の熱当量に相当する．

③ 凝縮器：高温高圧の冷媒の過熱蒸気が，圧力一定の状態で冷却されて液体となる．凝縮器で放出する熱量は $(i_3 - i_4)$ である．

④ 膨張弁：高圧の液体の冷媒が膨張弁により膨張作用を受け，低圧，低温の熱を吸収しやすい湿り蒸気となる．

(b) 冷凍機の効率と成績係数（COP：Coefficient of Performance）

成績係数は冷凍量に対する圧縮機の熱当量の比をいい，

$$冷凍機のCOP = \frac{i_2 - i_1}{i_3 - i_2}$$

で表される．

ヒートポンプとして冷凍機を使用した場合の成績係数は，

$$ヒートポンプのCOP = \frac{i_3 - i_4}{i_3 - i_2}$$

$$= \frac{(i_3 - i_2) + (i_2 - i_1)}{i_3 - i_2}$$

$$= 1 + \frac{i_2 - i_1}{i_3 - i_2}$$

$$= 1 + 冷凍機のCOP$$

ヒートポンプのCOPは冷凍機のCOPに1を加えたものとなる．

答 (2)

問19 地球環境に関する記述のうち，適当でないのはどれか．

(1) 指定フロン HCFC-22，123 などは，2020年までに，補充用のものを除き生産，輸出入が禁止されることになっている．
(2) 京都議定書による削減の対象となる温室効果ガスは，二酸化炭素，メタン，代替フロン等の6種類である．
(3) アンモニアは地球温暖化係数が小さく，オゾン破壊係数もゼロの自然冷媒である．
(4) 代替フロン HFC-134a は，オゾン層破壊係数はゼロで，地球温暖化係数が二酸化炭素より小さい．

解説 (1) 指定フロンはルームエアコンやパッケージ空調機に使用されているが，CFC に比べて ODP（オゾン破壊係数）は小さいがゼロではなく，GWP（地球温暖化係数 100 年）は 1700 で，補充用を除き 2020 年までに生産，輸出入が禁止されることになっている．

(2) 削減対象となるものは，CO_2，メタン，亜酸化炭素，HFC，PFC，SF_6 の 6 種類である．

(3) アンモニア（NH_3）は ODP がゼロ，GWP も無視できるほど小さい（CO_2 の 1 より小さい）が，毒性と可燃性がある．

(4) HFC-134a は，ODP はゼロであるが，GWP100 年は 1300 と CO_2 の 1 より大きい．

答 (4)

問 20 冷凍機に使用する冷媒のうち，「特定物質の規制等によるオゾン層の保護に関する法律」において，特定フロンに指定されていないものはどれか．

(1) R–11
(2) R–12
(3) R–22
(4) R–113

解説 冷凍機に使われる冷媒用フロンのうち，CFC11，12，113，114，115 は特定フロンとして，オゾン層破壊係数（ODP）が大きく生産全廃の規制を 1996 年 1 月より受けている（**表 1-3**）．

ここで，生産の規制を受けながら 2020 年まで生産が継続できる代替フロンの HCFC，オゾン層破壊係数が 0

表 1-3 特定フロン（CFC）の地球環境係数（UNEP 1989）

化学物質	大気中寿命〔年〕	オゾン層破壊係数（ODP）	地球温暖化係数（GWP）100 年
CFC-11	60	1.0	4000
CFC-12	120	1.0	8500
CFC-113	90	0.8	5000
CFC-114	300	1.0	9300
CFC-115	1700	0.6	9300

（空気調和・衛生工学会編「空気調和・衛生工学会便覧」による）

表 1-4 おもな代替フロン（HCFC・HFC）の地球環境係数

化学物質		大気中寿命〔年〕	オゾン層破壊係数（ODP）	地球温暖化係数（GWP）100 年
HCFC	22	15	0.055	1700
	123	1.6	0.02	93
	141b	8	0.11	630
HFC	32	6	0	650
	134a	16	0	1300
	125	28	0	2800
	143a	41	0	3800

（空気調和・衛生工学会編「空気調和・衛生工学会便覧」による）

この問題をマスタしよう

の代替フロン HFC の特性を（**表 1-4**）に示す．

現在，パッケージ形空調機には HCFC22（フロン 22）が使用され，遠心冷凍機にはフロン 134a（HFC134a）が使われている．

オゾン層破壊は，成層圏で有害な紫外線を吸収するオゾンが減少する現象で，特定フロンやハロゲン化物などが，時間を経て，成層圏で塩素ガスに分解されオゾンを分解する．

地球環境問題として，オゾン層破壊防止は大きなテーマである．特定フロンおよび代替フロンの ODP（オゾン層破壊係数），GWP（地球温暖化係数）の概略数値に注目しておこう．

答 (3)

問 21 各種の測定と器具の組み合わせのうち，適当でないものはどれか．
(1) ダクト内風速の測定――ピトー管
(2) 配管内静圧の測定――ブルドン管
(3) ダクト内静圧の測定――ベンチュリ管
(4) 配管内流水量の測定――オリフィス管

解説 (1) 一定の管路内を流体が流れているとき，全圧と静圧を測定し動圧を求めることができるが，この動圧から流れの速度を求めることができる．これがピトー管の原理である．図 1-7 において，流れと平行に置いた管の先端部の圧力，速度を p_1, v_1 とし，流れと直角に置いた管の先端部の圧力，速度を p_2, v_2 とする．

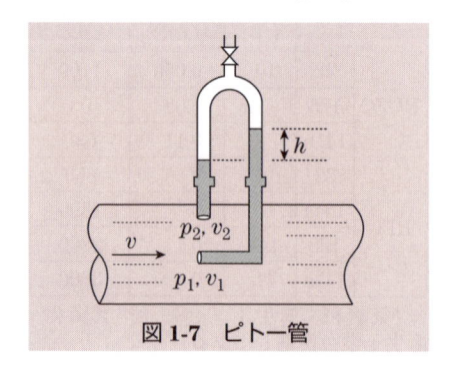

図 1-7 ピトー管

ベルヌーイの定理から，

$$\frac{v_1^2}{2g} + \frac{p_1}{\gamma} = \frac{v_2^2}{2g} + \frac{p_2}{\gamma}$$

ここで $v_1 = 0$, $v_2 = v$ であるから，

$$v = \sqrt{2g\frac{(p_1 - p_2)}{\gamma}}$$

したがって，全圧から静圧を差し引いた動圧を測定することにより流速を求めることができ，管路の断面積と時間と流速の積を求めることにより流量が測定できる．

(2) 先止まりの薄肉中空金属管を円形状に曲げたブルドン管は，内圧を受けると薄板の弾性変形で管の先端が移動する．これを機械的に拡大して表示する圧力計がブルドン管式圧力計である．直径 5～20 cm の円形表示部をもつ圧力計の多くがこの形式である．

(3) ベンチュリ管は水平の管の一部分を縮小し，絞りの上流側と縮小した口径部の圧力差を測定し流体の流量を算出するものである．図1-8において，Ⓐ点，Ⓑ点の圧力差を Δh〔m〕，それぞれの断面積を a_A〔m^2〕，a_B〔m^2〕とし，流量係数が C の場合，流量 Q〔m^3/s〕は，

$$Q = C \cdot a_A \cdot a_B \sqrt{\frac{2g \cdot \Delta h}{a_A^2 - a_B^2}}$$

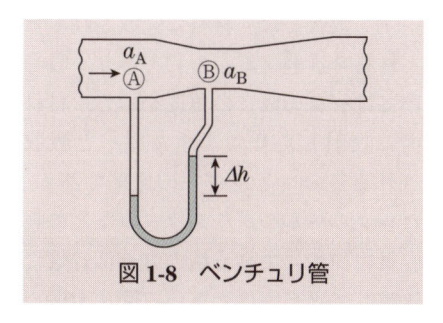

ここで，
　g：重力加速度（9.8 m/s^2）
　C：実際の液体では 0.96 ～ 0.99
である．

(4) オリフィス管は，オリフィスが管路の途中に挿入されている．このオリフィスは管の内径に比べ小さな穴を空けた円板でこの板の前後の差圧から流量が求められる（図1-9）．

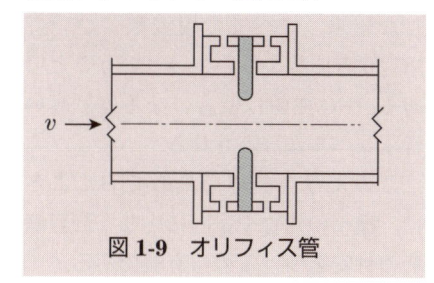

図1-8　ベンチュリ管

図1-9　オリフィス管

答 (3)

問22　音響に関する記述のうち，適当でないものはどれか．

(1) 遮音性能のよい遮音材は，一般に透過損失が小さい．
(2) NC曲線とは，騒音を分析して，周波数別に音圧レベルの許容値を示したものである．
(3) マスキングとは，同時に存在する他の音のために，聞こうとする音が聞きにくい現象をいう．
(4) ロックウールやグラスウールなどの吸音材は，一般に周波数の低い音より高い音のほうが吸音率が大きくなる．

解説　(1) 音のエネルギー，つまり騒音を遮断するための材料が遮音材であるが，コンクリート，鉄材，石材などのように材質が密で重量が重いほど遮音効果が大きい．

透過損失は，壁や床などの遮音能力を示すもので，入射音に対する透過音の弱まりの度合いであり，遮音性能のよい遮音材は，一般に透過損失が大きい．

(2) NC曲線のNCはNoise Criteriaの略である．これは会話の聴妨害の度

この問題をマスタしよう

合いを指標とした騒音の強さを表す値で，オクターブバンドごとに等しい騒音と感じられるラウドネスレベルを折線で結んだものである．つまり，騒音の許容値を決める方法として許容騒音レベルの他NC曲線がよく利用されるが，これは周波数別に音圧レベルの許容値を示す曲線である．

NC-30とは騒音をオクターブ分析した結果，すべての周波数についてNC-30の曲線より小さいということである．NC曲線は低音になるほど高い音圧レベルが許容される．

このような曲線を決めておくことは，種々の建物や室内に応じて許容騒音の目安をつけるのに有益である．

NC曲線に類似したもので，低周波領域を甘くしたNCA曲線もNC曲線の代用として使用されている．

事務室の騒音の基準として以下が参考になる．

① NC20〜30　非常に静か．大会議可能．
② NC35〜40　電話支障なし．普通の声の会話可能．
③ NC40〜50　電話やや困難．やや大声で会話可能．
④ NC55以上　非常にうるさい．事務室に不適．電話困難

(3) マスキングとは，同時に大きい音と小さい音が流れてくるとき，小さい音が大きい音に隠れて聴こえなくなる現象のことである．これは，一方の音のために他方の音の最小可聴値が変化するためで，最小可聴値が移動した分でマスキングの程度を表すことができる．

マスキングはその音の周波数に近い音に対してもっとも大きくなり，マスクをする音が大きくなればマスキングの量も大きくなる．低音は高音をよく隠ぺいするが，高音は低音を隠ぺいしない．

(4) 吸音とは，材料に吸収される音と材料を透過する音の和であり，吸音率とは材料の吸音の程度を示し，材料面に投射した音のエネルギーと吸収される音のエネルギーの比率である．ロックウールやグラスウールなどの吸音材は一般に中高音域の方が低音域に比較して吸音率は大きい（図 **1-10**）．

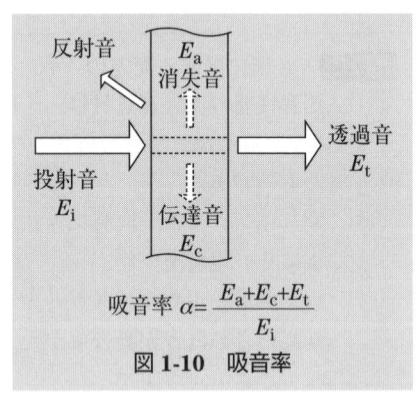

吸音率 $\alpha = \dfrac{E_a + E_c + E_t}{E_i}$

図 **1-10**　吸音率

答　(1)

第2章 電気・建築

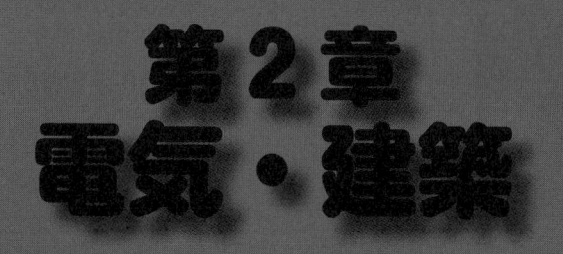

　電気工学については誘導電動機の始動方式や制御方式および低圧屋内配線の施工，建築学ではコンクリートの調合や性質および鉄筋コンクリートの施工に関する問題がポイントとなる．

(1) 電気工学
　(a) 電気方式：単相2線式，単相3線式，三相3線式，三相4線式等
　(b) 接地工事：A種，B種，C種，D種
　(c) 誘導電動機：かご形電動機，巻線型電動機，単相電動機
　(d) 誘導電動機の始動方式：直入始動，Y-Δ始動，リアクトル始動，抵抗始動等
　(e) 低圧屋内配線工事：金属管工事，合成樹脂管工事，ケーブル工事，可とう電線管工事等

(2) 建築学
　(a) コンクリートの強度：水セメント比，ワーカビリティ，スランプ
　(b) 鉄筋コンクリート：アルカリ性，中性化，練り混ぜ時間，型枠残置期間，かぶり厚さ
　(c) RC梁貫通：貫通孔の位置，間隔，補強
　(d) 鉄骨造の特徴：RC造との比較，大スパン，高層建築，耐火性
　(e) 単純梁，片持梁，集中荷重，等分布荷重，曲げモーメント

2.1 電気

1. 電気一般

(1) 電圧と許容電流

(a) 電圧の区分

電圧は低圧，高圧および特別高圧の3種類があり，その区分は**第2-1表**による（電気設備技術基準．以下「電技」という）．

第2-1表　電圧の区分

	低圧	高圧	特別高圧
交流	600 V 以下	600 V を超え 7000 V 以下	7000 V を超える電圧
直流	750 V 以下	750 V を超え 7000 V 以下	

(b) 屋内電路の対地電圧の制限

以下の場所で使用される対地電圧は150 V 以下としなければならない．
① 住宅の屋内電路
② 住宅以外の場所の屋内の照明器具に電気を供給する屋内電路
③ 住宅以外の場所の屋内に施設する家庭用電気機械器具に電気を供給する屋内電路

ただし，人が容易に触るおそれがないよう施設することや，器具に直接接続すること，過電流遮断器や漏電遮断器を設けるなど，一定の施設方法による場合は 300 V 以下とすることができる．

(c) 許容電流

絶縁被覆はある一定の温度以上になると急速に劣化して寿命が縮まり，絶縁破壊の原因となる．したがって，温度上昇が一定限度（ビニル電線では60℃）を超えないよう，電線の種類，周囲状況に応じて流し得る電流の限度を定めている．これが電線やケーブルの許容電流である．

(2) 電路と機器の絶縁

(a) 絶縁抵抗

低圧電路は**第2-2表**に掲げる絶縁抵抗値を有さなければならない．

第2-2表　低圧電路の絶縁抵抗値

電路の使用電圧の区分		絶縁抵抗値〔MΩ〕
300 V 以下	対地電圧 150 V 以下	0.1 以上
	対地電圧 150 V 超過	0.2 以上
300 V 超過		0.4 以上

第 2-3 表　絶縁耐力試験電圧

試験対象物	試験する箇所	試験電圧	印加時間
電路	電路と大地間（ケーブルの場合は各線間相互を含む）	最大使用電圧 ×1.5	10 分間印加
変圧器	巻線と他の巻線，鉄心および外箱間	最大使用電圧 ×1.5（500 V 未満となる場合は 500 V）	10 分間印加
器具（遮断器，電力コンデンサ，計器用変成器）	充電部分と大地間	最大使用電圧 ×1.5（500 V 未満となる場合は 500 V）	10 分間印加

（最大使用電圧 7000 V 以下の場合）

(b) 絶縁耐力

電路や機器の絶縁強度は，通常使用するときの電圧や，事故時の電圧上昇，または雷や開閉サージなどの異常電圧に対して絶縁破壊，短絡，感電などの事故を起こすことなく使用できるような絶縁性能を有する必要がある．この性能を，試験電圧を印加して試験することを絶縁耐力試験という（第 2-3 表）．

(3) 電気方式

(a) 100 Vまたは200 V単相2線式

住宅などの負荷容量の小さい需要家向きで，単相2線式で引き込み，そのまま照明やコンセントに接続して使用する．

(b) 100 V/200 V単相3線式

設備容量の大きい住宅や中小ビルの大多数がこの方式を採用している．100 V 用の照明やコンセントと 200 V 用の大型機器や，40 W 以上の蛍光灯などの電源がとれる方式で，この方式は(1)の方式に比べて配線の本数は多くなるがサイズが小さくてすむので，電灯用として使用されることが多い．

(c) 200 V三相3線式

三相の動力用の電源としてほとんどのビルで採用されている方式で，0.4 kW 以上 37 kW 程度の汎用電動機の電源に使われる．動力用の幹線としても採用されている．

(d) 240V/415V三相4線式

この方法は三相 415 V を動力用に，単相 240 V を照明用の電圧として使うことができる方式で，大規模な事務所ビルや商業ビルまたは，工場などで採用されている．

2. 低圧・高圧屋内配線の施工

(1) 低圧屋内配線

低圧の屋内配線は粉じんの多い場所，可燃性のガス等の存在する場所，燃えやすい危険な物質のある場所等以外に施設する場合は，合成樹脂管工事，金属管工事，金属可とう電線管工事もしくはケーブル工事，または**第 2-4 表**，**第 2-5 表**に掲げる設置場所および使用

第 2-4 表　施設場所と配線法⑴

施設場所の区分	使用電圧の区分	300 V 以下のもの	300 V を超えるもの
展開した場所	乾燥した場所	がいし引き工事，金属線ぴ工事，金属ダクト工事，バスダクト工事，ライティングダクト工事	がいし引き工事，金属ダクト工事，バスダクト工事
	その他の場所	がいし引き工事，バスダクト工事	がいし引き工事
点検できる隠ぺい場所	乾燥した場所	がいし引き工事，金属線ぴ工事，金属ダクト工事，バスダクト工事，セルラダクト工事，ライティングダクト工事，平形保護層工事	がいし引き工事，金属ダクト工事，バスダクト工事
	その他の場所	がいし引き工事	
点検できない隠ぺい場所	乾燥した場所	フロアダクト工事，セルラダクト工事	

電圧の区分に応ずる工事のいずれかにより施設しなければならない．

⑵ 高圧屋内配線

高圧屋内配線はケーブル工事または，がいし引き工事による．

⒜ ケーブル工事

電気室等以外の電気使用場所の高圧屋内配線等の施設方法は，原則としてケーブル工事とする．この場合の工事方法は，重量物の圧力または著しい機械的衝撃を受ける恐れがある箇所に施設する場合は適当な防護装置を設ける．また施設方法で造営材の下面または側面に沿って取り付ける場合は，ケーブルの支持間隔は 2 m（人が触れる恐れがなくて垂直に取り付ける場合は 6 m）以下とする．

⒝ がいし引き工事

配線は直径 2.6 mm 以上の軟銅線と同等以上の強さおよび太さの高圧絶縁電線等を使用し，電線の支持点間の距離は 6 m 以下とするが，造営材に沿って取り付ける場合は 2 m 以下とする．電線相互の間隔は 60 mm 以上，電線と造営材との離隔距離は，300 V 以下の場合は 25 mm 以上，300V を超える場合は 45 mm 以上でなければならない．

⒞ 高圧屋内配線と他の配線や配管との離隔距離

高圧屋内配線が他の高圧屋内配線，低圧屋内配線，管灯回路の配線，弱電流電線等または水管，ガス管，もしくはこれらのものと接近し，または交差する場合は 150 mm 以上離隔されていなければならない．ただし，高圧屋内配線をケーブル工事により施設するときで，ケーブルとこれらの間に耐火性のある堅ろうな隔壁を設けて施設するときや，ケーブルを耐火性のある堅ろうな管に収めて施設するとき，または他の高圧屋内配線の電線がケーブルであるときは，これによらないことができる．

第 2-5 表　施設場所と配線法(2)（300 V 以下）

配線方法		施設の可否							
		屋内						屋側屋外	
		露出場所 || いんぺい場所						
				点検できる		点検できない			
		乾燥した場所	湿気の多い場所または水気のある場所	乾燥した場所	湿気の多い場所または水気のある場所	乾燥した場所	湿気の多い場所または水気のある場所	雨線内	雨線外
がいし引き配線		○	○	○	○	×	×	a	a
金属管配線		○	○	○	○	○	○	○	○
合成樹脂管配線	合成樹脂管（CD 管を除く）	○	○	○	○	○	○	○	○
	CD 管	b	b	b	b	b	b	b	b
金属製可とう電線管配線	一種金属製可とう電線管	c	×	c	×	×	×	×	×
	二種金属製可とう電線管	○	○	○	○	○	○	○	○
金属ダクト配線		○	×	○	×	×	×	×	×
バスダクト配線		○	×	○	×	×	×	d	d
キャブタイヤケーブル以外のケーブル配線		○	○	○	○	○	○	○	○

〔備考〕記号の意味は，次のとおりである．
(1) ○は施設できる．
(2) ×は施設できない．
(3) a は，露出場所に限り，施設することができる．
(4) b は直接コンクリートに埋め込んで施設する場合を除き，専用の不燃性または自消性のある難燃性の管またはダクトに収めた場合に限り，施設することができる．
(5) c は，電動機に接続する短小な部分で，可とう性を必要とする部分の配線に限り，施設することができる．
(6) d は，防まつ形の屋外用バスダクトを使用し，木造以外の造営物に施設する場合に限り（点検できない隠ぺい場所を除く．），施設することができる．

［内線規程 3102-1 表より抜粋］

3. 動力設備

(1) 電動機の種類と分類

電動機の種類と分類は**第 2-1 図**による．また電気設備で最も使用される誘導電動機は**第 2-2 図**のように分類できる．

(2) 誘導電動機の特徴

① 誘導電動機の特徴として，
(イ) 力率があまりよくない．定格出力の負荷に対して 80 % 程度で負荷がかからない状態では 30 % 程度である．
(ロ) 負荷の変動に対して速度の変動が少ない

```
                                ┌─ 誘 導 電 動 機
                  ┌─ 交流電動機 ─┼─ 同 期 電 動 機
                  │              └─ 整流子電動機
     電 動 機 ─┤
                  │              ┌─ 直 巻 電 動 機
                  └─ 直流電動機 ─┼─ 分 巻 電 動 機
                                 └─ 複 巻 電 動 機
```

第2-1図　電動機の種類と分類

```
                                                      ┌─ 普通かご形電動機
                                   ┌─ かご形電動機 ─┤                    ┌─ 二重かご形電動機
                                   │                  └─ 特殊かご形電動機 ─┤
                  ┌─ 三相電動機 ─┤                                        └─ 深溝かご形電動機
                  │                └─ 巻線形電動機
     誘導電動機 ─┤
                  │                ┌─ 分相始動式電動機
                  │                ├─ コンデンサ始動式電動機
                  └─ 単相電動機 ─┼─ 反発始動式電動機
                                   ├─ コンデンサ電動機
                                   └─ くま取り電動機
```

第2-2図　誘導電動機の分類

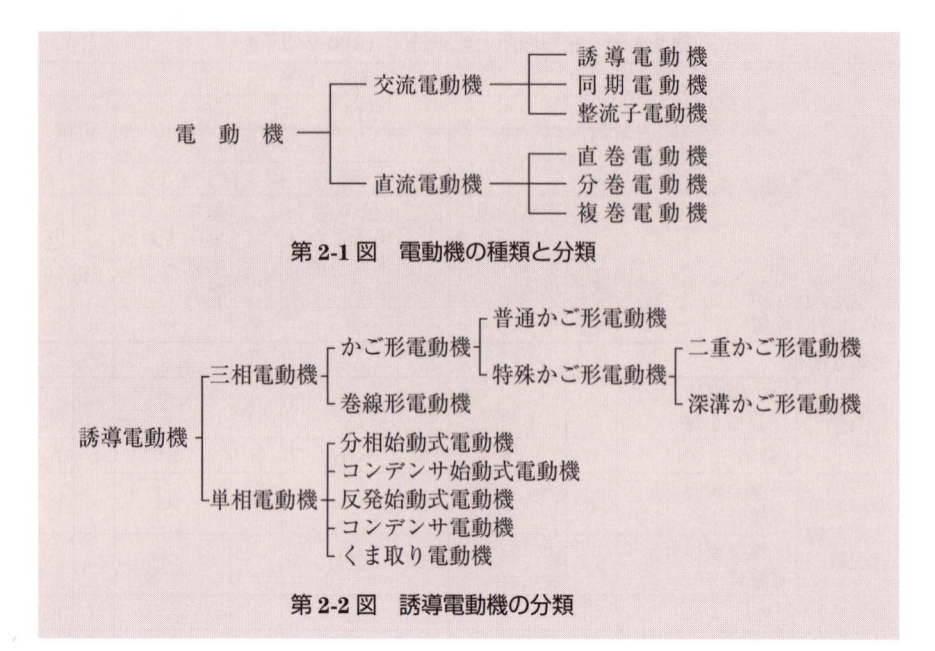

等があげられる．

②　三相誘導電動機の一次電流は始動時に非常に大きい．特にかご形誘導電動機は定格電流の6〜7倍となる．この始動時の電流を抑えるために種々の始動法が考えられている．

③　二重かご形や深溝かご形誘導電動機は，特殊かご形誘導電動機である．かご形誘導電動機の始動トルクが始動電流の割に小さいことを改善するため，始動時の二次抵抗を大きくして始動特性を改善したものである．

④　巻線形誘導電動機の固定子は，かご形誘導電動機同様，けい素鋼板を重ねた積層鉄心が用いられている．回転子は，固定子と同じように積層鉄心に三相巻線を施し，スリップリングおよびブラシを設けた構造となってい

る．スリップリングやブラシを通して外部の巻線抵抗器に接続することで始動特性を改善したり，速度を制御することができる．

(3)　**電動機の分岐回路**

電動機の分岐回路とは，幹線から分岐した部分より分岐過電流遮断器を経て電動機に至る間の配線をいう．

(a)　**分岐回路の配線の太さ**

①　電動機に供給する分岐回路の配線は過電流遮断器の定格電流の1/2.5（40％）以上の許容電流を有するものとする．

②　電動機を単独で連続運転する場合の分岐回路の許容電流は以下による．

電動機などの定格電流が50A以下の場合は，その定格電流の1.25倍以上の許容電流のあるものとする．

$I_M \leqq 50$ A のとき $I \geqq 1.25 I_M$

ここで，I_M：電動機の定格電流
　　　　I：分岐回路配線の許容電流

電動機などの定格電流が50 Aを超える場合は，その定格電流の1.1倍以上の許容電流のあるものとする．

$I_M > 50$ A のとき $I \geqq 1.1 I_M$

(b) **分岐回路の分岐開閉器，過電流遮断器の取付位置**

動力幹線の分岐点から配線の長さが3 m以下の箇所に開閉器および過電流遮断器を施設する．ただし，分岐点から開閉器および過電流遮断器までの配線の許容電流が，その配線に接続する動力幹線を保護する過電流遮断器の定格電流の55％（分岐点から開閉器および過電流遮断器までの配線の長さが8 m以下の場合は35％）以上である場合は，分岐点から3 mを超える箇所に施設することができる（第2-3図）．

第2-3図　過電流遮断器の取付位置

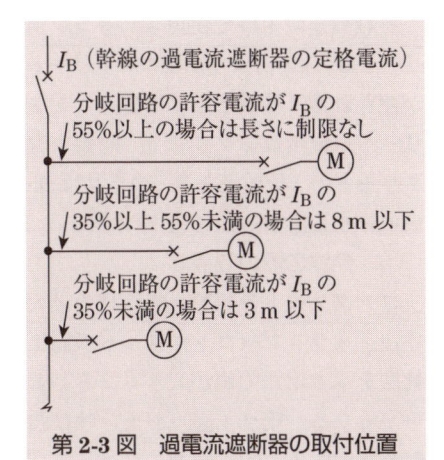

4. 接 地

(1) **接地の目的**

接地は，人体に対しての感電防止，漏電による火災の防止，電気機器類を絶縁破壊から保護する，雷撃から人間や，機器，建物を保護するなど，きわめて重要な施設である．

(2) **接地工事の種類**

(a) **A種接地工事**

高圧や特別高圧機器は損傷や絶縁劣化により金属製外箱に高電圧を生ずるため，これを防止するためにA種接地工事を行う．接地抵抗値は，10 Ω以下とする．

(b) **B種接地工事**

変圧器の内部で高圧または特別高圧と低圧の混触事故が発生した場合，低圧側の電圧上昇が150 V以上にならないようB種接地工事の接地抵抗値を決める．

(c) **C種接地工事**

使用電圧が300 Vを超える低圧の電気機器や金属管に施す接地がC種接地工事である．この接地抵抗値は10 Ω以下である．

(d) **D種接地工事**

漏電した場合に外箱等に発生する電圧を低く抑えるため，電圧300 V以下の電気機器の外箱等に施す接地をD種接地工事という．接地抵抗値は100 Ω以下とする．

2.2 建築

1. 建築一般

(1) コンクリート
(a) コンクリートの品質

構造体として使われるコンクリートは，強度，耐久性，ワーカビリティ（コンクリートの流動性の程度）を要求される．

① コンクリートの水量

185 kg/m^3 以下とするが，品質上問題なければ 200 kg/m^3 まで認められる．

② セメント量

普通コンクリートの単位セメント量 270 kg/m^3 以上．

③ 水セメント比の最大値

ポルトランドセメント，高炉セメントA種等では65％，高炉セメントB種，シリカセメントB種では60％．

④ 空気量

AE剤（コンクリートのワーカビリティおよび耐久性を向上させるために用いる化学混和剤），AE減水剤を用いるコンクリートの空気量は4％以上6％以下とする．

⑤ 塩素イオン量

コンクリートに含まれる塩素イオン量は 0.30 kg/m^3 以下とする．

⑥ 骨材の品質

アルカリ骨材反応（コンクリート中に含まれるアルカリ金属と骨材が反応して膨張し，ひび割れを生じる現象）の被害が問題となっているが，過去に被害が出た場所の砕石は避けるか，低アルカリ性セメントを使用する等の対策をとる．

(b) レディミクストコンクリートの品質

一般の建設工事で使用されるコンクリートは，レディミクストコンクリートが使われる．種類としては普通コンクリート，軽量コンクリート，舗装コンクリートの3種類がある．規格品はJIS表示許可工場でなければ製造できない．

① 発注の際の要点

コンクリートの種類，粗骨材の最大寸法，スランプ（コンクリートの施工軟度を示す用語で値が大きくなると軟らかくなる．第2-4図）および呼び強度を指定する．

第2-4図　スランプ方式

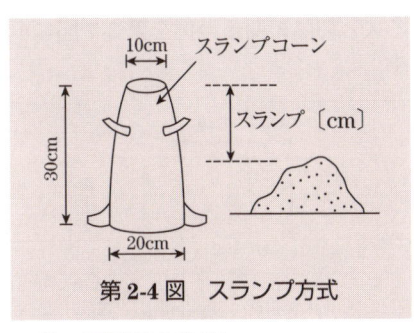

② 運搬時の注意

打設時やポンプ圧送を容易にするため水を加えることがあるが，コンクリートの品質を著しく低下することになるので絶対に行ってはならない．

③ 打設までの時間

コンクリートの練混ぜから打設を完了するまでの時間の限度は，気温25℃未満の場合は120分，25℃以上の場合は90分と定められている．

④ 締固め

振動機は一般に内部振動機（棒形振動機）を用いるが，打込み各層ごとに60 cm以下の挿入間隔で，コンクリートの上面にペーストが浮くまで行う．

⑤ 養生について

コンクリート打設後の表面は，散水や養生マットで最低5日間は湿潤を保つこと．また寒冷期の施工では，打設後5日間以上はコンクリート表面を2℃以上に保つこと．

2. 建物の構造

(1) 鉄筋コンクリート造

コンクリートは，引張りやせん断力に対して弱いが圧縮力には強い．鉄筋は，コンクリートの弱点である引張り力を補強でき，構造物を堅固にできる．またコンクリートは鉄筋の防錆の機能を有するとともに鉄筋を火災による高温から保護する．

(a) 鉄筋

形状では異形鉄筋と丸鋼があり，その材料はJIS G 3112（鉄筋コンクリート用棒鋼）およびJIS G 3117（鉄筋コンクリート用再生棒鋼）で定められている．

(b) 鉄筋のかぶり厚さ

かぶり厚さは，耐火性や，耐久性，構造耐力が得られるように部位別に決められている（第2-6表）．ただし，かぶり厚さが施工上の誤差により異なり，最大で10 mm程度は考慮しなければならない点から，建築基準法施行令で定めるかぶり厚さに10 mmを加えた値としている（第2-5図）．

第2-6表　鉄筋のかぶり厚さ
（建築基準法施行令）

耐力壁以外の壁または床	2 cm以上
耐力壁，柱または梁	3 cm以上
直接土に接する壁，柱，床もしくは梁または布基礎の立上り	4 cm以上
基礎	6 cm以上

第2-5図　かぶり厚さ

(c) 梁貫通孔

梁に貫通孔を設けて電線管や給排水または空調用配管，ダクト等を通す場合，梁に断面欠損を生じる．したがって，構造的に補強をしなければならない．補強の方法としては，鉄筋を加工して組み立てたり，リング状の補強筋を工場で作り現場で取り付ける方法などがある．梁に貫通孔を空ける場合の基準は「建築工事共通仕様書」建設大臣官房官庁営繕部編で次のように定めている．

① 貫通孔の直径は梁成(はりせい)の 1/3 以下とし，孔が円形でない場合は，その外接円を孔の径とみなす．

② 孔の中心位置の限度は柱および直交する梁の面から原則として，1.2D（D は梁成）以上離す．

③ 孔が並列する場合は，その中心間隔は孔の径の平均値の 3 倍以上とする．

④ 孔の直径が梁成の 1/10 以下，かつ 150 mm 未満の場合は補強を省略できる．

⑤ 貫通口の位置については第 2-6 図による．また，梁貫通スリーブのサイズと間隔の関係の例を第 2-7 図に示す．

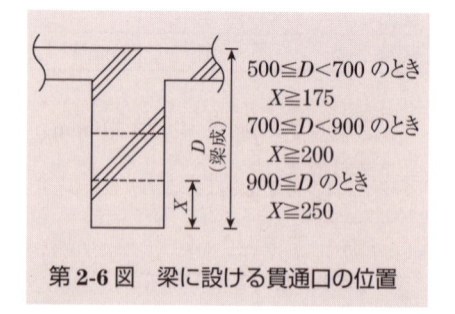

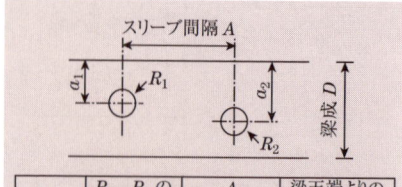

R_1, R_2の大なるほう	A ($R=R_1 \geqq R_2$)	梁天端よりの離隔寸法
RC造 D/4	4R	0.4〜0.6D
SRC造 D/3	3R	〃
S造 D/3	3R	〃

第 2-7 図　梁貫通スリーブのサイズと間隔

(2) 鉄骨造

建設現場で使われる構造用鋼材は炭素鋼が最も多い．これは，炭素の含有量に比例して引張り強さと硬さが増すが，もろくなり溶接性も悪くなる．SM 材は炭素量を抑え，Mn(マンガン)，Si（けい素）などを加え引張り強さと溶接性の改善を図ったものである（第 2-7 表）．高帳力鋼は，引張り強さが 50 kg/mm^2 以上，降伏点 30 kg/mm^2 以上で溶接性がよい．

(a) 鉄骨構造の特徴

① 鉄筋コンクリート造に比べ軽い．

② じん性があるため耐震性，耐風性にすぐれた大スパンの構造や超高層の建築物が可能である．

③ 火災に弱く，たわみが大きい．

(3) 鉄骨鉄筋コンクリート造

鉄筋コンクリート造，鉄骨造のそれぞれの長所，短所を合わせもつ．

① 耐震や耐火性にすぐれ，じん性

第 2-6 図　梁に設ける貫通口の位置

500≦D<700 のとき X≧175
700≦D<900 のとき X≧200
900≦D のとき X≧250

第2-7表 鋼材の種類と特徴

JIS	名称	記号	特徴
G3101	一般構造用圧延鋼材	SS400	SS400は鋼板，形鋼などに広く利用されている．溶接性も比較的よい．SS490は強度は強いが溶接性が悪い
		SS490	
G3106	溶接構造用圧延鋼材	SM400A	鋼板，形鋼として大型の鋼構造に使用される．溶接性のよい鋼材で，SM490Aは溶接構造では最も多く使用されている．SM400Aは強度がやや低いため建築ではあまり使わない
		SM490A	
		SM490B	

注）400, 490等は引張強さ〔N/mm^2〕を示す．

と剛性の高い構造である．

② 鉄骨部材は座屈しないこととする．鉄骨は引張り力と圧縮力の両方を負担する．

③ 鉄骨のかぶり厚さは5cm以上，鉄筋のかぶり厚さは3cm以上とする．

3. 土木工事

土木工事で重要なポイントは根切りと山留めである．

根切りは建物の基礎や地下の建築物や地下室などを造るために土を掘り取り除くことをいい，山留めは土を掘削する際に土砂が崩壊しないように土止めの対策を講ずることである．

(1) 山留め

根切りの掘削の際，周囲の地盤が崩れないように矢板やせき板で土を押えることで，土圧が大きいときは腹起しして水平梁などを組んだ支保架構で支える．

ⓐ のり付けオープンカット工法

地盤が良好な場所で土質の安定勾配を利用し掘削の周囲にのり面を残し崩壊を防ぎながら掘削する工法で，施工能率がよく経済的であるが，建築面積に対して敷地面積が広くないと施工が困難である．

ⓑ ジョイスト工法（親ぐい横矢板工法）

親ぐいとしてH形鋼またはI形鋼を打ち込み，掘削と並行して杭間に木製矢板を横に渡して土止め膜を設ける方法である．

ⓒ シートパイル工法（鋼矢板工法）

鋼矢板（シートパイル）を土止め矢板として連続的に打ち込んでいくもので，耐久性，強度および水密性においてジョイスト工法等よりすぐれている．

ⓓ 連続地中壁工法

柱列ぐい方式と壁方式がある．これらは他の方式に比べて強度，水密性，耐久性などに優れており，軟弱層から砂れき層までの地質に対して施工できる．

4. 構造力学

(1) 単純梁片持梁等の反力とモーメント図

梁に荷重がかかった場合，梁の支点には荷重と大きさが等しく向きが反対の抵抗力が働く．これを反力といい，垂直方向に働く反力と，水平方向に働く反力，曲げようとする反力がある．

(a) 支点

梁を支える支点にはピン支点，ローラー支点と固定端がある．ピン支点は第2-6図のとおり反力は垂直方向と水平反力があり，ローラー支点は垂直反力のみである．

ピン支点	ローラー支点
$H \rightarrow$ △ ↑V	△ ↑V
・自由に回転する ・上下，左右方向の移動はない ・曲げモーメント=0	・自由に回転する ・一方向に移動 ・上下の移動はない ・曲げモーメント=0

(b) 固定端，自由端

片持梁の固定端はその点のモーメントと反力を負担することができる．また自由端のモーメントの合計は0である．

(c) 単純梁　集中荷重

曲げモーメント図の作成
a点における反力 V_a
b点における反力 V_b

$$V_a + V_b = p, \quad l_1 + l_2 = l$$

$x < l_1$ のときm点より左側のモー

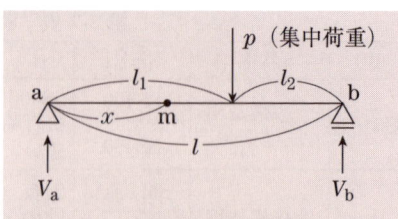

第2-8図　単純梁　集中荷重のm点における曲げモーメント

メント M_x は，
$$M_x = V_a \cdot x$$
ここで，$V_a \cdot l - p \cdot l_2 = 0$ より，
$$\therefore V_a = \frac{l_2}{l} p$$

よって $M_x = \dfrac{l_2}{l} px$

ここで $l_1 = l_2$ なら，
$$M_x = \frac{1}{2} px$$

$x \geq l_1$ のときm点より左側のモーメント M_x は，
$$M_x = V_a \cdot x - p(x - l_1)$$
$$= \frac{l_2}{l} px - p(x - l_1)$$

ここで $l_1 = l_2$ なら，
$$M_x = \frac{1}{2} px - p\left(x - \frac{l}{2}\right)$$
$$= \frac{p}{2}(l - x)$$

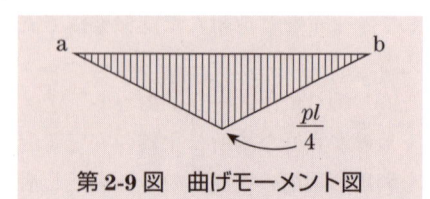

第2-9図　曲げモーメント図　$\dfrac{pl}{4}$

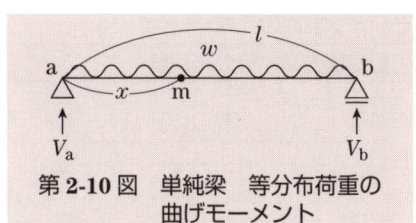

第2-10図　単純梁　等分布荷重の曲げモーメント

(d) 単純梁　等分布荷重

上記の等分布荷重を l の中心点にかかる集中荷重に置き換えて検討すると，

$$V_a + V_b = w \cdot l, \quad V_a = V_b$$

$$\therefore \quad V_a = V_b = \frac{1}{2}wl$$

m 点より左側の曲げモーメントは，

$$M_x = V_a \cdot x - \frac{1}{2}x \cdot wx$$

$$= \frac{1}{2}wlx - \frac{1}{2}wx^2$$

$$= \frac{1}{2}wx(l-x)$$

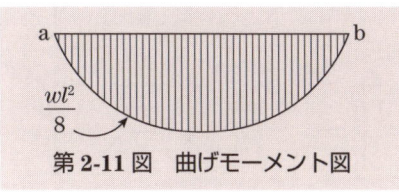

第2-11図　曲げモーメント図

(e) 単純梁　集中荷重

b は固定端でここに作用する反力を V_b，モーメントを M_b とする．

a に作用する P と反力 V_b はつり合う．

$$V_b = P$$

また a におけるモーメントは，

$$M_b - V_b l = 0$$

$$\therefore \quad M_b = V_b l = Pl$$

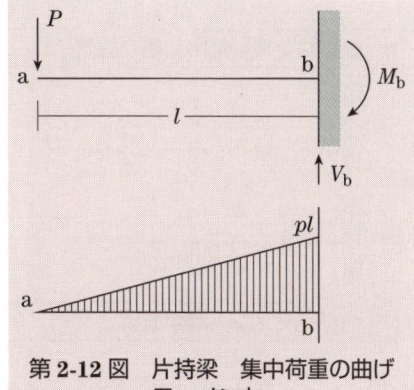

第2-12図　片持梁　集中荷重の曲げモーメント

(f) 片持梁　等分布荷重

第2-13図において，

$$V_b = wl$$

a 点において，モーメントは 0 であることより，

$$M_b - V_b l + \frac{1}{2}(wl) = 0$$

$$\therefore \quad M_b = V_b l - \frac{1}{2}wl^2$$

$$= wl^2 - \frac{1}{2}wl^2$$

$$= \frac{1}{2}wl^2$$

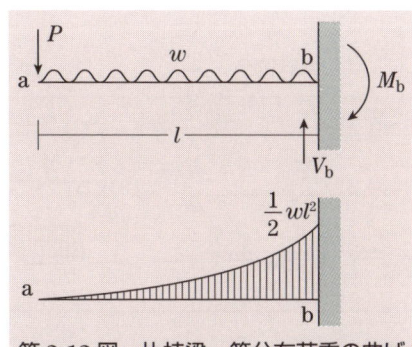

第2-13図　片持梁　等分布荷重の曲げモーメント

2.2　建　築

第 2-8 表　その他の曲げモーメント図の比較

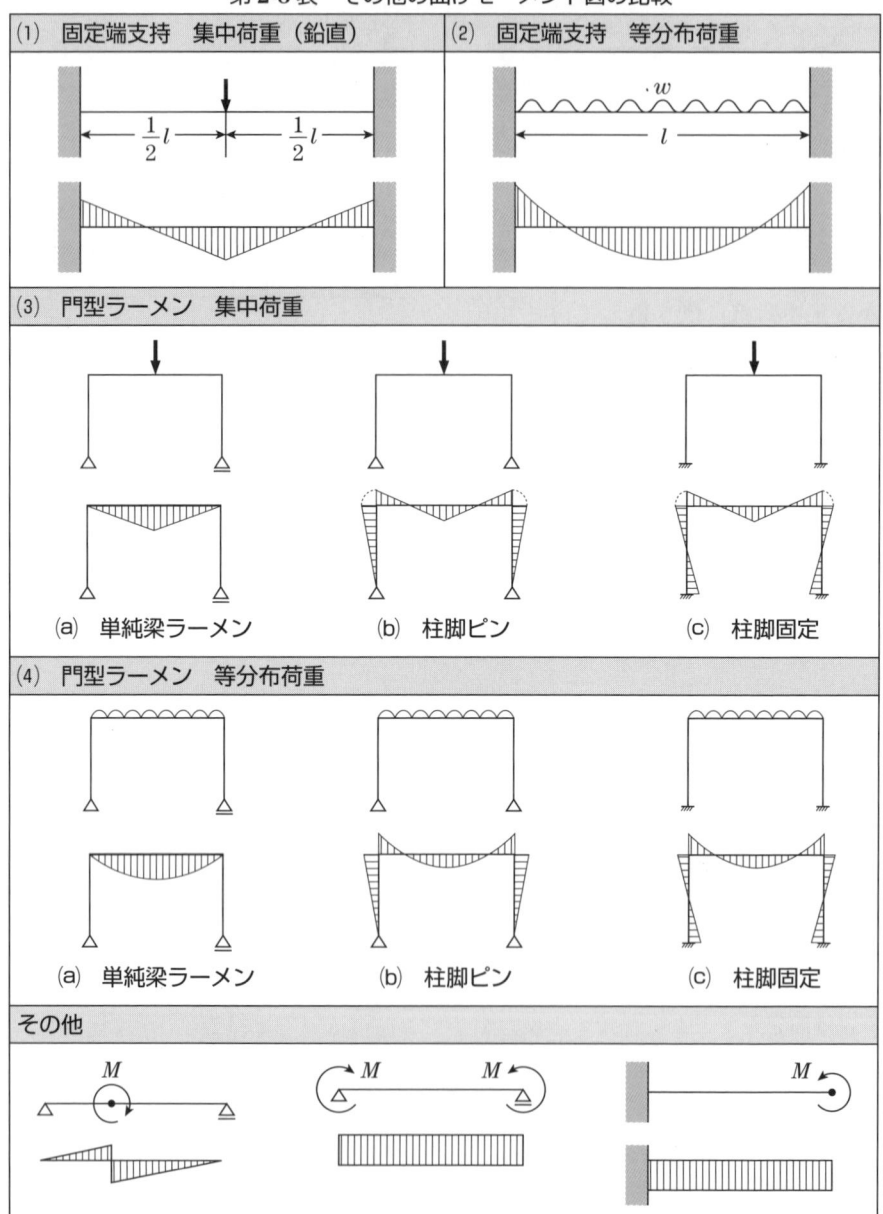

(1) 固定端支持　集中荷重（鉛直）

(2) 固定端支持　等分布荷重

(3) 門型ラーメン　集中荷重

(a) 単純梁ラーメン　　(b) 柱脚ピン　　(c) 柱脚固定

(4) 門型ラーメン　等分布荷重

(a) 単純梁ラーメン　　(b) 柱脚ピン　　(c) 柱脚固定

その他

この問題をマスタしよう

問1 金属管工事による低圧屋内配線に関する記述のうち，適当でないものはどれか．
(1) 電線は，600Vビニル絶縁電線（IV電線）を使用した．
(2) 電線管は，「電気用品安全法」に適合した金属管を使用した．
(3) 電線の接続は，損傷のおそれのない場所に施設した金属管内にした．
(4) 使用電圧が300V以下であるため，金属管にD種接地工事を施した．

解説 金属管工事は，電技解釈第159条で以下のとおり定められている．

① 金属管内では電線に接続点を設けないこと．電線に接続点を設ける場合は金属管内ではなく保守点検に便利なボックス類で行うこと．

② 金属管配線には絶縁電線を使用すること．ここに使用される絶縁電線は，600Vビニル絶縁電線（600V IV電線）や600V耐燃性ポリエチレン絶縁電線（600V EM–IE電線）である．

③ 金属管およびボックスその他の付属品（管相互を接続するものおよび管端に接続するもの）は電気用品安全法の適用を受ける金属製のものまたは黄銅もしくは銅で堅ろうに製作したものであること．

④ 使用電圧が300V以下の場合の金属管およびその付属品などはD種接地工事を施すこと．ただし以下の場合は省略することができる．
(イ) 対地電圧が150V以下の場合において，乾燥した場所または人が容易に触れるおそれがない場所で8m以下の金属管を施設する場合．
(ロ) 対地電圧が150Vを超える場合で長さ4m以下の金属管を乾燥した場所に施設する場合．

⑤ 交流回路では電磁的平衡を保つため同一回路の電線全部を同一管内に収めること．つまり，単相2線式回路では2線を，単相3線式や三相3線式回路では3線を，三相4線式回路ではその4線を同一管内に収めること．

⑥ 交流回路において電線を並列に使用する場合は，同一導体，同一太さおよび同一長さであること．また並列に使用する電線は，それぞれにヒューズを装着しないこと．ただし，共用ヒューズは差しつかえない．金属管内に電線を並列に使用する場合は，電磁的不平衡を生じないように施設すること．

⑦ 金属管の管の厚さは，コンクリートに埋込むものについては原則として1.2mm以上，その他にあっては1mm以上とする．

答 (3)

問2 力率改善に関する記述のうち，誤っているものはどれか．
(1) 進相用コンデンサを設置すると，線路の電圧降下が小さくなる．
(2) 進相用コンデンサを設置すると，線路の電力損失が少なくなる．
(3) 進相用コンデンサを設置すると，電動機容量を小さくできる．
(4) 電源周波数が 50 Hz より 60 Hz の方が，進相用コンデンサの容量が小さくてすむ．

解説

(a) 力率改善による利点は無効電力の減少により，
① 電力設備容量の増加
② 電力料金の低減
③ 電力損失の減少
④ 電圧の改善

等が期待できることである．電動機容量とは直接関係は無い．

(b) 電力設備容量の増加は，設備を増設することのほか，力率改善によっても可能である．当初の力率 θ_1 を θ_2 に改善するために必要なコンデンサの容量 Q は，図 2-1 のベクトル図より，

$$Q = P \times (\tan\theta_1 - \tan\theta_2) \text{ [kvar]}$$

ここで，P は電力設備の有効電力 [kW] である．コンデンサにより増加した電力設備の容量は，同図の CD に相当する．

(c) 電力損失の減少については，全電流は力率に反比例し，電力損失は電流の 2 乗に比例するから，

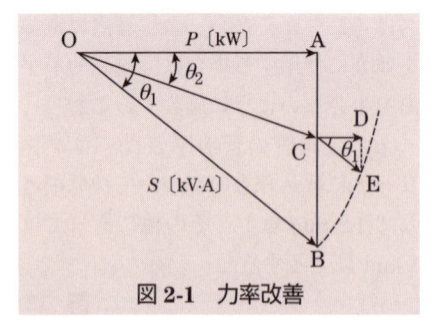

電力損失の減少 =

$$\text{電力損失} \times \left\{ 1 - \left(\frac{\cos\theta_1}{\cos\theta_2} \right)^2 \right\}$$

となる．

(d) 電圧降下の改善については，力率 $\cos\theta_1$ より $\cos\theta_2$ に改善したときの電圧降下の減少 V_e は，

$$V_e = (I_1 R \cos\theta_1 + I_1 X \sin\theta_1)$$
$$- (I_2 R \cos\theta_2 + I_2 X \sin\theta_2)$$
$$= I_1 \cos\theta_1 (R + X \tan\theta_1)$$
$$\times \left(1 - \frac{R + X \tan\theta_2}{R + X \tan\theta_1} \right)$$
$$= (\text{元の電圧降下})$$
$$\times \left(1 - \frac{R + X \tan\theta_2}{R + X \tan\theta_1} \right)$$

となる．

(e) コンデンサの容量 Q は，

$$Q = 2\pi f C E^2 \times 10^{-9} \text{ [kvar]}$$

ここで E : コンデンサの端子電圧 [V]
f : 周波数 [Hz]
C : 静電容量 [μF]

したがって，Q を同一とすると 50 Hz より 60 Hz の方が静電容量を小さくできる．

答 (3)

図 2-1 力率改善

問3 かご形誘導電動機の始動方式に関する記述のうち，適当でないものはどれか．

(1) スターデルタ始動とは，電源側に設けた変圧器の結線をデルタからスターに切換え，入力電圧を下げて始動する方法である．
(2) 電動機の始動容量に比較して，電源容量が十分大きい場合には，直入始動とすることができる．
(3) スターデルタ始動は，一般に中容量（11 kW～37 kW）程度の電動機に用いられる．
(4) 直入始動の始動電流は，定格電流の5～7倍程度になる．

解説

(a) スターデルタ（Y-△）始動は，11 kW程度までの三相かご形誘導電動機に使用される始動法である．

(b) Y-△始動は，三相かご形誘導電動機に用いられる方法で，始動時には固定子巻線をY結線とし，定格速度に近づいたときにデルタ（△）結線に切り替えて運転する方法である．この方法は，始動のとき，各巻線の電圧は定格電圧の$1/\sqrt{3}$となり，電流，始動トルクも1/3に減少する（**図2-2**）．

(c) 始動時における三相誘導電動機は，二次側を短絡した変圧器と同じと考えられ，一次側に定格電圧を加えると，大きな始動電流が流れる．これにより，それに接続されている系統の電圧降下が生じ悪影響を与えるが，電源容量が十分大きい場合はその影響は軽微であるため，直入れ始動とすることができる．

(d) 始動方式には，全電圧始動（直

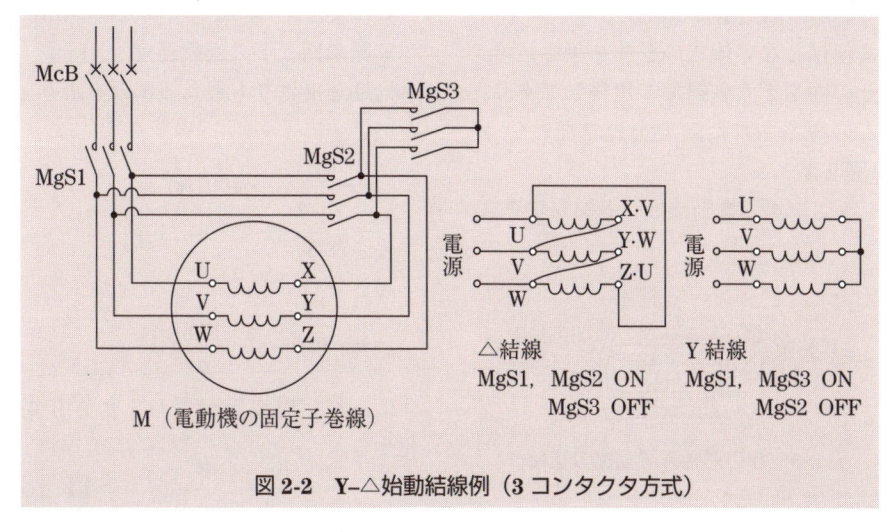

図2-2 Y-△始動結線例（3コンタクタ方式）

この問題をマスタしよう

入れ始動）と減電圧始動（Y-△始動やリアクトル始動など）がある．全電圧始動の始動電流は定格電流の5〜7倍である．

答 (3)

問4 誘導電動機に関する記述のうち，適当でないものはどれか．
(1) 始動階級は，A，B，C……で表示され，出力1kW当たりの始動時の入力kVAは，Aが最も大きい．
(2) かご形は，巻線形に比べて構造が簡単である．
(3) 電源の周波数が変わると回転数も変わる．
(4) 電源電圧が低下すると，トルクが不足し，焼損するおそれがある．

解説

(a) 始動階級は，かご形誘導電動機の1kW当たりの始動時入力〔kV・A〕の大きさにより，小さい順よりA，B，C……とランク分をしている．たとえば，始動階級Aの場合，4.2 kV・A未満，Cの場合4.8〜5.4 kV・A未満，Fの場合6.7〜7.5 kV・A未満などである．

(b) かご形誘導電動機は，固定子枠，鉄心，巻線の三つの部分から成り立っている．固定子と積層鉄心のスロットに絶縁しない棒状の導体を差し込み，その両端を太い銅環で短絡してあり，この短絡された銅環を短絡環という（図2-3）．

かご形誘導電動機は，巻線形誘導電動機に比べスリップリングが不要のため，構造が簡単で，回転子に棒状の導体を用いているのでか酷な使用に耐えられる．

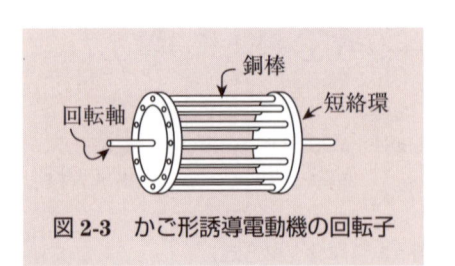

(c) 三相巻線を施した誘導電動機の固定子に三相交流電源を印加すると，固定子に回転磁界を生じる．この回転磁界の速度を同期速度という．

$$n_0 = \frac{120f}{p} \text{〔min}^{-1}\text{〕}$$

ここで，p：極数，f：周波数〔Hz〕．

実際の回転子の回転速度n〔min^{-1}〕が同期速度よりも遅れる割合を滑りsといい，

$$s = \frac{n_0 - n}{n_0} \times 100 \text{〔%〕}$$

で表される．

ここで，

$$n = n_0(1-s) = \frac{120}{p} f(1-s)$$

よって，周波数が変わるとnも変化する．

答 (1)

図2-3 かご形誘導電動機の回転子

問5 図に示す回路の制御器具51の目的として，適当なものはどれか．
(1) 短絡保護
(2) 欠相保護
(3) 逆相保護
(4) 過負荷保護

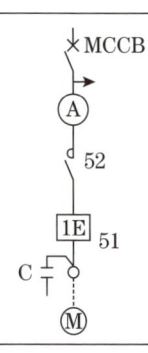

解説 (a) 設問の電動機回路の保護装置として，電技65条の「電動機の過負荷保護」により，過負荷と電路の短絡について保護装置を設けなければならない．保護装置の代表的なものとしてMCCB（配線用遮断器）と電磁開閉器を組み合わせたものがある．電動機の焼損防止の過負荷保護についてはサーマルリレー付の電磁開閉器の動作により，また短絡保護についてはMCCBで行う．

(b) 電動機等の保護装置
① 過負荷：配線用遮断器(MCCB)，モータブレーカ，2Eサーマルリレー，3Eサーマルリレー，1Eサーマルリレー

② 欠相：2Eサーマルリレー，3Eサーマルリレー

③ 逆相：3Eリレー

制御機器番号51は交流過電流継電器を示し，1Eサーマルリレーは過負荷保護，2Eサーマルリレーは過負荷・欠相保護を3Eサーマルリレーは過負荷，欠相，逆相保護を行う．

答 (4)

表2-1 開閉装置，制御装置および保護装置　(JIS C 0617-7-99)

図記号	説　明	図記号	説　明	図記号	説　明
⊐	接点機能	(遮断器記号)	遮断器	(記号)	ヒューズ付き開閉器
×	遮断機能				
―	断路機能	(断路器記号)	断路器	(記号)	ヒューズ付き断路器
ʊ	負荷開閉機能				
(記号)	電磁接触器 電磁接触器の主メーク接点 (接点は，休止状態で開いている)	(記号)	双投形断路器	(記号)	ヒューズ付き負荷開閉器 (負荷遮断用ヒューズ付き開閉器)
(記号)	電磁接触器 電磁接触器の主ブレーク接点 (接点は，休止状態で閉じている)	(記号)	負荷開閉器		

この問題をマスタしよう

表2-2 制御器具番号（抜粋） (JEM 1090-01)

基本器具番号	器具名称	基本器具番号	器具名称
1	主幹制御器・スイッチ	52	交流遮断器・接触器
3	操作スイッチ	55	自動力率調整器・力率継電器
4	主制御回路用制御器・継電器	59	交流電圧継電器
22	漏電遮断器, 接触器・継電器	64	地絡過電圧継電器
23	温度調整装置・継電器	67	交流電力方向継電器・地絡方向継電器
24	タップ切換装置	73	短絡用遮断器・接触器
27	交流不足電圧継電器	84	電圧継電器
28	警報装置	87	差動継電器
43	制御回路切換スイッチ, 接触器, 継電器	88	補機用遮断器・スイッチ, 接触器・継電器
46	逆相または相不平衡電流継電器	89	継路器・負荷開閉器
47	欠相または逆相電圧継電器	90	自動電圧調整器・自動電圧調整継電器
50	短絡選択継電器・地絡選択継電器	91	自動電力調整器・電力継電器
51	交流過電流継電器・地絡過電流継電器	94	引外し自由接触器・継電器

問6 電気配線に関する記述のうち，適当でないものはどれか．
(1) 合成樹脂製可とう管は，コンクリート内に埋込んで使用することができない．
(2) 金属管の管端がボックスの中にある場合は，その端口にブッシングを取り付ける．
(3) 鋼製電線管工事では，同一回路の電線は同一の配管内に納めなければならない．
(4) 電気的に完全に接続されている金属管は，接地線に替えて利用できる．

解説 合成樹脂製可とう電線管には，平滑管と波付管があり，種類としては自己消火性のある耐燃性のPF管と自己消火性のない非耐燃性のCD管がある．PF管およびCD管は金属管に比べ軽量であること，耐食性にすぐれていること，曲げ加工が不要であること，非磁性体等の長所があるが，衝撃力や熱的強度に弱い．また，使用場所に制限がある．CD管はコンクリート埋設に施工する場合に限り許される．

答 (1)

問7 鉄筋コンクリートに関する記述のうち，適当でないものはどれか．
(1) コンクリートは，練り混ぜ時間を長くするほど良好な品質が得られる．
(2) 柱，壁の型枠存置期間は，気温が低いほど長くする．
(3) コンクリートは，打設後1週間程度，湿潤状態を保つ．
(4) 鉄筋のかぶり厚さは，土に接する部分や高熱を受ける部分を，その他の部分に比べて大きくする．

解説 (1) コンクリートの練り混ぜ時間が長すぎると，コンクリート中の空気量が減少したり粗骨材が砕かれたりすることになる．それにより，一般にワーカビリティーが悪くなるなどし，また，スランプの低下量が大となり質が悪くなる．
(2) 鉄筋コンクリートの型枠存置期間の最小値は，ふつうポルトラルセメントで柱，壁，基礎や梁側の場合，平均気温が15℃以上の場合3日，5℃以上の場合5日，0℃以上の場合8日などで気温が低くなるほど長くなる．
(3) コンクリート打設後5日間は散水養生を行い，温度は2℃以上に保つ．
(4) 鉄筋の最小かぶり厚さは，土に接する部分では柱，梁，床板，壁などで40 mm，基礎，耐圧床板，擁壁などで60 mmとする．

答 (1)

問8 鉄筋コンクリートに関する記述のうち，最も適当でないものはどれか．
(1) スランプの小さいコンクリートほど強度は大きい．
(2) コンクリートの中性化は，鉄筋の腐食の原因となる．
(3) 径が同じであれば，砕石を用いたコンクリートより砂利を用いたコンクリートの方がワーカビリティーが大きい．
(4) 同じ品質のセメントであれば，水セメント比の小さいコンクリートほど強度が大きい．

解説 (1) スランプコーンにコンクリートを充填しコーンを静かに引き上げたとき，コンクリートが自重で下がるが，この下がりの長さをcmで表したものをスランプという．スランプの値が大きいということはコンクリートが軟らかいということを意味している．コンクリートが適当な柔らかさをもつということは，施工面での作業性が良いことを示しており，ワーカビリティーが良いといわれる．スランプの小さいコンクリートはワーカビリティーが良くないということで，強度のことではない．
(2) コンクリート中の鉄筋はさびないが，コンクリートの中性化が進行す

この問題をマスタしよう

ると腐食の危険がある．つまり，当初のコンクリートはアルカリ性であるため鉄筋の防錆効果があるが，空気中の炭酸ガスの影響でアルカリ性を次第に無くしていく．この現象を中性化という．中性化が進むと鉄筋が腐食していく．

(3) 砕石コンクリートは，砂利コンクリートに比べて，同一スランプを得るのに単位水量を 10～20 kg 増す必要がある．つまり，砕石を用いたコンクリートより砂利を用いたコンクリートの方がワーカビリティは大きい．

(4) 水セメント比とは，コンクリートに含まれるセメントペースト中のセメントに対する水の重量比で，水の重量をセメントの重量で除して百分率で表す．コンクリートの強度はセメントペーストの強度に影響され，セメントペーストの強度はその濃度である水セメント比で決定される．

答 (1)

問9 下図の鉄筋コンクリート造の梁に貫通孔を設ける場合，貫通孔の位置として，構造強度上，最も適当なものはどれか．

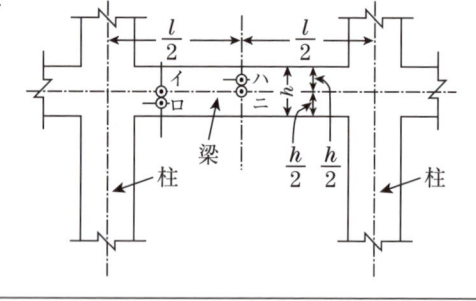

(1) イ
(2) ロ
(3) ハ
(4) ニ

解説 孔の位置はせん断力の大きくかかる梁端部を避け，スパンの 1/4 の付近からスパンの中心部が好ましい（図 2-4）．

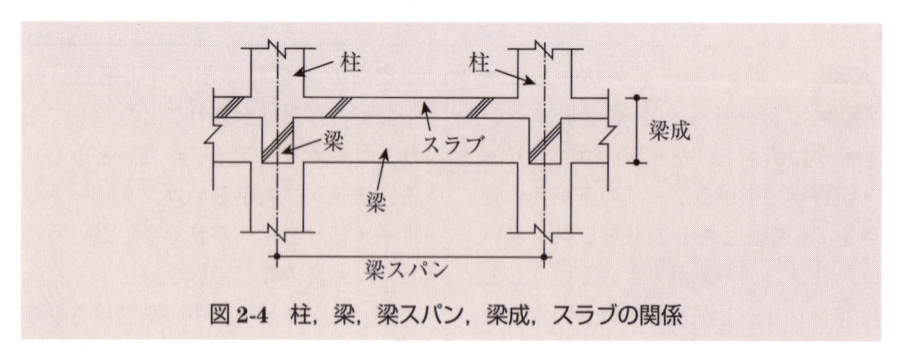

答 (4)

図 2-4 柱，梁，梁スパン，梁成，スラブの関係

問10 図に示す配管を支持する鋼製架台に生ずる曲げモーメント図として，適当なものはどれか．ただし，配管の支持架台と床との支持は，ピン支持とみなすものとする．

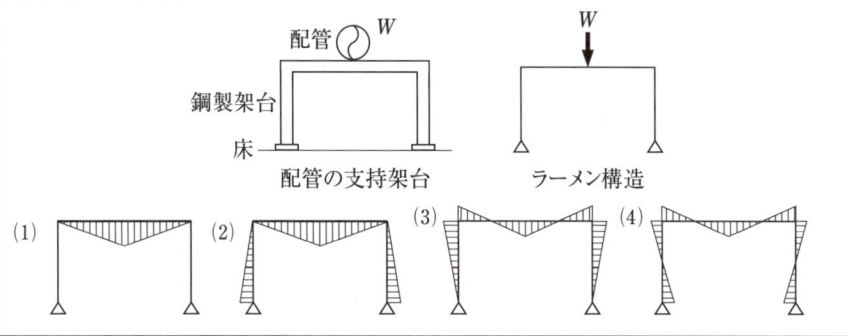

解説

(a) 支点がピンとローラーの単純ばりに集中加重が加わったときの曲げモーメント図を，**図2-5**に示す．

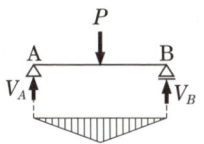

図2-5 単純ばりの応力図（M図）

(b) **図2-6**に示すように，単純ばりラーメンに鉛直方向の荷重が作用した場合，はりの剛節点部分には，せん断力のみ生じていて，これが柱の軸方向力として伝わる．このとき，柱にはせん断力と曲げモーメントは生じない．

(c) 柱脚ピンの門型ラーメンの場合，**図2-7**のように柱脚のローラーがピンであるので，柱の水平移動が拘束され，支点に水平反力 H が生じる．この水平反力により，柱に曲げモーメントが生じ，柱の高さを l とすると最大 Hl となる．

(d) 柱脚固定の門型ラーメンの場合，柱脚がピンの場合と異なり，支点に曲げモーメントを生じる．（**図2-8**）

答（3）

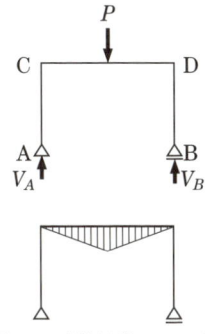

図2-6 単純ばりラーメンの応力図（M図） 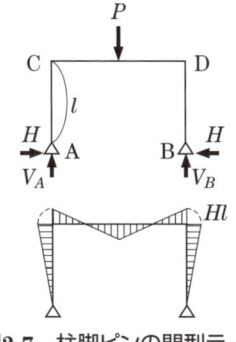　**図2-7** 柱脚ピンの門型ラーメンの応力図（M図） 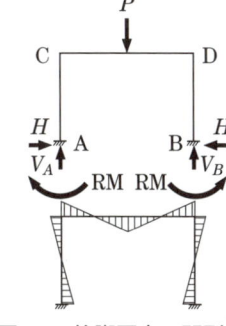　**図2-8** 柱脚固定の門型ラーメンの応力図（M図）

この問題をマスタしよう

問11 図のように集中荷重 P と等分布荷重 w が鉄筋コンクリート梁に作用したとき主筋の配置方法として適当でないものはどれか.

解説 鉄筋コンクリートではコンクリートは圧縮力を負担し,鉄筋が張力を負担する.鉄筋の配置は曲げモーメント図から判断する.

(1)〜(4)のモーメント図は以下のとおりとなる.

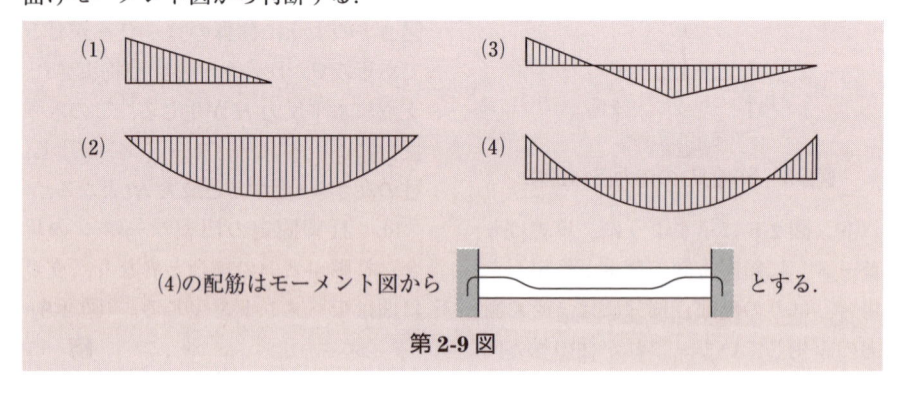

答 (4)

(4)の配筋はモーメント図から　　　　　　　　　　とする.

第2-9図

第3章 空気調和設備

　空気調和では，各種空気調和方式の特徴，空調熱負荷に関する問題，空気線図上における送風量や加湿量の計算，省エネ手法等．
　冷暖房ではコージェネレーション，氷蓄熱，各種暖房方式の特徴，換気・排煙では居室，火気使用室の換気，自然排煙，機械排煙方式の特徴，排煙機の風量計算等がポイントとなる．

(1) 空気調和
　(a) 空気調和方式：熱媒方式として全空気方式，全水方式，水・空気併用方式があり，それぞれについて各方式がある．
　(b) 空調熱負荷：顕熱，潜熱
　(c) 空気線図：湿り空気線図ともいう．乾球温度，湿球温度，絶対湿度，相対湿度，エンタルピー等

(2) 冷暖房
　(a) 蓄熱方式：水蓄熱，氷蓄熱
　(b) 地域冷暖房：サブステーション，蒸気，高温水，冷水
　(c) 暖房方式：蒸気暖房，温水暖房，放射暖房

(3) 換気・排煙
　(a) 換気方式：自然換気，機械換気（第1種，第2種，第3種）
　(b) 排煙方式：自然排煙，機械排煙

3.1 空気調和

(1) 目的

室内の環境は，人体や機器類から排出される炭酸ガス，排熱，湿気，臭気，排ガスなどで汚染される．このような居住空間の空気の状態を改善し，居住者の健康や作業能率を維持し，快適性を確保するために，室内空気の温度，湿度や清浄度などをその室の使用目的に合うよう継続的に保つことである．

(2) 内容

(a) 分類

空気調和は，人間を対象とし，快適性や健康を保つための保健用空調と工場等で物の生産，加工，保存を目的とする産業用空調がある．

(b) 要素

① 温度：空気の冷却，加熱（顕熱の調整）

② 湿度：空気の加湿，減湿（潜熱の調整）

③ 気流：気流の速度や分布の調整

④ 清浄度：室内の炭酸ガス，臭気，有害ガス，じんあい等の除去

以上を空気調和の4要素という．

1. 空気調和の計画

(1) 計画の重要性

計画段階は空調設備の骨組を決める重要なプロセスであり，これを誤ると機能的に不満足ばかりでなく，施工性が悪く不経済で，完成後の維持・管理も困難となるため慎重に進めるべきである．

(2) 計画時の検討事項

計画の時点で特に注意して検討する要素は以下のとおりである（**第3-1図**）．

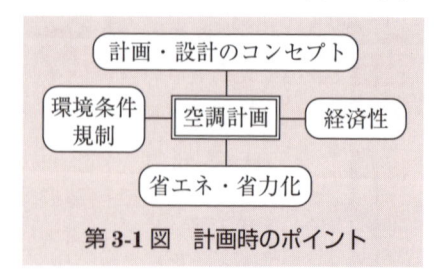

第3-1図 計画時のポイント

(a) 環境条件，法令等の規制

現地調査により，気象条件やその地域の環境，特殊状況，電力やガス・上下水道の供給の可否，法律や条例などの規制を調査し，官公署等の窓口に出

向き協議を行う.

(b) 施主のニーズ，設計のコンセプト

客先の要求，設計者の考え方を十分把握し，①温湿度条件，換気量，②空調範囲やゾーニング等を決める．

また，過去の類似物件の実施例をもとに，①空調方式や熱源方式，②冷凍機，空調機，ボイラー等の容量，仕様を検討する．

(c) 省エネ，省力化

建物の外壁や窓等を通しての熱の損失の防止のための措置について，一定規模以上について，建築主の判断の基準（平成15年，経済産業省，国土交通省告示第1号）が定められている．

① 外壁や窓を通しての熱損失の防止について，PAL（Perimeter Annual Load）が定められている．

$$PAL = \frac{\text{ペリメータゾーンの年間熱負荷〔MJ/年〕}}{\text{ペリメータゾーンの床面積〔m}^2\text{〕}}$$

建物の種類による
≦(300〜550)　建物の規模による
×補正係数(1.0〜2.4)

② PALに対して，空調設備のエネルギー的な効率的運用を計るべき指数としてCEC（Coefficient of Energy Consumption for Airconditioning；空調エネルギー指数）がある．

$$CEC = \frac{\text{年間空調エネルギー消費量}}{\text{年間仮想空調負荷}}$$

建物の種類による
≦(1.5〜2.5)

(d) 経済性

当初の建設費（イニシャルコスト）だけでなく，建設後の修繕・維持管理のためのランニングコストや空調設備の新設から耐用年数に至るまでの全費用（LCC：Life Cycle Cost）の点からも検討を行うことが大切である．

2. 空調負荷

(1) 熱負荷

室内から取り去る熱量（つまり冷房するための熱量）と室内に与えられる熱量（すなわち暖房するための熱量），双方合わせて熱負荷という．冷房負荷は冷却負荷と除湿負荷であり暖房負荷は加熱負荷と加湿負荷のことである．

(2) 冷房負荷

冷房負荷の種類を列挙すると以下のとおりである（**第3-2図**）．

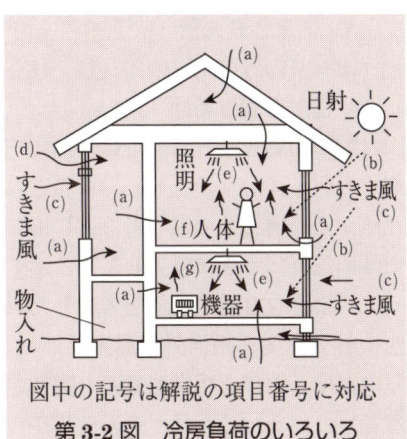

図中の記号は解説の項目番号に対応
第3-2図　冷房負荷のいろいろ

3.1　空気調和

(a) 壁，屋根，床などの建築構造体や部材を通して侵入してくる熱負荷

① 日射を受けない面（第3-3図）

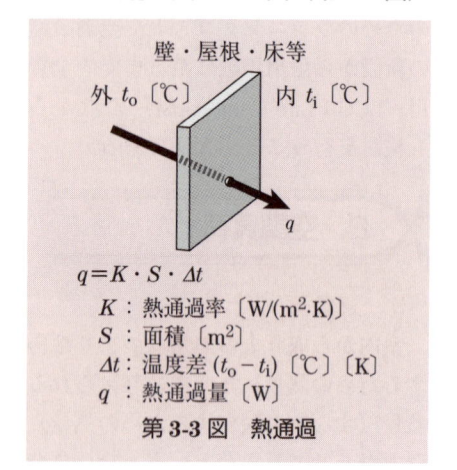

壁・屋根・床等
外 t_o 〔℃〕　内 t_i 〔℃〕

$q = K \cdot S \cdot \Delta t$
K：熱通過率〔W/(m²·K)〕
S：面積〔m²〕
Δt：温度差 $(t_o - t_i)$〔℃〕〔K〕
q：熱通過量〔W〕

第3-3図　熱通過

$$q = K \cdot S \cdot \Delta t$$

ここで，
q：熱通過量〔W〕
K：熱通過率（熱貫流率）〔W/(m²·K)〕
S：構造体の面積〔m²〕
Δt：室内外の気温の差〔℃〕〔K〕

② 日射を受ける面

日射の影響を受ける外壁は，熱の一部を吸収して温度が上昇し，蓄積された熱がその構造体の熱容量などに応じた時間遅れで室内に侵入してくる．

このような日射の影響を考慮した仮想の外気温度を**相当外気温度**といい，室内温度との差を**相当温度差（実効温度差）**という．これは，その性質から時間とともに変化する．

$$q = K \cdot S \cdot \Delta t_e$$

ここで，

q：熱通過量〔W〕
K：熱通過率〔W/(m²·K)〕
S：面積〔m²〕
Δt_e：相当温度差〔℃〕〔K〕

(b) ガラス窓からの熱負荷

① ガラス面の内外気温度差による熱通過により侵入する熱

$$q = K \cdot S \cdot \Delta t$$

ここで，

K：熱通過率〔W/(m²·K)〕
S：ガラス面の面積〔m²〕
Δt：ガラス面の内外温度差〔℃〕〔K〕

② ガラス窓を直接透過してくる放射熱

$$q = I \cdot S \cdot F_g \cdot F_s$$

ここで，

I：ガラス窓を透過する日射量〔W/m²〕
S：ガラス窓面積〔m²〕
F_g：ガラス係数
F_s：遮へい係数

(c) すきま風による熱負荷

ドアや窓から入ってくるすきま風による熱負荷で，顕熱と潜熱がある．

(d) 取入れ外気による熱負荷

室内の換気のために取入れる外気による熱負荷で，顕熱と潜熱がある．

(e) 室内で発生する熱負荷

白熱灯は（1000 W/kW），蛍光灯は安定器からの発熱があるので，（1200 W/kW）の発熱（顕熱）を見込む．

(f) 人体から発生する熱量

人体の表面からの放出される顕熱と

呼吸や発汗により放出される潜熱がある.

(g) **室内の発熱器具からの熱負荷**

OA機器や調理器,湯沸器などから発生する熱負荷で,機器により,顕熱だけのもの,顕熱と潜熱の両方を発生するものがある.

(3) **暖房負荷**

(a) **暖房負荷の種類**

① 壁や窓ガラスから逃げる通過熱で顕熱である.

② すきま風による熱損失で顕熱と潜熱がある.

③ 取入外気による熱損失で顕熱と潜熱がある.

暖房負荷を検討するときは,日射による熱や照明器具や人体の発生する熱は安全側に働くので計算に含めない.

(b) **外壁面,ガラス窓の損失熱量**

q_{H1}, $q_G = S \cdot K(t_i - t_o) \cdot \delta$

ここで,

q_{H1}:外壁面の負荷〔W〕

q_G:ガラス面負荷〔W〕

S:外壁やガラス面の面積〔m²〕

K:外壁,ガラス面の熱通過率〔W/(m²·K)〕

t_i, t_o:室内外温度〔℃〕〔K〕

δ:方位係数

(c) **内壁負荷**(廊下,非暖房室と接する内壁からの熱損失)

$q_{H2} = S \cdot K \cdot \Delta t$

ここで,

q_{H2}:内壁負荷〔W〕

K:内壁の熱通過率〔W/(m²·K)〕

S:内壁の面積〔m²〕

Δt:内外温度差〔℃〕〔K〕

(d) **地面に接する壁や床からの熱負荷**

地下の地面に接する壁や床からの熱負荷は,暖房時には地面の方が室内温度より低いため損失熱を計算する.

$q_k = S \cdot K \cdot (t_i - t_e)$

ここで,

S:地面に接する面積〔m²〕

q_k:床面からの熱損失〔W〕

K:床面の熱通過率〔W/(m²·K)〕

t_i:室内温度〔℃〕〔K〕

t_e:地面に接する地中温度〔℃〕〔K〕

(4) **空調設計条件**

＜TAC温度＞

許容される範囲の温度の最大値や最小値をはぶき,空調設備の機器費やランニングコストの経済性を高めるための冷暖房用の外気設計温度であり,TAC温度で危険率2.5％とは夏季4か月(6月～9月)の全時間2928時間のうち2.5％つまり73.2時間は設計条件として決めた外気温度より高くなることもあることを意味する.

3. 空気線図

(1) **空気線図と冷房プロセス**

冷房のみの運転をする空調機のモデルを第3-4図に示す.この空調機の運転は空気線図上で以下のようになる.

室内からの還気①と外気②の空気の状態点は空気線図上で①と②となり,混合された空気の状態点③は①と②を結ぶ直線上に存在する.その位置は①

第3-4図

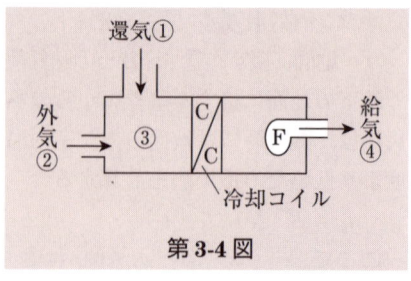

と②の状態のそれぞれの空気量の反比例に内分する点となる．③の状態点の空気を冷却コイルで冷却すると④の状態の空気になりこの冷却の過程で相対湿度が増加し，さらに冷却を続けると相対湿度100％の空気となり，冷却コイルで結露し④′の状態となる（第3-5図）．

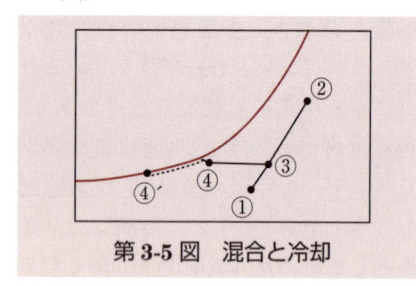

第3-5図　混合と冷却

このような結露の原因となる冷却方法では現実問題として不適切なため，冷却とともに減湿を行わなければならない．

実際には全熱負荷（顕熱と潜熱の合計）のうち，顕熱が占める割合が顕熱比（SHF）であるが，この顕熱比は還気の状態点①と空調機出力の空気の状態点④から求められる Δt，Δx の関数として表される（第3-6図）．

還気の状態①を通り顕熱比（SHF）から求められる勾配の直線上の点は，どの点でも顕熱と潜熱を同時に処理し

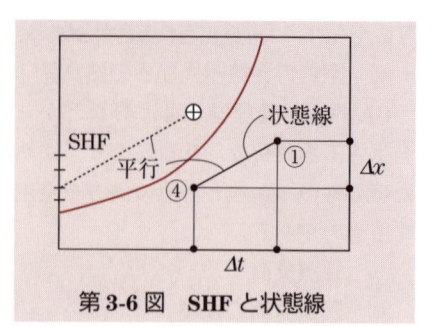

第3-6図　SHFと状態線

室内の設計条件を一定に保つための給気の状態を表すことになる．つまり，室内の温・湿度が①の状態にあるためには，①，④間の直線上になければならない．この直線が飽和曲線と交わる点を④′とすると，この点を**装置露点温度**という．吹出空気の状態点④は①と④′間のどの点をとることもできるが，Δt（$t_1 - t_4$）を大きくとる方が送風量が小さくなって経済的とも考えられる．しかし，冷却コイルの列数も大きくなるので，トータル的にはどうかを検討してみる必要がある（第3-7図）．

必要送風量 Q〔m³/h〕は次により求める．

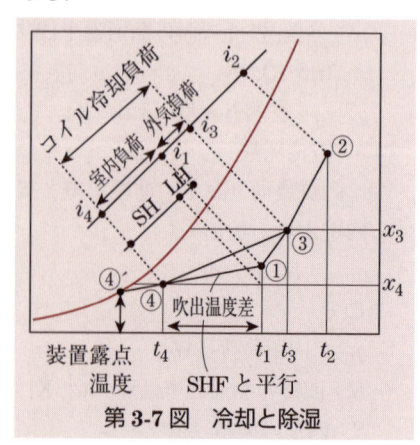

第3-7図　冷却と除湿

$$q_s = C_p \times \rho \times Q \times \Delta t \times \frac{1}{3.6}$$

ここで,
- q_s：室内顕熱負荷〔W〕
- C_p：空気の比熱 1.0〔kJ/(kg・K)〕
- ρ：空気の密度 1.2〔kg/m³〕
- Q：空調機送風量〔m³/h〕
- Δt：室内温度とコイル出口の温度差 $(t_1 - t_4)$〔℃〕

したがって,

$$Q = \frac{3.6 q_s}{C_p \times \rho \times (t_1 - t_4)} \text{〔m}^3\text{/h〕}$$

冷却コイル容量 q_c は,

$$q_c = \frac{Q \times \rho \times \Delta i}{3.6} \text{〔W〕}$$

ここで, $\Delta i = (i_3 - i_4)$
- i_3：コイル入口の空気の比エンタルピー〔kJ/kg (DA)〕
- i_4：コイル出口の空気の比エンタルピー〔kJ/kg (DA)〕

外気負荷 q_{OA} は,

$$q_{OA} = \frac{Q \times \rho \times \Delta i}{3.6} \text{〔W〕}$$

ここで, $\Delta i = (i_3 - i_1)$
- i_1：室内空気の比エンタルピー〔kJ/kg (DA)〕

除湿量 L は,

$$L = G(x_3 - x_4) \text{〔kg/h〕}$$

(2) 空気線図と暖房プロセス

暖房のみの運転をする空調機のモデルを第3-8図に示す.この場合,空気線図は以下のようになる.

室内からの還気①と外気②の空気の状態点は空気線図上で①と②になり,

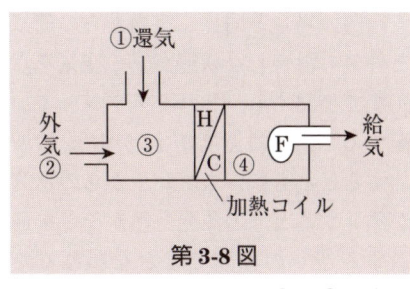

第3-8図

混合された空気の状態点③は①,②を結ぶ直線上にあり,それぞれの空気量に反比例で内分する点となる.③の状態の空気を加熱コイルで加熱すると④の状態の空気になり,この場合水分の出入りが無いものとするので絶対湿度は変わらず加熱の段階で相対湿度が減少する(第3-9図).

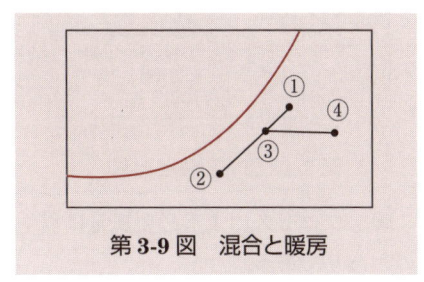

第3-9図　混合と暖房

したがって,室内は乾燥した空気で満たされ,快適な居住空間を確保することはできなくなる.

そこで湿度を高めるために加熱コイルの後に加湿器を設置する(第3-10図).

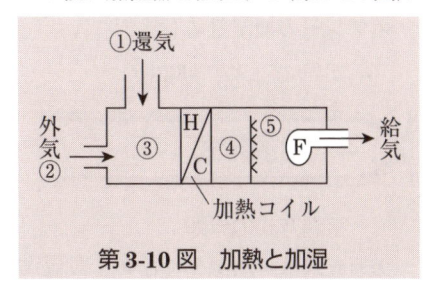

第3-10図　加熱と加湿

3.1　空気調和

75

冷房の場合と同様に室内からの還気と外気の混合した状態点③の空気を点④まで加熱する．これをスプレーで加湿すると，絶対湿度がx_4からx_5に増加するとともに，スプレーからの水滴が蒸発するときの蒸発潜熱がそこを通過する空気の顕熱でまかなわれるため，t_4からt_5に乾球温度が下がるが，この間のエンタルピーの増減はなく，断熱変化が起きていることがわかる（第3-11図）．

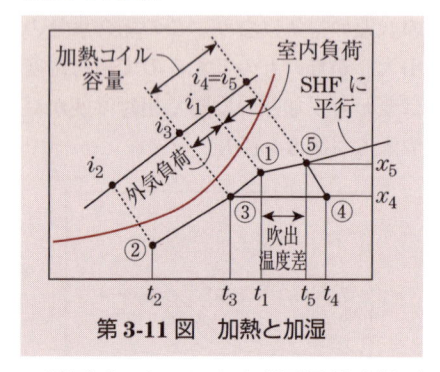

第3-11図　加熱と加湿

暖房プロセスによる必要風量は以下のとおりである．

$$Q = \frac{3.6 q_s}{C_p \times \rho \times (t_5 - t_1)} \ [\text{m}^3/\text{h}]$$

加熱コイルの容量は，

$$q_H = \frac{Q \times \rho \times (i_5 - i_3)}{3.6} \ [\text{W}]$$

スプレーの加湿量 L は，

$$L = G(x_5 - x_4) \ [\text{kg/h}]$$

4. 空調方式

(1) 空調方式の分類

空調方式は，熱源や機器類を設置する場所や位置により分類する方法や，水，空気，冷媒など熱の搬送方法により分類する方法がある（第3-1表，第3-2表）．

(2) 各種空調方式の特徴

(a) 定風量単一ダクト方式

この方式は，空調する室の負荷の状態に応じて送風空気の温度や湿度を調整し，一定風量を送り出す方式である．したがって，最小風量が大きい場合，空気清浄度を良好に維持する場合（高性能のエアフィルターを使用しやすいため）などは有利である．

＜長所＞
① 主要機器（熱源，空調機器）を中央の機械室に集約できるのでコストが安くできる（イニシャルコストおよびランニングコスト）．
② 外気の取入れが容易であり，中間期の外気冷房も可能．

＜短所＞
① 温湿度の制御が大型主要機器に依存するため，各室ごとまたは各ゾーンごとの制御が不可能．
② 機械室から各室に至るダクトスペースが多くなる．
③ 省エネルギーの観点からは不利となる（例えばVAV方式に比較して）．

(b) 変風量単一ダクト方式

各室の吹出口において給気風量を加減し，負荷の変動に適応させる．つまり各吹出口の手前に変風量ユニットを吹出口ごとに室別やゾーン別に設け，それぞれの室の状況に応じて給気

第 3-1 表　空調方式の分類

熱源	熱媒	空調方式	特徴
中央式	全空気方式	・定風量単一ダクト方式 ・変風量単一ダクト方式 ・マルチゾーン方式 ・二重ダクト方式 ・各階ユニット方式	・送風空気量が多いため，外気による冷房ができる． ・空調機器装置が機械室等で集中設置されていて保守管理が容易． ・清浄度湿度，臭気，騒音などがコントロールしやすい． ・室内にドレン管，エアフィルターや，電源など不要． ・中央機械室や各室へのダクトスペースが多く必要である． ・熱媒の搬送動力が比較的大きい．
	水・空気方式	・ダクト併用ファンコイルユニット方式 ・誘引ユニット方式 ・ダクト併用放射（輻射）冷暖房方式	・ユニット，機器ごとの個別制御が可能． ・ビルのペリメーターゾーン，ホテル客室，病室などに適する． ・ユニットに高性能のエアフィルターが使用できず，清浄度は高度でない． ・エアフィルターがユニットごとに付くのでメンテナンスが煩雑． ・ダクトスペースは全空気式に比べ少なくてよい．
個別式	水方式	・ファンコイルユニット方式	・個別のユニットごとに室温を制御しやすい． ・外気の取入れができにくいので，室内はすきま風等による外気取入れができる冷暖房に適する． ・熱媒搬送は配管のみなのでスペースは少なくてすむ．
	冷媒方式	・パッケージユニット方式　個別式／マルチタイプ式	・個別運転がしやすい． ・事務所や住宅，ホテルの客室，小規模の店舗などに適する． ・増設，移設など室の模様替に対応しやすい．

第 3-2 表　熱媒方式による比較と特徴

全空気方式	・大型機器が集中して設置されるので機器のメンテナンスが容易である． ・中間期や冬期の外気冷房が可能（送風量が大きいため）． ・空気清浄，臭気除去，騒音処理が可能．
水・空気方式	・全空気式に比べダクトスペースが少なくてすみ，おさまり上有利． ・機器の個別制御が可能．

量を制御する方式である．この方式が Variable Air Volume (VAV) 方式である．

可変風量ユニットの種類としては，バイパス形や絞り方式のスロットル形やインダクション形などがある．

・VAV 方式の特徴

＜長所＞

① 吹出し風量を調節することにより個別制御が可能．

② 低負荷時には運転費の節減が可能．

③ 室内の模様替えや間仕切変更に対応しやすい．

＜短所＞

① 低風量時に必要外気量が確保できなくなることがあるので，インテリアゾーンなどの負荷変動の少ない場所に適している．

3.1　空気調和

② 低風量時は湿度制御が満足に行われず成り行きになる．
③ 冷房時の低負荷の低風量時にコールドドラフトが生じやすい．

(c) 二重ダクト方式

この方式は，中央の空調機で冷風と温風を作り，それぞれを2本のダクトを設けて高速で送り各室の吹出口やゾーンごとに設置した混合ユニットで負荷に応じて混合比を変え室内に送風する方式である．

この方式の特徴は，

＜長所＞
① 個別制御が可能であり，冷・暖房同時に行うことができる．
② 室の模様替に対応しやすい．

＜短所＞
① 冷風と温風を混合するときに生じる混合ロスが発生し運転費がかさむ．
② ダクトスペースが大きい．

(d) 各階ユニット方式

この方式は，各階ごとの負荷変動に対応しようとする思想で，中央の一次空調機で取入れ外気を調整し，各階に設けられた二次空調機に送り室内からの還気と混合し，その階の各室に送風する方式である．

この方式の特徴は，

＜長所＞
① 各階ごとの負荷変動を効率よく処理しやすい．したがって，各階ごとにテナント貸しを行う貸事務所などに適している．

＜短所＞
① 空調機が各階に分散するので保守管理が煩雑となる．
② 空調機室やダクトスペースが大きくなる．

(e) ダクト併用ファンコイルユニット方式

ファンコイルユニットは，送風機と冷温水コイルとエアフィルターを内蔵したユニットで，この方式は一般に負荷変動の大きいペリメーター負荷を処理するために窓側にファンコイルユニットを設置し，内部ゾーンには中央の空調機で調整した一次空気（取入れ外気）を供給する方式がとられる．また，室内の換気上必要な外気も最小限取入れなければならないが，ダクトにより各室に供給する．

ファンコイルユニットは高性能フィルターが使えず，高度の空気清浄は無理があり，湿度が成り行きとなりがちで，暖房時の加湿能力は全空気式に比べると劣るのが一般的である．

この方式の特徴は，

＜長所＞
① 個別制御が可能である．
② ダクトスペースは小さい．
③ 熱搬送動力は少なく効率が良い．
④ 室の間仕切などの変更に対応しやすい．

＜短所＞
① ユニットが分散しているので，保守管理が煩雑となる．

(f) マルチタイプパッケージ空調機

この方式は，1台の屋外ユニットと数台の室内ユニットが冷媒配管で接続されていて，セパレート型となっている．このことにより，設置費の低減と最大負荷の平準化と容量制御の一元化によるランニングコストの低減が図られている．

各室内ユニットは単独に運転することができ，運転台数と負荷に応じて室

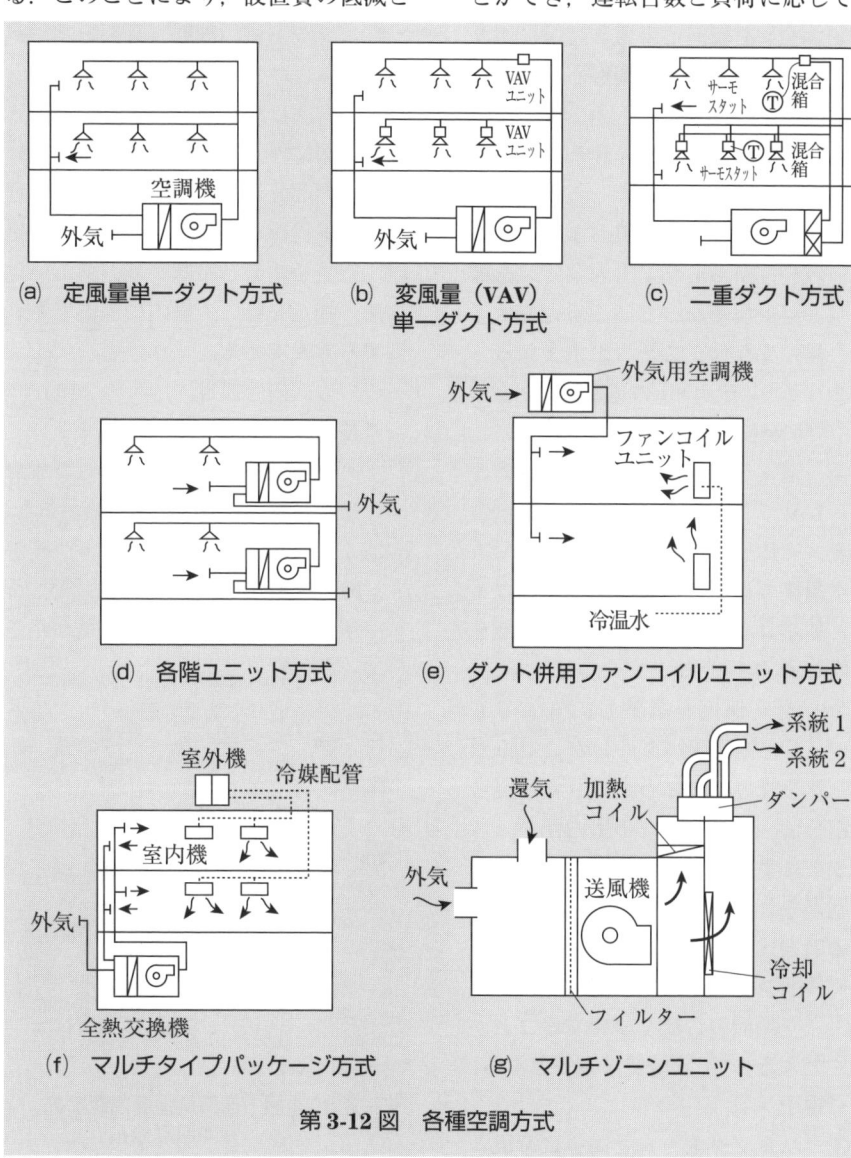

(a) 定風量単一ダクト方式
(b) 変風量（VAV）単一ダクト方式
(c) 二重ダクト方式
(d) 各階ユニット方式
(e) ダクト併用ファンコイルユニット方式
(f) マルチタイプパッケージ方式
(g) マルチゾーンユニット

第3-12図　各種空調方式

外ユニットは適切な運転状態に制御される．また，外気の取入れのため外気処理ユニットが用いられ，これに全熱交換器や加湿器などが組込まれる．

マルチタイプには，同一系統内の室内ユニットを個別に冷房と暖房に切り換える冷暖房同時運転型もある．

このシステムが普及している理由は，以下のことが考えられる．

＜長所＞
① 冷媒配管と屋外機および室内機の取付がおもな工事内容で，熟練工が少なくなっている現在では工程の少ないシステムが望まれる．
② ビルのテナントの運転時間が様々でしかも細分化されてきている．
③ 電気を使うことで運転・制御が容易でしかもクリーンである．

(g) マルチゾーン方式

空調機の送風機の吐出側に冷却コイルと加熱コイルを置き，冷風と温風を同時に作り，それをゾーンごとに混合比を変え温度を調整し給気するもので，1台で負荷パターンが異なる数ゾーンを受け持つことができる．混合の割合は，そのゾーンの室内サーモスタットにより作動する電動ダンパにより制御される．

この方式の特徴は，

＜長所＞
① 空調機の台数を統合することができるので，設備費は割安となる．

＜短所＞
① 二重ダクト方式と同様に冷風と温風を混合して調整するため混合損失が生じる．
② 1台の空調機より多数のダクトが出るためダクトスペースが大きくなる．

(h) ダクト併用放射（輻射）冷暖房方式

この方式は，冷水や温水を天井面または床面に埋込んだ配管に流すことにより，大部分の室内の顕熱負荷を処理し，外気負荷と室内からの循環分の処理，空気を給気し冷却，減湿あるいは加熱，加湿を行い，室内の温湿度を制御する方式である．

この方式の特徴は，

＜長所＞
① 伝導熱や放射熱を利用した放射冷暖房はごく自然な快適感がある．
② 床に埋込んだ配管により，暖房時には室内の天井面に近い部分と，床面に近い部分との温度差が小さ

第3-13図 床暖房と温風暖房の室内温度分布

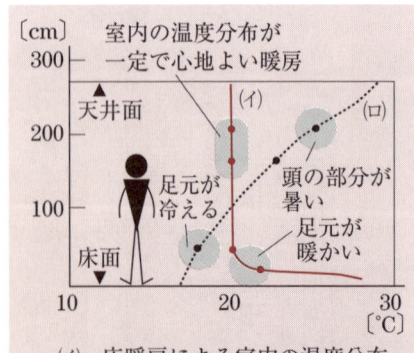

(イ) 床暖房による室内の温度分布
(ロ) 温風暖房による対流式暖房の温度分布

第3章　空気調和設備

く，しかも足元が暖かいので頭寒足熱の状態となり快適である．
③ 工場や大空間，天井の高い部屋，住宅などに適している（第**3-13**図）．

＜短所＞
① 当初の設置費は高額となる．

5. 空調機器類

(1) 空気調和機
(a) 種類と分類

中央式と個別式に分類される（第**3-14**図）．

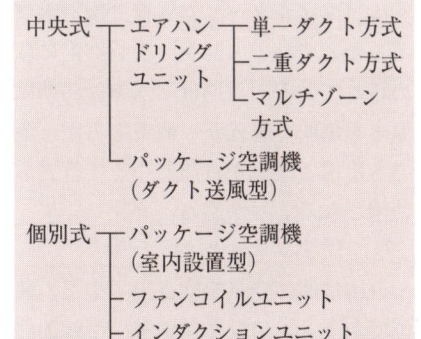

```
中央式 ─┬─ エアハンドリングユニット ─┬─ 単一ダクト方式
        │                              ├─ 二重ダクト方式
        │                              └─ マルチゾーン方式
        └─ パッケージ空調機
           （ダクト送風型）

個別式 ─┬─ パッケージ空調機
        │  （室内設置型）
        ├─ ファンコイルユニット
        ├─ インダクションユニット
        └─ ルームエアコン
```

第 3-14 図　空気調和機の種類と分類

(b) 空気調和機の構成

エアフィルター，空気冷却器（減湿），空気加熱器，加湿器および送風機から成り立っている（第 **3-15** 図）．

① **エアフィルター**
じんあいの除去にろ材による乾式フィルターや静電作用による電気集じん器が使われる．臭気の除去には活性炭フィルターが使用される．

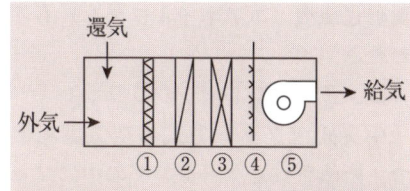

① エアフィルター　② 空気冷却（減湿）器
③ 空気加熱器　④ 加湿器　⑤ 送風機

第 3-15 図　空気調和機の構成

② **空気冷却器**
管内に冷水を通す冷水コイルと，管内で冷媒を蒸発させ蒸発潜熱を周囲から奪い冷却する方式の冷媒コイル（直接膨張コイル）がある．これらは，空気を冷却させるだけでなく，露点温度以下に冷却することで減湿も行うことができる．

③ **空気加熱器**
空気冷却器と同様にフィンコイル形の熱交換機が用いられ，管内に温水を流す温水コイル，管内で蒸気を凝縮させる蒸気コイル，冷媒を凝縮させる冷媒コイルがある．冷水と温水を切換えて使用する冷温水コイルや電熱により空気を加熱する電熱コイルも使用される．

④ **加湿器**
蒸気を小さい孔から吹出して加湿する蒸気加湿器，微小水滴を空気中で吹出して加湿する水加湿器，水槽の表面から水を蒸発させる蒸発皿形加湿器等がある．

⑤ **送風機**
多翼送風機（シロッコファン）が普通採用されるが，大型機器の場合には

3.1　空気調和

翼形送風機（エアホイルファン）も使われる．

(c) エアハンドリングユニット

中央式でダクト方式の空気調和機で，断熱されたケーシングの中にフィルター，冷却（加熱）コイル，加湿器，送風機を納めた空調機をエアハンドリングユニットと呼んでいる．

第 3-16 図では，冷水コイルと蒸気コイルを採用しているが，冷水と温水を使うものは冷温水コイルが使われる．しかし，再熱をする場合は空気冷却器と空気加熱器を別々にする必要がある．

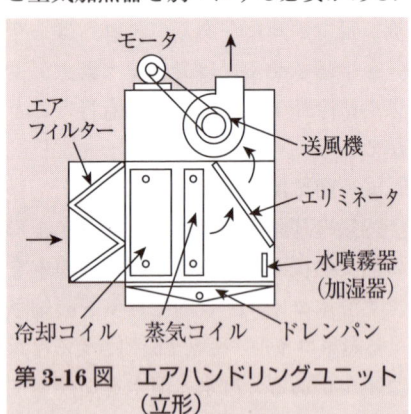

第 3-16 図　エアハンドリングユニット（立形）

(d) パッケージ空調機

一つのケーシングの中にエアフィルター，直膨コイル，加湿器，送風機と往復動圧縮機，凝縮器が組み込まれたユニットで，凝縮器には水冷式と空冷式がある．個別式空調機の一種で，用途としては冷房専用と冷暖房用がある．冷暖房用にはヒートポンプとして用いられる．小型のものはセパレート型が使用される（第 3-17 図）．

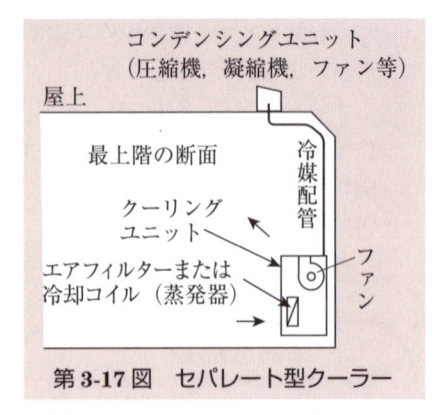

第 3-17 図　セパレート型クーラー

(e) ファンコイルユニット

ファンコイルユニットは，建物のペリメーターゾーンや個室，ホテルの客室や住宅などに一般的に採用される．

エアフィルター，送風機，冷温水コイルなどで構成されケーシング内に収められている．夏期は冷水を，冬期は温水を流す 2 管式が一般であるが，冬でも冷房と暖房が可能となる 4 管式も使用されることがある．

(f) 誘引ユニット

温湿度調節空気を吹き出す小型の装置であり，エアフィルター，冷却加熱コイル，一次空気消音プレナム，ノズルをケーシングに納めたもので，送風機は無く，別に設置された一次空調機で処理された一次空気（換気用の取入れ外気）をエアプレナムに高速ダクトで送り，これがノズルから噴出する勢いに誘引されて室内空気を二次空気として吸い込み，冷却または加熱して一次空気とともに室内に給気する．インダクションユニットともいわれる（第 3-18 図）．

第3-18図　誘引ユニット

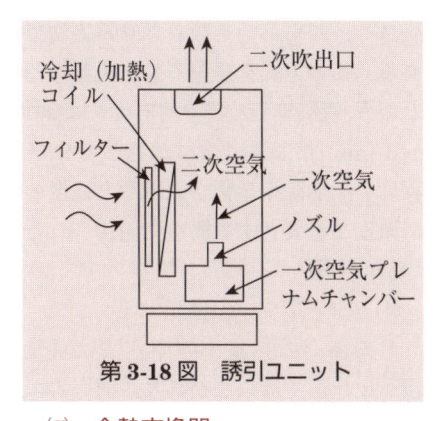

(g) 全熱交換器

排気と取入れ外気の間の熱交換に使われ，取入れ外気の冷暖房負荷を軽減する．空気の温度（顕熱）と湿度（潜熱）を同時に熱交換ができるため全熱交換器といわれる．回転式と固定式があり，省エネルギー効果が大である．

(h) エアフィルター

① 乾式フィルター

HEPA（高性能）フィルター，ユニット型，自動巻取型，パネル型などがあり，ろ材の密度が大きければフィルターとしての効率は良くなるが，圧力損失も大となるので，フィルターをW形に取付ける方法などがある．

ⓐ HEPA（高性能）フィルター：収じん効率は非常に高く，1 μm 以下の粒子が対象となる．測定はDOPのスモーク（エアロゾル）を用いた光散乱法で測定され，効率は99.97％以上である．クリーンルームや放射性ダストの除去に使用される（第3-19図）．

ⓑ ユニット型フィルター：乾式と粘着式がある．一般のじんあいを捕集

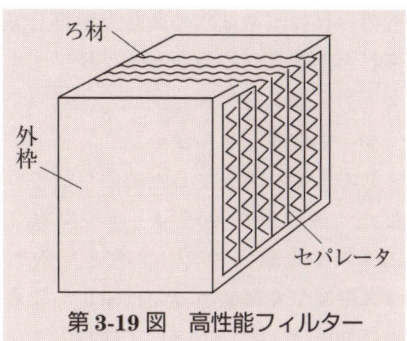

第3-19図　高性能フィルター

するのに適している．乾式と粘着式があり，風速は3 m/s 程度で，集じん効率は重量法で80〜90％である．

ⓒ 自動巻取型フィルター：ビルや工場で一般に使用されているもので，ろ材の前後の差圧が一定値に達すると自動的に作動する．風速は約3 cm，じんあいの粒子は1μ以上，集じん効率は重量法で80％程度である（第3-20図）．

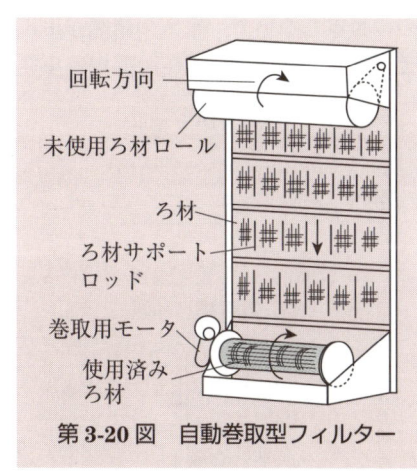

第3-20図　自動巻取型フィルター

② 湿式フィルター

空気の流れの中に水を噴霧して，亜硫酸ガス（SO_2）やじんあいを除去するエアワッシャ方式と，ガラス繊維な

3.1　空気調和

どのろ材に水や液状の薬品を噴霧して集じん効率を高めるキャピラリフィルター方式がある．

③ 活性炭フィルター

じんあいを除去するための目的ではなく，活性炭を使用し，亜硫酸ガス（SO_2）や塩素ガス（Cl_2）などの有害ガスや臭気を吸着させる．SO_2 の吸着率は 80％程度であるが，CO や NO などのガスは吸着できない．

④ 静電式集じん器

一般に電気集じん器といわれているものは，電離部と集じん部から構成され，電離部でじんあい粒子を＋（プラス）に帯電させ，集じん部では－（マイナス）極板に付着捕集する二段式帯電式のものである．

一段荷電式は，じんあい粒子そのものは帯電しないで，電気の誘電作用により，ろ材表面に高電圧の静電気を発生させ，じんあいを吸着させる方法である．この方式を誘電ろ材形集じん器という．電気集じん器の適応粒子は 0.01～1 μm，集じん効率は比色法で 90％程度で，病院や産業空調用など高度の清浄度を必要とする場所で適用される（第 3-21 図）．

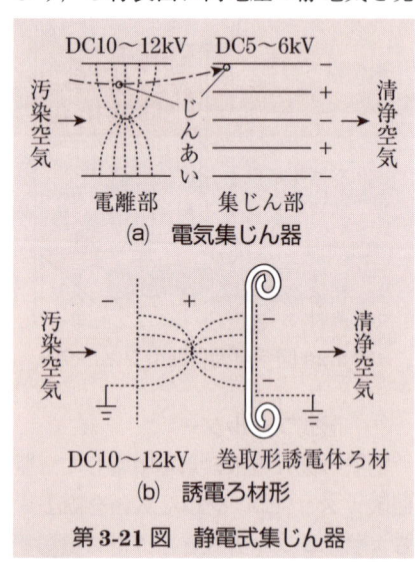

(i) フィルターの性能

じんあいの捕集率の測定法は重量法，比色法，計数法があり，同一のエアフィルターでも測定法により異なる値を示すので，測定法による値を明示しなければならない．

① 重量法

一般に低性能のフィルターの試験に用いられる方法で，フィルターで捕集した，じんあいの量と下流の高性能フィルター（通過じんあい捕集フィルター）で捕集されたじんあいの重量を測定してその重量比で表す．粗じん用フィルターの試験に採用され粒径 1 μm 以上が対象となる．

② 比色法（変色度法）

中性能フィルターの試験に用いられ，フィルターの上流と下流から吸引した空気をそれぞれろ紙に通し，ろ紙の汚れを比色計で測定する方法である．じんあいの粒径 1 μm 以下が対象で電気集じん器の試験もこの方法がとられる．

③ 計数法

高性能フィルターの試験に用いられ，試験フィルターの上流と下流から吸引した空気の粉じん濃度を光散乱式粒子計数器で粉じんの個数を測定す

ることで計測する．試験用ダストに，DOP（フタル酸ジオクチル）のエアロゾル（0.3 μm の均一な粒子）などが使用されるため，DOP 法ともいう．

一般の空調用ではそれほど高性能を要求されないので，重量法や比色法が用いられる．

6. 自動制御

(1) 自動制御の目的

空気調和装置の能力を負荷に応じて制御するために，冷却器，加熱器，ダンパ等を通過する液体や気体の流量を調整したり，熱源装置，ファンやポンプ等の運転を迅速にしかも正確に自動的に行うことである．つまりその目的は以下のとおりである．

① 適正な室内環境の維持
② 省エネルギー，省力化に役立つ
③ 機器や装置としての安全性の確保
④ 非常事態における緊急対策等

第 3-3 表に，自動制御の方式・種類を示す．

(2) フィードバック制御

空調の自動制御には，フィードバック制御（Feed Back）を用いられることが多い．これは目標値（室温など）と検出部で，それぞれの制御量の変化を物理的な変位として取出して比較し，その差（偏差）に応じた調節信号を調節部で作り，これにより操作部（弁やダンパ）を作動させ，制御量を目標値に近づける制御である（第 3-22 図）．

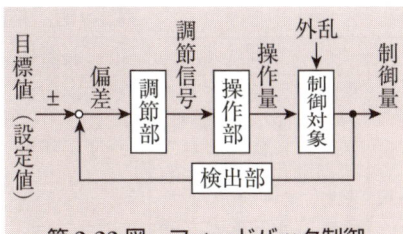

第 3-22 図　フィードバック制御

(a) フィードバック制御の調節動作

① 二位置動作
ON・OFF の 2 位置動作．

② 多位置動作
ステップ動作（多位置動作）．

③ 比例動作
P 動作ともいわれ，偏差の大きさに比例する連続的な調節信号を出す．

④ 微分動作
D 動作ともいわれ，偏差の生じる速度に比例した操作量を生じる．偏差を x，操作量を y とすると，

$$y = m \frac{dx}{dt} \quad (m：定数)$$

⑤ 積分動作
I 動作ともいわれ，操作量を変える速度を偏差に比例させる制御動作．

$$y = n \int x \, dt \quad (n：定数)$$

⑥ PID 動作
比例動作，微分動作，積分動作を組み合わせたもの．

(b) より高度な自動制御
高度の制御性能を必要とする場合は，フィードフォワード制御や適応制御などが導入される．

第 3-3 表　自動制御の方式・種類

	内容	長所	短所	備考
自力式	検出部で検出された力が直接，調節部，操作部に伝えられて制御動作を行う．安全弁，ボールタップ，熱動膨張弁などがある．	・構造が簡単． ・安価． ・保守が容易．	・精度が落ちる． ・操作力が小 ・操作部と検出部があまり離れていない場合しか使用できない．	単純で小規模な制御．
電気式	信号の伝送や操作動力に電気を使うもので，検出部の機械的変化を電気信号に変換して送るが調節機構に電子増幅器などを含まないものをいう．	・信号の伝達が速い． ・配線が容易． ・保守，修理が容易．	・あまり高度な制御はできない． ・防爆に注意． ・温度や水に注意．	あまり精度を要求されない制御． ・温度検出部→バイメタルリモートバルブ ・湿度検出部→毛髪，ナイロンフィルム ・圧力検出部→ベローズ，ダイヤフラム，ブルドン管 ・操作部→モジュトロールモータ，電磁開閉器，リレー電磁コイル等
電子式	電気を使うのは電気式と同じであるが，一般に検出部と調節部は別々になっており，温度や湿度の変化を機械的機構によらず，電気抵抗の変化として検出し，これを増幅して操作信号に変換し，操作部を動作させる制御方式	・感度が良く制御の応答がすぐれている． ・中央で制御可能となる遠隔設定ができる． ・組み合わせ制御可能．	・システムが複雑で保守管理に技術を要する． ・防爆に注意する． ・価格が高い．	高精度を要求され複雑なシステム．原理はホイートストンブリッジの一辺に測温抵抗体等を用い検出する． ・温度検出器→白金，ニッケルの測温抵抗体やサーミスタ ・温度検出器→塩化リチウムを用いた電気抵抗式温度検出器，乾湿球温度検出器等
空気式	信号の伝達や操作動力源として圧縮空気を使用する方式．大規模な建物で操作部が多い場合や防爆性が必要な場合に採用される．	・複雑なシステム，高度な制御に適する． ・操作部の構造が簡単で大きな操作力が得られる． ・防爆性，耐食性． ・大規模な装置では単価が安くなる．	・電気式や電子式に比べ伝達遅れがある． ・空気源が必要． ・規模が小さいと割高．	$1 \sim 2 \, kg/cm^2$ の空気圧を利用する ・防爆の必要のある化学工場，病院手術室 ・大規模な空調設備
電子空気式	検出部は電子式，調節部は電子式機構，操作は空気式とし電子式と空気式のそれぞれの長所を取り入れたもの．	・高精度のシステムが可能．	・空気源が必要． ・防爆に注意． ・価格高い．	・大規模空調

第 3 章　空気調和設備

3.2 冷暖房

(1) 暖房方式の分類と比較

暖房方式を熱媒の種類と使用法で分類すると，第3-23図，第3-4表のようになる．

(2) 蒸気暖房

(a) 蒸気暖房の特徴

＜長所＞

① 温水暖房に比べ放熱器や配管径が小さくてよい．（放熱面積は

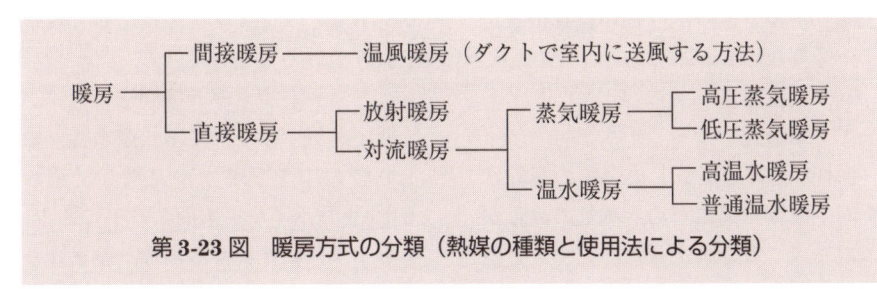

```
暖房 ─┬─ 間接暖房 ──── 温風暖房（ダクトで室内に送風する方法）
      └─ 直接暖房 ─┬─ 放射暖房
                    └─ 対流暖房 ─┬─ 蒸気暖房 ─┬─ 高圧蒸気暖房
                                  │             └─ 低圧蒸気暖房
                                  └─ 温水暖房 ─┬─ 高温水暖房
                                                └─ 普通温水暖房
```

第3-23図　暖房方式の分類（熱媒の種類と使用法による分類）

第3-4表　各種暖房方式

方式　内容	蒸気	温水 高温水	温水 普通温水	放射	温風
熱媒 熱媒の温度	低圧蒸気 100〜110℃	高温水 150→110℃	温水 80→70℃	温水 60→50℃	空気 50→20℃
熱源 動力使用機器	ボイラー 真空給水ポンプ	ボイラーまたは熱変換機 温水循環ポンプ			温風機 送風機
快適性	○	○	◎	◎	◎
施工性　設備費	◎	△	○	△	○
維持管理	△	△	○	○	○
熱効率	○	◎	◎	○	○
制御性	△	○	○	○	○
適用建物例	地域暖房 大型ビル（高層） 工場，学校	地域暖房 大規模ビル(低層) 大型住宅団地 工場，学校	中小ビル 病院 集合住宅（団地） 独立住宅	ホール，ロビー 銀行営業室 住宅	事務所 工場 住宅

小さくてよい.)
② 温水暖房に比べ予熱時間が短かく間欠運転に適している.
③ 中規模以上の建物では温水暖房より設備費は割安である.
④ 寒冷地で凍結による破損の危険が少ない.

＜短所＞
① 室内の温度制御がON・OFFの状態しかできない.
② 放熱器の表面温度が高いので快適性では温水暖房より劣る.
③ 蒸気トラップ,減圧弁など付属機器の保守管理に労力を要する.
④ ボイラーの取り扱いに資格者が必要な場合がある.

(b) 配管方法
① 単管式
1本の配管で蒸気と放熱後の凝縮水を同一配管で運ぶため,蒸気の流れがスムーズでなくスチームハンマーを生じやすい.

② 複管式
蒸気配管と凝縮水を流す管を別にし,その接続点には蒸気トラップを設けて還水管には凝縮水と空気だけを通すものである.

(c) 還水システム
① 重力還水法
乾式還水法と湿式還水法がある.
② 機械還水法
重力によって還水した凝縮水をホットウェルタンク(還水槽)に受け,ボイラーに給水ポンプで圧送する方法と真空ポンプを用いて強制的に吸引する方法がある(第3-24図).後者の場合,リフトフィッティングを使用して還水を引き上げることもできる.

(d) ハートフォード接続法
低圧蒸気ボイラーで湿式還水管(横走り管の中を凝縮水が充満して流れる.つまりボイラー水面より下にある)をボイラーに接続する場合,還水管の途中で水が漏れたときにボイラーの水位が下らないように,また,ボイラー

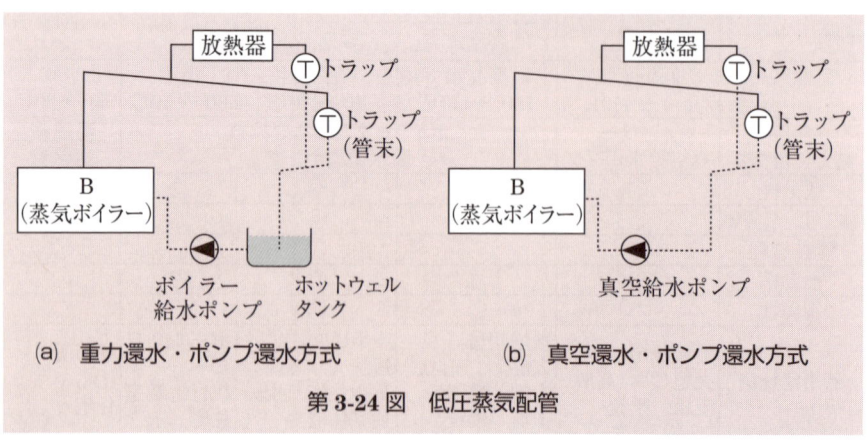

(a) 重力還水・ポンプ還水方式　　(b) 真空還水・ポンプ還水方式

第3-24図　低圧蒸気配管

内の水が異常時に還水側に流れ出しボイラーが空だきにならないように考えられた配管接続法である（第3-25図）．

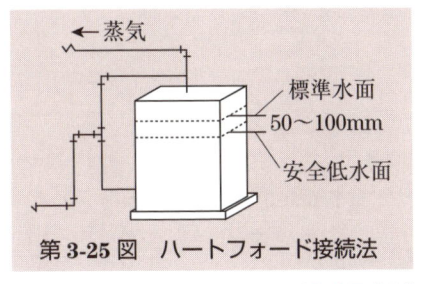

第3-25図　ハートフォード接続法

(e) **リフトフィッティング（吸上げ継手）**

真空ポンプを用いて還水する場合，先下り勾配がとれないとき，図のような吸上げ継手を用いる．立上り管のサイズは還水管の口径より1～2サイズ小さいものとする．1段の吸上げ高さは1.5 m以内とし，それ以上のときは2，3段とし，なるべく真空ポンプの近くに設ける（第3-26図）．

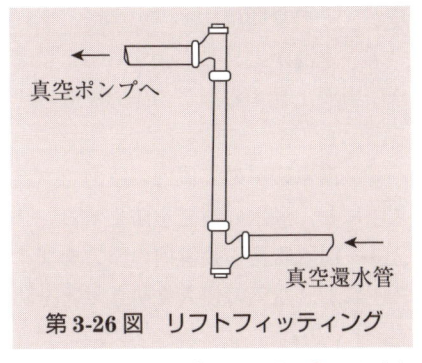

第3-26図　リフトフィッティング

(f) **スイベルジョイント（スイベル継手）**

配管の伸縮を吸収するために，蒸気主管からの分岐立上りの部分や放熱器周りの分岐管などに3個以上のエルボと短管を組み合わせた接続法のことである．

(g) **フラッシュタンク（蒸発タンク）**

高圧蒸気暖房の還水を低圧配管の還水管に接続すると，凝縮水の再蒸発によりスチームハンマーや低圧系統への逆流を起こすので，高圧蒸気の凝縮水はフラッシュタンク内に導きここで減圧して一部を再蒸発させ，低圧還水管に連結する（第3-27図）．

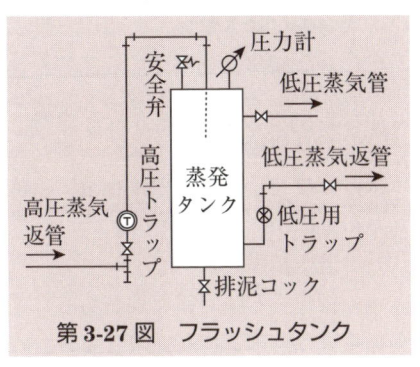

第3-27図　フラッシュタンク

(3) **温水暖房**

(a) **温水暖房の特徴**

温水暖房という場合は，100℃以下の温水を利用する普通温水暖房のことで，80℃程度の温水を供給して10℃前後の温度低下で暖房するものが一般的である．また，大規模なビルや地域暖房で採用される高温水暖房は100℃～200℃の供給温度である．

温水暖房としての特徴は以下のとおりである．

＜長所＞

① 放熱温度が蒸気暖房に比べて高くないので，やわらかい快適な暖

3.2　冷暖房

房が可能.

② 温度の調節が容易である．つまり外気温の変化に応じて温度の制御が可能である．

③ 蒸気トラップなどがないため，故障が少なく配管の施工やメンテナンスが容易で安全である．

④ 配管の腐食が少ない．

＜短所＞

① 蒸気暖房に比べて，熱容量が大きいため予熱に時間がかかり，間欠運転に適さない．

② 蒸気暖房に比べて，放熱器や管径が大きくなり，システム全体としては建設費は高くなる．

③ 寒冷地では運転の停止中に凍結の危険がある．

(b) 温水循環方式

重力循環式と強制循環式がある．重力循環式は，ポンプも使用しないため動力も不要で騒音もなく，取り扱いが容易であるが循環力が小さいため，小規模で単純な配管にしか適用できないし管径も太くなる．強制循環式は，循環ポンプによって温水を強制的に循環させて暖房するもので，配管系統が複雑な場合でも適する．循環ポンプには渦巻ポンプやラインポンプがある．

(c) 配管方式

単管式と複管式があるが，各放熱器の入口温度が一定となる複管式が一般に使用されている．複管式の直接リターン方式とリバースリターン方式を第3-28図に示す．リバースリターン

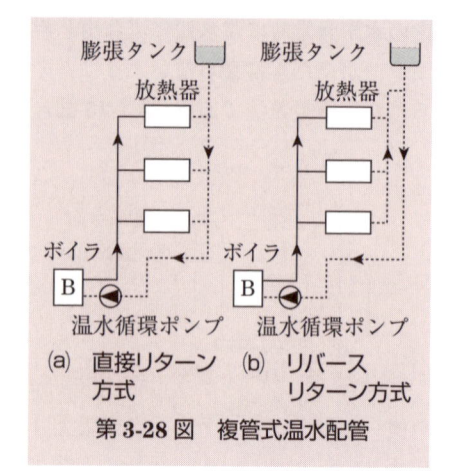

第3-28図 複管式温水配管

方式は各放熱器ごとの往復の配管長をほぼ等しくとり，配管損失を均等にし温水が均一に流れるようにした方式である．各放熱器は，空気抜き弁を設け温水が均一に循環するように配慮する．

(d) 膨張タンク

温水暖房の系には膨張タンクを設けるが，その目的は，

① 水温が上昇し膨張することにより圧力が上昇する．この圧力を吸収する．

② 温水暖房の装置内の圧力をプラス圧にし，温水の蒸発を防止する．

③ 温水暖房の装置内の圧力をプラス圧にし，空気の侵入を防ぎ障害を防ぐ．

④ 装置内の空気を放出させる場所であり，また，配管系内の水の減少に対して補給水を供給することができる．

膨張タンクには開放式と密閉式があ

り，開放式は大気に開放され配管系の最上部に設置する．

密閉式膨張タンクは窒素ガスを封入し，温水の膨張を気体の弾力で吸収させるものであり，開放式に比べ容量が大きくなる．

(4) 放射（輻射）暖房

(a) 放射暖房の特徴

天井面や床に配管や電熱線を埋込み，これに温水や蒸気あるいは電気を送って，天井面や床面を暖ため，この放熱面からの放射熱により室内を暖房するもので，放熱面（パネル）の背面は，熱のロスを防ぐために断熱処理をする（第3-29図）．床の場合の表面温度は30℃程度であり，これ以上温度を高くすると不快感を伴う．

温水暖房や蒸気暖房では，室内の空気の乾球温度が暖房感の目安となるが，放射暖房では乾球温度の他に，室内の平均放射温度と気流の流速を加味した効果温度で暖房感の指標としている．

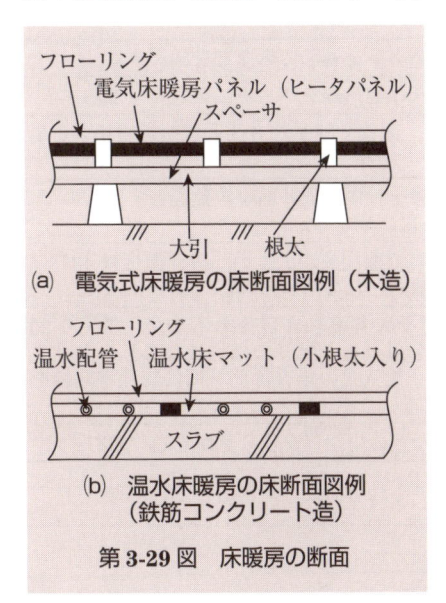

蒸気や温水または温風暖房に比べて放射暖房の特徴を比較してみると，

<長所>
① 室の中の上下の温度差（垂直方向の温度変化）が少なく，室内気流を生じにくいので暖房感がよい．
② 放熱器や配管が露出しないため部屋が広く有効に使える．
③ 高天井のホールや会議室，劇場などの補助の暖房として有効である．
④ 室内空気温度が低いため，熱損失が少ない．
⑤ 空気の対流が少ないため，じんあいを巻き上げない．

<短所>
① 他の暖房方式に比べ設備費が高価である．

(b) 平均放射温度（MRT）

平均放射温度（MRT）は，室内の天井，床，壁，窓ガラスなど，放熱面（パネル）を含んだ室内の各部の表面の平均温度であり以下により求める．

$$\mathrm{MRT} = \frac{\sum t_s \cdot A_s + t_p \cdot A_p}{\sum A_s + A_p}$$

ここで，
t_p：パネルの表面温度〔℃〕
A_p：パネルの面積〔m^2〕
t_s：パネル以外の各非加熱面の表面温度〔℃〕

第3-29図 床暖房の断面
(a) 電気式床暖房の床断面図例（木造）
(b) 温水床暖房の床断面図例（鉄筋コンクリート造）

3.2 冷暖房

A_s：パネル以外の各非加熱面の面積〔m^2〕

(c) 効果温度

効果温度は平均放射温度（MRT）と室内温度との平均値で表される．また，MRT の値が大きいと，**第 3-30 図**に示すように室内の空気温度がある程度低くても高い暖房効果が得られる．

(d) 放射暖房の分類

放射暖房は，熱媒の種類，放熱面の設置場所や放熱面の構造などにより，**第 3-5 表**のように分類できる．

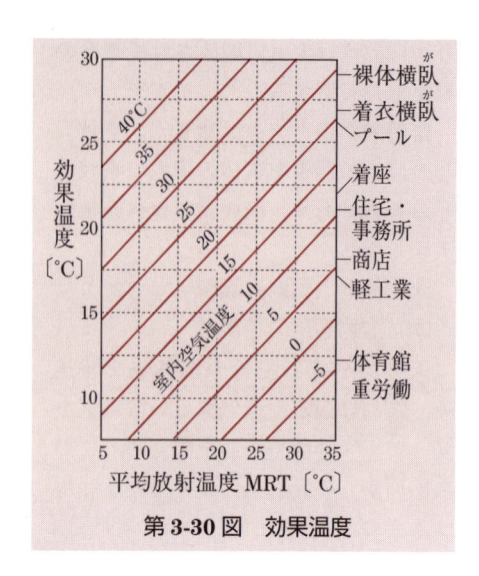

第 3-30 図　効果温度

第 3-5 表　放射暖房の分類

分類	種類	内容
熱媒	温水式	放熱面（パネル）に埋込んだ配管に温水を流す方式で，80℃以下の低温水が一般に用いられる．150～200℃の高温水を使うこともある．
	蒸気式	普通は低圧蒸気を使用する．工場の高天井などでは高圧蒸気を用いることもある．
	温風式	温風を建築構造体内のダクトを通じて床などを暖房する．
	電気式	絶縁材料で被覆した特殊な電熱線をパネルに組込んで加熱する．
放熱面の設置位置	床パネル	表面は 30℃以下とする．配管を埋込む方法と電熱線を用いる場合がある．
	天井パネル	二重天井を利用して配管を行い，天井面を放熱面とするもので，表面温度は 43℃程度以下．
	壁パネル	壁面が放熱面となるもので熱損失が大きい．表面温度は 43℃以下で他のパネル方式の補助として用いられる．
放熱面の構造	パイプ埋込式	パイプを建築の部材間や天井裏に布設するもので，32A や 20mm 程度の鋼管や銅管を用いる．配管の継目はねじ込みとせず溶接継手とする．また，電気式の場合は部材間に特殊電熱線を取り付ける．
	ダクト式	構造体にコンクリートなどの中空部を作り熱風を送り込む．
	ユニットパネル式	放熱面をユニット化し，それを何枚も継ぎ足していく方法．

3.3 換気・排煙

1. 換気設備

(1) 換気の目的

換気は室内の汚染空気を外部に排出し，室外から新鮮空気を取入れることであるが，具体的な目的として，

① 室内空気の清浄度の維持および有害物質の排除．

② 人体や室内の機械設備から発生する排熱や蒸気による室内温度上昇の防止．

③ 燃焼器具のための酸素供給目的の新鮮空気の導入．

などがあげられる．

(2) 換気方式

換気設備には自然換気方式と機械換気方式がある．

(a) 自然換気方式

給気口と排気筒付の排気口を有し，風圧または温度差による浮力により室内の空気を屋外に排出する方式．単に窓からの換気とは異なる(第3-31図)．

(b) 機械換気方式

一般に，風道と送風機から構成される設備で，送風機により強制的に換気を行うもの．第一種機械換気，第二種機械換気，第三種機械換気の3種類がある(第3-32図)．

① 第一種機械換気

給気用と排気用のそれぞれに専用の送風機，排風機を設ける方式で，換気量が確実に得られ，室内を正圧または負圧にすることができる．厳密な気圧や気流分布が必要な場所に適している．

② 第二種機械換気

給気を送風機により強制的に行うこ

第3-31図 自然換気方式

第3-32図　機械換気方式

(a) 第一種機械換気
(b) 第二種機械換気
(c) 第三種機械換気

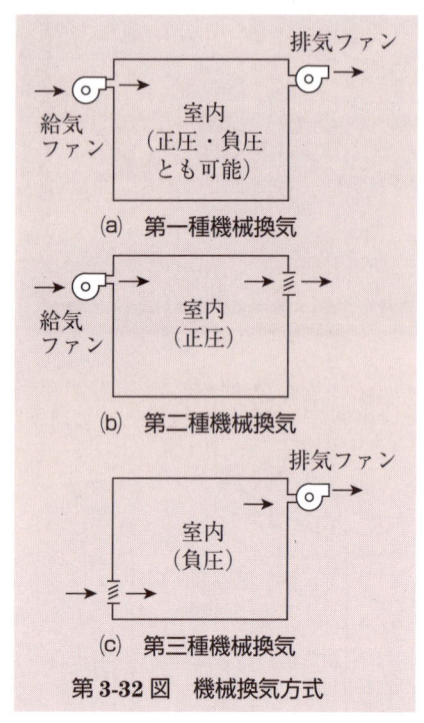

とで，室内が正圧となる．排気は排気口より自然に押し出される換気方式で，外部からの汚染空気の侵入を防止したい部屋や燃焼空気を必要とする部屋には適しているが，有害ガスや臭気を発生する部屋には適さない．適用例としてクリーンルーム，手術室などがある．

③ 第三種機械換気

排風機により室内空気を排出する方式で，室内が負圧となるため給気は給気口より自然に流入してくる．この方式は，便所や浴室のように室内に臭気や水蒸気が発生する場合に，他の部屋に拡散させない部屋の換気に適している．

(3) 換気設備の設置基準（建築基準法第28条，同施行令第20の2条）

(a) 換気設備を必要とする場所

① 居室

居室には換気のための窓，その他の開口部を設け，その換気に有効な部分の面積は，その居室の床面積に対して，1/20以上としなければならない．ただし，政令で定める換気設備（第3-6表）を設けた場合はこの限りでない．

第3-6表　建築基準法関連による換気設備の規定

換気設置が必要となる室	換気設備の種類
無窓の居室（換気に有効な窓，その他の開口部の面積が，その居室の床面積の1/20未満）	自然換気設備，機械換気設備，中央管理方式の空気調和設備
劇場・映画館・演芸場・観覧場・公会堂・集会場の居室	機械換気の設備，中央管理方式の空気調和設備
調理室・浴室その他の室で，かまど，こんろ，その他の火を使用する設備または器具を設けた室	自然換気設備，機械換気設備

ここで，換気に有効な面積とは，実際に開放しうる面積をいう．引違い窓では窓面積の1/2，回転窓ではおおむね全窓面積が有効とみなされる．機械換気設備による場合の有効換気量 V は，

$$V = \frac{20A_f}{N} \quad [\text{m}^3/\text{h}]$$

ここで，

V：有効換気量 $[\text{m}^3/\text{h}]$

A_f：床面積〔m²〕−（窓等の換気に有効な面積〔m²〕）×20．ただし，中央管理方式の空調設備の場合は減じない．

N：1人当たりの占有面積≦10〔m²/人〕．ただし10を超えるときは10．

② **特殊建築物の居室**

劇場・映画館・演芸場・観覧場・公会堂および集会場の居室には換気設備（**第3-6表**）を設けなければならない．

機械換気設備による場合の有効換気量 V は，

$$V = \frac{20A_f}{N} \ [\text{m}^3/\text{h}]$$

ここで，

V：有効換気量〔m³/h〕

A_f：床面積〔m²〕

N：1人当たりの占有面積≦3 m²/人．ただし3を超えるときは3．

③ **火を使用する設備もしくは器具を設けた室**

調理室，浴室その他の室でかまど，こんろなど火を使用する設備もしくは器具を設けた室には換気設備（第3-6表）を設けなければならない．ただし，以下のⓐ・ⓑ・ⓒに該当する場合は適用外となる．

ⓐ 密閉型燃焼器具等（直接屋外から燃焼のための空気を取入れ，かつ排ガス，その他の生成物を直接屋外に排出するものなど，室内空気を汚染しない機器）のみを設けた室．

ⓑ 床面積の合計が100 m² 以内の住宅または住戸に設けられた調理室で，燃焼器具等（密閉式燃焼器具等または煙突を設けた燃焼器具等を除く）の発熱量合計が12 kW以下，有効開口面積が，床面積の1/10以上かつ0.8 m² 以上のもの．

ⓒ 燃焼器具等（密閉式燃焼器具等または煙突を設けた燃焼器具等を除く）の発熱量の合計が6 kW以下のものを設けた室（調理室を除く）で，換気上有効な開口部（例としてサッシの換気用小窓，壁のレヂスターなど）を設けたものは適用対象外となる．

＜機械換気設備による場合の有効換気量＞

㋑ 換気扇等のみにより排気する場合

$V = 40KQ \ [\text{m}^3/\text{h}]$

㋺ 第3-33図に示す排気フードⅠ型を有する場合

$V = 30KQ \ [\text{m}^3/\text{h}]$

㋩ 第3-33図に示す排気フードⅡ型を有する場合

$V = 20KQ \ [\text{m}^3/\text{h}]$

㋥ 煙突を設ける場合

$V = 2KQ \ [\text{m}^3/\text{h}]$

以上㋑，㋺，㋩，㋥において，

V；有効換気量〔m³/h〕

K；燃料の単位燃焼量当たりの理論廃ガス量（**第3-7表**）

Q；燃料消費量〔m³/h〕〔kg/h〕

(b) **必要換気量の算定**

必要換気量とは，室内の空気状態を適正な状態に保つために取入れる外気

第 3-33 図 排気フードの構造

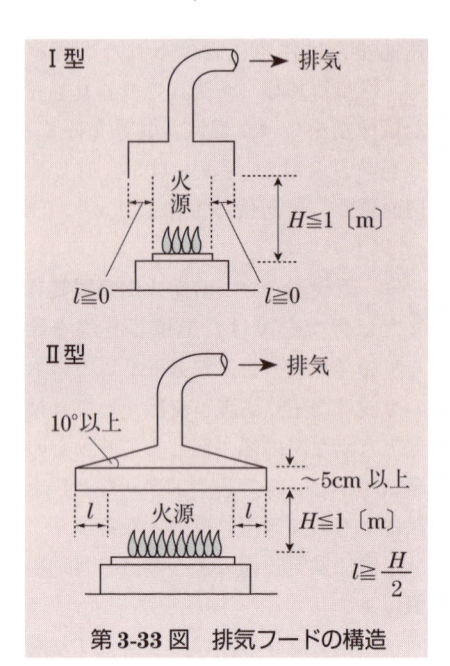

量のことで，空調などで温湿度の状態を制御するための送風量や燃焼のための空気量とは一般に区別している．

① 熱による必要換気量

室内で機器などにより熱（顕熱）の発生がある場合に必要となる．

換気量 V 〔m³/h〕は以下により求められる．

$$V = \frac{3.6 H_s}{C_p \cdot \gamma (t_i - t_o)}$$

ここで，

H_s：室内発生顕熱量〔W〕
C_p：空気の比熱 = 1.0 kJ/(kg・K)
γ：空気の密度 = 1.2 kg/m³
t_i：許容室内温度〔℃〕
t_o：導入外気温度〔℃〕

② 有害ガスの発生がある場合の必要換気量

室内で発生した有害ガス（たとえば在室者による炭酸ガスなど）を室内許容濃度以下にするための必要換気量 V〔m³/h〕は，以下により求められる．

$$V = \frac{K}{P_i - P_o}$$

ここで，

K：有害ガス発生量〔m³/h〕
P_i：室内許容濃度〔m³/m³〕
P_o：導入外気のガス濃度〔m³/m³〕

2. 排煙設備

(1) 排煙の目的

建物内で火災が発生した際の避難，消火活動や人命救助のため煙を排除，隔離する防煙対策が必要となる．この対策として，建物内に間仕切や防煙垂れ壁による防煙区画を設けることや防煙区画内や避難通路などに蓄積する煙

第 3-7 表 理論廃ガス量（建設省告示 1826 号改正告示 2465 号）

燃料の種類		発熱量	理論廃ガス量
	燃料の名称		
(1)	都市ガス		0.93 m³/(kW・h)
(2)	LP ガス（プロパン主体）	50.2 MJ/kg	0.93 m³/(kW・h)
(3)	灯油	43.1 MJ/kg	12.1 m³/kg

を排出する排煙装置を設けることが必要となる.

避難通路の煙対策としては,
- ⓐ 煙の遮断
- ⓑ 煙の除去
- ⓒ 煙の希釈

などがあるが,さらに具体的な方法として,
- ⓐ 扉,ダンパーなどによる遮煙
- ⓑ 吸引式の排煙
- ⓒ 避難路加圧式による遮煙
- ⓓ 自然換気による排煙

など検討されることになろう.ただし,加圧式や空調設備を排煙に使用するなどは制約がある.

(2) 排煙設備の設置基準

排煙設備の設置を必要とする建築物またはその部分については,以下の条件のいずれかに該当するものとする(建築基準法施行令第126条の2).

① 建築物の排煙設備
- ⓐ 特殊建築物で延面積が500 m^{2}を超えるもの.ただし,学校,体育館等は除く.
- ⓑ 階数が3以上で,延べ面積が500 m^{2}を超える建物.
- ⓒ 延べ面積が1000 m^{2}を超える建築物の床面積200 m^{2}を超える大居室.
- ⓓ 排煙上有効な開口部のない居室(無窓の居室).

② 特別避難階段の付室の排煙設備
- ⓐ 15階以上または地下3階以下の階に通じる直通階段.
- ⓑ 物品販売業を営む店舗で15階以上の売場に通じる階段.
- ⓒ 物品販売業を営む店舗で,5階以上の階の売場の用途に供する床面積の合計が300 m^{2}以上の建築物に設ける階段.

③ 非常用エレベーターの乗降ロビーの排煙設備
- ⓐ 高さ31 mを超える建築物.

④ 地下街の排煙設備
- ⓐ 地下街の地下道に接する建築物.

⑤ 消防法による排煙設備
- ⓐ 劇場,映画館などで舞台部の床面積が500 m^{2}以上のもの.
- ⓑ キャバレー,遊技場,百貨店,駐車場などの地階または無窓階で床面積が1000 m^{2}以上のもの.

ここで,⑤の消防法による排煙設備は,建築基準法により,排煙設備を設置した場合,消防法の適用は免除されることが多い.ただし,建築基準法施行令で,設置義務のない部分や消火設備を設けたことによる緩和措置により排煙設備が免除されている部分であっても,消防法の設置義務のある部分については消防法による排煙設備を設けなければならない.

(3) 排煙設備の構造

排煙設備の構造は,建築基準法施行令126条の3で,以下のように定めている.

① 防煙区画は,火災発生の初期に煙の拡散を防ぐ目的で設けられるもの

で，不燃材料でつくるか，または覆った間仕切壁と 50 cm 以上天井面から突き出した，垂れ壁等で床面積 500 m² 以内ごとに区画する．ただし，劇場や集会場などの客席は 500 m² を超えた区画とすることができる．

② 排煙設備の排煙口，風道等煙に接する部分は不燃材料で作る．

③ 排煙口は区画内のどこから測っても水平距離が 30 m 以内の位置に 1 個以上，天井または壁の上部で天井から 80 cm 以内に設置し，外気に開放する場合を除き排煙風道に直結する（第 3-34 図）．

④ 排煙口には手動開放装置を設ける．手動開放装置のうち直接手で操作する部分は，壁に設けるときは床面より 0.8〜1.5 m の高さの位置に，天井から吊り下げる場合は床面より 1.8 m の高さに設ける．

⑤ 排煙口の開放装置は手動開放装置を原則とするが，煙感知器と連動する自動開放装置または遠隔操作方式による開放装置を手動開放装置以外に設けてもよい．

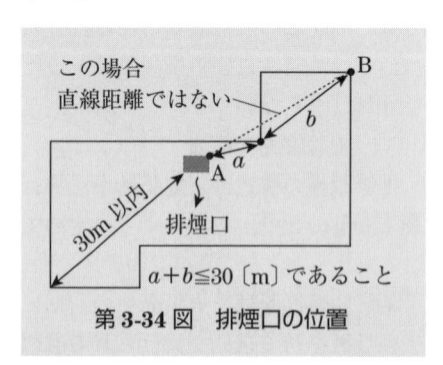

第 3-34 図 排煙口の位置

ただし，31 m 以上の建築物や面積が 1000 m² 以上の地下街では，中央管理室で制御および作動状態が監視できること．

⑥ 排煙機は 280℃で 30 分以上耐える耐熱構造とし排煙風道の末端に設け，一つの排煙口の開放により自動的に作動し，天井高さが 3 m 以下の一般建築物ではその排煙能力は 120 m³/分以上で，かつ防煙区画部分の床面積 1 m² につき 1 m³/分であること．ただし，2 以上の防煙区画部分にわたるときは当該防煙区画部分のうち床面積の最大のものの床面積 1 m² につき 2 m³/分以上の排煙能力が必要となる．

劇場等の場合で，防煙区画面積が 500 m² を超える場合の排煙機の能力は 500 m³/分以上で，かつ防火区画の床面積（2 以上区画がある場合はその合計面積）1 m² について 1 m³/分以上とする．

なお，排煙機の設置が不要の条件は，排煙口の開口面積が防煙区画部分の床面積の 1/50 以上で直接外気に接する場合で，このときは自然排煙でもよい．

⑦ 排煙機の電源は，自動充電装置または時限充電装置を有する蓄電池，自家用発電装置などとし，常用の電源が断たれたときに自動的に切替えられて接続できることが必要であり，30 分間継続して排煙設備を作動させることができる容量以上で，かつ開放型の蓄電池は減液警報装置をつけること．

⑧ 排煙設備に用いる配線は，600

V耐熱ビニール電線またはこれと同等以上の耐熱性を有する配線とすることとし，他の電気回路に接続せず，かつその途中で一般の者が容易に電源を遮断することができないものとすること．

配線の方法は耐火構造の主要構造部に埋設した配線，不燃材料で仕上げた天井の裏面（二重天井内）に鋼製電線管などを用いて行う配線，耐火構造の床または壁，防火戸で区画されたダクトスペース，その他これに類する部分に行う配線，MIケーブルを用いて行う配線のいずれかとする．

⑨ 排煙風道は，煙に接する部分は不燃材料で作り，木材などから15 cm以上離すか，または金属以外の不燃材料で10 cm以上覆うこと．

防煙壁を貫通する場合は，風道と防煙壁との隙間をモルタルやその他の不燃材料で埋める．

⑩ 排煙風道（ダクト）の風量の算定
ⓐ 排煙口の開放条件
(i) 上下階の排煙口は同時開放しない．
(ii) 同一階で隣接する2防煙区画は，同時開放の可能性があるものとする．
ⓑ 各階の横引きのダクトの風量
(i) 同時開放がない場合は，そのダクトが受持つ最大の防煙区画の風量とする（床面積1 m^{2}について1 m^3/分）．
(ii) 同時開放がある場合は，隣接する2防煙区画の合計容量が最大となる風量とする．
ⓒ 縦のメイン風道の風量
(i) 最遠の階から順次比較し，各階ごとの排煙風量のうち大きい方の風量とする．

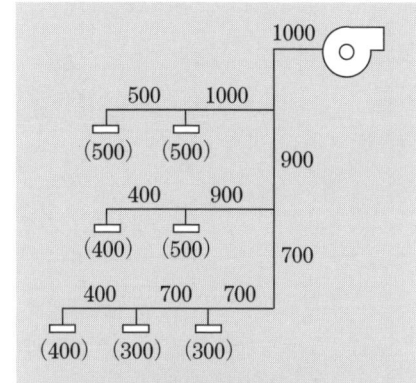

・( )内は防煙区画の床面積〔m^2〕
・ダクト上部の数値は排煙ダクトの通過風量〔m^3/分〕

排煙機の容量
$Q = 2k \times$（最大床面積〔m^2〕）〔m^3/分〕
したがって，$k = 1.1$（余裕係数）とすると，
$Q = 1100$〔m^3/分〕

第3-35図 排煙ダクトの風量計算例

3.3 換気・排煙

この問題をマスタしよう

問1 全空気方式の暖房時における空気線図に関する記述のうち，誤っているものはどれか．

ただし，点①は屋外空気状態点，点②は室内空気状態点とする．

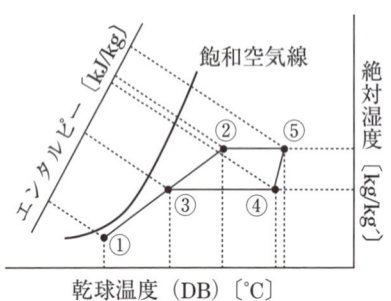

(1) コイル加熱負荷は，点③と点④のエンタルピー差と送風量の積から求めることができる．
(2) 外気負荷は，点①と点③のエンタルピー差と外気量の積から求めることができる．
(3) 状態変化④⑤は，加湿状態を表しており，蒸気加湿の場合を示している．
(4) 点③は，室内空気量と外気量の混合割合により定まる状態点で，外気量が多くなるほど点③は点①に近づく．

解説

(a) 室内からの還気と取入外気の状態点は，設問の湿り空気線図上で②と①になる．

混合された空気の状態点③は①と②を結ぶ直線上にあり，それぞれの空気量に反比例で内分する点となる．③の状態の空気を加熱コイルで加熱すると④の状態の空気となる．この場合，水分の出入りが無いものとすると絶対湿度は変わらず，相対湿度が減少している．したがって乾燥した空気となる．そこで，湿度を高めるため加湿器で加湿する．

(b) 外気負荷は取入外気量と①②のエンタルピーの差との積から求めることができる．また②③のエンタルピーの差と送風量の積から求められる．

(c) ④⑤の状態変化は，乾球温度が上っているため，蒸気加湿であることがわかる．

答 (2)

問2 空気調和機の冷房時の湿り空気線図における外気取入量の数値として，最も近いものはどれか．
ただし，総風量 9000 m³/h，空気の密度 1.2 kg/m³ とする．

(1) 2500 m³/h
(2) 3000 m³/h
(3) 3600 m³/h
(4) 6000 m³/h

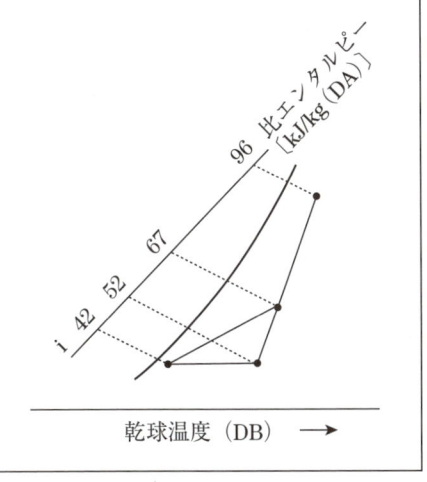

解説 設問の空気線図で示される比エンタルピーは，外気，室内からの還気およびそれらの混合空気がそれぞれ有するエネルギーの総和を表すものと考えてよい．

外気の比エンタルピーは 96 kJ/kg，室内還気は 52 kJ/kg，混合空気は 67 kJ/kg である．空気の有する比エンタルピー（状態）から還気の量の割合は，$96-67=29$ kJ/kg，外気の量の割合は，$67-52=15$ kJ/kg，よって外気量は，

$$9000 \times \frac{15}{29+15} = 3068$$

つまり，約 3000 m³ となる．

答 (2)

問3 図に示す冷房時の湿り空気線図において，空気調和機の送風量の数値として，適当なものはどれか．

ただし，室内の全熱負荷 40 kW，顕熱比（SHF）0.9，空気の密度 1.2 kg/m³，空気の定圧比熱 1.0 kJ/(kg・K) とし，ダクトからの漏洩は無視する．

(1) 4900 m³/h
(2) 9800 m³/h
(3) 10800 m³/h
(4) 12000 m³/h

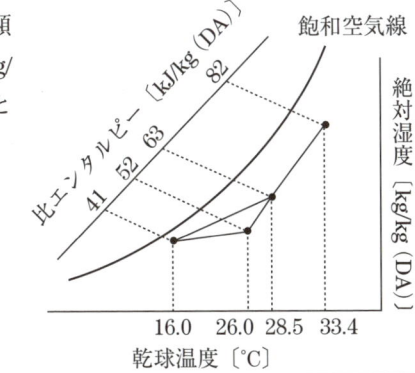

解説 空気調和において，必要な送風量は以下のとおりである．

$$Q = \frac{3600 q_{SH}}{C_p \cdot \rho \cdot (t_k - t_c)}$$

ここで，Q：送風量〔m³/h〕
　q_{SH}：室内顕熱負荷〔kW〕
　C_p：空気の定圧比熱〔kJ/(kg・K)〕
　ρ：空気の密度〔kg/m³〕
　t_k：室内の乾球温度〔℃〕
　t_c：コイル出口空気の乾球温度〔℃〕

3600：kJ/s を kJ/h に換算した係数顕熱負荷 q_{SH} は，(室内の全熱負荷)×(顕熱比)であるから，

$$q_{SH} = 40 \times 0.9 = 36 \text{ kW}$$

設問の空気線図において，室内空気の温度は26℃，吹出し温度は16℃，したがって，

$$Q = \frac{3600 \times 36}{1.0 \times 1.2 \times (26 - 16)}$$

$$= 10800 \text{ m}^3/\text{h}$$

　答 (3)

問 4 空気調和方式に関する記述のうち，適当でないものはどれか．
(1) 変風量方式では，冷房の低風量時にコールドドラフトを生じる可能性がある．
(2) 定風量単一ダクト方式は，ダクト併用ファンコイルユニット方式に比べて送風量が多いので，中間期などの外気冷房が行いやすい．
(3) マルチゾーン方式は，1台の空気調和機で冷風と温風を同時に作り，各ゾーンの負荷に応じた割合で混合し，送風することができる．
(4) 変風量方式は，一般に給気量と給気温度を同時に変化させながら室内温湿度を調整する．

解説 変風量方式（VAV方式）は，各ゾーンまたは各部屋ごとに設けられた温度センサからの指令によりVAVユニットを制御し，各ゾーンや各部屋への吹出風量を負荷変動に応じて変化させ，それぞれのゾーンや部屋の温度制御を行うものである．

空調機からの供給空気の温湿度は一定としているので，低負荷時には吹出し風量が減少するため空調機の送風機動力を低減することで省エネ効果が期待できるが，室内の気流分布が悪くなり，温度の分布が一様でなくなる．したがって，温度むらが生じやすくなり，湿度制御も満足に行われないことがある．また吹出風量の減少により外気量も減少するので，最小風量時においても必要外気量が確保できるよう外気専用送風機を設けるなどが行われる．

このような理由のため，当方式は負荷変動の少ないインテリアゾーンの空調に適している．

　答 (4)

問5 氷蓄熱に関する記述のうち，適当でないものはどれか．
(1) 氷蓄熱では，製氷による冷媒蒸発温度の低下に伴い，冷凍機能力および効率（COP）が低下する．
(2) 製氷方式のスタティック形は，熱交換器表面に接した水を冷却し，氷として成長させるものである．
(3) 氷蓄熱は，水蓄熱と比べ蓄熱槽容積を小さくできるが，低温で蓄熱するので熱損失は多くなる．
(4) 氷充てん率（IPF）を上げると，蓄熱槽容量を小さくできる．

解説 (1) 氷蓄熱は，水蓄熱に比べ水槽容量が小さいため槽の表面の面積は小さく，熱損失は水蓄熱より良くなる．
(2) 氷蓄熱方式では，冷凍機の蒸発温度を低くするので冷凍効果は減少し，これに反して圧縮仕事量は増大するので成績係数は小さくなる．
(3) 氷蓄熱のスタティック形は，熱交換器表面に接した水や水槽内の水を配管の周りに結氷させる方式である．ダイナミック形は製氷用熱交換器でシャーベット状の氷を作り氷蓄熱槽に移動し蓄える方式である．
(4) 氷充てん率は，（蓄熱槽内の氷の質量）/（水と氷の質量）として表される．氷充てん率が大きいと，蓄熱槽内の氷の質量が大きくなり蓄熱量が増加するため，同じ蓄熱量ならば一般に槽容量を小さくできる．

答 (3)

問6 暖房に関する記述のうち，適当でないものはどれか．
(1) 対流暖房は，一般に放射暖房に比べて室内の上下の温度差を小さくすることができる．
(2) 高温水配管の加圧用のガスには，窒素，アルゴンなどが使用される．
(3) 蒸気暖房は，主として蒸気の持つ潜熱を利用している．
(4) 温水暖房は，蒸気暖房に比べて負荷変動に対する制御特性が優れている．

解説 (1) 対流暖房は空気の対流により暖房するもので，温められた空気が天井面に達し，床面には冷たい空気がよどむことになる．床材のフローリングやカーペット，畳などの表面温度は暖房前に比べ，それほど温度上昇は期待できない．したがって，室温の分布が一様でなく，頭や顔は熱いのに足元はヒンヤリし，むしろ不快な暖房という印象は免れな

い.

これに対して，たとえば，放射暖房の要素を備える床暖房は，放射熱により熱が伝わるため室内の温度分布がほぼ一定している（第 3-13 図）．

(2) 地域冷暖房は DHC（District Heating and Cooling）ともいい，それぞれの建物ごとに冷暖房用の熱源をもつのではなく，地域的に熱源を集約設置し，各建物に熱媒を供給するものである．熱媒の種類として，蒸気，高温水や冷水が主として用いられる．蒸気や高温水を供給し，吸収冷凍機を稼働することで冷房に対応することもできる．

地域冷暖房の暖房熱媒として採用される高温水装置の加圧用には，一般には窒素やアルゴンなどの不活性ガスが使用される．これらのガスは化学的に安定しており，水に混合しても配管等の金属を腐食しないという利点があるためである．

(3) 蒸気暖房は，蒸気が凝縮する際に生じる凝縮潜熱を利用する．つまり，放熱器内で蒸気を凝縮させることで発生する潜熱を暖房として利用しているわけである．

これに対して，温水暖房は，温水が放熱器に熱を伝えることにより低下する温水の温度差，つまり顕熱を利用して暖房するわけである（**表 3-1**）．

(4) 温水暖房は顕熱を利用しているため，温水温度を変化させたり，または温度を一定にして温水の循環量を変化させることで負荷変動に対して容易に対応できる．

これに対して，蒸気暖房は放熱器入口弁での放熱量の調整は困難で，ON・OFF の制御しかできない．

答 (1)

表 3-1 蒸気暖房と温水暖房の比較

	長所	短所
温水	・放熱温度が高くないので安全でやわらかな感じの暖房が得られる． ・供給温水の温度と量を変えられるので温度調節が容易である． ・配管の腐食が少なく設備の寿命が長い． ・蒸気トラップなどの故障が少なく，取り扱いが安全で容易．	・予熱に時間がかかる，間欠運転にはむかない． ・管径や放熱器が大きくなり，装置全体として高価となる． ・寒冷地で使用した場合，停止中に凍結のおそれがある．
蒸気	・予熱時間が温水暖房に比べ短い． ・配管の管径や放熱器が小さくてよい． ・設備費が安い，維持費も安価である． ・建物の高さにあまり影響されずに蒸気を送ることができる．	・放熱器の温度が高いので暖房時の快感度は劣る． ・室内の温度調節が ON・OFF となる． ・ボイラーや付属機つまりトラップ，減圧弁などの保守に手間がかかる． ・スチームハンマーなどを起こしやすい．

問7 地域冷暖房に関する記述のうち適当でないものはどれか.
(1) 地域冷暖房は,温水や蒸気あるいは冷水などの熱媒を,熱源プラントから配管を通じて地域内の複数の建物や施設に供給することである.
(2) 熱源の集中化により熱効率の高い熱源機器の採用が可能であり,発電機を設置することで,その排熱や,その他の未利用排熱を利用することでエネルギーの有効利用が可能となる.
(3) 最大熱需要が時刻的に重っているなど,需要者間の負荷変動が似ている方がコスト的に有利である.
(4) 需要側の建物ごとに熱源機器を設置する必要がないため,床面積の利用率はよくなる.

解説 地域冷暖房の熱源容量の選定は最大負荷をまかなうのに必要な容量となるので需要家の負荷変動が同一傾向だと機器容量は大きくなる.また低負荷時でも運転効率を低下できない.したがって,イニシャルコスト・ランニングコストとも採算上不利になる.

答 (3)

問8 事務所建築物の三つの居室において図のような機械換気を行うとき,有効換気量 V の最小値として,「建築基準法」上,正しいものはどれか.
なお,いずれの居室も換気上有効な開口部を有しないものとする.

(1) $V = 420 \text{ m}^3/\text{h}$
(2) $V = 500 \text{ m}^3/\text{h}$
(3) $V = 520 \text{ m}^3/\text{h}$
(4) $V = 780 \text{ m}^3/\text{h}$

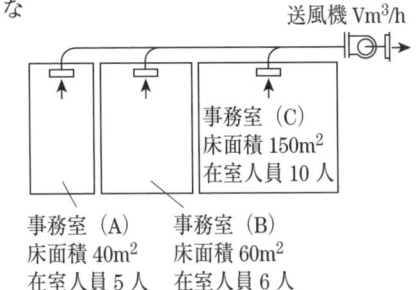

送風機 V m³/h

事務室 (C)
床面積 150m²
在室人員 10 人

事務室 (A)
床面積 40m²
在室人員 5 人

事務室 (B)
床面積 60m²
在室人員 6 人

解説 (a) 換気上有効な開口部が設けられない居室(無窓居室〜床面積の 1/20 以上の開口部がない室)には,換気設備を設置する必要がある.ここで,換気設備とは,自然換気設備,機械換気設備または中央管理方式の空気調和設備をいう.
機械換気設備の有効換気量は,

$$V \geq \frac{20 A_f}{N}$$

ここで,V:有効換気量 〔m³/h〕
A_f:居室の床面積 〔m²〕

この問題をマスタしよう

N：1人当たりの占有面積〔m²/人〕．
$N > 10$ のときは $N = 10$

事務室（A）の1人当たりの占有面積

$$\frac{40\text{m}^2}{5\text{人}} = 8 \text{ m}^2/\text{人}$$

事務室（B）の1人当たりの占有面積

$$\frac{60\text{m}^2}{6\text{人}} = 10 \text{ m}^2/\text{人}$$

事務室（C）の1人当たりの占有面積

$$\frac{150\text{m}^2}{10\text{人}} = 15 \text{ m}^2/\text{人} \rightarrow 10 \text{ m}^2/\text{人}$$

とする．

$$\therefore\ V \geq \frac{20 \times 40}{8} + \frac{20 \times 60}{10} + \frac{20 \times 150}{10}$$

$$= 520 \text{ m}^3/\text{h}$$

(b) 開放形燃焼器具が室内にある場合において，燃焼廃ガスが直接室内に放出する場合は室内の酸素濃度が問題となる．そのとき有効換気量は，

$$V = \frac{K}{P_o - P_c}$$

ここで，

K：酸素消費量〔m³/h〕

P_o：外気の酸素濃度〔m³/m³〕，0.21 m³/m³

P_c：限界酸素濃度〔m³/m³〕，0.19 m³/m³

室内の酸素濃度の低下を0.5％以内に抑えると，限界酸素濃度は20.5％となり，機械換気設備の有効換気量 $V = 40KQ$〔m³/h〕の根拠となるものである．

答 (3)

問9 換気設備に関する記述のうち，適当でないものはどれか．
(1) 地下室の無窓の居室に，必要量の外気を導入するため第1種機械換気を行った．
(2) 駐車場は排気ガスを除去するために，第2種機械換気で場内を正圧とした．
(3) 厨房は多室への燃焼ガス・臭気・水蒸気の拡散を防ぐため，第1種換気を行い室内は負圧とした．
(4) 浴室・シャワー室は湿気を除去するため第3種機械換気で室内を負圧とした．

解説 (a) 駐車場の排気ガスの除去には第3種機械換気が適している．第2種換気だと排気ガスが他の場所へ流出することが考えられる．

(b) 厨房の換気は他室への燃焼ガス・臭気・水蒸気の拡散を防ぐのなら当然第3種機械換気でもよいわけである．

答 (2)

問10 換気（中央管理方式の空気調和設備を除く）に関する記述のうち,「建築基準法」上,誤っているものはどれか.
(1) 火を使用しない事務所の居室で,換気に有効な窓部分の面積がその居室の床面積の 1/20 以上ある場合は,機械換気設備を設けなくてもよい.
(2) 自然換気設備の給気口は,居室の天井の高さの 1/2 以上の高さの位置に設け,常時外気に開放された構造とする.
(3) 劇場や集会場の居室では,換気に有効な開口部がある場合でも機械換気を必要とする.
(4) 密閉式燃焼器具を設けた室は,燃焼のための換気設備を設けなくてもよい.

解説 居室には,換気のための窓や開口部を原則として設け,その換気に有効な面積は居室の床面積の 1/20 以上としなければならないが,これが満たされない場合は,自然換気設備,機械換気設備または中央管理方式の空調設備を設けなければならない.ここで自然換気設備は,

① 給気口および排気筒を設ける.
② 給気口は天井高の 1/2 以下の高さに設け,常時外気に開放された構造とする.
③ 排気口は天井または天井から下方 80cm 以内の高さに設け常時開放された構造とし,排気筒の立上り部分に直結すること.
④ 排気筒は排気上有効な立上り部分を有し,直接外気に開放する.
⑤ 給気口,排気口,排気筒頂部には,ねずみ,虫,ホコリ,雨水などを防ぐ設備をすること.
⑥ 排気筒は不燃材で造ること.
などの条件がある.

答　(2)

問11 在室人員 7 人の室を外気で換気して,CO_2 濃度を 0.1% 以下に保つために最低必要な換気量として,適当なものはどれか.
ただし,人体からの CO_2 発生量は 0.02 m^3/(h・人),外気の CO_2 濃度は 0.03% とする.
(1) 140 m^3/h
(2) 200 m^3/h
(3) 350 m^3/h
(4) 470 m^3/h

解説

(a) 換気量の計算について以下のとおり検討する．

① 室内に有害ガスの発生源がある場合

$$換気量 \quad V = \frac{M}{C - C_o}$$

ここで，

M：室内における有害ガス発生量 $[m^3/h]$

C：許容濃度 $[m^3/m^3]$

C_o：外気の濃度 $[m^3/m^3]$

② 酸素を必要とする場合

$$換気量 \quad V = \frac{M}{C - C_o}$$

ここで，

M：必要酸素量（人の場合最小 $0.024\,m^3/(h\cdot 人)$）

C：外気の酸素濃度 $[m^3/m^3]$（$= 0.21\,m^3/m^3$）

C_o：許容酸素濃度 $[m^3/m^3]$（人間 $0.205\,m^3/m^3$，火を使用する器具 $0.19\,m^3/m^3$）

(b) 上記(a)の式を利用すると，

$M = 7\,人 \times 0.02\,m^3/(h\cdot 人)$
$= 0.14\,m^3/h$
$C = 0.1 \times 10^{-2}$
$C_o = 0.03 \times 10^{-2}$

$$\therefore\ V = \frac{0.14}{0.1 \times 10^{-2} - 0.03 \times 10^{-2}}$$

$$= \frac{0.14}{0.07 \times 10^{-2}}$$

$$= 200\,m^3/h$$

答 (2)

問12 居室の排煙設備に関する記述のうち，「建築基準法」上，誤っているものはどれか．

(1) 排煙口は，防煙区画の各部分から排煙口に至る水平距離が 30 m 以下となるように設けなければならない．

(2) 排煙口が防煙区画部分の床面積の 1/50 以上の開口面積を有し，かつ，直接外気に接する場合を除き，排煙機を設けなければならない．

(3) 防煙垂れ壁は，天井からの下がりが 30 cm 以上のものを設けなければならない．

(4) 手動開放装置のうち手で操作する部分を壁に設ける場合は，床面から 80 cm 以上 1.5 m 以下の高さの位置に設けなければならない．

解説 防煙区画は，間仕切りまたは天井面から 50 cm 以上下方に突出した垂れ壁等の防煙壁で床面積 500 m² 以内ごとに区画する．

答 (3)

問13 図のような排煙設備において，排煙機風量の最小値とダクトⒶ部の算定風量の最小値との組み合わせとして，適当なものはどれか．

排煙機風量の最小値 (m³/min)	ダクトⒶ部の算定風量の最小値 (m³/min)
(1) 800	500
(2) 1000	800
(3) 1600	1000
(4) 3200	1600

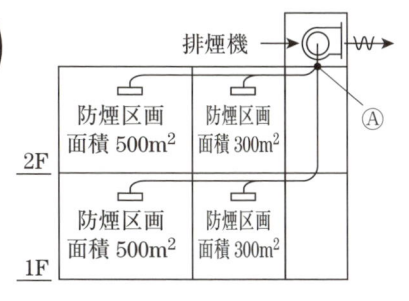

排煙機 → Ⓐ → W

2F：防煙区画 面積 500m² ｜ 防煙区画 面積 300m²
1F：防煙区画 面積 500m² ｜ 防煙区画 面積 300m²

解説

(a) 排煙機の能力

① 一般の建物の場合

120 m³/分以上とし，防煙区画の床面積1 m²につき1 m³/分以上．ただし，2以上の防煙区画を受け持つ排煙機にあっては最大となる防煙区画面積1 m²につき2 m³/分以上とする．

② 劇場や集会場，映画館などの客席に限り500 m²を超えた排煙区画とすることができる場合

500 m³/分以上で，かつ防煙区画の床面積（2以上の区画がある場合はその合計面積）1 m²につき1 m³/分以上．

③ その他の場合

ⓐ 非常用エレベータの乗降ロビー；排煙量4 m³/秒以上．ただし，特別避難階段の付室と兼用する場合は6 m³/秒以上．

ⓑ 特別避難階段の付室；4 m³/秒以上．

ⓒ 地下街の地下道；5 m³/秒以上．ただし，1の排煙機が2以上の防煙区画を受け持つ場合は10 m³/秒

(b) 排煙ダクト

① 各階の横引きダクトの風量

隣接する防煙区画の同時開放がない場合は，そのダクトが受け持つ防煙区画の床面積1 m²について1 m³/分とし，同時開放がある場合は隣接する2防煙区画の合計風量が最大となる風量．

② 立てダクトの風量

排煙機からみて，最遠の階から比較し，各階ごとの風量のうち大きい値とする．

(c) 排煙設備の制御および作動状態の監視

排煙設備の制御および運転，停止などの作動状態の監視は，以下の場合中央管理室において行う．

① 高さ31 mを超える建築物

② 各構えの床面積の合計が，1000 m²を超える地下街．

答 (2)

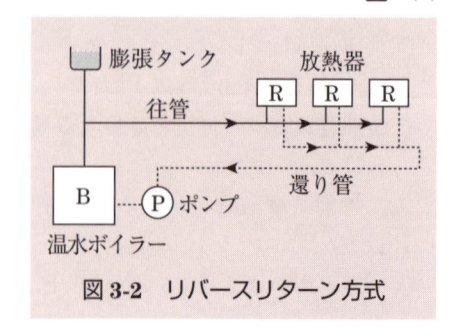

> **問14** 空気調和設備の配管に関する記述のうち，適当でないものはどれか．
> (1) 変流量方式では，熱源機器を通る冷温水量を変化させる．
> (2) スイベル継手は，配管分岐部や曲り部のエルボを利用して主管や枝管の伸縮量を吸収するものである．
> (3) 冷温水配管において，往きと返りの温度差を大きくするほど搬送動力を小さくできる．
> (4) リバースリターン方式は，どの放熱器についても往きと返りの配管損失の合計がほぼ等しくなる配管方式である．

解説 (1) 変流量方式は，負荷の状況に応じて，二方弁などを用いて供給水温を変えずに二次側つまり，負荷側の冷温水量を変化させるもので，一次側である熱源機器を通る冷温水の量は変化させない方式である．

これに対して，定流量方式は各空調機などの熱負荷の変動に対して循環水流を一定のまま，出入口の水温差を変えて対応するようにしたもので，三方弁制御方式もその中の一つとみなすことができる．

(2) スイベル継手は「エルボ返し」，「まわり継手」などともいわれ，配管の温度変化による伸縮などを吸収するため，蒸気主管からの立上りの部分や放熱器周りの分岐管などにおいて3個以上のエルボと短管とを組み合わせて構成されたものである（図3-1）．

(3) 往きと返りの温度差を大きくすることにより，循環量が少なくてすむことになり，搬送動力を少なくすることができる．

(4) リバースリターン方式とは，温水配管において，往管と還り管の配管長の合計をほぼ等しくすることにより，各放熱器に対して，配管の抵抗のバランスがとれるようにした配管方式である（図3-2）．

答 (1)

図3-1 スイベル継手
(a) エルボ3個使用
(b) エルボ4個使用

図3-2 リバースリターン方式

問15 配管に関する記述のうち，適当でないものはどれか．

(1) ウォーターハンマーによる水撃圧は，流速，管径，管厚が同じならば，硬質塩化ビニル管より鋼管の方が大きくなる．
(2) 冷温水配管の横走り部は，上りまたは下り勾配とし，頂部には空気抜き弁を取り付ける．
(3) FRP製水槽に接続される配管に可とう継手を設ける場合は，その両端を水槽の架台に固定する．
(4) 土中埋設鋼管の外面に生ずる孔食は，土壌の通気性が異なる境界域で発生しやすい．

解説 (1) 管内の流体の流れを水栓や弁などにより急激に停止すると，流体の運動エネルギーが圧力エネルギーに変わり上流側の管内圧力が急上昇する．上昇圧力は圧力波となり，その点と給水源との間を往復し次第に減衰する．この現象をウォーターハンマーという．これと逆に水が静止しているとき弁を急に開けると圧力降下を生じる．正常圧力よりも上昇した圧力を水撃圧といい，

$$P = \frac{vV}{g}$$

で表される．ここで，P：水撃圧，v：圧力波の伝搬速度，V：流速，g：重力の加速度，である．

これより水撃圧は流速に比例することがわかる．管の材質による違いはない．

過大なウォーターハンマーは，配管や機器類の振動，騒音を発生するだけでなく損傷することにもなる．

ウォーターハンマーの防止策として以下の対策がある．

① 管内流速を小さくする．
② 弁の開閉を急激に行わず，ゆっくり行う．
③ ウォーターハンマーによる水撃圧を吸収するために，エアチャンバーやベローズなどを設ける．

(2) 配管中の空気は水の流れを悪くし配管を振動させたり，配管の腐食を早めるだけでなく，ポンプの円滑な運転の支障となるため，空気が配管中に溜まることが無いよう，配管の勾配に注意し，空気抜弁を必要に応じて取り付けたり膨張タンクへ空気が抜けるようにする．

(3) FRPの水槽と配管の変位（地震時等の原因による）を吸収するために可とう継手が設けられるが，その両端が水槽の架台に固定されては意味が無い．

(4) 鋼管の表面は酸化皮膜で覆われているが，土壌の通気性が異なる境界域では局部電池が生じ，金属表面が局部的に破壊されるが，これが孔食である．

答 (3)

この問題をマスタしよう

第4章 給排水衛生設備

　上水道の各施設とその役割，公共下水道の管渠，給水設備の汚染防止，水槽の構造，給湯方式，通気方式，通気管の管径，排水管とトラップ，屋内消火栓，不活性ガス消火設備，ガスの発熱量，ガス漏れ警報，合併処理浄化槽の処理方式とBOD除去率等がポイントとなる．

(1) 上下水道
　(a) 上水道施設：取水施設，導水施設，浄水施設，送水施設，配水施設
　(b) 下水道：公共下水道，流域下水道，都市下水路

(2) 給水・給湯
　(a) 給水方式：水道直結方式，増圧直結方式，高置水槽方式，圧力水槽方式，タンクレス加圧方式
　(b) 給水設備に関する用語：クロスコネクション，吐水口空間，逆サイホン作用，ウォーターハンマー
　(c) 給湯方式：中央式と局所式，加熱方式は直接と間接加熱方式

(3) 排水・通気
　(a) 排水：汚水，雑排水，雨水および特殊排水
　(b) トラップ：封水，破封，自己サイホン作用，吸引作用，逆圧作用，毛管作用，蒸気，二重トラップの禁止
　(c) 間接排水：排水口空間，水受け容器
　(d) 通気管：各個通気管，ループ通気管，伸頂通気管，結合通気管

(4) 消防設備
　(a) 屋内消火栓設備：加圧送水装置，1号消火栓，2号消火栓
　(b) スプリンクラー設備：有効散水半径，ポンプ吐出量，水源容量

(5) ガス設備
　(a) ガスの種類その他：都市ガス，LPG，ウオッベ指数，安全装置

(6) 浄化槽
　(a) 処理方式：物理的処理…ろ過沈殿，生物化学的処理…散水ろ床法，活性汚泥法，接触ばっ気法等がある

4.1 上・下水道

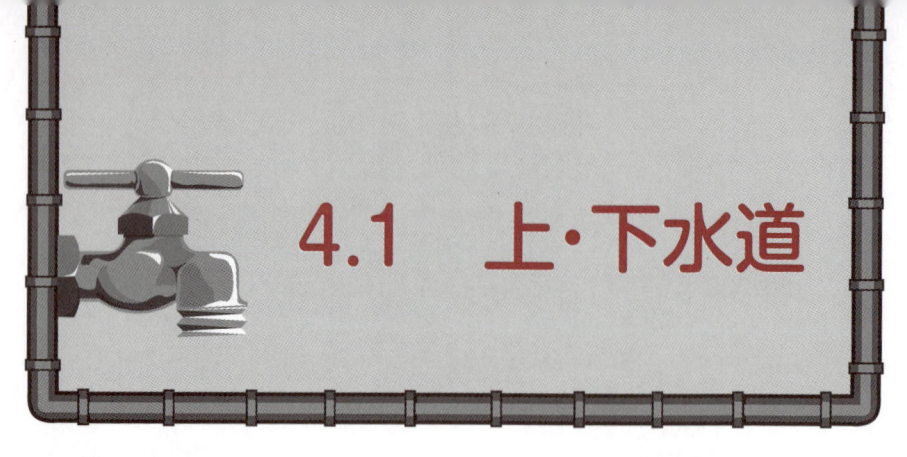

1. 上水道

(1) 上水道の目的と内容

上水道とは水道法でいう水道のことであり，人の飲用に適する清浄な水を安定的に供給することが目的である．それには，需要を満たす水量があり，飲料水としての水質基準に適合し，適度な水圧に保たれていることが必要である．

(2) 上水道施設

水道とは，導管およびその他の工作物により飲料水を供給する施設の総体のことであり，導管とは鋳鉄管などの有圧管路，その他の工作物とは取水施設，貯水施設，導水施設，浄水施設，送水施設，および配水施設のことをいい，一般に水道事業者などの設置者が管理するものである．

(3) 上水道の設置基準

水道は，"水道施設の全部または一部を有すべきものとして各施設の要件を備えるもの"と水道法5条に定めている．

(a) 取水施設の要件

① 洪水時や渇水時も計画取水量を確実に取水できること．

② 海水の影響が無く，付近の井戸などに影響の無いことや水源が汚染されるおそれが無いこと．

(b) 導水施設

原水を浄水施設に送る施設で，水路やポンプなどの施設を総称していう．導水方式は，①自然流下式とポンプ加圧式，②開水路式と管水路式，③地下式と地表式に分けられる．自然流下式の導水管の流速は 3.0 m/s 程度とする．

(c) 浄水施設での沈殿，ろ過の方法

①緩速ろ過方式，②急速ろ過方式に分類される．

①は原水の濁度が低い場合で，

原水→ 普通沈殿 → 緩速ろ過池 → 塩素消毒 →浄水

のフローとなる．

②は原水の濁度が高い場合で，

原水→ 薬品注入設備＋フロック形成池 → 薬品沈殿池 → 急速ろ過池 → 塩素消毒 →浄水

のフローになる．

第4-1図　上水道施設

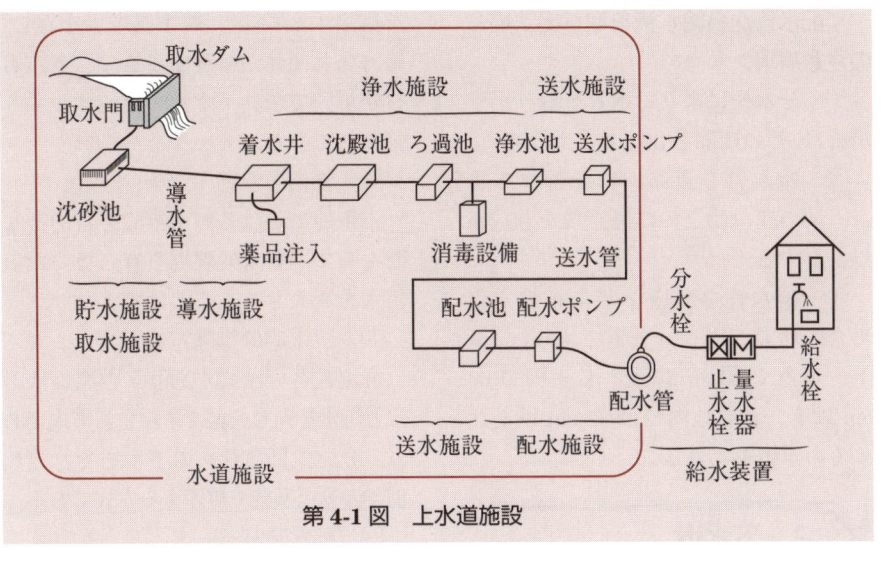

浄水施設には消毒設備が必要であるが，水道法上で需要家の水栓における残留塩素の量を定めている（第4-1表）．

第4-1表　給水栓における残留塩素

	遊離残留塩素〔ppm〕	結合残留塩素〔ppm〕
通常時	0.1 以上	0.4 以上
病原生物に汚染される恐れがある場合，または汚染を疑わせるものを多量に含む恐れがある場合	0.2 以上	1.5 以上

（d）　送水施設

浄水を送るのに必要なポンプや送水管などの施設である．

（e）　配水施設

浄水を配水池から給水区域内の需要家に一定以上の圧力で連続して所要の水量を配水するための施設のことで，配水管路の最大静水圧は 0.75 MPa を超えない程度とし，最大動水圧は最高で 0.5 MPa 程度が望ましい．

配水池は浄水を貯水するものであるため，外部から汚染されないように水密性や耐久性があり，かつ衛生的でなければならない．配水池の有効水量は，計画一日最大給水量の 8 〜 12 時間分に消火用水量を加算した水量とする．

（f）　給水装置

水道法第3条で次のように定義している．「給水装置とは需要家に水を供給するために水道事業者の施設した配水管から分岐して設けられた給水管およびこれに直結する給水用具をいう」．したがって，配水管の水圧と縁が切れている構造の受水タンク以降の設備は水道法で定める給水装置ではない．

4.1　上・下水道

＜配水管から給水管を取り出す場合の注意事項＞

① 分水栓により給水管を取り出す場合は，その間隔を30 cm以上とする．

② 給水管を道路内に配管する場合，他の埋設物との離隔距離を30 cm以上とする．

③ 給水管を公道などに布設する場合の埋設深さは，公道で120 cm以上，歩道で90 cm以上，私道内で60 cm以上，私有地内では30 cm以上とするのが標準である．

2. 下水道

(1) 下水道の目的と内容

廃水や雨水を排除して処理し，これを河川や海などの公共水域に放流する施設で，排水管，排水渠，その他の排水施設，これに接続して下水を処理するために設けられる処理施設，またはポンプ施設等から構成される．

(2) 下水道の種類

公共下水道，流域下水道，都市下水路が下水道法第2条に定められ，それぞれの機能役割も定義されている．

(a) 公共下水道

地方公共団体が管理する下水道で，下水を排除または処理するために，終末処理場を有するものまたは流域下水道に接続するもので，排水施設の相当部分が暗渠であるもの．

(b) 流域下水道

2以上の市町村の区域における下水を排除するもので，終末処理場を有し，地方公共団体が管理するもの．各市町村が単独で公共下水道を建設するより経済的である．

(c) 都市下水路

市街地における雨水排除を目的としたもので，終末処理場を有しないため汚水を流入させることはできない．

(3) 下水道の排除方式

合流式と分流式があり，合流式は雨水と汚水を同じ管渠で排除する方式であり，分流式はこれらの下水をそれぞれ別々の管渠系統で排除する方式である．

(a) 雨水吐室

下水道の排除方式のうち合流式の場合，雨水流出量の全量を終末処理場に導いて処理するには非常に多額の費用を必要とする．実際問題不可能である．そこで河川，海域などで適当な放流水域のある場合には，下水量が雨天時の計画汚水量（一般的には計画時間最大汚水量の3倍以上）に達すると，それを超える下水を未処理のまま河川や海

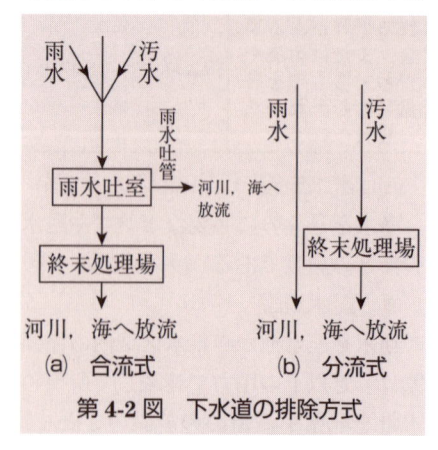

第4-2図 下水道の排除方式

に放流する．この放流をするための分水施設が雨水吐室である．

雨水吐室からの放流下水は，公共水域の水質汚濁の原因となる（第4-2図）．

(4) 管路施設
(a) 計画下水量

管渠，ポンプ場，処理場等の下水道施設の設計に用いる下水量．

① 汚水管渠：計画時間最大汚水量．
雨水管渠：計画雨水量．
② 合流管渠：計画時間最大汚水量＋計画雨水量．
③ 下水の流量計算：マニングまたはクッターの式を利用
④ 流速：汚水管渠 = 0.6 ～ 3.0 m/s, 合流管渠，雨水管渠 = 0.8 ～ 3.0 m/s．
⑤ 最小管径：汚水管渠 = 200 mm, 雨水管渠，合流管渠 = 250 mm．

(b) 終末処理場

下水を最終的に処理して河川その他の公共の水域または海域に放流するための下水道の施設で，処理法には高級，中級および簡易処理の3段階がある．高級処理を原則とし，立地条件により中級処理が行われる．下水道法第2条に規定されている．

(c) 伏越し

下水管渠が河川，地下鉄など移動不可能な地下埋設物に突き当たるときは，これらの下をくぐらなければならない．この部分を伏越しという．伏越しは上流側と下流側の両端における水位差により下水を流下させる施設であるため，下水の中の比重の重い土砂を伏越し外に100％流下させることは難しく，伏越中に沈殿推積する．したがって，沈殿推積物の除去清掃を容易にできるように次の事項に配慮する必要がある．

① 下水を流しながら清掃できるように，伏越し管渠は複数とする．
② 管渠は土砂の沈積を防ぐため上流管渠より一回り小さくし，流速は 20 ～ 30％増加させる．
③ 伏越し室は上下流ともゲートまたは角落しを設け，0.5 m 以上の泥だめを設ける（第4-3図）．

(5) 排水設備

下水道法第10条では「公共下水道の使用が開始された場合においては，当該公共下水道の排水区域内の土地の

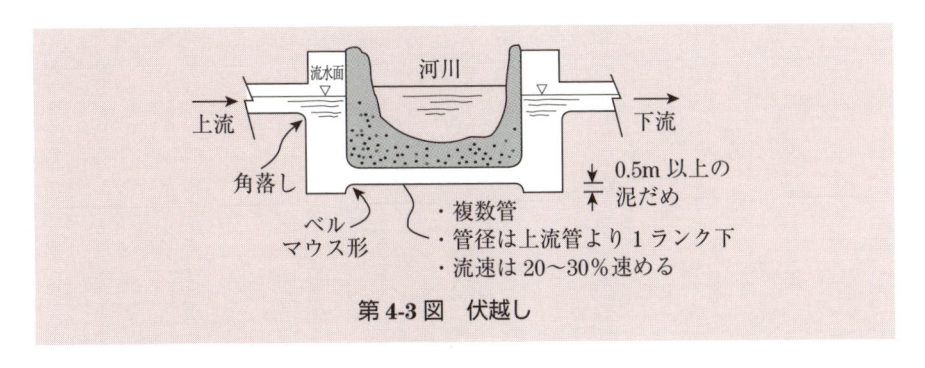

第4-3図 伏越し

4.1 上・下水道

所有者，使用者または占有者は遅滞なく，その土地の下水を公共下水道に流入させるために排水設備を設置しなければならない．」としている．この排水設備が，不完全の場合，公共下水道に悪影響を与えるため建築基準法および下水道法施行令第8条の技術上の基準により施工する．

① 管渠とます
ⓐ 汚水は必ず暗渠とし漏水のないようにする．
ⓑ 管渠の勾配は1/100以上．
ⓒ ますの底は15 cm以上の泥だめ（雨水の場合）を設け，雨水以外のますはインバートを設ける．

② 除害施設
公共下水道の施設自体やその機能に影響する障害を取除くためと公共下水道や流域下水道からの放流水の水質管理を適正に行うため，公共下水道管理者が公共下水道を使用する者に対して条例で悪質な下水を流入させぬよう，前処理施設としての除害施設を設置させることができる．

公共下水道施設の損傷防止，機能障害や構造物を腐食する恐れのあるpHや管渠を閉鎖することが懸念される油脂類，下水道処理場で処理が困難とされるフェノール類，カドミウムなどが含まれる下水の処理用に除害施設を設ける．

ⓐ 温度45℃以上の場合．
ⓑ pH 5以下または9以上の場合．
ⓒ ノルマルヘキサン抽出物質含有量が一定以上の場合．
ⓓ よう素消費量が220 mg/L以上の場合．

除害施設により，
ⓐ 高温の場合温度を下げる．
ⓑ フェノール，カドミウムなどを含む場合は基準値以下とする．
ⓒ 油脂類は分離する．
ⓓ BODは許容値以下とする．
ⓔ 酸・アルカリは中和する．

4.2 給水・給湯

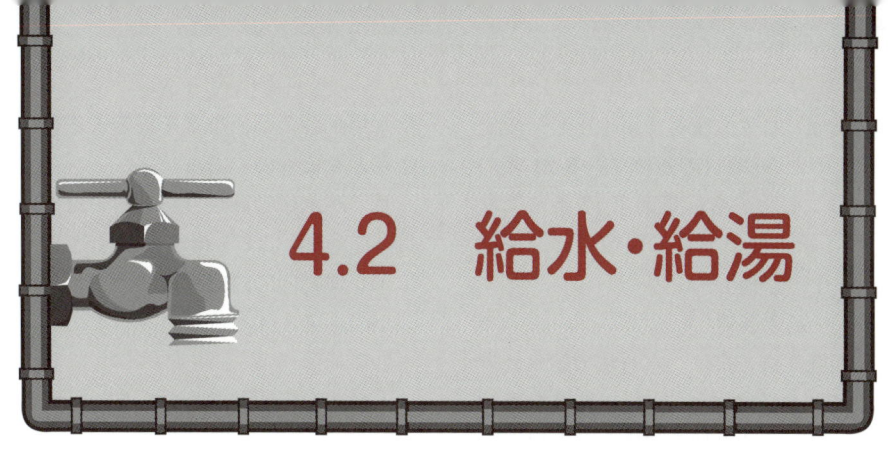

1. 給水

(1) 給水設備の目的と内容

給水設備の目的は，建物内で水が使用される「必要な箇所」に「必要な水量」を「使用目的に適した水圧」で「衛生的で安全な水質」で供給することである．

① 「必要な箇所」とは
配管を利用して供給すること．

② 「必要な水量」とは
適正な水槽を設ける必要がある．

③ 「使用目的に適した水圧」とは
ポンプによる圧送で，水圧が低すぎると水量が不足し，水圧が高すぎるとウォーターハンマーを起こすことになるからである．

ここで，ウォーターハンマーとは，管の流体の流れを急に阻止すると，上流側の圧力が異常に上昇して，圧力波となり，配管や機器類を損傷することや衝撃波を発生することをいう．これを防止するため，エアチャンバーやベローズ型，エアバッグ型の防止装置がある（第 4-4 図）．

④ 「衛生的で安全な水質」とは，
ⓐ 水道法第 4 条 2 項により厚生省令で定めた"水質基準に関する省

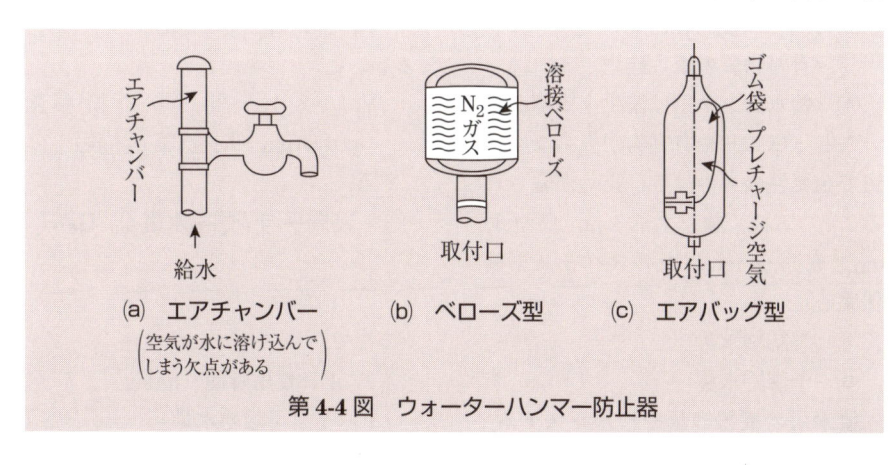

(a) エアチャンバー
（空気が水に溶け込んでしまう欠点がある）

(b) ベローズ型

(c) エアバッグ型

第 4-4 図　ウォーターハンマー防止器

令"厚生労働省令第101号"で定めた50項目の基準（**第8-21表**）。

ⓑ 水道法施行規則第17条により「給水栓において残留塩素を保持すべき値」。

⑤ 給水装置

水道直結方式は，水道法の給水装置に該当するので水道法の適用を受ける。ただしその他の建物内に設ける給水設備は建築基準法の適用を受ける。

⑥ 簡易専用水道

水道から供給される水のみを水源とする建物で，水槽の容量の合計が10 m³を超える給水設備は簡易専用水道といわれ，維持管理は水道法の適用を受ける。

(2) 汚染防止

建築基準法第129条の2の2項

① クロスコネクションの禁止（飲料用の配管設備と他の配管設備を直接連結させないこと）。

② 逆サイフォン作用による逆流の防止（水槽，流し等のあふれ縁と水栓の開口部との距離を保つこと）

③ 有害物質の侵入防止．

④ 給水タンク類は衛生上支障が無いこと（ほこりや有害物が入らない構造で金属性のものはさび止めが施されること．6面点検，上部1 m，側面60 cm，底面60 cm以上のスペースを確保すること）。

(3) 予想給水量

(a) 予想給水量

給水用の機器容量や給水システム，給水用配管の管径などを決定するのに必要となるものである。

(b) 給水量の算定（建物内の対象人員：C〔人〕による給水量の算定）

① 建物内の対象人員

$$C = K \times m \times A$$

ここで，

K：延床面積に対する有効面積の割合

m：有効面積当たりの人員〔人/m²〕（**第4-2表**）

A：建物の延床面積〔m²〕

である。

第4-2表 有効面積当たりの人員

建物	人/m²
戸建・集合住宅	0.16
官公庁・事務所	0.2
工場（座作業）	0.3
（立作業）	0.1
図書館	0.4

喫茶・飲食店，社員食堂の店舗・食堂面積には，厨房面積を含む。

② **1日の予想給水量 V_d〔L/day〕**

$$V_d = C \times q_d$$

ここで，

q_d：1人1日当たりの給水量〔L/(day・人)〕（**第4-3表**）

である。

③ **時間平均予想給水量 Q_h〔L/h〕**

$$Q_h = \frac{V_d}{T}$$

ここで，

T：1日使用時間〔h/day〕

V_d：1日予想給水量

第 4-3 表　建物用途別単位給水量・使用時間
（空気調和・衛生工学便覧）

建物種類	単位給水量 （1日当たり）	使用 時間	注記
戸建住宅 集合住宅 独身寮	200 ～ 400 L/人 200 ～ 350 L/人 400 ～ 600 L/人	10 15 10	※1
官公庁・事務所 工場	60 ～ 100 L/人	9 注)1	※2
総合病院	1500 ～ 3500 L/床 30 ～ 60 L/m²	16	※3
ホテル（全体） 　　　（客室部）	500 ～ 6000 L/床 350 ～ 450 L/床	12	
保養所	500 ～ 800 L/人		
デパート スーパーマーケット	15 ～ 30 L/m²		※3
小・中・高等学校 大学講義棟	70 ～ 100 L/人 2 ～ 4 L/m²	9	※4 ※3
劇場・映画館	25 ～ 40 L/m² 0.2 ～ 0.3 L/人	14	※3 ※5
ターミナル駅 普通駅	10 L/1000人 3 L/1000人	16	※6
寺院・教会	10 L/人	2	※7
図書館	25 L/人	6	※8

※1　居住者1人当たり
※2　在勤者1人当たり
※3　延床面積1 m² 当たり
※4　（生徒＋職員）1人当たり
※5　入場者1人当たり
※6　乗降客1000人当たり
※7　参会者1人当たり
※8　閲覧者1人当たり

・機器容量，給水引込管の算定等
　時間最大予想給水量：$Q_m = (1.5 \sim 2.0) \times Q_h$ …機器容量の算定
　ピーク時予想給水量：$Q_p = (3.0 \sim 4.0) \times Q_h$
　瞬時最大予想流量：1分単位の流量（1日のうちで最も多くの水が使用される時間帯で瞬時に流れる最大の給水量）…給水管の管径計算等

である．

(c) 受水槽，高置水槽の容量

高置水槽は，一般に建物の屋上に設置するが，必要水圧を得るのに最も条件が悪い最上階の水栓や衛生器具のうち，たとえばシャワーや洗浄水が必要な場合は，70 kPa が必要となる．この場合，最上階の使用場所から高置水槽の底部まで 8 m 以上が必要となる（第 4-4 表）．

　受水槽容量 $Q_1 = (1.0 \sim 2.0) \times Q_m$
　高置水槽容量 $Q_2 = (0.5 \sim 1.0) \times Q_m$
　　Q_m：時間最大予想給水量

(4) 給水方式の分類

① 直結方式 ─┬ 水道直結方式
　　　　　　└ 増圧直結給水方式

② 受水槽方式 ─┬ 圧力タンク方式
　　　　　　　├ 高置水槽方式
　　　　　　　└ ポンプ直送方式

第 4-4 表　器具の最低必要圧力 (単位：kPa)

器具	必要圧力	器具	必要圧力
一般水栓	30	シャワー	70
自動水栓	60	ガス瞬間式湯沸し器 4 ～ 5 号	40
大便器洗浄弁	70	ガス瞬間式湯沸し器 7 ～ 16 号	50
小便器洗浄弁	70	ガス瞬間式湯沸し器 22 ～ 30 号	80

(5) 各給水方式の特徴

(a) 水道直結方式
水道施設の配水管（水道本管）から給水管を直接接続し，配水管の圧力で受水槽を経ずに直接給水する．

(b) 増圧直結給水方式
配水管（水道本管）の圧力と増圧ポンプを利用して受水槽を設けずに給水する．

(c) 圧力タンク方式
配水管（水道本管）から受水槽に貯水し，密封したタンク内の圧力を感知し，ポンプを作動して給水する．

(d) 高置タンク方式
受水槽に貯水し，揚水ポンプで屋上などの高置水槽に揚水し，重力で給水

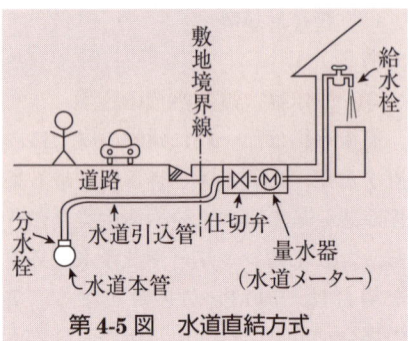

第4-5図 水道直結方式

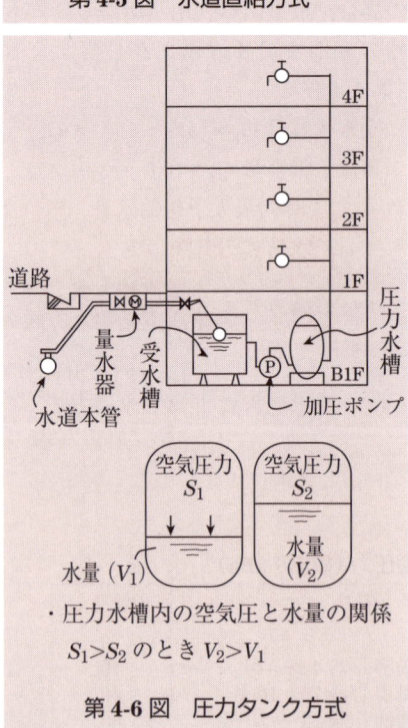

第4-6図 圧力タンク方式

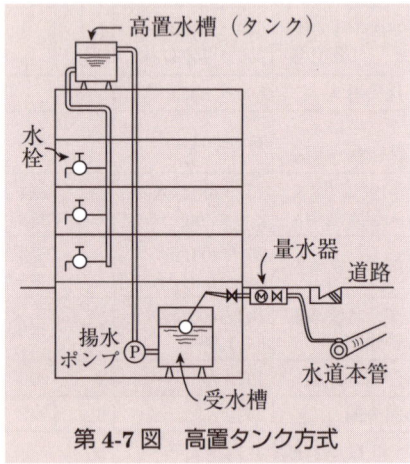

・圧力水槽内の空気圧と水量の関係 $S_1 > S_2$ のとき $V_2 > V_1$

第4-7図 高置タンク方式

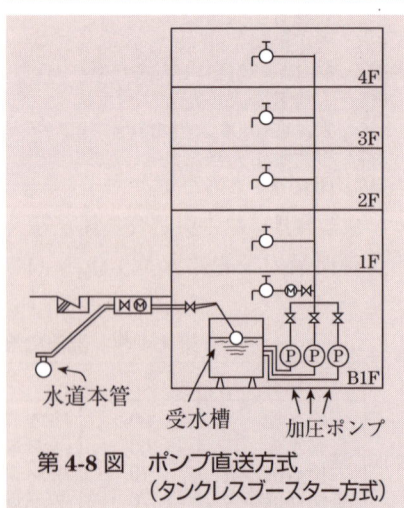

第4-8図 ポンプ直送方式（タンクレスブースター方式）

第4章 給排水衛生設備

する．

(e) ポンプ直送方式（タンクなしブースター方式）

受水槽に貯水し，ポンプの運転で直接給水する．設備費が高い．

2. 給 湯

(1) 給湯設備の目的と内容

給水設備と同様，必要箇所に適切な圧力と適度の温度の湯を衛生的で安全に目的に合う量を供給することである．また，給湯用配管の温度降下や機器類や配管の腐蝕に対する配慮が必要となる．

(2) 給湯方式

(a) 中央式給湯方式

比較的大型の建物に採用される方式で，中央の機械室に加熱装置，貯湯タンク，循環ポンプを設置し，屋上に膨張タンクを設ける．給湯栓を開けると間もなく湯が出るように，循環ポンプと返湯管を用いて湯の強制循環を行う．

(b) 局所式給湯方式

給湯が必要な各場所ごとに小型の湯沸器を分散設置するもので，保守管理は不便であるが，個別に操作が可能なため，経済的に使うことができる．

① 種類

ⓐ 瞬間式局所給湯方式；給水が加熱コイルを通過する間に湯となり給湯できる．

ⓑ 貯湯式局所給湯方式；一定量を貯湯できる容器と加熱器を設け，給水，加熱はボールタップや自動温度調節器により自動的に行う．

② ガスの燃焼方式（第4-9図）

ⓐ 元止め式；給湯量の少ない小型の瞬間湯沸器に使用される．湯沸器に給水する側の配管の弁を開くと水圧が高圧側のダイヤフラムにかかり，バーナーに点火し水が加

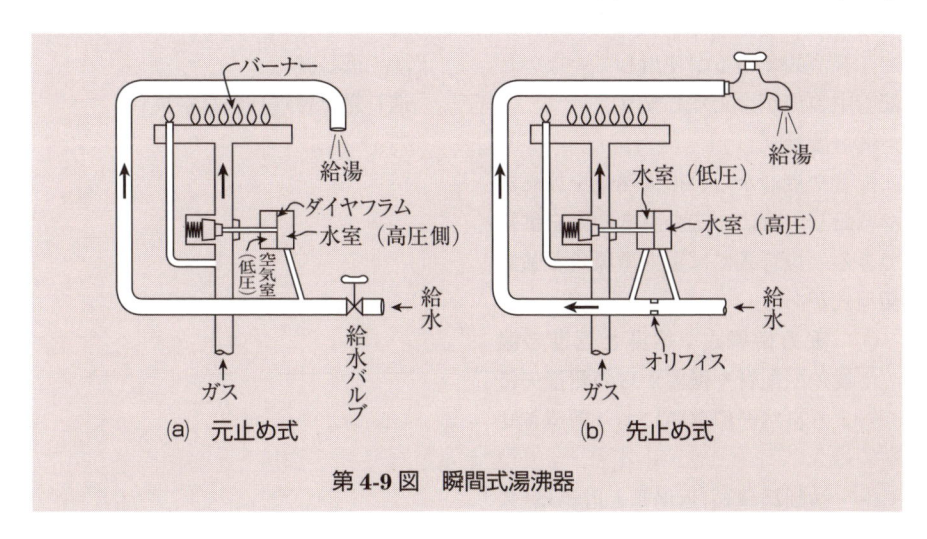

第4-9図 瞬間式湯沸器

熱される．
　ⓑ　先止め式；中・大型の瞬間湯沸器に使用される．水の流れによる差圧を利用しているため，給水量が少ないと着火しないことがある．

(c)　**加熱方式による分類**

①　**直接加熱方式**
・油だき温水ボイラー方式（温水ボイラー）．
・ガス加熱方式（瞬間ガス湯沸器，貯湯式ガス湯沸器）．
・電気加熱方式（電気湯沸器）．

②　**間接加熱方式**
暖房用等の目的のためつくられた温水や蒸気を熱源（熱媒）とし，貯湯槽内の熱交換器（加熱装置）で加熱する．

(3)　**配管方式と供給方式**

(a)　**配管方式**
単管式と複管式がある．

①　**単管式**
給湯管だけで返湯管を設けない方法で，経済的であるが使用していないと配管中の湯が冷えてしまう．

②　**複管式**
配管や機器からの損失熱量を加熱器で補給し，常に一定の温度の湯を供給できる．複管式には重力循環式と強制循環式がある．
　ⓐ　重力循環式；給湯と返湯の温度差や配管や機器からの熱損失による自然循環水頭により循環させる．
　ⓑ　強制循環式；返湯管と貯湯槽（ストレージタンク）の間に循環ポンプを設ける．大規模な建物に適用する．

(b)　**上向き配管と下向き配管**

①　**上向き配管**
給湯横主管より立て管を立ち上げ，立て管より分岐し各器具に供給する．最上部での圧力不足に注意．

②　**下向き配管**
最上階に設けられた横主管より立て管を立ち下げ供給する方式である．

(4)　**安全装置**
水の温度が上昇し，機器や配管の内部の圧力が上昇する．給湯装置が密封構造になっていると圧力により破損のおそれがある．このための安全装置は以下のとおりである．

①　**逃し管（膨張管）**
圧力を逃すための管．

②　**膨張タンク**
膨張した水を受けるタンク（開放式，密閉式）．

③　**逃し弁**
逃し管を付けられない場合．

4.3 排水・通気

1. 排 水

(1) 排水の目的と内容

　生活排水としての雑排水や汚水および工場，研究所などから排出される特殊排水を建物外と敷地外へ排出し，下水管などの排水系統からの臭気や有害物質の侵入を防ぐためにトラップを設け，封水によりこれらを遮断する．

(2) 排水方式

　合流式と分流式がある．ただし建築設備系と下水道系では若干表現が異なる．

(a) **建築設備**（建基法，SHASE）

① 合流式

建物内：（汚水＋雑排水）系

敷地内：（汚水＋雑排水）系および雨水系

② 分流式

建物内：汚水系＋雑排水系

敷地内：汚水系＋雑排水系＋雨水系

(b) **下水道**（下水道法）

① 合流式〔{汚水＋雑排水}（下水道では汚水）＋雨水〕系

② 分流式{汚水＋雑排水}（下水道では汚水）系＋雨水系

(3) 排水管

(a) 勾配と管径

① 排水管の勾配

　排水管の横走り管の勾配では，ゆるやかすぎると自浄作用がなく，固形物を流下させることもできないため，管内の流速は平均1.2 m/s，最大で2.4 m/s，最小で0.6 m/s程度になるようにする．排水横走り管の勾配は，第4-5表が標準とされている．

第 4-5 表　排水横管の勾配
（SHASE 206）

管径〔mm〕	勾配
65 以下	1/50 以上
75，100	1/100 以上
125	1/150 以上
150 以上	1/200 以上

注）標準流速 0.6〜1.5 m/s

② 管径の決め方(1)

　排水は，衛生器具，トラップ，器具排水管，排水横枝管，排水立て管，排水横主管，敷地排水管の順に流れ，管径は排水量が増えるに従い次第に太くする必要がある．また，管径決定の一般事項は以下のとおりである．

第 4-6 表　排水管径と許容最大器具排水負荷単位数

（空気調和・衛生工学便覧 -13 版 6 編）

管　径 〔mm〕	排水横枝管[1]	3階建またはブランチ間隔3を有する1立て管	3階建を超える場合 1立て管の合計	3階建を超える場合 1階分または1ブランチ間隔の合計	排水横主管および敷地排水管 勾配 1/192	1/96	1/48	1/24
30	1	2	2	1	−	−	−	−
40	3	4	8	2	−	−	−	−
50	6	10	24	6	−	−	21	24
65	12	20	42	9	−	−	24	31
75	20	30	60	16	−	20	27	36
100	160	240	500	90	−	180	216	250
125	360	540	1000	200	−	390	480	575
150	620	960	1900	350	−	700	840	1000
200	1400	2200	3600	600	1400	1600	1920	2300
250	2500	3800	5600	1000	2500	2900	3500	4200
300	2900	6000	8400	1500	2900	4600	5600	6700

注 1) 排水横主管の枝管は含まない．

第 4-7 表　衛生器具のトラップ口径と器具排水負荷単位

（空気調和・衛生工学便覧 -13 版 6 編）

器具	トラップ最小口径	排水負荷単位	器具	トラップ最小口径	排水負荷単位
大便器（私室用）	75	4	洗濯機（住宅用）	50	3
〃　（公衆用）	〃	6, 8*	汚物流し	75	6
小便器（壁掛け形）	40	4, 5*	手術用流し	40	3
〃　（ストール形）	50	〃	実験流し	〃	1.5
洗面器	30	1	調理用流し（住宅用）	〃	2
手洗器	25	0.5	〃（ディスポーザ付）	〃	〃
洗髪器	30	2	〃（パントリー）	40～50	4
水飲器または冷水器	〃	0.5	〃（湯沸し場用）	〃	3
歯科用ユニット	〃	1	皿洗い機（住宅用）	40	2
浴槽（住宅用）	30, 40	2	洗面流し（並列式）	〃	〃
〃　（洋風）	40, 50	3	床排水	50	〃
囲いシャワー	50	2		75	3
連立シャワー（ヘッド 1 個）	〃	3	1組の浴室器具（洗浄タンク）	〃	6
掃除流し（台形トラップ）	65	2.5	〃（洗浄弁）	〃	8
洗濯流し	40	2	標準器具以外のもの	40	2
掃除流し・雑用流し	40～50	〃		50	3
連合流し	40	〃	排水ポンプ等の機器		2
〃　（ディスポーザ付）	〃	4	吐出し量 3.6 L/min ごと		

*集中利用（使用頻度の高い）の場合に用いる．

　ⓐ　排水管の最小管径は 30 mm．
　ⓑ　雑排水管で固形物を含むおそれのある排水を流す最小管径は 50 mm．
　ⓒ　汚水管の最小管径は 75 mm．

③ 管径の決め方(2)

管径の決め方(1)の他に，排水系統に接続される衛生器具の器具排水負荷単位数の合計によりまた，排水横走り管では勾配により定まる（第4-6表）．

器具のトラップ径と器具排水負荷単位数を第4-7表に示す．

(b) オフセット

排水立て管の配管経路を平行移動する目的で，エルボやヘッド継手で構成される移行部分のことで，その角度により管内の水の流れと空気の圧力に大きな影響を及ぼす．

オフセット部の上部および下部は乱流でかつ，圧力も激しく変動しているので，その付近に横枝管を接続することに制約を設けている．その角度が45°を超えるときは，オフセットの上部および下部600 mm以内の部分は排水横管を接続できない．なお排水立て管に対して45°以下のオフセットの管径は垂直な立て管として決めてよい（第4-10図）．

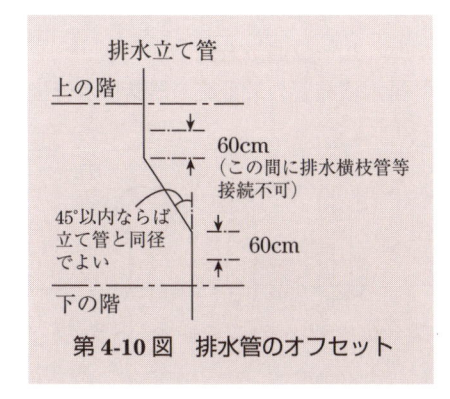

第4-10図　排水管のオフセット

(c) ブランチ間隔（第4-11図）

排水立て管に接続されている各階の排水横枝管どうしの垂直高さ，あるいは最下部の排水横枝管と排水横主管の垂直高さが2.5 mを超えている間隔をいう．

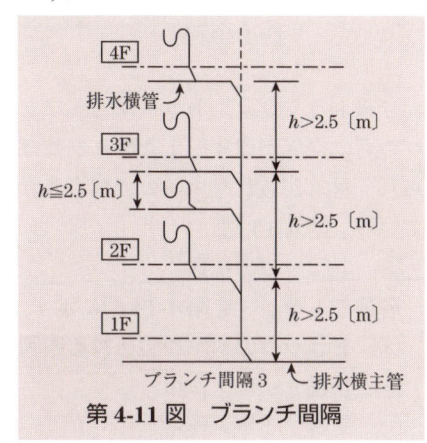

第4-11図　ブランチ間隔

(d) トラップ

① トラップの目的

排水系統の下水管や排水管などからの臭気の流入や，微生物，病原菌，小虫や可燃性ガスなどの侵入を防ぐため，排水管の途中や器具内にトラップを設け封水によりその役目を果す（第4-12図）．

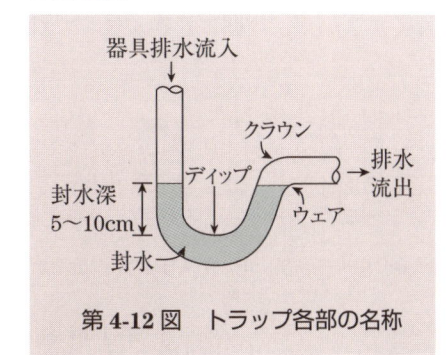

第4-12図　トラップ各部の名称

4.3　排水・通気

第 4-13 図

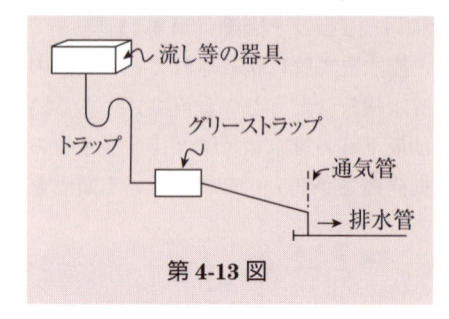

二重トラップは，トラップとトラップの間に空気が溜りやすく流れが妨げられ，封水が破れやすいので禁止されている（第 4-13 図）．

② トラップの種類

各種のトラップを第 4-14 図に示す．

③ トラップの封水が破られる原因
ⓐ 自己サイホン作用
ⓑ 誘導サイホン作用
ⓒ はね出し
ⓓ 毛細管現象
ⓔ 蒸発

(4) 雨水排水設備

雨水排水管の管径は，その地域の最大雨量と水平投影屋根面積から求める．建物の外壁面に吹き付ける雨水は，一般には排水管口径の決定には考慮しなくてよいが，周囲に建物が無くて斜めに吹き付ける雨を全面に受ける場合等は外壁面の 50% を加算する．

① 雨水立て管…第 4-8 表による
② 雨水横走り管…第 4-9 表による．条例等により規制される地域もある．

2. 通 気

(1) 通気設備の目的と内容

① 配管内の気圧を大気圧に保ち排水の流れを円滑にすることができる．
② 封水の損失を防ぐ．
③ 配管内の換気を図ることができ，配管の劣化の防止，管内を清潔に保つことができる．

(2) 通気方式の分類（第 4-15 図）

ⓐ 各個通気方式

各器具の排水管から各々通気管を立上げるもので，建物の用途上排水の円滑さを要求される建物や，衛生器具の使用頻度の高い器具類がある建物の通気に採用されるのが好ましいが経済性がネックとなる．

ⓑ ループ通気方式

排水横枝管の最上流の器具排水管接

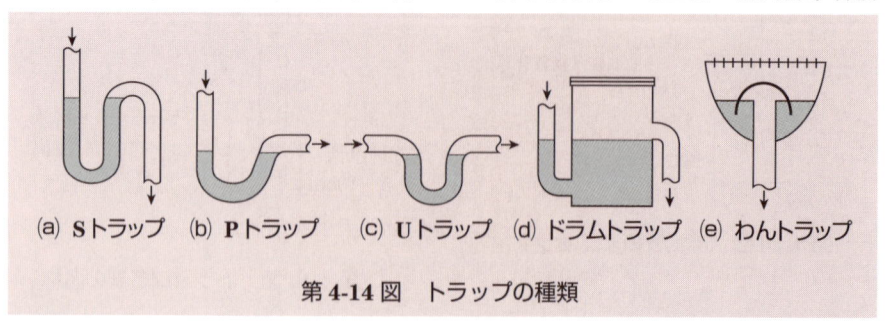

(a) Sトラップ　(b) Pトラップ　(c) Uトラップ　(d) ドラムトラップ　(e) わんトラップ

第 4-14 図　トラップの種類

第 4 章　給排水衛生設備

第 4-8 表　雨水立て管の管径　　　　　　　　SHASE 206

管径〔mm〕	許容最大屋根面積〔m²〕 (最大雨量 100 mm/h の場合)
50	67
65	135
75	197
100	425
125	770
150	1250
200	2700

注　1)　屋根面積は，すべて水平に投影した面積とする．
　　2)　最大雨量 100m/h 以外の場合の許容最大屋根面積

$$\text{表の面積}〔m^2〕 \times \frac{100〔mm/h〕}{\text{その地域の最大雨量}〔mm/h〕}$$

　　3)　正方形または長方形の雨水立て管は，それに接続される流入管の断面積以上をとり，また，内面の短辺をもって相当管径とし，かつ"長辺/短辺"の倍率を表の数値に乗じ，その許容最大屋根面積とする．

第 4-9 表　雨水横管の管径　　　　　　　　SHASE 206

管径 〔mm〕	許容最大屋根面積〔m²〕(最大雨量 100mm/h の場合) 配管勾配								
	1/25	1/50	1/75	1/100	1/125	1/150	1/200	1/300	1/400
65	137	97	79	—	—	—	—	—	—
75	201	141	116	100	—	—	—	—	—
100	—	306	250	216	193	176	—	—	—
125	—	554	454	392	351	320	278	—	—
150	—	904	738	637	572	552	450	—	—
200	—	—	1590	1380	1230	1120	972	792	688
250	—	—	—	2490	2230	2030	1760	1440	1250
300	—	—	—	—	3540	3310	2870	2340	2030
350	—	—	—	—	—	5000	4320	3530	3060
400	—	—	—	—	—	—	6160	5040	4360

注　1)　屋根面積は，すべて水平に投影した面積とする．
　　2)　最大雨量 100 mm/h 以外の場合の許容最大屋根面積

$$\text{表の面積}〔m^2〕 \times \frac{100〔mm/h〕}{\text{その地域の最大雨量}〔mm/h〕}$$

　　3)　都市の下水道条例が適用される地域においては，その条例の基準に適合させなければならない．

続点直後より通気管を立上げ，通気立て管や伸頂通気管に接続する方法で，わが国で一般に採用されている．

(c)　伸頂通気方式

　通気立て管を設置しない方式で，排水立て管とその頂部の伸頂通気管だけで通気する単純な方式で設備は最も安い．

(d)　単管式排水システム

　排水には排水管と通気管が必要であ

4.3　排水・通気

第 4-15 図　通気方式

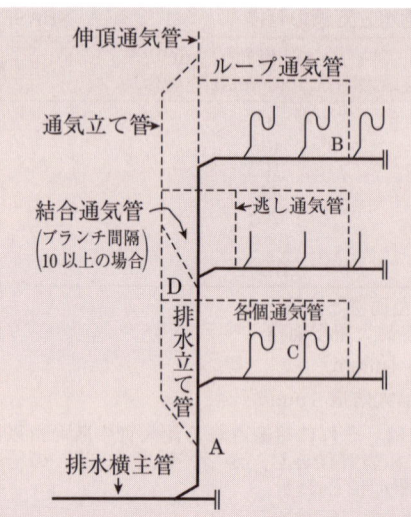

A：通気立て管は最低位の排水横枝管より下部で排水立て管に接続する
B：最上流の器具排水管が横枝管と接続した下流で接続する
C：器具トラップの下流で接続
D：器具のあふれ縁より 15cm 以上上方で通気立て管に接続する

るが，これを単管で排水しようとする方式が単管式排水システムで，特殊継手排水システムとも称されている．

この方式は，排水時の流速を減じて管内空気圧力を減じ，通気が可能な空気心を作ることで単管での排水を可能とするものであり，工事費も経済的となる．ソベント継手方式，セクスチャ継手方式等がある．

(3) **通気管の種類**
① 各個通気管
② ループ通気管
③ 伸頂通気管
④ 結合通気管
⑤ 返し通気管（**第 4-16 図**）
⑥ 共用通気管（**第 4-17 図**）
⑦ 湿り通気管（器具トラップに影響を与えないことを確められた場合排水を流すことができる通気管）

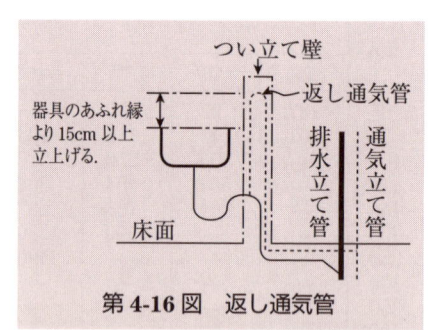

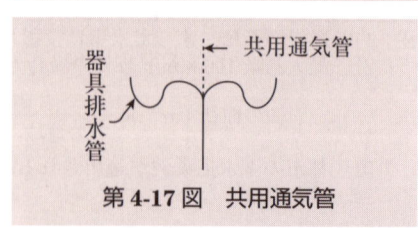

第 4-16 図　返し通気管

第 4-17 図　共用通気管

⑧ 逃し通気管（器具 8 個以上を受持つ排水横枝管は，最下流の器具排水管が接続された直後の排水横枝管の下流側で逃し通気管を設ける）
⑨ 通気ヘッダー

第 4 章　給排水衛生設備

(4) 通気配管の注意事項

① 通気管の床下接続
排水管がつまった場合，通気管内に流入し通気管の役目をしなくなる．

②
排水槽（汚水槽，雑排水槽，雨水槽等）の通気管はそれぞれ単独に外気に開放する．

③
通気立て管と雨水立て管の接続は，雨水の影響で通気立て管内の気圧が変動し，封水が破れたり，良好な排水ができなくなる．

④
間接排水系統，特殊排水系統の通気管は，一般の通気系統に接続しないで単独とし大気中に開口する．

(5) 通気管径の決め方

通気管の口径は，その通気管が受け持つ器具の排水負荷単位の合計と大気開口部までの通気管の長さから**第4-10表**により求める．一般の通気管の口径は排水管口径の1/2以上とし，最小口径は30 mmとする．

第4-10表　通気管の管径と許容長さ　（空気調和・衛生工学便覧-13版6編）

管径〔mm〕	排水負荷単位数	通気管の管径〔mm〕								
		30	40	50	65	75	100	125	150	200
		通気管の許容長さ〔m〕								
30	2	9	—	—	—	—	—	—	—	—
40	8	15	45	—	—	—	—	—	—	—
40	10	9	30	—	—	—	—	—	—	—
50	12	〃	22.5	60	—	—	—	—	—	—
50	20	7.8	15	45	—	—	—	—	—	—
65	42	—	9	30	90	—	—	—	—	—
75	10	—	〃	〃	60	180	—	—	—	—
75	30	—	—	18	〃	150	—	—	—	—
75	60	—	—	15	24	120	—	—	—	—
100	100	—	—	10.5	30	78	300	—	—	—
100	200	—	—	9	27	75	270	—	—	—
100	500	—	—	6	21	54	210	—	—	—
125	200	—	—	—	10.5	24	105	300	—	—
125	500	—	—	—	9	21	90	270	—	—
125	1100	—	—	—	6	15	60	210	—	—
150	350	—	—	—	7.5	〃	〃	120	390	—
150	620	—	—	—	4.5	9	37.5	90	330	—
150	960	—	—	—	—	7.2	30	75	300	—
150	1900	—	—	—	—	6	21	60	210	—
200	600	—	—	—	—	—	15	45	150	390
200	1400	—	—	—	—	—	12	30	120	360
200	2200	—	—	—	—	—	9	24	105	330
200	3600	—	—	—	—	—	7.5	18	75	240

注）ループ通気管の通気長さは，起点を排水横枝管の接続部，終点を通気立て管との接続部または大気開口部とする．

4.4 消火設備

(1) 消火設備の目的と内容

消火設備とは,「水その他の消火剤を使用して消火を行う機械器具または設備」のことで,10種類が消防法で定められている.これら消火設備の目的は,火災を初期の段階で消し止め,その被害を最小限に止めることである.そのため,消火設備等を確実に作動させなければならない.そこで,消防法令により消火設備の技術基準を定めている.

(2) 体系

消防用設備の体系は,第 4-18 図のとおりである(第 4-11 表).

(3) 消火の原理

ⓐ 燃焼の3要素

① 可燃物
② 温度
③ 酸素

```
                  ┌─消防の用に供する設備─┬─消火設備
消防用設備等─┼─消防用水           ├─警報設備
                  └─消火活動上必要な施設 └─避難設備
```

第 4-18 図

第 4-11 表　消防用設備等

消火設備	・消火器および簡易消火用具(水バケツ,水槽,乾燥砂など) ・屋内消火栓設備　・スプリンクラー設備　・水噴霧消火設備 ・泡消火設備　　　・不活性ガス消火設備　・ハロゲン化物消火設備 ・粉末消火設備　　・屋外消火栓設備　・動力消防ポンプ設備
警報設備	・自動火災報知設備　　　・ガス漏れ火災警報設備 ・漏電火災警報器　　　　・消防機関へ通報する火災報知設備 ・非常警報器具または非常警報設備
避難設備	・すべり台,避難はしご,救助袋,緩降機,その他の避難器具 ・誘導灯および誘導標識
消火活動上 必要な施設	・排煙設備　・連結散水設備　・連結送水管　・非常コンセント設備 ・無線通信補助設備

(b) 消火の手段

① 可燃物の除去
② 冷却消火：水の蒸発潜熱を利用し冷却する．
③ 窒息消火：酸素の除去，濃度低下，泡，粉末，不活性ガスなどがある．

(4) 火災の分類

(a) A火災

一般可燃物による火災で「普通火災」ともいう．屋内消火栓，スプリンクラー設備等の放水による冷却消火が可能．

(b) B火災

石油，油脂類による火災で「油火災」といわれる．窒息消火が効果的．泡消火，水噴霧消火等による消火．

(c) C火災

電気事故が原因の火災で「電気火災」ともいう．導電性のない消火剤を使用する．CO_2 消火，粉末消火等．

(5) 屋内消火栓

屋内消火栓およびそれに連結したホースやノズルを収納する屋内消火栓

第4-19図　屋内消火栓設備系統図

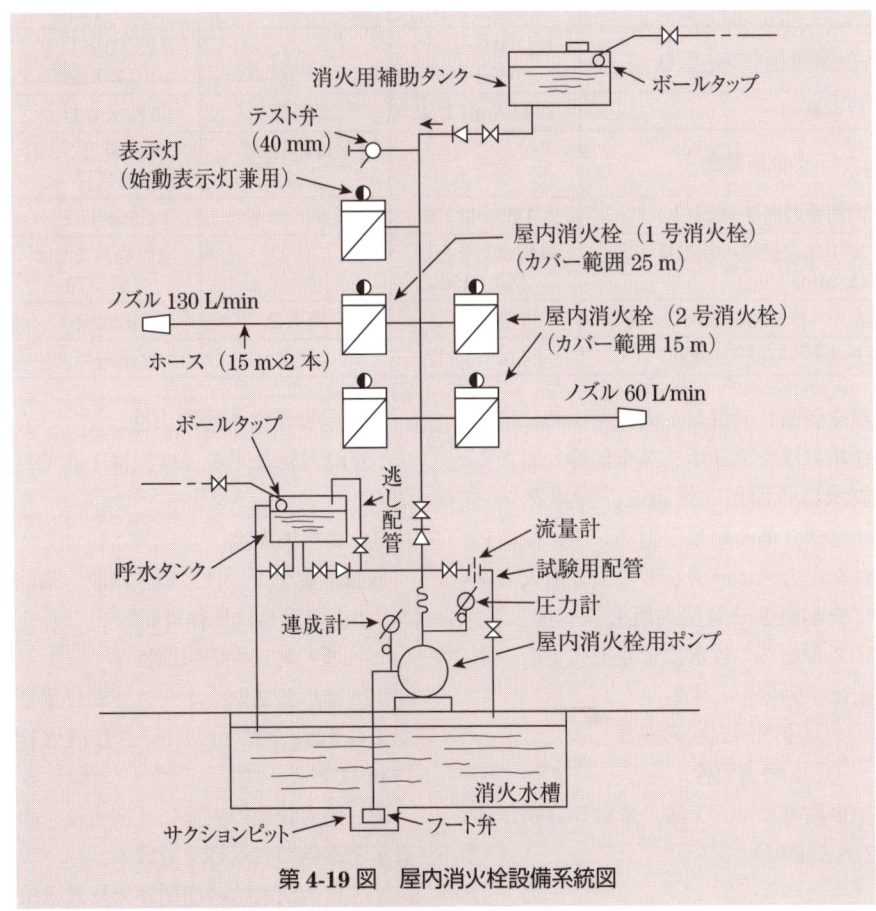

4.4　消火設備

第 4-12 表　屋内消火栓の設置基準

項目 / 消火設備	屋内消火栓 1号消火栓	屋内消火栓 易操作性1号消火栓	屋内消火栓 2号消火栓
防火対象物　工場, 作業場, 倉庫, 指定可燃物	○	○	×
防火対象物　旅館, ホテル, 社会福祉施設, 病院等の就寝施設	○	○	◎（特に指導）
防火対象物　その他の防火対象物	○	○	○
水平距離	25 m 以下	同左	15 m 以下
最大同時使用個数	2個	2個	2個
水源水量	設置個数または 2個 ×2.6 m^3	同左	設置個数または 2個 ×1.2 m^3
ノズル先端の放水圧力	0.17 MPa 以上（0.7 未満）	同左	0.25 MPa 以上（0.7 未満）
放水量	130 L/min 以上	同左	60 L/min 以上
ノズルの開閉装置	－	容易に開閉できる装置付	容易に開閉できる装置付
開閉弁の高さ（床面上）	1.5 m 以下	1.5 m 以下	1.5 m 以下
加圧送水装置の吐出量〔L/min〕	設置個数または 2個 ×150	同左	設置個数または 2個 ×70
ホース等格納箱表面の表示	消火栓	消火栓	消火栓
主管のうちの立上り管	50 mm 以上	同左	32 mm 以上

箱を各階に設置し，火災発生時に消火栓箱の扉を開きホースを延伸してから放水口の開閉弁を開き，押ボタンスイッチ，あるいは圧力タンクに設けられた圧力スイッチなどにより消火ポンプを起動させ各屋内消火栓へ送水し，ノズルからの放水により消火する．停止は手動停止とする．

(a) 屋内消火栓の種類

① 1号消火栓

事務所ビル，工場，倉庫等（操作は2人が必要）．

② 易操作性1号消火栓

1号消火栓と同じ（操作は1人で可能）．

③ 2号消火栓

旅館，ホテル，社会福祉施設，病院等（1人で容易に操作可能）．

(b) 屋内消火栓の設置基準

① 階の各部からホース接続位置まで1号消火栓25 m以下，2号消火栓15 m以下．

② 消火栓箱の表面に「消火栓」の表示と赤色の表示灯を設ける．

③ 屋内消火栓の開閉弁の位置は床

上から 1.5 m 以下とする．

④ 加圧送水装置が起動したとき表示ができること．表示灯の点滅など．

(c) **加圧送水装置**

① 放水圧力の制限

ノズルからの放水圧力は 0.7 MPa 未満とする．

② ポンプ吐出量が定格吐出量の 150％である場合の全揚程は，定格全揚程の 65％以上とする．

(d) **配管**

配管の耐圧は加圧送水装置の締切圧力の 1.5 倍以上とする．

(e) **非常電源**

① 屋内消火栓設備を有効に 30 分間以上連続して作動できる容量とする．

② 延べ面積 1000 m^2 以上の特定防火対象物の場合は，自家発電設備または蓄電池設備とする（非常電源専用受電設備は不可）．

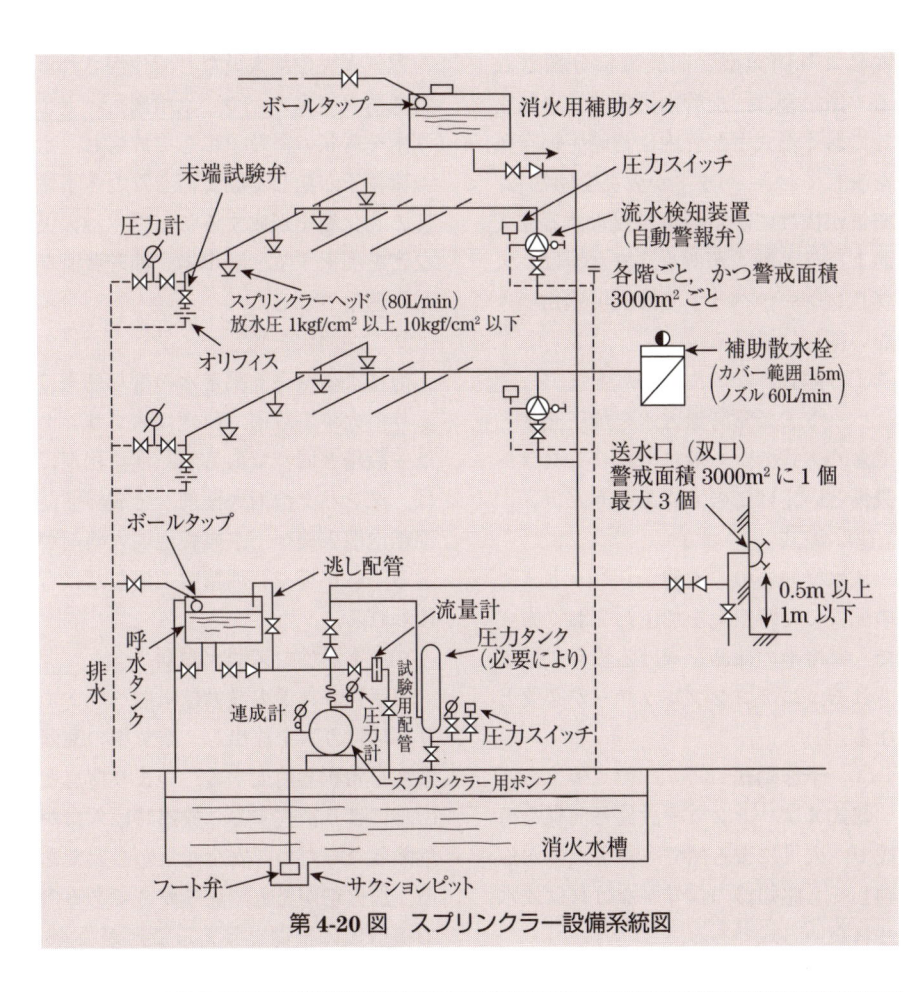

第 4-20 図　スプリンクラー設備系統図

4.4　消火設備

(6) スプリンクラー設備

スプリンクラー設備は，火災の熱を各場所に設置されたスプリンクラーヘッドが感知し，そのヘッドから自動的に散水して消火する設備で，不特定多数が出入する建物，消火活動が困難な場所，著しく延焼しやすく火煙の充満するおそれが多い場所に設置が義務付けられている．

(a) ヘッドの形式

スプリンクラー設備は，ヘッドの形式により閉鎖型と開放型に分類される．閉鎖型は，配管内に常時満水加圧しておく湿式と配管内に常時圧縮空気を満しておき，ヘッドが火災を感知し，空気が抜けてから通水し放水する乾式および予差動式がある．放水型は，スプリンクーラヘッドでは火災感知できない部分に設ける．

① 湿式

ヘッドまで常時消火水を加圧充水しておく方式で，一般にスプリンクラー設備といえばこの方式をいう．

② 乾式

流水検知器の二次側からヘッドまでの配管に常時空気を加圧しておく方式で，寒冷地の凍結を避ける場合に採用される．エアコンプレッサーが必要となる．

③ 予作動式

乾式スプリンクラー設備と同様な構成で，火災による熱でヘッドだけが作動しても感知器の信号がなければ放水されない方式である．

④ 開放型

劇場の舞台，スタジオなどに設置されるもので，感熱部分を有しないヘッドを使用し，感知器と連動させる自動式，区画内の全ヘッドを手動起動により同時に散水する方式がある．

(b) 有効散水半径，ポンプ吐出量，水源容量等

第4-13表参照のこと．

(7) その他の消火設備

(a) 水噴霧消火設備

電気火災や油火災などで使用される特殊消火設備の一つ．水噴霧ヘッドより水を霧状の微粒子にして放射し，水の微粒子が激しく燃焼面をたたき不燃性の乳化層を形成することで，油火災などを消火する．駐車場，油貯蔵所などに適用される．

(b) 泡消火設備

泡による窒息効果と水の冷却効果により消火する設備．原理はスプリンクラー設備と同様であるが，泡消化剤には，タンパク泡消火薬剤，合成界面活性剤泡消火薬剤，水成膜泡消火薬剤がある．駐車場や石油精製工場などにも使われる．

(c) 不活性ガス消火設備

不活性ガス消火設備は噴射ヘッドより不活性ガスを放出し，空気中の酸素濃度を希釈し消火する．つまり窒息と冷却により消火する．放出時は人命が危険となるため，安全対策が必要である．消火剤が無色無臭のガスであるので機器類に損傷を与えることがなく，

第 4-13 表　スプリンクラー設備の設置技術基準

ヘッド種別		設置対象	有効散水半径	同時開放数 (N) 注4)	ポンプ吐出量 〔L/min〕	水源の規定水量 〔m³〕
閉鎖型	標準型 注1)	注3)	2.3 m 以下（耐火建築物）	10（地下を除く階数が10階以下）	$N \times 90$ 以上	$N \times 1.6$ 以上
			2.1 m 以下（耐火建築物以外）	15（地下を除く階数が11階以上）		
	高感度型 注2)	注3)	2.6 m 以下（耐火建築物）	8（地下を除く階数が10階以下）		
			2.3 m 以下（耐火建築物以外）	12（地下を除く階数が11階以上）		
	小区画型	宿泊室病室	2.6 m 以下（一つのヘッドにより防護される部分の面積は13 m² 以下）	8（地下を除く階数が10階以下）	$N \times 60$ 以上	$N \times 1$ 以上
	側壁型	宿泊室，宿泊所や病院の廊下および通路部分	（水平方向両側 1.8 m，かつ前方 3.6 m の範囲内）	12（地下を除く階数が11階以上）	$N \times 90$ 以上	$N \times 1.6$ 以上
開放型		舞台部スタジオ	1.7m 以下		（最大放水区域設置個数）$\times 90$（地上10階以下） （設置個数の最も多い階の個数）$\times 90$（地上11階以上）	（最大放水区域設置個数）$\times 1.6 \times 1.6$ 以上（地上10階以上） （設置個数の最も多い階の個数）$\times 1.6$ 以上（地上11階以上）

注1) 標準型とは，標準型ヘッドのうち感度種別が1種または有効散水半径が2.3であるもの．
2) 高感度型とは，標準型ヘッドのうち感度種別が1種でかつ有効散水半径が2.6であるもの．
3) 劇場，観覧場，公会堂，集会場，宿泊所，病院・診療所，各種施設等または11階以上の階．ただし，開放型，放水型設置対象部分を除く．
4) 乾式または予作動式の流水検知装置が設けられているスプリンクラー設備の同時開放数は，表中の数値に1.5を乗じて得た個数とする．ただし，設置個数がそれぞれ本表の値未満の場合は，当該設置個数とする．
5) ヘッドは，放水圧 0.1〜1 MPa で，80 L/min 以上とする．ただし，小区画型は 50 L/min 以上とする．
6) 百貨店，地下街，ラック式倉庫，危険物の貯蔵所等は消防法令参照．

4.4　消火設備

電気室，通信情報機器室，ボイラー室等の消火に適している．

(d) ハロゲン化物消火設備

フッ素を含む炭化水素ガス（いわゆるハロン）を放出することにより消火するもので，電気火災などに有効である．ハロンがオゾン層破壊の原因となるため，代替品が開発されている．

(e) 粉末消火設備

消火剤として，炭酸水素ナトリウムを主成分とするもの，炭酸水素カリウムやリン酸アンモニウムを主成分とするものなどがあり，これらの粉末を噴射ヘッドより噴射する．駐車場，電気室などの消火に適している．

4.5 ガス設備

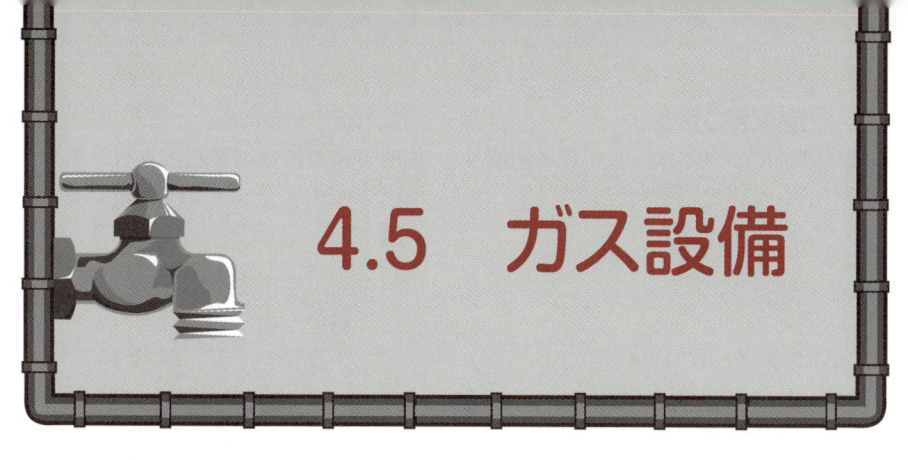

(1) 目的と内容

給湯用，厨房調理用，冷暖房用，浴用など，ガスの利用範囲は広く多方面に利用されている．このガスを，必要な場所に，安全に，必要な量を何時でも使用できるように供給するのが目的である．

(2) ガスの種類（第 4-14 表）

ⓐ 都市ガス（City Gas）

石炭，コークス，原油，重油，ナフサ，天然ガス，液化石油ガス等を原料として製造されたガスを，単体または混合して使用する．その混合割合は，ガス事業者によって異なる．

① 発熱量

ガス 1 m³ 当たりの発熱量を空気に対する比重の平方根で除した値がウオッベ指数で，$MJ/N^3/\sqrt{ガスの比重}$ で表され，ガスの燃焼性の比較に用いられる．ガスバーナが単位時間に消費する熱量は，ウオッベ指数に比例する．

② 供給方式（ガス事業法施行規則第 1 条）

ⓐ 低圧；0.1 MPa 未満
ⓑ 中圧 A；0.3 MPa 以上 1 MPa 未満
　中圧 B；0.1 MPa 以上 0.3 MPa 未満
ⓒ 高圧；1 MPa 以上

第 4-14 表　各種ガスの性質　（日本冷凍空調工業会・ガス吸収冷温水機ハンドブック）

	燃焼性の種別	発熱量〔kJ/Nm³〕	比重（空気 = 1.0）	理論空気量〔m³〕	最大燃焼速度〔cm/s〕	爆発限界〔%〕	原料種別
都市ガス（天然ガス）	6A	29300	1.25	7	37	8.6 〜 38.3	ブタン
	6B	20930	0.55 〜 0.68	4.6	50 〜 70	5.7 〜 31.6	
	6C	18880	0.50 〜 0.62	4.1	55 〜 80	5.7 〜 40.0	
	13A	46050	0.55 〜 0.68	11	39	4.3 〜 14.5	LNG
液化石油ガス	プロパン	100000	1.6	24	42	2.2 〜 7.3	
	ブタン	130000	2.0	32	37	1.9 〜 8.3	

注）理論空気量は 0.24 m³/1000kJ，実際の燃焼には 10 〜 20% の過剰空気量が必要．
最高使用圧力：＞ 1 MPa を高圧，0.1 〜 1 MPa を中圧，＞ 0.1 MPa を低圧．

③　ガス配管の管径

低圧ガスについては，低圧ガス流量公式（ポールの式）を利用する．

$$Q = 0.707\sqrt{\frac{1000HD^5}{sLg}}\ [\mathrm{m^3/h}]$$

ここで，
　D：配管の内径〔cm〕
　H：圧力差〔kPa〕
　s：ガスの比重（空気を1として）
　L：配管の長さ〔m〕
　g：重力の加速度（9.8 m/s^2）

である．

(b)　**液化石油ガス（LPG：Liquefied Petroleum Gas）**

プロパン，プロピレン，ブチレンやエタンを含むガスで，加圧することで液化が可能となり，容積は約 1/250 になる．発熱量は 102000 kJ/m^3 であり，比重は空気より重い．

①　供給方式

LPG ガスをボンベから調整器を通して気化させガス栓に供給する方法で，ボンベは 10 kg, 20 kg, 50 kg などの種類がある．

②　ボンベの設置場所

周囲温度40℃以下，ボンベに転倒防止チェーン，20 L 以上のボンベは火気より2 m 以上離す．通気，直射日光，湿気，腐蝕等に注意する．

(c)　**ガス設備の安全装置**

ガス漏れ警報装置や自動ガス遮断装置があり，前者は検知器，受信機，警報装置から構成されている．地下街や地下室等で 1000 m^2 以上のもの（消防法施行令21条の2），3階以上の共同住宅の住戸部分（建基法施行令第129条の2の2）などに定められている（第4-21図）．

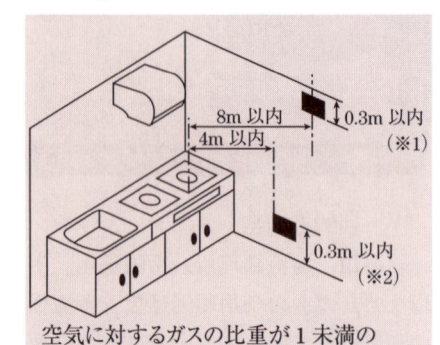

第4-21図　ガス漏れ警報装置

自動ガス遮断装置はマイコンメーターなどがある（第4-22図）．

(d)　**ガス機器の選定**

①　一般用機器

ガス機器の取扱いが，適正でない，またはガスの種類に合わないガス機器を使用すると，火災や不完全燃焼による一酸化炭素中毒の恐れがあるため，ガス事業法では，使用できるガスの種類を明示することを義務付けている．

一般のガス器具の表示は，型式，使用に適するガスの種類，ガス消費量，製造年月日，製造番号，製造業者名などである．

②　用途別ガス器具

・給湯用；湯沸器（瞬間），小型ボイラー等．

・厨房用；ガスコンロ，ガステーブル，ガスオーブン，ガス炊飯器，ガス

④ 天井直付け都市ガス警報器

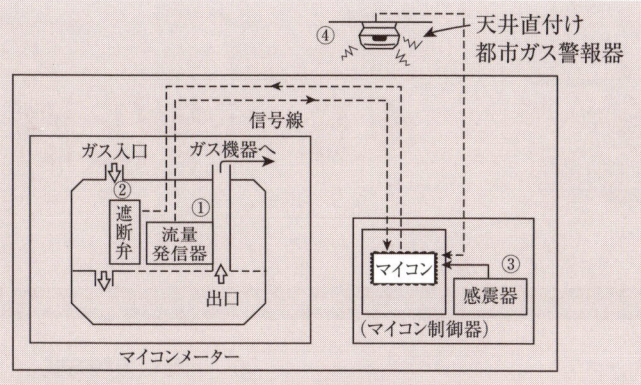

①ガス流量が異常に多いとき，異常に長時間ガスが使用されているとき，マイコンに信号が送られる．
②マイコンからの信号により遮断弁が閉じる．安全を確認後開栓する．
③地震時に感震器が作動してマイコンを通じて遮断弁を閉じる．
④ガス漏れ時に作動し，マイコンを通じて遮断弁を閉じる．

第4-22図　マイコンメーター方式の構成

レンジ，食器洗い乾燥機等．

・冷暖房用；セントラルヒーティング，冷温水発生器，ボイラー，床暖房，ガスヒーポン，個別暖房器（ストーブ等）

・複合用途型；熱源器が1台のセントラル式で，冷暖房の用途として冷暖房用エアコン，床暖房，暖房用放熱器が使用できる．給湯用途として，浴室，台所，洗面所への給湯．風呂の用途として全自動風呂，追い焚き，乾燥用として浴室乾燥，ふとん乾燥などが可能．

(e) 燃焼の方法と給排気

最近の住宅は気密性が高いため，ガス機器を室内に設置する場合は給排気の処理に留意する必要があり，開放形や半密閉形は使用しないほうが好ましい．

密閉式の例を以下に示す．

① **BF型（Balanced Flue Type）**

密閉容器内で燃焼させ，自然対流により給気口から燃焼空気を取り入れ，排気口から排ガスを放出する．風呂のバランス釜，給湯器などに使用される．

② **FF型（Forced Flue System）**

BF型に給気ファンと排気ファンを取付け燃焼空気の給気，排気ガスの排出を強制的に行うものである．燃焼効率が良く，小型化できる．ボイラーや住宅用ストーブなどに用いられる．

4.6　浄化槽

(1)　目的と内容

　汚水処理とは，汚水中の汚染物ときれいな水を分離することであるが，汚水中の不純物である有機物を微生物の働きにより無機化する生物化学的機能と不純物の粒子を沈殿，ろ過，浮上分離する物理的方法がある．浄化槽は，おもに前者の生物化学的処理により行う方法である．

(2)　処理方式

(a)　生物膜法

　接触材，回転板や砕石などの表面に汚水を接触させ，これらの表面に膜状に付着して繁殖するバクテリアにより，汚水中の有機物などを吸着し分解させる方式である．活性汚泥法に比べて，汚泥量が少なく，低濃度の汚水処理に適しており，維持管理も比較的容易である．
　生物膜法の各種は以下のとおり．

①　接触ばっ気方式

　ばっ気槽内に多くの表面積を有する接触材を入れ，汚水中に酸素を入れるためにばっ気し，その表面に生成した生物膜により汚水を浄化する．

②　回転板接触方式

　回転板を槽内に入れ回転させ，回転板の表面に生成した生物膜により汚水を浄化する．

③　散水ろ床方式

　ろ材の砕石を積み上げた層をろ床というが，汚水をろ床に散水すると，汚水中の微生物がろ材の表面に付着し生物膜を生成する．この生物膜が，ろ床を流下する汚水中の有機物を吸着し酸化分解する．

(b)　活性汚泥法

　汚水をばっ気槽内に入れ，空気を入れてかくはんを続けていると，バクテリアが汚水中の有機物を食物として取り入れて増殖を始め，微細な固まりを形成する．これが次第に大きくなりフロックを形づくる．フロックは下に沈み，上澄み液は放流される．この底に沈殿したものが汚泥で，好気性微生物の固まりであり，汚水中の有機物を吸着，酸化，分解する．また，活性汚泥はばっ気槽に返送される．
　この方式には，長時間ばっ気方式，標準活性汚泥法などがある．

① 長時間ばっ気方式

処理対象人員が 5000 人以下ではこの方式がとられ，標準より大きなばっ気槽で汚水の滞留時間を長くとり（16 時間以上），酸化を十分行わせるもの．

② 標準活性汚泥方式

大規模な合併処理方式の槽化槽で，ばっ気時間を 8 時間以上とするものである．

(3) 処理対象人員

対象となる建物から排出される汚水が，活水量や汚濁物質量の標準的な量を出す人間の何人分に相当するかという値であり，し尿浄化槽を実際に使用する人数ではない．

処理対象人員は昭和 44 年建設省告示第 3184 号により，JIS A 3302（建築物の用途別によるし尿浄化槽の処理対象人員算定基準）により算定することと定められている（第 4-15 表）．

(4) 浄化槽の性能

(a) BOD 除去率

し尿浄化槽の性能は，放流水の BOD と BOD 除去率で表される．

BOD 除去率とは，し尿浄化槽への流入水の BOD に対する BOD の除去される割合を百分率で表したもので，以下の式で計算される．

$$\text{BOD除去率} = \frac{\begin{pmatrix}\text{流入口のBOD}\\-\text{放流水のBOD}\end{pmatrix}}{\text{流入水のBOD}} \times 100 \,[\%]$$

(b) 浄化槽の処理方法および処理方式

第 4-16 表から処理対象人員および性能により，処理方法および処理方式を決めることができる．

(5) 浄化槽の構造

し尿浄化槽の構造は，建築基準法施行令第 32 条に基づく，昭和 55 年建設省告示第 1292 号（改正平成 18 年国交省告示第 154 号）「し尿浄化槽の構造基準」に規定されている．

(a) 小規模合併処理の浄化槽（第 4-17 表）

① 分離接触ばっ気方式（処理方法は生物膜法）

② 嫌気ろ床接触ばっ気方式（処理方法は生物膜法）

③ 脱窒ろ床ばっ気方式（窒素分を取り除く必要がある場合）（処理方法は生物膜法）

(b) 一般の合併処理の浄化槽（第 4-18 表）

① 回転板接触方式（処理方法は生物膜法）

② 接触ばっ気方式（処理方法は生物膜法）

③ 散水ろ床方式（処理方法は生物膜法）

④ 長時間ばっ気方式（処理方法は活性汚泥法）

⑤ 標準活性汚泥方式等（処理方法は活性汚泥法）

第 4-15 表　建築用途別処理対象人員算定基準表（抜粋）(JIS A 3302-2000 等)

(算定単位)
n：人員〔人〕, A：延べ面積〔m²〕, C：大便器数〔個〕,
C_1：総便器数（大便器数，小便器数および両用便器数を合計した便器数）〔個〕,
U：小便器数（女子便所にあっては，便器数のおおむね 1/2 を小便器とみなす）〔個〕,
P：定員〔人〕, P_1：収容人員〔人〕, P_2：駐車ます数〔ます〕,
P_3：乗降客数〔人/日〕, R：客室数, B：ベッド数〔床〕, S：打席数〔席〕,
S_1：コート面数〔面〕, L：レーン数〔レーン〕, H：ホール数〔ホール〕,
t：単位便器当たり 1 日平均使用時間〔時間〕

類似用途別番号	建築用途		処理対象人員 算定人員	算定単位当たりの汚水量およびBOD濃度（参考値）			
				合併処理対象		単独処理対象	
				汚水量	BOD	汚水量	BOD
1	集会場施設関係	イ 公会堂・集会場・劇場 映画館・演芸場	$n=0.08A$	16 〔L/(m²·日)〕	150 〔mg/L〕	4 〔L/(m²·日)〕	260 〔mg/L〕
		ロ 競輪場・競馬場・競艇場	$n=16C_1$	2400 〔L/(個·日)〕	260 〔mg/L〕	−	
		ハ 観覧場・体育館	$n=0.065A$	10 〔L/(m²·日)〕		3.2 〔L/(m²·日)〕	
2	住宅施設関係	イ 住宅 $A<130$ の場合	$n=5$	200 〔L/(人·日)〕	200 〔mg/L〕	50 〔L/(人·日)〕	260 〔mg/L〕
		$130 \leq A$ の場合	$n=7$				
		ロ 共同住宅	$n=0.05A$※	10 〔L/(m²·日)〕		2.5 〔L/(m²·日)〕	
		ハ 下宿・寄宿舎	$n=0.07A$	14 〔L/(m²·日)〕	140 〔mg/L〕	3.5 〔L/(m²·日)〕	
		ニ 学校寄宿舎・自衛隊キャンプ宿舎・老人ホーム・養護施設	$n=P$	200 〔L/(人·日)〕	200 〔mg/L〕	50 〔L/(人·日)〕	
3	宿泊施設関係	イ ホテル・旅館 結婚式場・宴会場 $n=0.15A$ 有		30 〔L/(m²·日)〕		7.3 〔L/(m²·日)〕	
		結婚式場・宴会場 $n=0.15A$ 無		30 〔L/(m²·日)〕	100 〔mg/L〕	3.7 〔L/(m²·日)〕	
		ロ モーテル	$n=5R$	1000 〔L/(室·日)〕	50 〔mg/L〕	250 〔L/(室·日)〕	
		ハ 簡易宿泊所・合宿所・ユースホステル・青年の家	$n=P$	200 〔L/(人·日)〕	200 〔mg/L〕	50 〔L/(人·日)〕	

4	医療施設関係	イ	病院・療養所・伝染病院	業務用の厨房設備または洗濯設備を設ける場合	300床未満の場合	$n=8B$	ベッド数300床未満 1000 〔L/(床·日)〕	厨房・洗濯設備のある施設 320 〔mg/L〕	—	—
					300床以上の場合	$n=11.43(B-300)+2400$				
				業務用の厨房設備または洗濯設備を設けない場合	300床未満の場合	$n=5B$	ベッド数300床以上 1300 〔L/(床·日)〕	厨房・洗濯設備のない施設 150 〔mg/L〕		
					300床以上の場合	$n=7.14(B-300)+1500$				
		ロ	診療所・医院			$n=0.19A$	25 〔L/(m²·日)〕	300 〔mg/L〕	9.4 〔L/(m²·日)〕	260 〔mg/L〕
8	学校施設関係	イ	保育所・幼稚園・小学校・中学校			$n=0.20P$	50 〔L/(人·日)〕	180 〔mg/L〕	35 〔L/(人·日)〕	100 〔mg/L〕
		ロ	高等学校・大学・各種学校			$n=0.25P$	60 〔L/(人·日)〕		40 〔L/(人·日)〕	
		ハ	図書館			$n=0.08A$	16 〔L/(m²·日)〕	150 〔mg/L〕	4 〔L/(m²·日)〕	
9	事務所関係	イ	事務所	厨房設備有 $n=0.075A$			15 〔L/(m²·日)〕	200 〔mg/L〕	3.7 〔L/(m²·日)〕	260 〔mg/L〕
				厨房設備無 $n=0.06A$				150 〔mg/L〕	2.8 〔L/(m²·日)〕	
10	作業場関係	イ	工場・作業所・研究所・試験場	厨房設備有 $n=0.075P$			100 〔L/(人·日)〕	300 〔mg/L〕	38 〔L/(人·日)〕	
				厨房設備無 $n=0.30P$			60 〔L/(人·日)〕	150 〔mg/L〕	15 〔L/(人·日)〕	

※ ただし,1戸当たりの n が3.5人以上の場合は,1戸当たりの n を3.5人または2人(1戸か1居室だけで構成されている場合に限る)とし,1戸当たりの n が6人以上の場合は1戸当たりの n を6人とする.

注) JISに規定されているのは,処理対象人員であり,「算定単位当たりの汚水量およびBOD濃度(参考値)」については,解説書に記載されており,今後一部変更となる可能性があるので留意する.

第4-16表 し尿浄化槽構造基準による性能別処理方式(建設省告示第1292号等)

告示区分		処理性能 BOD除去率〔%〕以上	BOD濃度(1Lにつきmg以下)	COD濃度(1Lにつきmg以下)	T-N濃度(1Lにつきmg)以下	T-P濃度(1Lにつきmg)以下	処理方式	処理対象人員 5　50　100　200　500　2000　5000以上
第1	合併	90	20	−	− 20	−	分離接触ばっ気 嫌気濾床接触ばっ気 脱窒濾床接触ばっ気	
第2	合併	70	60	60	−	−	回転板接触 接触ばっ気 散水ろ床 長時間ばっ気	
第3	合併	85	30	45	−	−	回転板接触 接触ばっ気 散水ろ床 長時間ばっ気 標準活性汚泥	
第4	単独	55	120	−	−	−	腐敗槽	
第5	単独	SS除去率55%以上	SS濃度250(1Lにつきmg)以下	−	−	−	地下浸透	
第6	合併	90	20	30	−	−	回転板接触 接触ばっ気 散水ろ床 長時間ばっ気 標準活性汚泥	
第7	合併	−		15	−	−	接触ばっ気・砂ろ過凝集分離	
第8	合併	−		10	−	−	接触ばっ気・活性炭吸着 凝集分離・活性炭吸着	
第9[注]	合併	−	10		20		硝化液循環活性汚泥 三次処理脱窒・脱りん	
第10[注]	合併	−		15	15	1	硝化液循環活性汚泥 三次処理脱窒・脱りん	
第11[注]	合併	−			10		硝化液循環活性汚泥 三次処理脱窒・脱りん	

注) 第9, 10, 11の硝化液循環活性汚泥方式においては, 日平均汚水量が10m³以上の場合に限る。

第4-17表　小規模合併処理方式のし尿浄化槽のフローシート

{建設省告示第1292号（改正平成18年154号）}

処理方式	放流水の BOD〔mg/L〕	処理対象人員〔人〕	フローシート
分離接触ばっ気方式または嫌気ろ床ばっ気方式 (BOD除去率90%)	20以下	50以下	→沈殿分離槽または嫌気ろ床槽→接触ばっ気槽→沈殿槽→消毒槽→ ←はく離汚泥　←沈殿汚泥(5～30人) 沈殿汚泥(31～50人)
脱窒ろ床接触ばっ気方式 (BOD除去率90%)	20以下	50以下	循環 →脱窒ろ床槽→接触ばっ気槽→沈殿槽→消毒槽→ ←はく離汚泥　←沈殿汚泥(5～30人) 沈殿汚泥(31～50人)

4.6　浄化槽

第 4-18 表 合併処理方式のし尿浄化槽のフローシート〔建設省告示第 1292 号（改正平成 18 年 154 号）〕

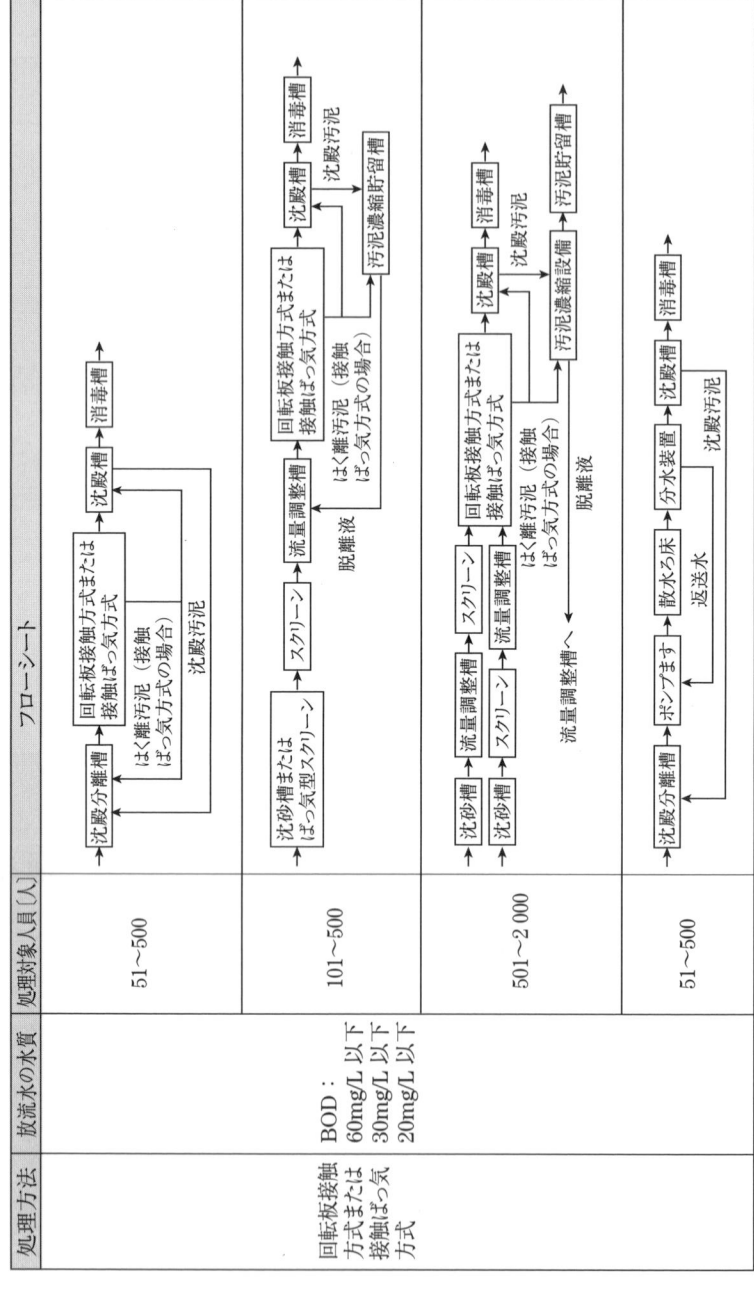

処理方法	放流水の水質	処理対象人員〔人〕	フローシート
回転板接触方式または接触ばっ気方式	BOD： 60mg/L 以下 30mg/L 以下 20mg/L 以下	51〜500	沈殿分離槽 → 回転板接触方式または接触ばっ気方式 → 沈殿槽 → 消毒槽 → はく離汚泥（接触ばっ気方式の場合） 沈殿汚泥
		101〜500	沈砂槽または（ばっ気型スクリーン）→ スクリーン → 流量調整槽 → 回転板接触方式または接触ばっ気方式 → 沈殿槽 → 消毒槽 → はく離汚泥（接触ばっ気方式の場合）→ 汚泥濃縮貯留槽 脱離液 → 沈殿汚泥
		501〜2 000	沈砂槽 → スクリーン → 流量調整槽 → 回転板接触方式または接触ばっ気方式 → 沈殿槽 → 消毒槽 → はく離汚泥（接触ばっ気方式の場合）→ 汚泥濃縮設備 → 汚泥濃縮貯留槽 脱離液 → 流量調整槽へ → 沈殿汚泥
		51〜500	沈殿分離槽 → ポンプます → 散水ろ床 → 分水装置 → 沈殿槽 → 消毒槽 → 返送水 沈殿汚泥

第4-18表 続き

処理方法	放流水の水質	処理対象人員（人）	フローシート
散水ろ床方式	BOD：60mg/L 以下 30mg/L 以下 20mg/L 以下	101～500	沈砂槽またはばっ気型スクリーン → スクリーン → 流量調整槽 → ポンプます → 散水ろ床 → 分水装置 → 沈殿槽 → 消毒槽 → 沈殿汚泥 → 汚泥濃縮貯留槽（返送水、脱離液）
		501 以上	沈砂槽 → 流量調整槽 → スクリーン → 流量調整槽 → ポンプます → 散水ろ床 → 分水装置 → 沈殿槽 → 消毒槽 → 沈殿汚泥 → 汚泥濃縮設備 → 汚泥貯留槽（返送水、脱離液）
長時間ばっ気方式	BOD：60mg/L 以下 30mg/L 以下 20mg/L 以下	101～500	沈砂槽またはばっ気型スクリーン → スクリーン → 流量調整槽 → ばっ気槽 → 沈殿槽 → 消毒槽 → 沈殿汚泥 → 汚泥濃縮貯留槽（流量調整槽またはばっ気槽へ、返送汚泥、脱離液）
	BOD60mg/L 以下は501～2 000 30mg/L 以下および20mg/L 以下は501～5 000 以下		沈砂槽 → 流量調整槽 → スクリーン → 流量調整槽 → ばっ気槽 → 沈殿槽 → 消毒槽 → 沈殿汚泥 → 汚泥濃縮設備 → 汚泥貯留槽（流量調整槽またはばっ気槽へ、返送汚泥、脱離液）
標準活性汚泥方式	BOD：30mg/L 以下 20mg/L 以下	500 以上	流量調整槽またはばっ気槽へ → ばっ気槽 → 沈殿槽 → 消毒槽 → 沈殿汚泥 → 汚泥濃縮設備 → 汚泥貯留槽（返送汚泥）

4.6 浄化槽

この問題をマスタしよう

問1 浄水施設のフローシートとして，☐内に当てはまる語句の組み合わせとして，適当なものはどれか．

原水→着水井→ A → B → C → D →配水池→給水

	A	B	C	D
(1)	殺菌井	急速ろ過池	薬品混和池	凝集沈殿池
(2)	薬品混和池	凝集沈殿池	急速ろ過池	殺菌井
(3)	急速ろ過池	薬品混和池	凝集沈殿池	殺菌井
(4)	殺菌井	薬品混和池	急速ろ過池	凝集沈殿池

解説 浄水施設で原水を浄化する目的は水道法で定められた水質基準を満たす飲用に適する水を効率的に作り出すことである．ろ過式の浄水施設のフローは着水井→沈殿池→ろ過池→塩素注入井→浄水池である．

① 着水井は，導水施設から導入される原水の水位の変動を安定させ，原水量を計量，調節し沈殿ろ過薬品注入のそれぞれの施設に導かれる原水を迅速にしかも正確に処理するために設ける．

② 原水に含まれている微小で高濃度の粒子を短時間に沈殿除去させるために薬品を注入する．

急速混和池で注入薬品と原水を急速に十分混和させ，水中の浮遊物をフロックに凝集吸着させ大型のフロックに成長させる．

③ 沈殿池は不純物を沈殿させて除去するところで，普通沈殿と薬品沈殿の二つの処理の方法がある．

普通沈殿法は水より比重の大きい不純物を自重により自然に沈降させる方法で，薬品沈殿法は原水に硫酸アルミニウムなどの薬品を混ぜて，不純物である浮遊物を化学作用により凝集してフロックを作り，沈降速度を高め沈殿させる方法である．

④ ろ過池は，沈殿池で処理された水を，ろ過池の砂層を通過させることで浮遊物や細菌などを取り除く所で，その処理方式には緩速ろ過方式と急速ろ過方式の二つがある．

緩速ろ過方式は，1日3〜5mの速度でろ過させる池で，水中の浮遊物が砂層と砂利層からなるろ過層を通過することで低濁度の水を処理する．急速ろ過方式は原水を1日120〜150mの速度でろ過層を通過させるもので，薬品沈殿を行いフロックができた原水をろ過層を通過させ濁度や色度の高い水を処理するのに適している．

⑤ 塩素注入井は，ろ過で除去されなかった細菌を除去するために，塩素，さらし粉，次亜塩素酸ソーダなどを注入し，水栓で規定された残留塩素を確保するために塩素殺菌を行う．

答 (2)

問2 水道施設の配水管に関する記述のうち，適当でないものはどれか．
(1) 管径 800 mm 以上の管路には，点検および修理用の人孔を設置する．
(2) 最小動水圧は，0.06 ～ 0.12 MPa を標準とする．
(3) 公道に布設する場合の土かぶりは，120 cm 以上を標準とする．
(4) 配水本管と他の地下埋設物との間隔は，30cm 以上とする．

解説 (a) 管内の水圧
① 最大静水圧；0.75 MPa を超えないこと．
② 最大動水圧；最大 0.5 MPa 程度．
③ 最小動水圧；0.15 MPa ～ 0.20 MPa．
(b) 水道施設の配水管についての技術的注意点
① 管径 800 mm 以上の管路には，管路の維持管理上要所要所に人孔を設ける．
② 道路内などに配水本管を布設する場合，他の地下埋設物との離隔距離が小さいと，荷重により配管が損傷しやすくなるとともに，破損した場合の保守・修理が困難になる．したがって，その間隔は 30 cm 以上とする．

答 (2)

問3 上水道施設に関する記述のうち，適当でないものはどれか．
(1) 浄水施設は，原水を水質基準に適合させるために沈殿，ろ過，消毒などを行う施設である．
(2) 送水施設は，原水を取水地点より浄水場まで送る水路であり，自然流下式とポンプ加圧による方式がある．
(3) 取水施設は，河川，湖沼，地下の水源から粗いごみや砂を取り除いて水を取り入れる施設である．
(4) 配水施設は，浄化した水を給水区域内の需要者に必要な圧力で必要な量を配水するための施設である．

解説 送水施設は，浄水施設を経た浄水を常時一定の流量で配水池に送る施設で，送水ポンプ，送水管で構成されている．その計画送水量は，計画一日最大給水量（1年を通じて1日の給水量の最も多い量）を基準としている．

答 (2)

問 4 下水道についての記述のうち適当でないのはどれか．
(1) 汚水の流速は計画汚水量に対して，管基底部に汚物が沈殿しないように最小流速を 0.6 m/s とし，また管渠やマンホールを損傷しないように最大流速は 3 m/s 程度とする．
(2) 管渠は，下流に行くほど流量が増大するので，勾配を緩やかにして流速を漸増させる．
(3) 管渠径が変化する場合の接合方法は，原則として，管底接合とする．
(4) 管渠周辺が液状化するおそれがある場合は，良質土又は固化改良土で埋め戻すなどの対策を施す．

解説 管径が変化する場合や 2 本の管渠が合流する場合の接合方法は原則として水面接合または管頂接合とする．

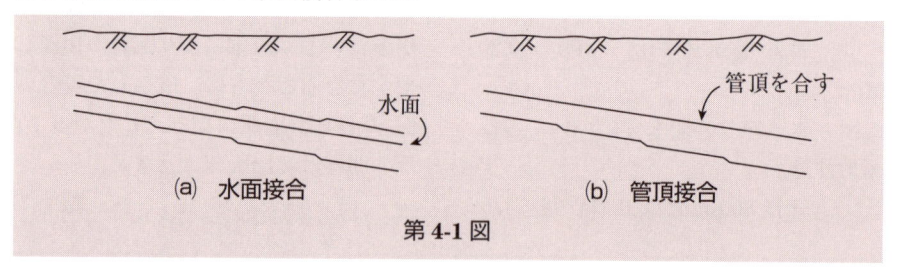

答 (3)

(a) 水面接合　　(b) 管頂接合

第 4-1 図

問 5 下水道のますおよび取付け管に関する記述のうち，適当でないものはどれか．
(1) 汚水ますの底部には，インバートを設ける．
(2) 雨水ますの底部には，深さ 15 cm 以上の泥だめを設ける．
(3) 取付け管の取付け位置は，本管の水平中心線より下方とする．
(4) 取付け管の勾配は，1/100（10‰）以上とする．

解説 (a) ますから下水本管への接続管が取付け管であり，ますから本管への取付け管の布設方向は 90° とし，その取付部は本管に対して 60° から 90° とし，本管の中心線より上方側に取り付ける．取付け管の勾配は 1/100 以上とし，最小管径は 150 mm とする（図 4-2）．
(b) 汚水ますは，コンクリートまたは鉄筋コンクリート製とし内径は 30 ～ 70 cm，深さは 70 ～ 100 cm 程度で，ふたは鉄筋コンクリート製または鋳鉄製とし，密閉ぶたで防臭をする．
底に汚物が付着したり沈殿するのを

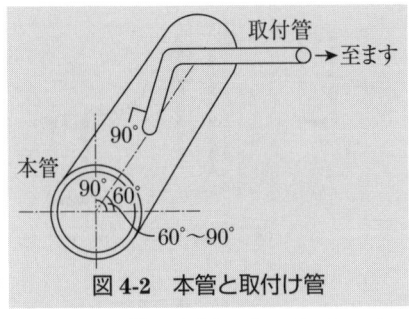

図4-2 本管と取付け管

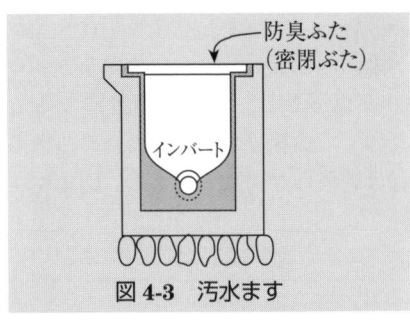

図4-3 汚水ます

図4-4 雨水ます

防ぐため，管の内径に合ったインバートを設ける（図4-3）．

(c) 雨水ますは，土砂が下水本管に流入するのを防ぐために，底部に15 cm 以上の泥だめを設ける．またますの内のりは30～50 cm でコンクリートまたは鉄筋コンクリート製とし，深さは80～10 cm 程度とする（図4-4）．

(d) 下水道管渠のますは公道内に設置するもので，種類としては雨水ますと汚水ますがある．雨水ますは歩車道の区分のある場合はその境界に，歩車道の区分の無い場合は公道と民有地の境界付近の公道側に設ける．

(e) 路面排水の雨水ますの間隔は30 m 以内とし，路面勾配の急な場合や道路の幅員が大きい場合はその間隔は小さくする．

(f) 雨水ますのふたは鋳鉄製または鉄筋コンクリート製の，堅固で耐久性のある構造とするとともに雨水が流入しやすいように穴付きとする．

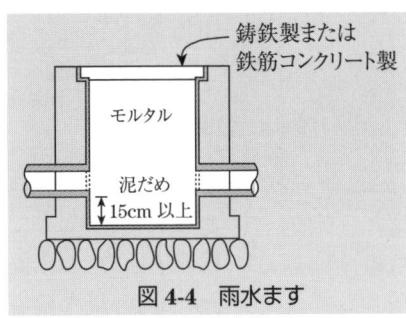

答 (3)

問6 下水道の管渠に関する記述のうち，適当でないものはどれか．
(1) 2本の管渠が合流する場合の中心交角は，なるべく60度以上とする．
(2) 段差接合の場合で段差が60 cm 以上生ずるときは，流下量に応じた副管付きマンホールを考慮する．
(3) マンホールは，管渠の起点および方向，勾配，管渠径等の変化する箇所，段差の生ずる箇所，管渠の会合する箇所並びに維持管理のうえで必要な箇所に必ず設ける．
(4) 硬質塩化ビニル，ダクタイル鋳鉄管等の可とう性管渠は，原則として自由支承の砂基礎とする．

この問題をマスタしよう

解説 （1）2本の管渠が合流する場合は，中心交角はなるべく60度以下とし，流れが円滑になるようにし，曲線で合流する場合の曲率半径は管径の5倍以上とする（**図4-5**）．

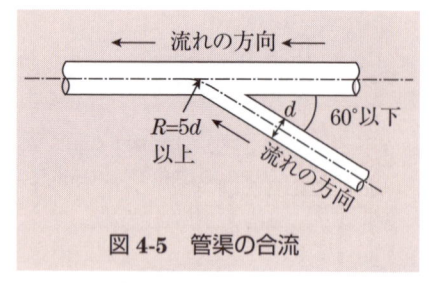

図 4-5 管渠の合流

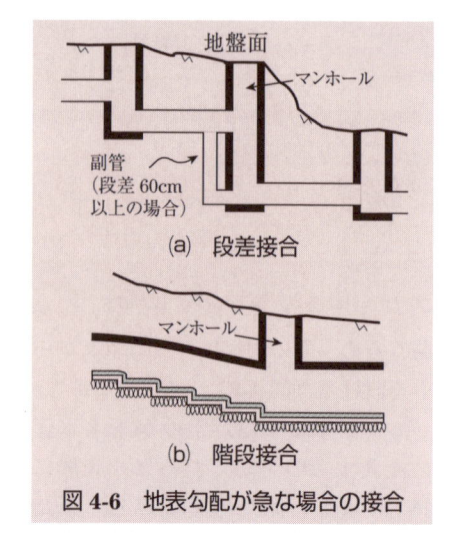

図 4-6 地表勾配が急な場合の接合

（2）地表勾配が急な場合は，管径の変化の有無にかかわらず，原則として地表勾配に応じて段差接合または階段接合とする．段差が60 cm以上の場合は副管を設ける（**図4-6**）．

（3）管渠の直線部分において，管径の120倍以内の適当な場所にマンホールを設ける．

（4）管渠の種類は陶管，鉄筋コンクリート管，遠心力鉄筋コンクリート管，合成樹脂管などがあるが，陶管，鉄筋コンクリート管などの剛性管渠には砂，砕石，コンクリート基礎，板基礎などを設ける．設問のように硬質塩化ビニルや強化プラスチック複合管等の可とう性管渠は原則として自由支承の砂基礎とする．

答（1）

問7 給水装置の構造および材質の基準に関する記述のうち，「水道法」上，誤っているものはどれか．
(1) 配水管の水圧に影響を及ぼすおそれのあるポンプに直接連結されていないこと．
(2) 水槽，プール等に給水する給水装置には，水の逆流防止の措置が講ぜられていること．
(3) 配水管への取付口の位置は，他の給水装置の取付口から15 cm以上離れていること．
(4) 給水装置以外の水管その他の設備に直接連結されていないこと．

解説 (a) 給水装置の給水管を配水管に取付ける場合は，他の給水装置の取付口から 30 cm 以上離す必要がある．

(b) 上水系統とそれ以外の水の系統とが連結したり，上水系統が断水することにより管内が負圧となり，汚水が，サイホン作用により逆流したりすることにより混流することをクロスコネクションという．このような水質の汚染は防止しなければならない．たとえ止水弁や逆止弁を設けても，上水系統に井水系統の配管を接続してはならない．

(c) 水受け容器中に吐き出された水，使用された水，またはその他の液体が断水などにより給水管内に生じた負圧により吸引され，給水管内へ逆流することを逆サイホン作用というが，これを防止するには，吐水口と水受け容器のあふれ縁との間に十分な吐水口空間を設けるか，それができない場合はバキュームブレーカを設ける（図4-7，図4-8）．

答 (3)

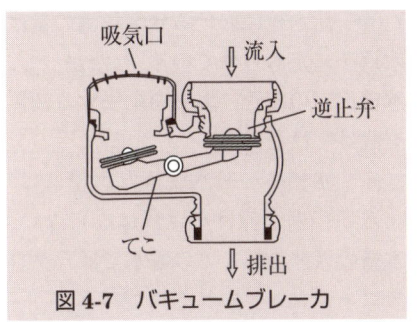

図 4-7 バキュームブレーカ

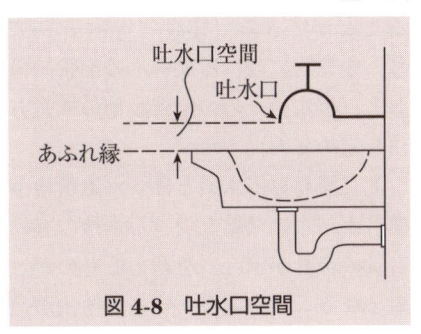

図 4-8 吐水口空間

問 8 管工事業者は，ビルディングの飲料用受水槽を更新するに際して，その所有者から(イ)から(ニ)までの要望を受けた．要望の内容が適切でないものをすべて上げた場合，それらの組み合わせとして，正しいものはどれか．
〔所有者の要望〕
　既存の水槽は，水道事業者より供給を受けた水を建物の躯体を利用した地下式水槽で貯水している．水槽内の水の水質検査の結果，大腸菌群の最確数が 100 mL 中 5 であることが分かった．衛生上好ましくないので水槽を既存と同容量の $20 m^3$ で更新したい．
　ついては，次の 4 項目を要望したいので検討してほしい．
　(イ) 予算の関係で水槽室は造れないので，敷地内の屋外の適当な場所に水槽を設置してほしい．
　(ロ) 簡易専用水道とならないように，容量が $10 m^3$ の水槽を 2 基としてほしい．

この問題をマスタしよう

(ハ) 塩素臭が強いという苦情が多いので，水道中の塩素を除去できる装置を水槽出口の配管に設けてほしい．
(ニ) 夏季に給水制限があるので，水槽の天井一杯まで満水に貯水できるようにしてほしい．

(1) (イ), (ハ)
(2) (ロ), (ニ)
(3) (イ), (ハ), (ニ)
(4) (ロ), (ハ), (ニ)

解説 (a) ある一定の条件が整えば，受水槽を屋外に設置することができる（建設省告示第1597号，建築物に設ける飲料水の配管設備および排水のための配管設備の構造方法を定める件）．

(b) 簡易専用水道とは，水道供給事業者から水の供給を受ける水槽の有効容量の合計が $10\ m^3$ を超えるものが対象となる．この場合，建築基準法が適用され，その維持管理は水道法が適用される．また，当建物のように，分割設置として，合計容量が $20\ m^3$ となるため簡易専用水道となる．

(c) 給水栓における残留塩素の量は水道法に定められている．したがって，水槽出口の配管に塩素を除去する装置を設けてはならない．

(d) 水槽への給水装置と水槽には，吐水口空間を設けなければならない．水槽の天井一杯までの貯水では，クロスコネクションのおそれがある．

答 (4)

問9 建築物に設ける一般的な給水方式に関する記述のうち，適当でないものはどれか．
(1) ポンプ量大吐出量は，タンクなしブースター方式より高置タンク方式の方が小さくできる．
(2) 下階の機械室スペースは，圧力タンク方式より高置タンク方式の方が小さくできる．
(3) 給水圧力の変動は，圧力タンク方式より高置タンク方式の方が小さくできる．
(4) ポンプ揚程は，タンクなしブースター方式より圧力タンク方式の方が小さくできる．

解説 (a) 給水方式には，①水道直結方式，②増圧直結給水方式，③高置タンク方式，④圧力タンク方式，⑤タンクなしブースター方式（タンクなし加圧方式）がありそれぞれ特徴がある．①と②は直結方式，③，④，⑤は受水槽方式である（**表 4-1**）．

(b) タンクなしブースター方式に比べ，圧力タンク方式はポンプ発停の圧力差を余計にみておく必要がある．

答 (4)

表 4-1

	方式	機能	特徴
受水槽方式	圧力タンク方式	・水道本管から給水管にて一時受水槽に引き込み貯水し，密封したタンク内の圧力をポンプ動力で得て給水する．	・高置タンクを設けられない場合． ・高置タンク方式より水圧の変動は大きい． ・停電時給水不可能．
	高置タンク方式	・受水槽の水を高置タンクに揚水し，重力で給水箇所に給水する方式．	・直結給水で給水できない建物に適する． ・給水圧は安定している． ・停電時，高置タンクに残っている量は給水可能．
	タンクなしブースター方式	・団地給水，大規模な地域給水，工場給水．	・設置費は最も割高となる． ・停電時，予備電力を設ければ給水可能． ・最大給水時以外は小容量のポンプで送水でき，省エネが図れる．
直結方式	水道直結方式	・水道本管の圧力を利用して受水槽を経ず直接水栓に給水する．	・小規模な建物． ・ポンプなどの動力設備がないので安価で保守も容易． ・停電にも断水のおそれがない． ・大規模な建物には不可．
	増圧直結方式	・水道本管の圧力と増圧ポンプを利用し，受水槽を設けず給水する．	・増圧ポンプの設置方式により標準型，直列多段式，並列式がある．

問10 給湯設備に関する記述のうち，適当でないものはどれか．
(1) 局所式給湯方式は，給湯箇所が少ない場合には，少ない設備費で必要温度の湯を比較的簡単に供給することができるが，供給箇所が多くなると維持管理が煩雑となる．
(2) レジオネラ属菌による事故を防止するため，中央式給湯配管内の給湯温度を 40～45℃ とし，また循環式浴槽への給湯配管にはろ過装置を設置する．
(3) 補給水槽を兼ねる開放式膨張タンクの有効容量は，加熱による給湯装置内の水の膨張量に給湯装置への補給水量を加えた容量とする．
(4) 中央式給湯配管の循環湯量は，加熱装置の出入り口温度差（5℃）と循環経路の配管および機器からの熱損失から求める．

この問題をマスタしよう

解説 (1) 給湯方式には中央式と局所式があり，局所式には即時式局所給湯法と貯湯式局所給湯法がある．中央式は貯湯量が多いため負荷変動に対応できる．燃料は重油，灯油などの経済的なものを使用できる．主要機器が集中設置されているため維持管理が用意であるなどの反面，設備費は大で熱損失が多いなどの短所がある．

(2) レジオネラ属菌は，通常は土壌中に存在するが，給湯系や冷却塔で増殖し，人間に感染して肺炎に似た症状を示すことがある．レジオネラ属菌の繁殖を避けるため，中央式給湯式の給湯温度はに55℃以上とする．また，消毒やろ過装置を設置する．

(3) 配管系で水温が変化すると水の体積が変化するが，膨張タンクはこれを吸収するための水槽であり，開放式膨張タンクは配管系の最も高い位置より上に水槽の自由水面がくるように設けたもので，一般に補給水槽も兼ねている．したがって，タンクの容量は膨張水量に給湯装置への補給水量を加算した容量となる．

(4) 循環ポンプによる循環湯量は，配管および機器からの熱損失，給湯管と返湯管の温度差から求められる．

$$W = \frac{Q}{\Delta t \times 60}$$

ここで，

W：循環湯（水）量〔L/min〕
Q：配管や機器からの熱損失（1時間当たり）
Δt：給湯管と返湯管の温度差（一般に5℃程度）

答 (2)

問11 給湯設備に関する記述のうち，適当でないものはどれか．
(1) 中央式給湯設備の上向き循環式配管方式の場合は，配管中の空気抜きを考慮し，給湯管を先上がり，返湯管を先下がりとする．
(2) 中央給湯方式に設ける給湯用循環ポンプは，強制循環させるため貯湯タンクの出口側に設置する．
(3) 給湯配管に銅管を用いる場合は，管内流速が1.5 m/s 程度以下になるように管径を決定する．
(4) 循環式浴槽でレジオネラ属菌対策として塩素材で消毒を行う場合，遊離残留塩素濃度を 0.2〜0.4 mg/L 程度に保ち，かつ 1.0 mg/L を超えないようにする．

解説 (1) 給湯配管方式は複管方式，単管方式，上向き配管，下向き配管のいづれにも配管中の空気抜きに注意を払わなければならない．

(2) 貯湯タンクの入口側に設置して，強制循環させる．

(3) 銅管を使用する場合，かい食を防止するため，管内流速は 1.5 m/s 以

下となるように管径を選ぶ．循環式浴槽で塩素材による消毒を行う場合は，遊離残留塩素濃度を 0.2 〜 0.4 mg/L を1日2時間以上保つことが必要である．
(4) 循環式給湯方式の給湯温度は，飲用の場合，レジオネラ属菌などの繁殖を防止するため，原則 60℃以上とし，ピーク負荷時においても 55℃以上を維持できるようにする．

答 (2)

> **問12** 排水管に関する記述のうち，適当でないものはどれか．
> (1) 排水立て管の管径は，これに接続する排水横枝管より小さくしてはならない．
> (2) 排水立て管に対して 45 度以内のオフセットの管径は，排水立て管と同径としてよい．
> (3) 超高層建物の排水立て管には，流速を減ずるためにオフセットを設けなければならない．
> (4) 器具単位法による排水立て管の管径は，その系統が受持つ器具排水負荷単位の累計より定める．

解説 (a) 高層建物の排水立て管内の排水は，管内壁や空気との摩擦抵抗で速度が制限され，速度が極端に速くなることはない．オフセットは配管を平行移動するためのもので，流速を減ずるためのものではない．

(b) 排水立て管は，排水横枝管，器具排水管や器具からの排水を集め排水横主管へ導く立て管であり（図 4-9），その管径は以下のとおり決められる．

① 接続される最も太い排水横枝管の管径以上とし，
② 立て管全体が受け持つ器具排水負荷単位数および
③ 1 階分あるいは 1 ブランチ間隔の合計の器具負荷単位数を比較して決定し，
④ 立て管全体を同一管径とする．

(c) 器具単位法による場合，その系統が受け持つ器具排水負荷単位数の合計と横管については，その他に勾配に

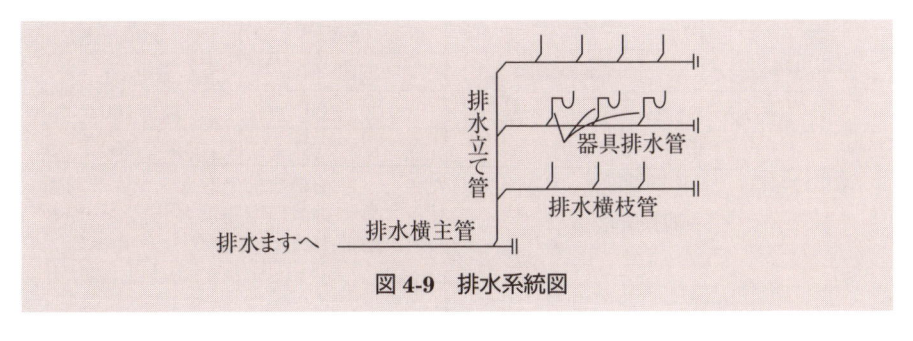

図 4-9 排水系統図

より決定される．なお排水管の基本事項は以下のとおりである．
① 最小管径は 30 mm とする．
② 排水管に固形物を含む排水の場合の最小管径は 50 mm とする．
③ 汚水管の最小管径は 75 mm とする．

答 (3)

問13 間接排水に関する記述のうち，適当でないものはどれか．
(1) 間接排水を受ける水受け容器には，排水トラップを設けてはならない．
(2) 空気調和機からの排水は，間接排水としなければならない．
(3) 厨房機器からの排水は，間接排水としなければならない．
(4) 間接排水管は，手洗い，洗面，料理などの目的に使用される器具に開口してはならない．

解説 (a) 間接排水とは，飲料用機器や医療機器などの排水管は，排水系統からの汚水や臭気，ガスなどが逆流してくると衛生上問題があるため，それを防止するために排水口空間を設け一般の排水系統と間接的な接続とするものである（図4-10）．

昭和50年建設省告示第1597号（改正平成22年国交省告示第243号）「建築物に設ける飲料水の配管設備及び排水のための配管設備の構造方法を定める件」で，排水管は次に掲げる管に直接連結しないこと，とされている．
① 冷蔵庫，水飲器，その他これらに類する機器の排水管．
② 滅菌器，消毒器，その他これらに類する機器の排水管．
③ 給水ポンプ，空気調和機その他これらに類する機器の排水管．
④ 給水タンク等の水抜管およびオーバーフロー管．

(b) 排水トラップは，排水管の中の空気（悪臭や危険なガスを含むことがある）が排水口から室内に浸入してく

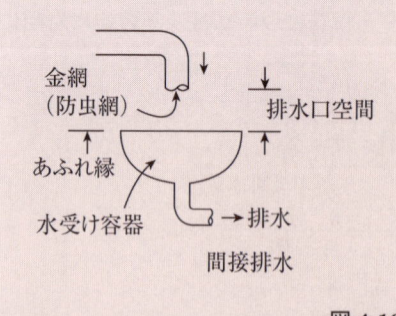

図4-10 間接排水

排水口空間（SHASE）

間接排水管の管径〔mm〕	排水口空間〔mm〕
25 以下	最小 50
30～50	最小 100
65 以上	最小 150

ただし，各種の飲料用貯水タンク等の間接排水管の排水口空間は，上記にかかわらず，最小150mmとする．

るのを防止するために設ける．つまり，排水管や排水ピットに付着した汚物は腐敗して，有害な下水のガスや伝染病を媒介する害虫を発生する．また，爆発性ガスなども流入してくることが考えられる．これらの下水ガスが建物内部に侵入してくると，居住環境が非衛生的になるばかりでなく，爆発などの危険性が生じる．このようなことを防止するのがトラップの目的である．よって，間接排水の場合でも，水受け容器の排水にはトラップが必要である．

答 (1)

問14 建築物内に設ける汚水の排水槽に関する記述のうち，適当でないものはどれか．
(1) 排水槽は，清掃時に汚物をきれいに排出できるように，底の勾配を 1/15 以上 1/10 以下とする．
(2) 排水槽の通気管は，単独で立ち上げて直接屋外に開放する．
(3) 排水槽は，排水ポンプが故障した場合を考慮して 1 週間程度貯留できる容量とする．
(4) 排水槽には，内部の保守点検のために直径 60 cm 以上の防臭型マンホールを設ける．

解説 排水槽は密閉構造とし，マンホール，吸込ピット，底面の勾配，通気管などを適切に設けなければならない（図 4-11）．排水槽の構造の基準は建設省告示第 1597 号（昭和 50 年）に規定がある．

なお，排水槽に排水が長時間貯留すると，それが腐敗し，悪臭の原因となるので適切な滞留時間とする．

① 排水槽内の保守点検が容易にできるように，有効内径 60 cm 以上の防臭型マンホールを設ける．

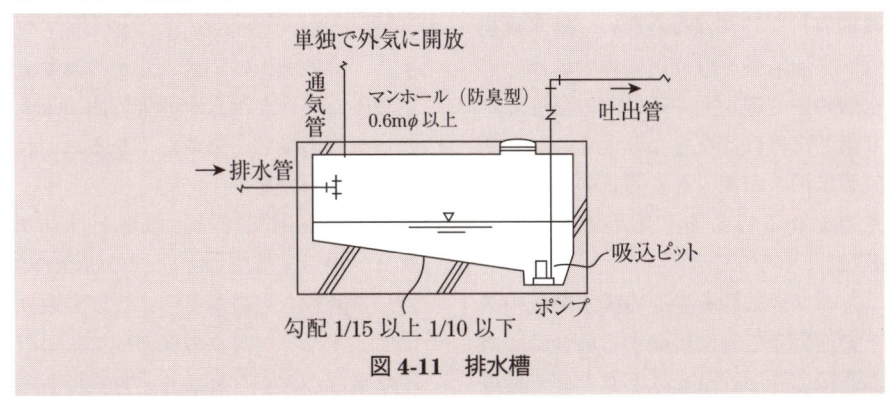

図 4-11 排水槽

② 排水槽の底部は 1/15 以上 1/10 以下の勾配をもたせ，ポンプ設置箇所は吸込ピットを設ける．ポンプの吸込部の周囲および下部には 20 cm 以上のクリアランスをとること．
③ 排水槽は，排水や臭気が漏れない構造とし，5 cm 以上の通気管を単独に立上げ，直接外気に開放する．
④ 排水槽の容量は，大きすぎると排水の滞留時間が長くなり腐敗するので，最大時排水量の 60 分間程度まで，または排水ポンプの容量の 20 分間程度までの容量とする．

答 (3)

問15 通気管に関する記述のうち，適当でないものはどれか．
(1) 各個通気方式およびループ通気方式には，通気立て管を設ける．
(2) 通気立て管の下部は，最低位の排水横枝管より低い位置で排水立て管に接続するか，または排水横主管に接続する．
(3) 間接排水系統および特殊排水系統の通気管は，他の通気系統に接続せず，単独に大気に開口する．
(4) ループ通気管は，床下で横走管をまとめ，その階における最高位の器具のあふれ縁より 150 mm 以上立ち上げ，通気立て管に接続する．

解説 (a) ループ通気方式は，2個以上の器具トラップを一括して通気する方法で，その取出箇所は，最上流の器具排水管を排水横枝管に接続した直後の下流側とする．ループ通気管は，通気立て管または伸頂通気管に接続するか，または単独に大気に開口しなければならない．排水横枝管から通気管を取り出す場合には，排水管の中心線から 45°以内の角度で取り出さなければならない．これは，通気管に汚水が流入して通気の役目を果さなくなるのを防ぐためである（図 4-12）．

ループ通気管を，その排水系統の床下で通気立て管に接続する場合は，あふれ縁より 150 mm 以上立上げて接続

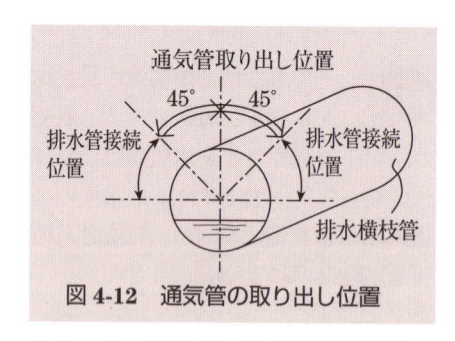

図 4-12 通気管の取り出し位置

する．その理由は，排水管が汚物等で詰まった場合，汚水が通気管内に流入し通気管の役目を果さなくなるおそれがあるからである．

(b) 各個通気管は，器具トラップウェアから下流側の排水管の管径の 2 倍以上離れた点の器具排水管から取り出す．トラップ封水の保護や排水の円滑な流れなどから好ましい方式である

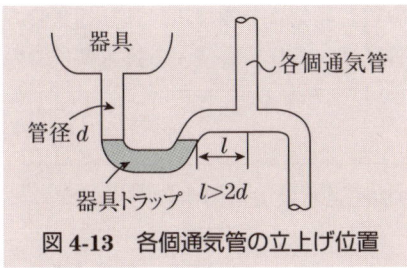

図 4-13　各個通気管の立上げ位置

が，経済性などの点では不利である（図 4-13）．

(c) 通気立て管の上部は，管径を縮小せず，直接単独に大気に開放するか，または最高位の衛生器具のあふれ縁から 150 mm 以上高い位置で伸頂通気管に接続する．

通気管の末端は，直接外気に衛生上有効に開放するが，その具体的な方法は，

① 屋上を貫通する通気管は，屋上を使用する場合は 2 m 立上げ，使用しない場合は 15 cm 立上げる．

② 窓や戸などの開口部の上部より 60 cm 以上立上げる．それが不可能な場合は，開口部より水平に 3 m 以上離す．

また，通気立て管の下部は，管径を縮小せずに最下部の排水横枝管よりも低い位置で排水立て管に接続するか，または排水横主管に接続する．

答　(4)

問16　通気管に関する記述のうち，適当でないものはどれか．
(1) 結合通気管の管径は，通気立て管と排水立て管とのうち，いずれか小さい方の管径以上とする．
(2) 各個通気管は，器具トラップのウェアから管径の 2 倍以上離した位置より取り出す．
(3) ループ通気管の管径は，排水横枝管と通気立て管とのうち，いずれか小さい管径の 1/2 以上とする．
(4) 逃し通気管は，最下流の器具排水管と排水横枝管に接続した箇所の上流側より取り出す．

解説　(a) 結合通気管は排水立て管と通気立て管を連絡するもので，排水立て管内の圧力変動を緩和するために設ける．この管径は排水立て管と通気立て管のいずれか小さい方の管径以上とする．ブランチ間隔 10 以上ある排水立て管はブランチ間隔 10 以内ごとに設ける．

(b) ループ通気管は，経済性や施工性からわが国では最も多く採用されている方式で，その管径はそれが接続される排水横枝管と通気立て管のうち，いずれか小さい方の管径の 1/2 以上とする．

(c) 排水横枝管に接続される衛生器具数が 8 個以上の多数になると，排水横枝管の下流側では流水が多くなって空気が流通しにくくなり，管内気圧変

この問題をマスタしよう

動が大きくなる．そのため，ループ通気管だけでは封水が破られることがあるため，排水横枝管の最下流の器具排水管より立ち上げ通気立て管に接続する逃し通気管を設ける．逃し通気管の管径は，それに接続する排水横枝管の1/2以上とする．

答 (4)

問17 ポンプを用いる屋内消火栓設備の加圧送水装置に関する記述のうち，「消防法」上，誤っているものはどれか．
(1) 定格負荷運転時のポンプの性能を試験するための配管設備を設けること．
(2) 締切運転時における水温上昇防止のための逃し配管を設けること．
(3) 遠隔操作または直接操作によって停止されるものであること．
(4) ノズルの先端における放水圧力が0.7MPaを超えないための措置を講じること．

解説

(a) 屋内消火栓のポンプを使用する加圧送水装置についての基準に，以下の定めがある（図4-14）．

① ポンプ性能試験装置

ポンプの全揚程（ポンプの吐出口における水頭とポンプの吸込口における水頭の差）と吐出量を確認するための試験装置のことで，このための配管設備は，ポンプ吐出側逆止弁の一次側に接続され，ポンプの負荷を調整するための流量調整弁，流量計等を設けたものである（図4-14※1）．

② 水温上昇防止用逃し配管

ポンプの締切運転時に，ポンプの水温の上昇を防止するために設けられる逃し配管のこと．ポンプ吐出側逆止弁の一次側であって，呼水管の逆止弁のポンプ側となる部分に接続され，ポンプの運転中に常時呼水槽側へ放水するもので，オリフィスおよび止水弁を設け，配管は15φ以上ポンプの締切運転時，ポンプの水温が30℃以上上昇しないもの（図4-14※2）．

③ ポンプの起動方法

屋内消火栓箱の起動押しボタンやP型発信機を操作することにより起動させる．また起動用圧力タンクを設け，消火栓弁を開放しノズルから放水することにより，配管内の圧力が低下し，起動用圧力スイッチが作動しポンプを起動する．

その他にホースの延長操作や消火栓箱の扉の開放と連動させる方式もある．

ポンプは，いったん起動すると，発信機を復旧しても運転を継続するよう保持回路を持っており，消火活動中間違ってポンプが停止しない回路となっている．ポンプの起動は遠隔操作でもよいが，停止は直接操作によって行う．

④ ノズルの先端の放水圧力

図 4-14 ポンプ周り系統図

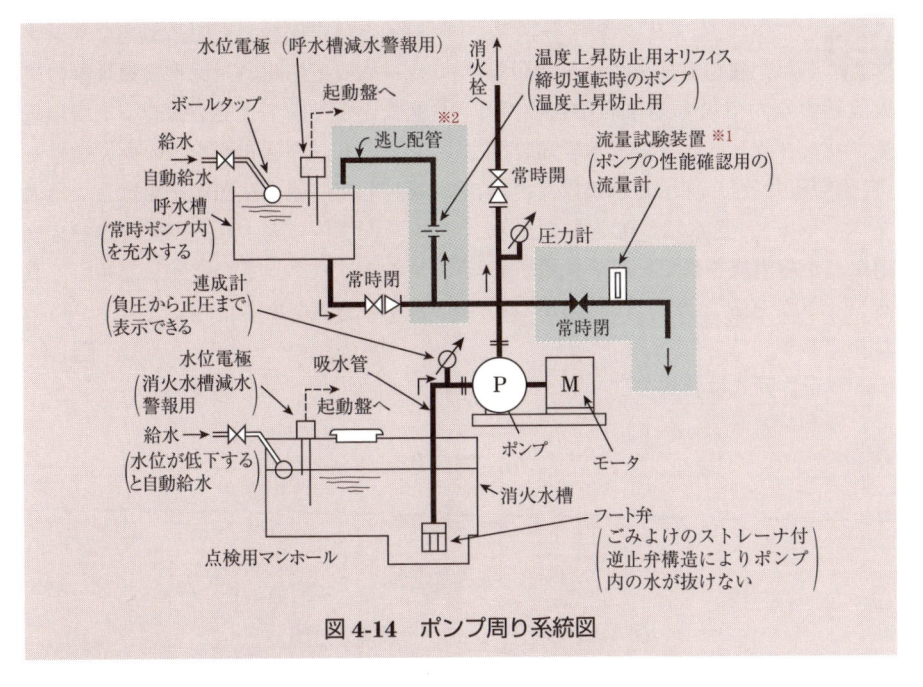

1号消火栓で 0.17 MPa 以上 0.7 MPa 未満，2号消火栓で 0.25 MPa 以上 0.7 MPa 未満とする．

答 (3)

> **問18** スプリンクラー設備に関する記述のうち，誤っているものはどれか．ただし，文中の「ヘッド」とは「スプリンクラーヘッド」をいう．
> (1) 閉鎖型ヘッドを用いる乾式スプリンクラー設備は，ヘッドから自動警報弁までの配管内に常時加圧された空気が充満されており，ヘッドの熱感知部が溶解したとき管内の空気を放出後自動的に散水する．
> (2) 開放型ヘッドを用いる開放式スプリンクラー設備は，ヘッドから開放弁までの配管内は常時空の状態で，自動または手動で開放弁を開き散水する．
> (3) 閉鎖型ヘッドを用いる予作動式スプリンクラー設備は，ヘッドまでの配管内に常時加圧された水が充満されており，感知器の作動によって電気的に遅延させて散水する．
> (4) 閉鎖型ヘッドを用いる湿式スプリンクラー設備は，ヘッドまでの配管内に常時加圧された水が充満されており，ヘッドの感熱部が溶解したとき自動的に散水する．

解説　(a) スプリンクラー設備は，建物で使用される初期消火設備のなかで最も効果的なもので，スプリンクラーヘッド，流水検知装置（自動警報弁等），加圧送水装置（ポンプユニット），送水口，配管弁類や水源などから構成されている．使用されるヘッドからみた分類は図4-15のとおりである．

(b) 予作動式は乾式スプリンクラー設備とほぼ同様で，閉鎖型スプリンクラーヘッドを用い，流水検知装置の二次側からヘッドまでを常時空気で加圧しておき，煙感知器などの火災信号と連動して，流水検知器を開放し，消火水を配管内に充水し，火災の熱でスプリンクラーヘッドが作動して初めて散水する方式である．

答 (3)

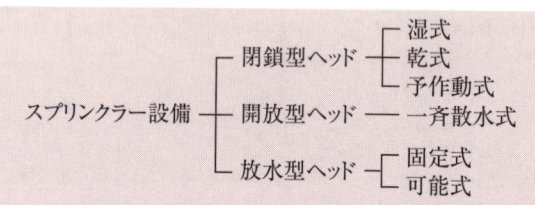

```
                        ┌ 閉鎖型ヘッド ┬ 湿式
                        │              ├ 乾式
スプリンクラー設備 ─────┤              └ 予作動式
                        ├ 開放型ヘッド ── 一斉散水式
                        └ 放水型ヘッド ┬ 固定式
                                       └ 可能式
```

図4-15　スプリンクラー設備の分類

問19　消防用設備の消火原理に関する記述のうち，適当でないものはどれか．
(1) 水噴霧消火設備は，火災対象物に霧状の水を均等に散布して空気を遮断し，窒息と冷却の効果により消火するものである．
(2) 泡消火設備は，燃焼物を泡の層で覆って空気を遮断し，窒息と冷却の効果により消火するものである．
(3) 不活性ガス消火設備は，不活性ガスを火災室に放出して酸素の容積比を低下させ，窒息効果により消火するものである．
(4) 粉末消火設備は，主成分である臭素化合物などの化学反応により消火するものである．

解説　(a) 粉末消火設備は，消火剤が粉末で，その成分により第1種〜第4種粉末の4種類がある．熱により分解して二酸化炭素と水蒸気を生じる炭酸水素ナトリウムなどを消火剤として，空気中の酸素の低下と冷却効果により消火を行うもので，油火災や電気火災に適する．

(b) 水噴霧消火設備は，水の噴霧状の微粒子が燃焼面を激しくたたき，不燃性の乳化層を形成するため油火災などに適用できる．

答 (4)

問20 ガスに関する記述のうち，適当でないものはどれか．
(1) LPGの燃焼器具入口での供給圧力は，2.0 kPa～3.3 kPaの範囲に保持する．
(2) ガスの種類は，ウオッベ指数と燃焼速度によって分類される．
(3) LPGの充てん容器は，常に40℃以下に保たれる場所に設置する．
(4) ガス事業法では，供給圧力が0.1 MPa未満を低圧，1 MPa以上を高圧としている．

解説
(a) 供給方式と供給圧力は，以下のとおりとなる．
① 低圧：0.1 MPa未満
② 中圧
　中圧A：0.3 MPa以上 1.0 MPa未満
　中圧B：0.1 MPa以上 0.3 MPa未満
③ 高圧：1 MPa以上

(b) LPGの供給圧力は，生活の用に供するLPGにかかるものにあっては水柱200 mm (2.0 kPa) 以上330 mm (3.3 kPa) 以下と定められている．ちなみに，都市ガスの場合については，一般の需要家に供給されるガスの圧力は水柱50 mm (0.5 kPa) ～250 mm (2.5 kPa) 程度の低圧である．

LPGの充てん容器に要求される技術基準は，
① 容器周囲温度を40℃以下に常に保つ．
② 20 L以上の充てん容器は屋外に置き，2 m以内にある火気を遮る措置を講ずる．
③ 充てん容器等は湿気，水滴等による腐食を防止する措置をほどこすこと．
④ 転倒，転落等による衝撃およびバルブ等の損傷を防止する措置を講ずる．

(c)
$$ウオッベ指数 = \frac{ガス発熱量〔MJ/Nm^3〕}{\sqrt{ガス比重}}$$

で表され，ガスの種類はウオッベ指数と燃焼速度により分類される．燃焼速度が遅い：A，中程度：B，速い：Cで表示され，例えば13Aと表示されるガスは，ウオッベ指数を1000で除して小数点以下を切り捨てた数が13であるということである．

答 (4)

問21 浄化槽に関する記述のうち，適当でないものはどれか．
(1) 浄化槽の処理性能は，BOD 除去率にかかわらず，放流水の BOD 濃度によって決まる．
(2) 活性汚泥法とは，汚水中の汚濁物質を活性汚泥により吸着・酸化したのち，固液分離して汚水を浄化する処理法である．
(3) 生物膜法とは，接触材等に汚水を接触させ接触材表面に生育する微生物の代謝作用によって汚水を浄化する処理法である．
(4) 塩素消毒は，塩素の酸化作用を利用して有害な微生物を死滅させるために行う．

解説 浄化槽の性能は，BOD 除去率と放流水の BOD の値で表示される．BOD 除去率は下式で表される．

$$BOD除去率 = \frac{流入水のBOD - 流出水のBOD}{流入水のBOD} \times 100 \ [\%]$$

答 (1)

問22 小規模合併処理浄化槽で，嫌気ろ床接触ばっ気方式のフローシートとして，□□□ 内に当てはまる槽の名称の組み合わせのうち，正しいものはどれか．

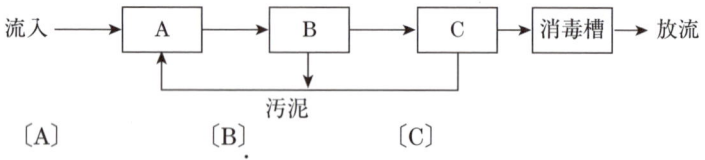

流入 → [A] → [B] → [C] → 消毒槽 → 放流
               ↑←―――汚泥―――┘

	[A]	[B]	[C]
(1)	接触ばっ気槽	嫌気ろ床槽	沈殿槽
(2)	嫌気ろ床槽	接触ばっ気槽	沈殿槽
(3)	沈殿槽	嫌気ろ床槽	接触ばっ気槽
(4)	沈殿槽	接触ばっ気槽	嫌気ろ床槽

解説 (a) 浄化槽は，好気性微生物を利用するものと嫌気性微生物を利用するものがある．

嫌気性処理は嫌気性微生物を利用するもので，これは汚水中の有機物の分子内の酸素を摂って有機物を無機物にし，硫化ガス，アンモニア，メタンガスを放出する．この処理方法は，高濃度汚水に対して用いられる．ただし，分解に要する時間が長く，分解物も安定していない．これに対して，好気性微生物は，空気中の酸素を取り入れて

有機物を酸化して無機物とし，水と臭気のない炭酸ガスを放出する．

好気性処理は分散時間が速く，処理水は安定しているが，十分な酸素量が必要である．

(b) 小規模合併処理には，分離接触ばっ気方式（合併処理），嫌気ろ床接触ばっ気方式および脱窒ろ床ばっ気方式がある．

(c) 一般の合併処理の浄化槽には，接触ばっ気方式，長時間ばっ気方式，散水ろ床方式，回転板接触方式などがある．

答 (2)

問23 下表のような生活排水を合併処理浄化槽（BOD除去率90％）で処理したとき，放流水のBODとして，適当なものはどれか．

排水の種類	排水量〔L/(人・日)〕	BOD量〔g/(人・日)〕
水洗便所汚水	50	13
雑排水	150	27

(1) 10 mg/L
(2) 20 mg/L
(3) 30 mg/L
(4) 60 mg/L

解説

浄化槽への流入量合計BOD量
= 13（水洗便所汚水）+ 27（雑排水）〔g/(人・日)〕

浄化槽への流入量の合計
= 50（水洗便所汚水）+ 150（雑排水）
= 200 L/(人・日)

流入水のBOD

$= \dfrac{浄化槽への流入量合計BOD量}{浄化槽への流入量の合計}$

$= \dfrac{40 \text{ g/(人・日)}}{200 \text{ L/(人・日)}}$

$= \dfrac{40 \times 10^3 \text{ mg/(人・日)}}{200 \text{ L/(人・日)}}$

= 200 mg/L

放流水のBOD
= 流入水のBOD×(1 − BOD除去率)
= 200×(1 − 0.9)
= 20 mg/L

答 (2)

問24 分流式の公共下水道に関する記述のうち，適当でないものはどれか．
(1) 汚水管渠は，沈殿物が堆積しないように汚水の流速が 3 m/s を超えるように勾配をとる．
(2) 汚水管渠の最小管径は，小規模下水道では 150 mm，それ以上の規模の下水道では，200 mm とする．
(3) 汚水ますの位置は，公道と民有地との境界線付近とする．
(4) 汚水本管への取付け管は，汚水中の浮遊物質の堆積などで管内が閉塞することがないように本管の中心線から上方に取付ける．

解説 (1) 管渠の断面積は，下流に近づくと下水量が増えるため，断面積は大きくなり，勾配を緩やかにしても流速を大きくできる．管渠内の流速は下流に行くほど漸増させるが，汚水管渠では流速を最小 0.6 m/s，最大 3.0 m/s とする．

(2) 下水管渠の管径が小さいと，取付け管との接続や維持管理が困難であるため，汚水管渠は最小 200 mm，雨水管渠，合流管渠では最小 250 mm である．ただし，小規模下水道に限り 150 mm としている．

(3) 汚水ますの位置は，公道と民有地との境界線の付近に設ける．

(4) 取付け管は，本管の中心線から上方に取り付ける．中心線より下方に取り付けると，本管の汚水の流入による抵抗を受け，所定の汚水量を流入させることができず，取付部に汚泥が付着，堆積して流れを妨げる原因となる．

答 (1)

第5章 設備に関する知識

　　冷凍機やボイラー等の各種熱源機器の特徴やヒートポンプの成績係数，各種送風機やポンプ類の特性上の相違点，冷却塔のアプローチ，レンジ，ポンプの直列運転，並列運転，ポンプや送風機のキャビテーション，サージング等，フィルターの種類・特徴，冷温水配管システムの特徴，ダクトの形状，圧力損失等がポイントとなる．

(1) 機器
　(a) 冷凍機：圧縮式…往復動冷凍機，遠心冷凍機，ロータリー冷凍機，スクリュー冷凍機等
　　　　　　　吸収式…一重効用吸収式冷凍機，二重効用吸収式冷凍機，冷温水発生器
　(b) ボイラー：鋳鉄製ボイラー，炉筒煙管ボイラー，自然循環式水管ボイラー，立てボイラー，小型貫流ボイラー等
　(c) 送風機：遠心式…多翼送風機（シロッコファン），ターボファン，翼形送風機，リミットロードファン
　　　　　　　軸流式…プロペラファン
　(d) ポンプ：ターボ型，容積型，特殊型

(2) 材料
　(a) 衛生器具：給水器具，水受け容器，排水器具
　(b) 保温材：グラスウール，ロックウール，ポリスチレンフォーム，無機多孔質保温材

5.1　機器・材料

(1) 冷凍機（圧縮式，吸収式）
(a) 冷凍機の仕組

　液体が蒸発して気体になるとき，周囲から熱を奪い冷凍作用を行う仕組を利用するのが冷凍機の原理であり，使用される液体を冷媒という．

　冷媒の状態変化により，熱を放出したり，奪ったりすることができるわけだが，冷媒を液体から気体に，また気体から液体に変化させる場合，前者は周囲の圧力を下げ，加熱することで可能であるが，後者は物理的に圧縮して圧力を高める方法と化学的に吸収剤に吸収させる方法がある．

① 圧縮冷凍と吸収冷凍

　機械的に圧縮する方法を圧縮冷凍といい，吸収剤を利用する方法を吸収冷凍という．

　吸収式冷凍機を圧縮式と比較すると以下の特徴がある．

　ⓐ　経年劣化により装置内の真空度が低下し，冷凍能力が落ちてくる．
　ⓑ　立上りの始動時間が長い．
　ⓒ　冷却塔の容量が大きい．
　ⓓ　冷水温度がやや高い．

以上は短所であるが，長所としては，
　ⓔ　使用電力量が少ない．
　ⓕ　負荷制御が良く，低負荷時の効率がよい．10％程度まで制御できる．
　ⓖ　騒音や振動は少ない．
等があげられる．

② ヒートポンプ

　液体から気体になるときは熱を奪い冷凍効果があるが，気体を液体に戻す際は熱を放出する．この熱を暖房や給湯に利用できる．つまり一つの装置で冷却と加熱の両機能をもたせた冷凍機がヒートポンプである．空調用として夏期冷房用に使用した冷凍機を冬期に暖房用に使用しようとするもので，四方弁で冷媒の流れを切り換え，冷房時の蒸発器を暖房用には凝縮器として利用するものである（**第5-1図**）．

　ヒートポンプの成績係数については第1章参照．

(b) 圧縮冷凍機の冷凍サイクル

　第1章参照．

(c) 冷凍機の種類

　空調用に使用される冷凍機は，冷媒

第5章　設備に関する知識

第 5-1 図　ヒートポンプ

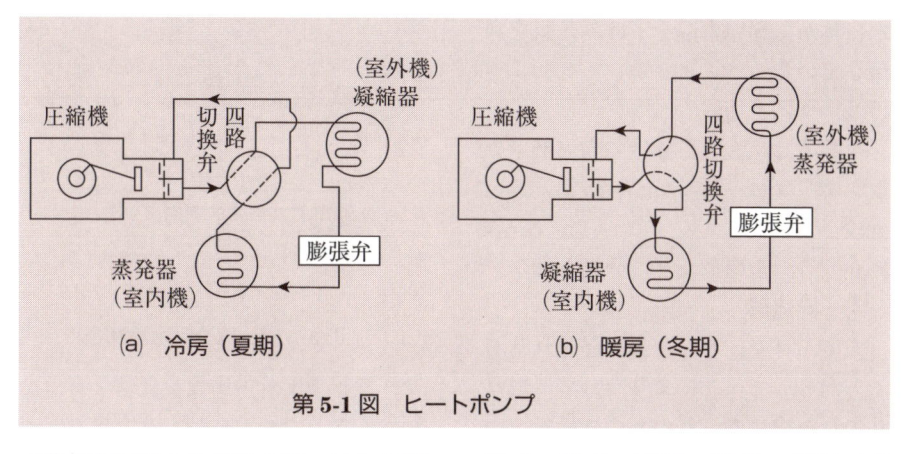

の蒸気を圧縮する方法の違いにより第5-1表のように分類される．

(2) **冷却塔（クーリングタワー）**
 (a) **冷却塔の目的と内容**
　冷却塔は，冷却水の冷却を目的とする装置である．つまり，冷凍機の凝縮器で，高温・高圧の冷媒の蒸気（ガス）から熱を奪い，冷媒の液体にするために使われる冷却水を冷やす働きをする．

　その原理は，冷却塔で冷却水の一部を蒸発させることで，蒸発潜熱を冷却

第 5-1 表　冷凍機の種類

冷凍方式		種類	容量	用途
蒸気圧縮方式	往復動式	レシプロ冷凍機	100 USRt 程度での中・小容量	冷凍機の他パッケージにも使われる．
	回転式	ロータリー冷凍機 スクリュー冷凍機	30 USRt 程度の小容量 10〜1000 USRt 程度の小・中容量	ルームエアコンなど小容量．中・大型機器はヒートポンプ用としても用いられる．
	遠心式	遠心冷凍機（ターボ）	100〜7000 USRt 程度の中・大規模	中・大規模建物に広く使われる．
熱式	吸収式	一重効用	50〜1500 USRt 程度	中・大規模建物
		二重効用	100〜1500 USRt 程度	同上
		直だき吸収冷温水	50〜1000 USRt 程度	小・中規模の冷暖兼用機として使われる．

注）一重効用，二重効用
吸収式冷凍機は，一重効用形と二重効用形がある．二重効用形は一重効用形の再生器を高圧と低圧の二つに分けたもので，高圧蒸気 0.7〜0.8 MPa または高温水（190℃前後）により高温再生器を加熱し，高温再生器で発生した冷媒水蒸気を利用して低温再生器を加熱する仕組みとなっている．成績係数は二重効用の方が高い．

5.1　機器・材料

水自体から奪い水温を下げる仕組を利用している．

(b) 種類と特徴

冷却塔は，大きく分けて向流形（カウンターフロー形，Counter Flow 形），直交流形（クロスフロー形，Cross Flow 形），密閉形などに分類される．

① 向流形

充てん材を伝わり冷却水が流れ落ちる方向と，ファンにより冷却塔に取り込まれた空気の流れが互いに反対方向で向き合う形となるものである（第5-2図）．周囲から空気を吸込むための空間が必要である．

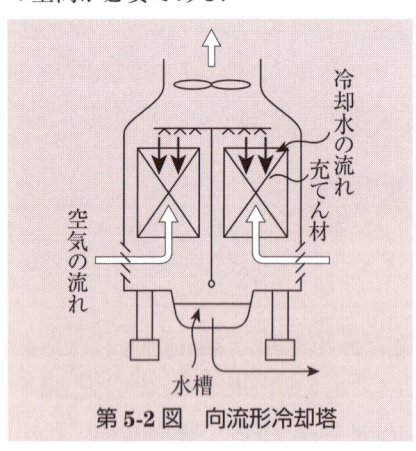

第5-2図 向流形冷却塔

② 直交流形

単体ごとの設置スペースは大きくなるが，横は隣接して据付けることができ，吸込みは前後の2方向だけから可能のため，屋上の限られた場所などでの収まりは有利である（第5-3図）．

③ 密閉形

冷却水に大気中のじんあいや，亜硫酸ガスなどが溶け込み，水質を悪化さ

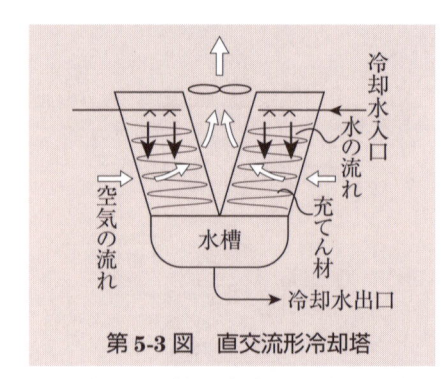

第5-3図 直交流形冷却塔

せ，機器や配管の腐食を促進し寿命を短かくするため，冷却水を直接外気と接触させない方法で，熱交換器に冷却水を流入させ，その表面に強制通風し水を散布して冷却水を冷やす方法である．高価で装置の重量も大きい．

冷却塔では，蒸発や気流により水滴として冷却塔の外部に水分が飛散するため，循環水量の約1〜3%の水を補給する必要がある．

冷却塔内の熱交換による，冷却水と空気との温度変化を第5-4図，第5-5図に示す．

ⓐ レンジ；冷却塔内での水温の低下，つまり入口水温と出口水温の差（$t_{w1} - t_{w2}$）をレンジという．通常5℃程度である．

ⓑ アプローチ；出口水温と入口空気の湿球温度との差のことで，通常4〜6℃程度である．

(3) ボイラー

(a) ボイラーの分類

① 温水ボイラー，蒸気ボイラーによる分類．

② 鋳鉄製，鋼製による分類（第

第 5-4 図　冷却塔の熱交換

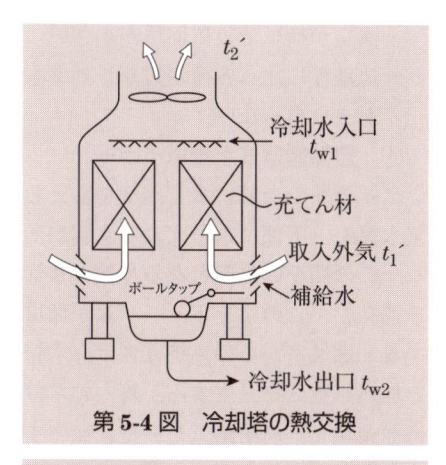

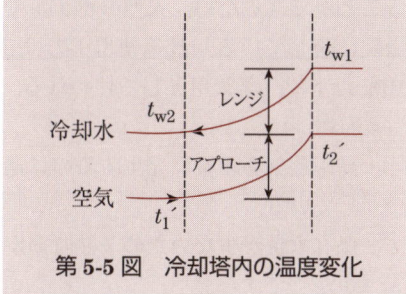

第 5-5 図　冷却塔内の温度変化

5-6 図).

(b) ボイラーの機器構成
①本体, ②燃焼装置, ③通風装置, ④自動制御装置, ⑤安全弁, ⑥逃し弁等

(c) 各種ボイラーの概要
① 鋳鉄製ボイラー
低圧蒸気または温水の供給用としてよく利用されている．広い範囲の容量の微調整をセクションの増減で可能．
- 蒸気ボイラーの場合は最高使用圧力 0.1 MPa 以下,
- 温水ボイラーの場合は水頭圧 0.5 MPa 以下，温水温度 120℃ 以下

で使用する．

＜特徴＞
- 耐食性にすぐれ寿命が長い，分割搬入が可能，容量の調整が可能．
- 取り扱いやすく，しかも安価である．
- 水処理が容易．
- 材質がもろい．
- セクション内部の掃除が困難，起動時間が長い．

② 炉筒煙管ボイラー
温水（普通，高温水），高圧蒸気，高圧蒸気の場合，使用圧力 0.2～1 MPa．構造は，円筒形の缶胴の中に波形をした炉筒の燃焼室と燃焼ガスが通る多数の煙管で構成されている．大規

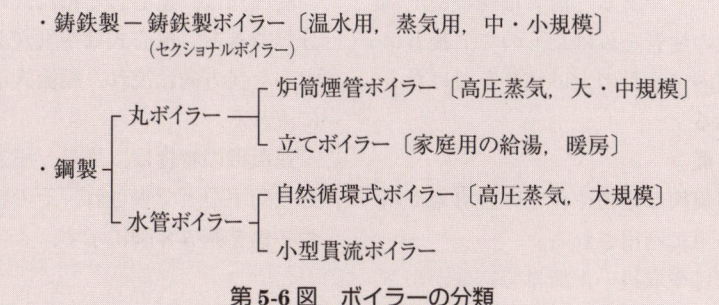

第 5-6 図　ボイラーの分類

- 鋳鉄製 — 鋳鉄製ボイラー〔温水用，蒸気用，中・小規模〕（セクショナルボイラー）
- 鋼製
  - 丸ボイラー
    - 炉筒煙管ボイラー〔高圧蒸気，大・中規模〕
    - 立てボイラー〔家庭用の給湯，暖房〕
  - 水管ボイラー
    - 自然循環式ボイラー〔高圧蒸気，大規模〕
    - 小型貫流ボイラー

5.1　機器・材料

第5-7図　炉筒煙管ボイラー

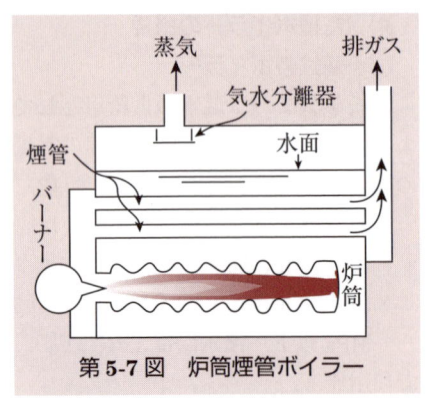

模建物の空調用として使われる（第**5-7図**）．

＜特徴＞
・保有水量が多く，負荷変動に対して対応できる．伝熱面積が大きく高効率である．ただし，予熱時間が長い．
・高価である（鋳鉄ボイラーに比べて）．
・分割搬入ができず，大きな搬出入口が必要．
・水質に対して注意が必要．
・掃除や検査がむずかしい．

③　立て形ボイラー

多管式立て形ボイラーと横管式立て形ボイラーがある．前者は燃焼室上部に多数の煙管を設けたもので，後者は燃焼室内に小数の太い横管を設けたものである．

＜特徴＞
・小規模な建物や住宅の暖房用や給湯用に利用される．
・据付や取扱いが簡単で容量が小さい．
・構造が簡単で設置面積が小さい．
・鋳鉄性に比べ寿命が短かく効率もあまり良くない．

④　自然循環式水管ボイラー

ボイラーの上部に水と蒸気を蓄える気水筒を，下部に水を入れる水胴があり，この間を伝熱面となる多数の水管を連結し，この中をボイラー水が循環する．燃焼室からの燃焼ガスは，水管を加熱し蒸気を発生する．管内の水は自然循環し，高圧蒸気を多量に発生することができるため，大型のホテルや病院に適している．最適使用圧力は2 MPa以下で，蒸気用として使われる．

＜特徴＞
・高圧蒸気を多量に発生するのに適している．
・保有水量が少ないため予熱時間が短かくてすむ．
・伝熱面積が大きいため大容量に適している．
・給水処理施設に費用がかさむことで高価であるなどが難点である．

(4)　送風機

(a)　送風機の分類

送風機は，遠心式と軸流式の二つに分類できる．遠心式は空気が羽根車の中心を径方向に流れ，軸流式は軸方向に流れる．

送風機の特性は，風量，圧力，軸動力や効率などで表され，その特性曲線の一例を**第5-8図**に示す．

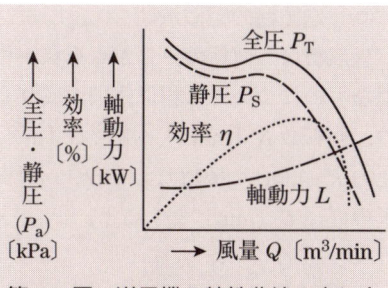

第 5-8 図　送風機の特性曲線の表し方

(b)　**送風機の特性**（第 5-2 表）

① シロッコファン（多翼送風機）
ⓐ 遠心式の代表的なファンで，前曲形で多数の幅の広い羽根（48～64 枚）を有する．
ⓑ 遠心送風機の中で同じ風量を出すのに最も小型である．したがって，空調用として広く使われている．
ⓒ 軸動力は風量が増加するにつれて増加する．
ⓓ 風圧を高めるために回転数を増すと騒音が大きくなるため，0.8 kPa 以下の風圧で使用することが望ましい．つまり低速のダクト用に使われる．
ⓔ 特性曲線上，小風量の場合山と谷があり，この部分での運転ではサージング現象を生じる．
ⓕ 軸動力は設計風量を超えるとオーバロードとなる．

② ターボファン
ⓐ 羽根車は，後曲翼で羽根幅は比較的広く，羽根の枚数はシロッコファンに比べ少なく 12～16 枚程度である．
ⓑ 軸動力はリミットロード特性がある．
ⓒ 高圧高速で圧送するため，空調

第 5-2 表　送風機の特性

| | 遠心送風機 ||||| 軸流送風機 |
	シロッコファン	ターボファン	サイレントファン	リミットロードファン	翼形送風機（エアホイルファン）	(プロペラファン)
風量 [m³/分]	10～2800	30～2500	60～900	20～3000	30～2500	15～10000
静圧 [kPa]	0.1～1.25	1.25～2.5	1.25～2.5	0.1～1.5	1.25～2.5	0.3～0.55
効率 [%]	40～70	65～80	70～80	55～65	70～85	50～85
騒音	小	大	小	小	小	大
羽根車の形状						
特性曲線						
用途	低速ダクト 各種空調用 給排気用	高速ダクト	同左	低速ダクト	高速ダクト	換気扇 冷却塔 低圧・大風量

用高速ダクトなどに使われる．

③ **サイレントファン**
ⓐ 騒音を少なくするため，羽根の形を逆S字形にして空気入口部分を広くし，流れに対して無理のない構造としている．
ⓑ 高い風圧でも低騒音でしかも高効率で運転できる．

④ **リミットロードファン**
ⓐ 羽根の形をサイレントファンとは逆のS字形としたもので，風量が増加して軸動力が一定値以上となっても過負荷運転にならない．

⑤ **翼形送風機（エアホイールファン）**
ⓐ 大風量，高風圧を必要とする場合に最も適した送風機であり，効率はサイレントファンと同程度で極めて高く，風体はサイレントファンより小型であるが騒音がややサイレントファンに比べ大きい．
ⓑ 羽根の断面は飛行機の翼のような形で，空気の流れの無理をなくしている．
ⓒ 特性曲線は，ほぼサイレントファンと同様である．

⑥ **軸流送風機（プロペラファン）**
ⓐ 静圧が低いため，大風量で低風圧に適している．また，設置スペースは小さいが騒音が大きい．換気扇，ルームクーラー，クーリングタワーなどに用いられる．
ⓑ プロペラファンとも呼ばれ，気流が軸と同方向に流れる．

(c) **送風機の相似法則**

送風機は，同種の，しかも形状が相似なものについては相似法則が成り立つ．回転数 N〔min^{-1}〕，風量 Q〔m^3〕，圧力 P〔kPa〕，軸動力 L〔kW〕，羽根車の直径 D〔mm〕とすると，

風量 $\dfrac{Q_1}{Q_2} = \dfrac{N_1}{N_2} \cdot \left(\dfrac{D_1}{D_2}\right)^3$

（風量は回転数に比例する）

圧力 $\dfrac{P_1}{P_2} = \left(\dfrac{N_1}{N_2}\right)^2 \cdot \left(\dfrac{D_1}{D_2}\right)^2$

（圧力は回転数の2乗に比例する）

軸動力 $\dfrac{L_1}{L_2} = \left(\dfrac{N_1}{N_2}\right)^3 \cdot \left(\dfrac{D_1}{D_2}\right)^5$

（軸動力は回転数の3乗に比例する）
ただし，D は変化しないものとする．

(d) **送風機の圧力**

送風機の全圧は，送風機の吸込み口と吐出口における全圧の差で表される．
送風機の吸込口と吐出口の前後の圧力は**第5-9図**に示すようになる．送風機の吸込口における全圧は，吸込口に

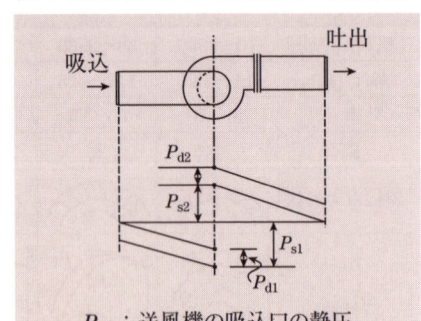

P_{s1}：送風機の吸込口の静圧
P_{d1}：　　〃　　　　動圧
P_{s2}：送風機の吐出口の静圧
P_{d2}：　　〃　　　　動圧

第5-9図　送風機の圧力

おける静圧（負の値）と動圧（正の値）との和で負の値である。

たとえば，P_{s1}：-0.18 kPa，P_{d1}：0.04 kPa，P_{s2}：0.2 kPa，P_{d2}：0.06 kPa のとき，

$$\begin{aligned}
\text{吸込口全圧} &= P_{s1} + P_{d1} \\
&= -0.18 + 0.04 \\
&= -0.14 \text{ kPa}
\end{aligned}$$

$$\begin{aligned}
\text{吐出口全圧} &= P_{s2} + P_{d2} \\
&= 0.2 + 0.06 \\
&= 0.26 \text{ kPa}
\end{aligned}$$

$$\begin{aligned}
\text{送風機全圧} &= (\text{吐出口全圧}) - (\text{吸込口全圧}) \\
&= 0.26 - (-0.14) \\
&= 0.4 \text{ kPa}
\end{aligned}$$

$$\begin{aligned}
\text{送風機静圧} &= (\text{送風機全圧}) - (\text{吐出口動圧}) \\
&= 0.4 - 0.06 \\
&= 0.34 \text{ kPa}
\end{aligned}$$

(5) ポンプ

(a) ポンプの分類

ターボ形，容積形，特殊形に分けられる（第5-3表）。

ターボ形はポンプの代表的なもので あり，これは回転式で小型，連続的に送水が可能である。

① 渦巻ポンプ

最もよく使われる形のポンプである。ポンプの羽根車から出る高速の水の速度エネルギー（速度水頭）を効率よく圧力エネルギー（圧力水頭）に変換するために，ボリュートポンプは渦巻室でこの圧力変換を行うが，タービンポンプは羽根車に接して設けられた案内羽根によって行われる。

タービンポンプは，効率よく速度エネルギーが圧力エネルギーに変換されるので，高揚程ポンプとして使用される（第5-10図）。

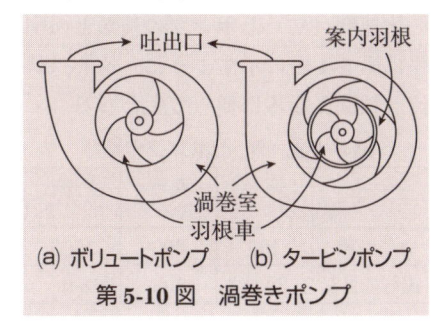

第5-10図 渦巻きポンプ

第5-3表 ポンプの種類

分類	形式	名称	備考
ターボ形	遠心式	渦巻ポンプ ボリュートポンプ ディフューザポンプ （タービンポンプ）	・建築設備では一般に遠心ポンプが使われる。 ・大揚水量（上水道など）では斜流ポンプ，軸流ポンプを使用する。
	斜流式	斜流ポンプ	
	軸流式	軸流ポンプ	
容積形	往復式	ピストンポンプ，ダイヤフラムポンプ，プランジャポンプ等	・薬注ポンプは往復式ポンプを使用する。 ・油の移送には歯車式ポンプが使われる。
	回転式	ギア（歯車）ポンプ，ベーンポンプ，ねじポンプ等	
特殊形		渦流ポンプ（か流ポンプ），ジェットポンプ等	・小口径で揚水量が少なく高揚程の場合は渦流ポンプが使われる。

(b) ポンプの比速度

比速度とは，羽根車の相似性やポンプの特性，形式などに関して用いられる値で次式で表される．

$$N_s = \frac{NQ^{\frac{1}{2}}}{H^{\frac{3}{4}}}$$

ここで，N_s:比速度，N:回転数〔min^{-1}〕である．

N_s は，相似のポンプでは一定値となる．つまり，比速度は，実際のポンプの羽根車と幾何学的に相似で，水量 1 m^3/分，揚程 1 m を出すような羽根車を持つポンプを想定したときの回転数である．

比速度（N_s）とポンプの種類との関係は**第 5-4 表**に示すように，遠心，斜流，軸流になるに従って大となる．

第 5-4 表　N_s とポンプの種類

	遠心ポンプ	斜流ポンプ	軸流ポンプ
N_s の値	100	800	1500
揚程の目安	30 m	8 m	3 m

(c) ポンプの特性

横軸に水量を，縦軸に揚程，効率，軸動力をとり，それらが水量に対しどう変化するのかを表す性能曲線である．**第 5-11 図**に渦巻ポンプの例を示す．なお，軸流ポンプの場合，水量ゼロのとき軸動力は最大となる．

(d) ポンプの比例法則

相似なポンプAとBについては，ファンの場合と同様に次の比例法則が成り立つ．

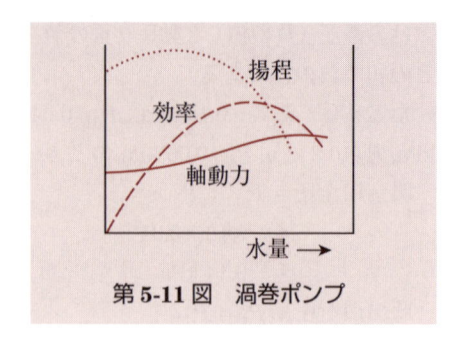

第 5-11 図　渦巻ポンプ

$$\frac{Q_1}{Q_2} = \frac{N_1}{N_2} \cdot \left(\frac{D_1}{D_2}\right)^3$$

$$\frac{H_1}{H_2} = \left(\frac{N_1}{N_2}\right)^2 \cdot \left(\frac{D_1}{D_2}\right)^2$$

$$\frac{L_1}{L_2} = \left(\frac{N_1}{N_2}\right)^3 \cdot \left(\frac{D_1}{D_2}\right)^5$$

ここで，Q_1, Q_2：吐出し量
H_1, H_2：全揚程
L_1, L_2：軸動力
N_1, N_2：回転数
D_1, D_2：羽根車の直径

である．つまり水量 Q，揚程 H，軸動力 L は回転数 N の比の 1 乗，2 乗，3 乗に比例して変化する（**第 5-12 図**）．

(e) ポンプの直列運転，並列運転

水量と揚程を示すポンプの特性曲線に，配管系の抵抗曲線を書き入れ，両曲線の交点がポンプの運転点となる（**第 5-13 図**）．

(f) キャビテーション，有効吸込ヘッド（**NPSH**）

流体のある部分の静圧が，そのときの液温に相当する飽和蒸気圧よりも低くなると，その部分で液は局部的な蒸発を起こして気泡を発生する．それが再び飽和水蒸気圧以上の箇所へ移動し

第 5 章　設備に関する知識

(a) 揚程曲線　(b) 軸動力曲線

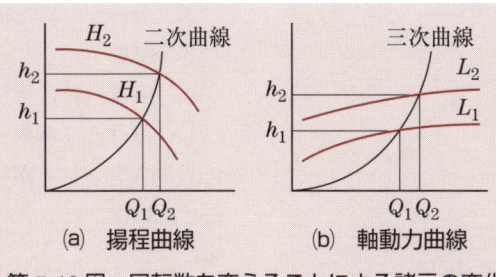

第 5-12 図　回転数を変えることによる諸元の変化

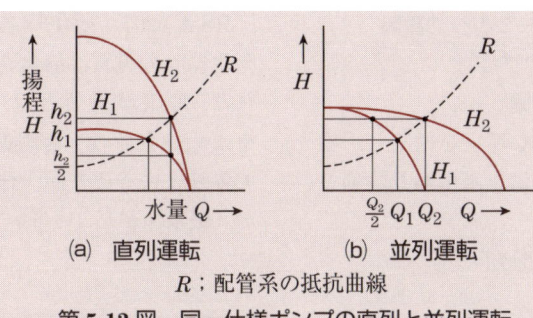

(a) 直列運転　(b) 並列運転

R；配管系の抵抗曲線

第 5-13 図　同一仕様ポンプの直列と並列運転

たときに，いったん蒸発した気体が液体になることをキャビテーションという．

キャビテーションはポンプの吸込み口，管路中の絞られた部分，曲管部，流速が速く静圧が下がる箇所に発生し，騒音，振動だけでなく材料を浸食する．

有効吸込ヘッド（NPSH）は，

　NPSH ＝吸込口における全圧力
　　　　－そのときの液温の飽和蒸気圧

ここで，

　吸込口における全圧力＝
　　標準大気圧－吸込口実揚程
　　－吸込管の損失

キャビテーションは，NPSH を＋（プラス）にすれば発生しないわけであるが，対策としては，

① ポンプを低い位置に設置する．
② 流速を遅くする．
③ ポンプの回転数を下げる

等がある．

(g) **サージング**

ポンプや送風機が，小流量時に，それらの特性曲線の右肩上りの領域で運転すると圧力や流量が周期的に変動し，安定した性能が得られないばかりでなく，騒音が発生する（**第 5-14 図**）．

(6) **衛生器具**

(a) **衛生器具の分類と内容**

① **衛生器具**

建物に関わる給水・排水，給湯を必要とする箇所に設置する給水器具，水受け容器，排水器具やこれらの付属品を総称したもの．

5.1　機器・材料

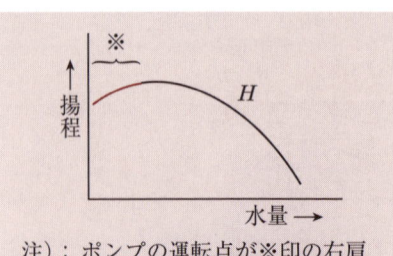

注）：ポンプの運転点が※印の右肩上りの部分で運転していると，サージングが起こりやすい．

第 5-14 図　サージングの原因となる運転

ⓓ　製作が容易で取付が簡単である．
② **材質**
ⓐ　陶器（特に衛生陶器と称する）
ⓑ　ほうろう鋼板
ⓒ　ステンレス鋼板
ⓓ　FRP

など．

(c) **衛生器具の規格**

JIS A 5207「衛生陶器」において，衛生器具の材質は溶化素地質と規定される．溶化素地質とは，素地（生地）をよく焼き締め，素地が完全に溶化して素地とゆう薬とが一体となったもので，吸水性がゼロに近い．

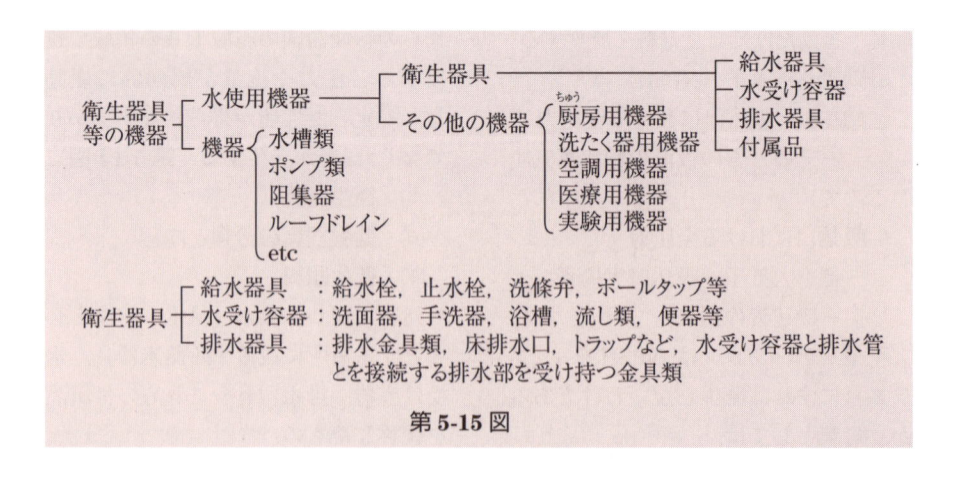

② **衛生器具設備**

建築物の衛生的な環境を構築し，維持するに必要な設備を衛生器具設備という．

③ **衛生器具の分類**

第 5-15 図参照．

(b) **衛生器具の材質**

① **衛生器具の材質の条件**
ⓐ　吸水性が小さいこと．
ⓑ　表面が滑らかで清潔を保つことができる．
ⓒ　耐食性，耐摩耗性のあること．

衛生器具等の機器
- 水使用機器
  - 衛生器具
    - 給水器具
    - 水受け容器
    - 排水器具
    - 付属品
  - その他の機器
    - 厨房用機器
    - 洗たく器用機器
    - 空調用機器
    - 医療用機器
    - 実験用機器
- 機器
  - 水槽類
  - ポンプ類
  - 阻集器
  - ルーフドレイン
  - etc

衛生器具
- 給水器具　：給水栓，止水栓，洗條弁，ボールタップ等
- 水受け容器：洗面器，手洗器，浴槽，流し類，便器等
- 排水器具　：排水金具類，床排水口，トラップなど，水受け容器と排水管とを接続する排水部を受け持つ金具類

第 5-15 図

この問題をマスタしよう

問1 空気調和設備の熱源に関する記述のうち，適当でないものはどれか．
(1) 氷蓄熱方式は，主として氷の融解熱を利用する潜熱蓄熱である．
(2) 吸収冷凍機の冷媒には，臭化リチウム水溶液を使用している．
(3) ターボ冷凍機の冷媒には，特定フロンを使用しているものが多い．
(4) コージェネレーションシステムは，電力と熱の負荷バランスにより総合熱効率が変動する．

解説 (1) 氷蓄熱は潜熱蓄熱の一つである．冷熱源として氷の形で蓄熱することで，氷の融解潜熱（333.6 kJ/kg）と水の顕熱の両方を利用できるため単位容量当たりの蓄熱量は大きくなり，蓄熱槽は小さくてよい．
氷蓄熱にはスタティック形とダイナミック形があり，前者は水槽内の水を配管の周囲に結氷させる方式，後者は製氷機でシャーベット状の氷をつくり水槽内に蓄える方式である．

(2) 吸収冷凍機は，蒸発器で蒸発した冷媒（水を使用）ガスを吸収剤（臭化リチウム）の溶液に吸収させた後，再び分離して凝縮器に送り，冷却水で凝縮液化して冷凍サイクルを行う．

(3) ターボ冷凍機（往復動冷凍機等も同様）等は，蒸発器内で蒸発した冷媒ガスを圧縮機で圧縮する方式で，冷媒にフロンやアンモニア等が使用される．これらには，特定フロン（R-11，R-12，R-113，R-114，R-115）を含むものもあり，オゾン層破壊の原因となるため，生産はされていない．

(4) コージェネレーションシステムは熱電併給システムともいう．自家発電の原動機として，ガスエンジン，ディーゼルエンジンおよびガスタービンなどを使用し，これから出る排熱を冷暖房や給湯に利用することで，電力と熱を合わせた総合効率向上による省エネルギー効果が期待できる（図5-1）．

答 (2)

図5-1 コージェネレーションシステムの概念図

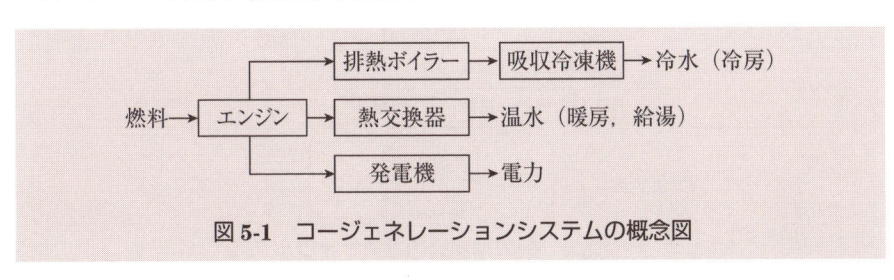

問2 図は吸収冷凍機の冷凍サイクルを示したものである．図のA～Dに該当する主要部分の組み合わせとして，適当なものはどれか．

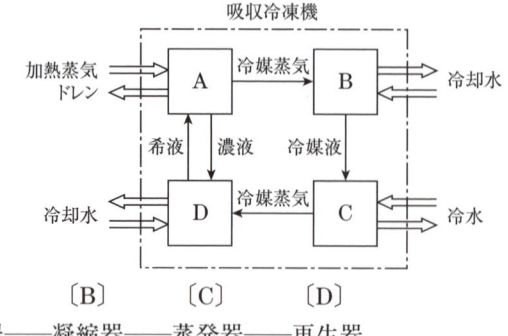

```
            吸収冷凍機
加熱蒸気 →  ┌───┐ 冷媒蒸気 ┌───┐  ← 冷却水
ドレン  ←  │ A │ ──→    │ B │  →
            └───┘        └───┘
             ↓↑希液/濃液    ↓ 冷媒液
            ┌───┐ 冷媒蒸気 ┌───┐  ← 冷水
冷却水 ←   │ D │ ←──    │ C │  →
            └───┘        └───┘
```

	〔A〕	〔B〕	〔C〕	〔D〕
(1)	吸収器	凝縮器	蒸発器	再生器
(2)	再生器	蒸発器	凝縮器	吸収器
(3)	吸収器	蒸発器	凝縮器	再生器
(4)	再生器	凝縮器	蒸発器	吸収器

解説 吸収冷凍機は，冷媒である水が，膨張弁，蒸発器，吸収器，再生器の順に循環している．

膨張弁により低圧にした冷媒（水）を蒸発器内で蒸発させることで冷凍作用を行わせ，蒸発した水蒸気を吸収器内で吸収剤（臭化リチウム）に吸収させる．

水蒸気を吸収して薄められた吸収液は熱交換器を経て再生器に送られ，加熱用蒸気などで加熱される．

再生器で沸騰した吸収液は，吸収液に溶け込んでいた水を水蒸気として放出する．これが凝縮器に導かれ冷却塔からの冷却水で冷却され，液化して膨張弁に送られる．

一方，再生器で水を放出した吸収液は吸収器に戻され，再び水蒸気を吸収するという循環を繰り返す（図 **5-2**）．

答　(4)

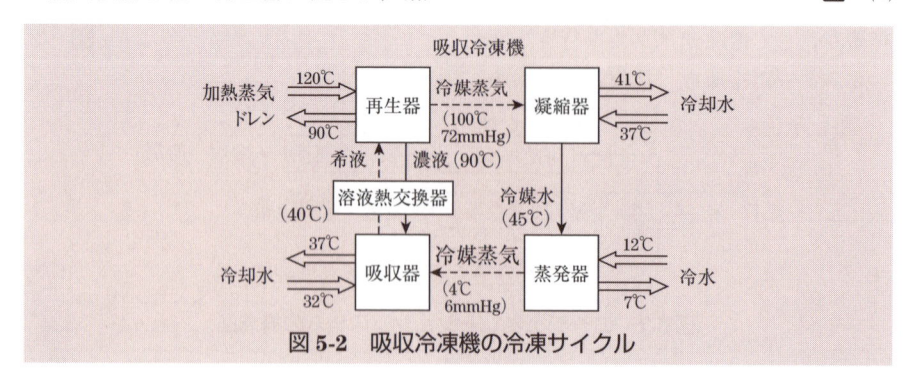

図 5-2　吸収冷凍機の冷凍サイクル

問3 容積圧縮式冷凍機に関する記述のうち，適当でないものはどれか．
(1) 往復動冷凍機は，チリングユニットの小・中容量のものに多く用いられている．
(2) スクロール冷凍機は，地域冷暖房用の中・大容量のものに多く用いられている．
(3) ロータリー冷凍機は，ルームエアコン，ショーケース等の小容量のものに多く用いられている．
(4) スクリュー冷凍機は，ビル空気調和用の中・大容量の空気熱源のヒートポンプとして多く用いられている．

解説
(1) 往復動冷凍機は，蒸気圧縮サイクルによる冷凍機において，圧縮機としてピストンの往復動機構を利用するもので「レシプロ式冷凍機」ともいう．中・小規模の建物に適しており，チリングユニットの他密閉型パッケージ形空調機としても用いられる．

(2) スクロール冷凍機は，固定渦巻が蚊取線香状になっており，回転渦巻が一点で接触しながら回転し容積を変える原理を利用した圧縮機で，低騒音，低振動でルームエアコンなどの小型冷凍機に使われる．

(3) ロータリー冷凍機は，シリンダー内に偏心して取付けられたロータとケーシング間の容積を，ロータの回転によって減少させ気体を圧縮する原理で，高速回転時の効率の良さやコストが安いなど利点があり，ルームエアコンなどの小容量のものに多く用いられている．

(4) スクリュー冷凍機は，2本のかみ合ったらせん状のロータとケーシングで構成されていて，冷媒ガスは二つのロータに挟まれた透き間の容積が変わることにより圧縮，吸収が行われる．圧縮比が高く，回転部分のみで構成されるので信頼性が高い．大・中容量のヒートポンプに適している．

答 (2)

問4 エアーフィルターに関する記述のうち，適当でないものはどれか．
(1) 高性能フィルター（HEPA）は，二酸化炭素（CO_2）の除去に有効である．
(2) 衝突粘着式フィルターは，厨房のグリスフィルターとして使用される．
(3) ろ材誘電形集じん器は，静電気を利用するもので，1μm 程度の粒子を補集することができる．
(4) 活性炭フィルターは，塩素ガス（Cl_2）や亜硫酸ガス（SO_2）を吸着することができる．

解説 (1) HEPA フィルターは特殊加工したガラス繊維をろ材として使用し，折りたたんでろ材面積を広くしている．適応粒子は 1 mm 以下で，集じん効率は計量法（DOP 法）で 99.9％と非常にすぐれた集じん効率を有する．通過速度を遅くして圧力損失を少なくしている．放射性ダストの除去，無菌室，クリーンルームなどのフィルターとして使用される．ただし CO や CO_2 などの気体は捕集できない．

(2) 衝突粘着フィルターは，ガラス繊維や金網に粘着油などを浸したもので，適応粒子は 3 μm 以上で粉じん濃度が高い場所で利用される．重量法の集じん効率は 80％程度である．

(3) 空気中の粉じんを帯電させ電気的に吸着除去する集じん器は，誘電ろ材形集じん器と電気集じん器に分類される．

電気の誘電現象でろ材表面に高電圧の静電気を発生させ，じんあいを吸着させるものが誘電ろ材形集じん器で，電気集じん器は電離部で室中のじんあいを＋に帯電し，集じん部で－極板に付着捕集するものである．

(4) 活性炭フィルターは，臭気や亜硫酸ガス（SO_2），塩素ガス（Cl_2）などの有害ガスを吸着する性質を有する活性炭を多孔板に充てんしたもので，SO_2 に対する除去率は 80～90％である．じんあいの除去を目的としたものではない．ただし，一酸化炭素 CO や NO などの分子量の小さいガスはほとんど吸着されない．

答 (1)

問5 コージェネレーションシステムに関する記述のうち，適当でないものはどれか．

(1) 電主熱従運転は，電力負荷に追従して発電し，その排熱を熱利用する運転方式であり，排熱が余ったときは大気に放出する．

(2) 熱主電従運転は，熱負荷に合わせてこれを賄うのに必要な排熱に見合う分だけ発電する方式であり，余剰排熱が発生しないためエネルギー効率の高い運転が可能となる．

(3) ガスタービンは，ガスエンジンと比較すると発電効率 $\left(\dfrac{発電量}{燃料消費量}\right)$ は低いが，排熱温度が高いので熱回収率 $\left(\dfrac{排熱利用量}{燃料消費量}\right)$ は高い．

(4) ガスエンジンからの排ガスを回収熱源として得られる蒸気は，低圧蒸気のみである．

解説 (1) 電主熱従運転はコージェネレーションシステムの運転モードの一つの形態であり，電力負荷の状況に追従して容量制御し，排熱（発生熱）は一部利用し残りは廃棄される．

(2) 熱主電従運転は(a)と同様コージェネレーションシステムの運転モードの一つであり，熱負荷に追従して容量を制御し，発生した電力の一部は内部利用し，一部は逆送することになる．エネルギー効率の高い運転となる．

(3) 排熱回収方式には，①温水回収方式，②蒸気回収方式，③温水・蒸気回収方式がある．排ガスの高温排熱から排ガスボイラーを使用して蒸気を得る方式であり，0.8MPa程度の高圧蒸気を取り出すことができる．

(4) 各種原動機の発電効率は，高い順にディーゼルエンジン，ガスエンジン，ガスタービンであり，それぞれ35〜45%，30〜40%，20〜30%程度である．また，熱回収率はそれぞれ最大25%，30%，55%である．

発電効率，熱回収率は以下のとおり．

$$発電効率 = \frac{発電量}{燃料消費量}$$

$$熱回収率 = \frac{廃熱利用量}{燃料消費量}$$

答 (4)

問6 冷却塔に関する記述のうち，適当でないものはどれか．
(1) 開放形では冷却水の一部を蒸発させて，循環する水の温度を下げる．
(2) 冷却塔の出口水温は，外気の湿球温度より低くすることはできない．
(3) 冷却塔の入口水温と外気の湿球温度の差をアプローチと呼び，一般に5℃前後としている．
(4) 冷却塔の入口水温と出口水温との差をレンジと呼び，一般に5℃前後としている．

解説 (a) アプローチとは，冷却塔出口水量（t_{w2}）と外気入口湿球温度（t_1'）との差（$t_{w2} - t_1'$）で一般に5℃程度である．
(b) 冷却塔出口水温（t_{w2}）は，理論的には外気入口湿球温度まで下がるはずであるが，現実には熱交換の距離も時間も制限があり短いため，t_1'まで届かない．

答 (3)

問7 次のボイラーのうち，鋳鉄製とすることが認められていないものはどれか．
(1) 圧力が0.05 MPaで伝熱面積が5 m^{2}の蒸気ボイラー
(2) 圧力が0.12 MPaの蒸気ボイラー
(3) 温水温度が110℃の温水ボイラー
(4) 水頭圧が30 mの温水ボイラー

この問題をマスタしよう

解説 　(a)「ボイラー構造規格」で定められている鋳鉄製ボイラーの規制として，
① 蒸気ボイラーの最高使用圧力は 0.1 MPa 以下
② 温水ボイラーの最高使用圧力は水頭圧 50 m（0.5 MPa）以下
③ 温水温度は 120℃ 以下
などがある．
　(b) 鋳鉄製ボイラーの安全装置
① 温水ボイラーとして使用する場合
　ⓐ 圧力計またはボイラーの本体から温水の出口付近に水高計を取り付ける．
　ⓑ 水高計と同時に見られる温度計を取り付ける．また，水頭圧が 30 m を超えるものは，温水温度が 120℃ を超えないような温水温度制御装置を取り付ける．
　ⓒ 開放型膨張タンクに至る逃し管が無い場合，逃し弁を設ける．
② 蒸気ボイラーとして使用する場合
　ⓐ 圧力計を蒸気部に取り付ける．
　ⓑ 1 個以上の安全弁を設ける．

答 (2)

問 8 送風機に関する記述のうち，適当でないものはどれか．
(1) 斜流送風機は，羽根車形状および風量・静圧特性が軸流形と遠心形の中間型である．
(2) 多翼送風機は，空気調和用として最も一般的であり，遠心送風機のうちでは小型である．
(3) 軸流送風機は，送風機のうちでは騒音が最も低い．
(4) 横流送風機は，軸に直角の方向から吸い込むので，軸方向に羽根を長くできる．

解説 　(a) 軸流送風機は，気流が軸と同一方向に流れるもので，低圧で大風量を得ることができるが騒音がやや大きい．
　(b) 斜流送風機は，遠心ファンと軸流ファンの中間型で，羽根車の中の気流が軸に直角と平行の中間の方向をとる．ファンの特性も両者の中間で，やや大風量で静圧の大きい場合に適する．
　(c) 横流送風機は，気体が円筒状羽根列を横断するように流れる形式のもので，直径が小さく長さの長いファンに適している．幅広い膜状の気流が必要なエアカーテンやルームエアコンなどに用いられる．

答 (3)

問9 図は多翼送風機と軸流送風機の性能曲線である．実線で示す性能曲線に適合する送風機の組み合わせとして，適当なものはどれか．

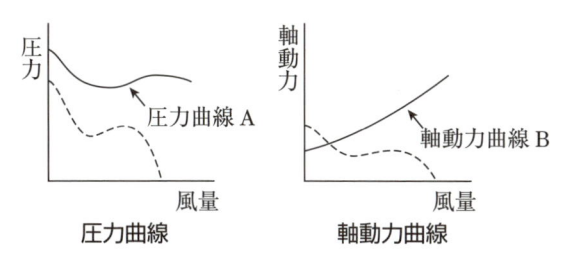

圧力曲線

圧力曲線A

風量

軸動力曲線

軸動力曲線B

風量

	（圧力曲線A）	（軸動力曲線B）
(1)	軸流送風機	軸流送風機
(2)	多翼送風機	多翼送風機
(3)	多翼送風機	軸流送風機
(4)	軸流送風機	多翼送風機

解説

(a) 多翼送風機（シロッコファン）は，空調用として最も多く使用されている送風機で，同量の風量を得るのに他の遠心送風機に比べ最も小型ですみ，羽根の形は前方屈曲型で羽根が小さく枚数が多いのが特徴である．

小型で大風量を出せるが，静圧があまり大きくできない．風圧を高くするために回転数を上げると騒音が大きくなるので，低速ダクトに用いられる．

圧力曲線は右肩上りの部分があり，この部分で運転するとサージングを起こす．また，軸動力は風量が増加すると増加し設計風量を超えるとオーバーロードとなる．

(b) 軸流送風機とは，いわゆるプロペラファンのことで，気流は軸方向に流れ，低風圧，大風量に向いているが圧力が低く効率も悪い．しかし，低価格な点にメリットがある．クーリングタワー，換気扇，扇風機などに使用されている．軸動力は，風量が0のとき最大となる．

答 (2)

問10 同一仕様のポンプを2台並列運転したときの運転点を示す特性曲線として，正しいものはどれか．

ただし，--------：1台運転時の特性曲線
　　　　 ―――：2台並列運転時の特性曲線
　　　　 ―・―・―：配管系の抵抗曲線
　　　　 ○：1台運転時の運転点
　　　　 ●：2台並列運転時の運転点
を示す．

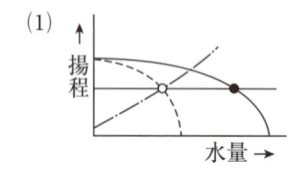

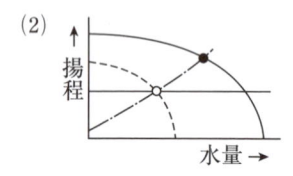

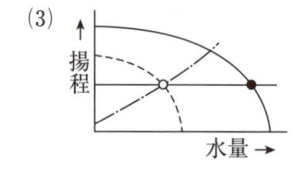

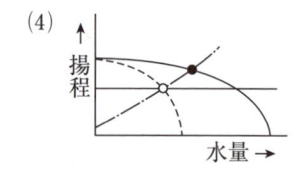

(1)　(2)　(3)　(4)　揚程／水量→

解説　同一仕様のポンプ2台を並列運転する場合，水量はそれぞれのポンプを単独に運転して得られる水量の和より小さくなる．2台並列運転時の運転点は，2台並列運転時の特性曲線と配管系の抵抗曲線の交点となる．

答　(4)

問11 次の文中，□□内に当てはまる用語の組み合わせのうち，適当なものはどれか．

一つの送風機において，回転数が変化しても送風機効率が変わらないとすると，送風機全圧は，回転数の　A　に比例し，風量は回転数の　B　に比例する．また，そのときの動力は，回転数の　C　に比例する．

　　　〔A〕　　〔B〕　　〔C〕
(1)　2乗――1乗――3乗
(2)　2乗――3乗――1乗
(3)　1乗――2乗――3乗
(4)　1乗――3乗――2乗

解説 幾何学的に相似（縦×横×高さの寸法の比率が同じ）な送風機やポンプについては，相似法則が成立する．

$$\frac{Q_1}{Q_2} = \left(\frac{N_1}{N_2}\right) \times \left(\frac{D_1}{D_2}\right)^3$$

$$\frac{P_1}{P_2} = \left(\frac{N_1}{N_2}\right)^2 \times \left(\frac{D_1}{D_2}\right)^2$$

$$\frac{L_1}{L_2} = \left(\frac{N_1}{N_2}\right)^3 \times \left(\frac{D_1}{D_2}\right)^5$$

ここで，Q：風量，P：圧力，L：軸動力，N：回転数，D：羽根車の直径（大きさが同じ送風機等では $D_1 = D_2$）である．

答　(1)

問12　図〔A〕，〔B〕および〔C〕に示す洋風大便器の形式名称の組み合わせとして，正しいものはどれか．

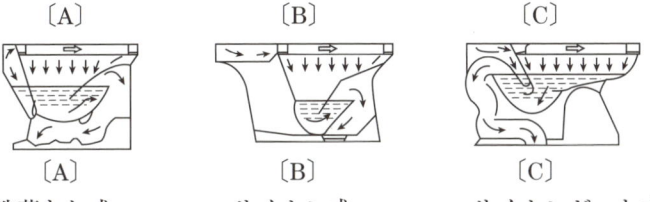

〔A〕　　　　〔B〕　　　　〔C〕

(1) 洗落とし式―――サイホン式―――サイホンゼット式
(2) サイホン式―――サイホンゼット式―――洗落とし式
(3) サイホン式―――洗落とし式―――サイホンゼット式
(4) サイホンゼット式―――洗落とし式―――サイホン式

解説　(a) サイホン式は，留水面の水位の上昇により封水を押し出し，サイホン作用を起こすことにより排水するもので，トラップ排水路を満水しやすいように屈曲させている．また，留水面を広く深くとってある．

(b) サイホンゼット式は，サイホン式よりさらに留水面を広く，封水深さも大きく 75 mm 以上とってある．トラップ排水路を早く満水し，排水路内にジェット孔を設けて，そこから洗浄水の一部を勢いよく噴き出させることでサイホン作用を早く強制的に起こさせ洗浄能力を強化したもので，すぐれた性能を有する（図 5-3）．

(c) 洗落とし式は，ロート形の便ばちが急角度でトラップに接続されるも

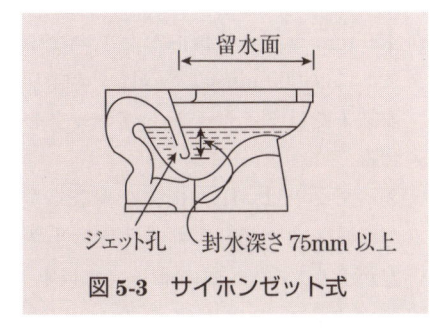

図 5-3　サイホンゼット式

この問題をマスタしよう

ので，汚物を留水中に落下させ，洗浄 は流し出す方式である．

答 (3)

> **問13** ダクトの施工に関する記述のうち，適当でないものはどれか．
> (1) 保温を行わない長辺が 450 mm 以上の長方形ダクトには，300 mm 以下のピッチでリブ補強を行う．
> (2) 円形ダクトの曲り部の内側曲り半径は，原則としてダクト直径の 1/2 以上とする．
> (3) 長方形ダクトで，風量分割に精度を要する場合は，直付け分岐とする．
> (4) 送風機の吐出し直後のダクトに曲りを設ける場合は，送風機の回転方向に逆らわない方向とする．

解説 (1) 長方形ダクトの施工法は従来型の A 工法と，低速ダクト用として省力化の目的で組立てが簡便で形鋼もほとんど使用しない SI 法（SMACNA）がある．

長方形ダクトの補強には，リブ補強やダイヤモンドブレーキを入れる場合，形鋼補強をし，ダクトの横方向の補強，縦方向の補強を行う方法および立はぜにより補強する方法がある．

保温を施したダクトの場合，送風時に振動を起こしにくい．逆にいうと，保温をしていない長方形ダクトは振動しやすいのでリブ補強等をする．長辺が 450 mm を超える保温をしていないダクトには 300 mm 以下のピッチでリブ補強またはダイヤモンドブレーキを入れる．

(2) ダクトは，圧力損失を少なくするために，曲り部分の曲り角度は小さい方がよく，ダクト幅の $W = 1/2$ 以上，円形ダクトの R は直径 D の 1/2 以上がよい．

(3) 長方形ダクトを分岐する場合，空気の流れに渦を生じ圧力損失や騒音が生じないように注意する必要がある．長方形ダクトの分岐法には割り込み分岐（ベンド型分岐）とドン付け（直付分岐）とがある．直付分岐は風量分割調整がむずかしい．気流分布に精度が必要な場合は，割込み分岐がよい．

(4) 送風機の吐き出し直後にダクトの曲りを設ける場合，騒音や圧力損失の弊害をなくすために，送風機の回転方向に逆らわない方向としかつガイドベーン等を設ける．ダクトの流れの方向は変えられないので，送風機の製作図（承認図）の段階で吐出方向を確認することが大切である．やむを得ず，送風機の回転方向から反転させる場合には，騒音の発生や圧力損失を極力少なくするような対策が必要である．

答 (3)

問14 吹出口に関する記述のうち，適当でないものはどれか．

(1) パンカルーバ形吹出口は，吹出口の全周から放射状に気流を吹き出すもので，誘因作用が大きくドラフトを生じにくい．
(2) 格子形吹出口は，羽根を縦方向，横方向あるいは縦横方向に取り付けたもので，羽根が可動のものをユニバーサル吹出口と呼ぶ．また，羽根が固定のものもある．
(3) ノズル形吹出口は，発生騒音が比較的小さく，吹出し風速を大きくすることができるので，到達距離が長く，講堂や大会議室等の大空間の空調に用いられる．
(4) 線状吹出口は，ペリメーターの窓面に近い天井やインテリアの壁面付近の天井等に使用され，風向調節ベーンを動かすことによって吹出し気流方向を変えることができる．

解説

(1) パンカルーバは，吹出し方向を自由に調節できるノズル形吹出口で，厨房や工場の局所冷房の吹出口としてよく利用される．周囲空気の誘引比は小さいが，気流の到達距離が大きい．吹出し速度は6〜8m/s程度まで可能で，発生騒音は小さい（図5-4）．

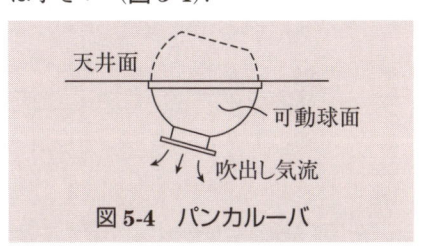

図5-4 パンカルーバ

(2) 格子形吹出口は，案内羽根が可動なので，気流方向の調整ができる．横向き吹出し口の代表的なもので，吹出し速度は5m/s程度まで使用可能であるが，それ以上では騒音発生がある（図5-5）．

(3) ノズル形吹出口は，パンカルー

図5-5 格子形吹出口

バと同じ性質を有する．また，選択肢と同様な特徴がある（図5-6）．

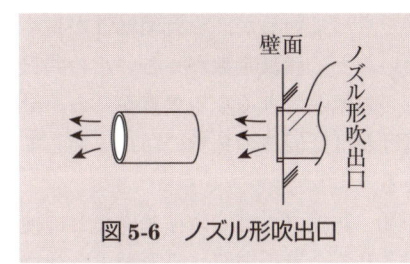

図5-6 ノズル形吹出口

(4) 線状吹出口（スロット吹出口）は，中央の案内羽根を調節することにより，天井に沿う流れや，下向きの気流にもできる．非常に偏平な気流で，長い寸法も製作でき，外周部に適した吹出口である（図5-7）．

これらの他にアネモ型吹出し口があ

この問題をマスタしよう

図5-7 スロット吹出口

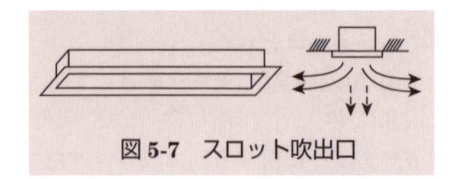

るが，これは天井面に取付け，数枚のコーン状羽根を重ねた形状をしており，吹出し口で誘引比が大きく気流を広く分散できる

答 (1)

問15 防振および防振材料に関する記述のうち，適当でないものはどれか．
(1) コイルばねは，減衰比が小さく共振時の振幅が大きくなることがある．
(2) 防振ゴムは，金属ばねに比べて一般に固有振動数が小さい場合に適している．
(3) 防振基礎の防振材（ばね）上の架台の重量を重くすれば定常運転時の振幅を小さくできる．
(4) 防振ゴムは，騒音の透過も小さく共振時に適当な減衰が得られる．

解説 (1) コイルばねは，一般に防振基礎や防振ハンガに使用される金属製のばねをいい，ばね定数が小さく静的なたわみ量が大きくでき，強度も強く低周波成分まで可能で，使用温度範囲も広いなど優れた特性をもっているが，騒音絶縁性が良くないこと，減衰定数が小さいため共振時の振幅が大きくなる欠点がある．金属ばねは低周波の振動の防止に適している．

(2) 防振ゴムは，防振基礎などに使用される金属板の間に成形挿入されたゴム片で，寸法が小さく，多様な形状が作りやすく構造が簡単で，騒音絶縁性もよく，ばね定数が大きく，5〜10Hz程度以上の高振動用の防振材として使用されている．材料の配合によって，種々の弾性率のものを作ることができる．

(3) ばね定数とは，材料を単位長さ当たり圧縮または引っ張るために要する力である．

(4) 防振材の固有振動数 f_n は，

$$f_n = \frac{1}{2\pi} \cdot \sqrt{\frac{k}{m}}$$

$$= \frac{1}{2\pi} \cdot \sqrt{\frac{k}{\frac{W}{g}}}$$

ここで，
k：ばね定数〔N/m〕
m：振動源の質量〔kg〕
W：機器の重量〔N〕
g：重力の加速度 = 9.8 m/s^2
である．

答 (2)

問16 防振に関する記述のうち，適当でないものはどれか．
(1) 防振基礎の固有振動数は，運転時の機械の強制振動数に近い値になるように設定する．
(2) 防振ゴムは，金属ばねに比べて一般にばね定数が大きい．
(3) 金属ばねは，高い振動数に対してサージングを起こすことがあり，防振ゴムと併用したり，ダンパーを設ける必要がある．
(4) 防振ゴムは，種々の形状のものがあり，かつ振動絶縁性もよい．

解説 (a) 機械の強制振動数を f，防振基礎の固有振動数を f_n とすると，振動伝達率 T は (f/f_n) が大になると小さくなる．つまり，防振基礎の固有振動数を小さくすればよいわけであるが，一般には，防振基礎の固有振動数は機械の強制振動数の1/3程度とする．

(b) ばね定数とは，防振材を単位長さ圧縮または引張るために要する力のことで，防振ゴムは金属ばねに比べてたわみ量が少ないためにばね定数は大きい．

(c) 金属ばねは，ばね定数は小さくできるが，減衰定数が小さいので共振時の振幅が大きいことや，つる巻きばね自体の共振現象（サージング）を起こすことがある．

答 (1)

問17 配管の防食に関する記述のうち，適当でないものはどれか．
(1) 排水・通気用鉛管は，アルカリに対して耐食性を有するので，直接コンクリートに埋設する．
(2) 蒸気配管系において，還り管は往き管に比べ腐食しやすい．
(3) 銅管と鋼管を接続すると鋼管側が腐食しやすいので，絶縁継手を用いる．
(4) 水道用硬質塩化ビニルライニング鋼管のねじ接合には，管端防食継手を使用する．

解説 (a) 鉛管は，給水管，排水管として長い間使用されてきた歴史があるが，人体には有害であるので，給水管としてはポリエチレンをライニングした管が使用されている．
コンクリートはアルカリ性であり，鉛管はアルカリに弱いため，コンクリートに埋設する鉛管は防食用ビニルテープにより防錆処理を行う．

(b) 異種金属管の接続には，電食が生じないよう注意が必要である．銅管と鋼管を接続するとイオン化傾向の大きい金属（卑な金属）が陽極となり，この陽極側がイオン化して溶出し腐食が促進される．これを防止するため，絶縁継手を用いる．

答 (1)

この問題をマスタしよう

問18 保温材に関する記述のうち，適当でないものはどれか．
(1) グラスウール保温板2号の熱伝導率は，24Kより40Kの方が大きい．
(2) 最高使用温度は，ロックウール保温材よりグラスウール保温材の方が低い．
(3) ロックウール保温板の密度は，1号より2号の方が大きい．
(4) 保温材が冠水した場合，ポリスチレンフォーム保温材は，ロックウール保温材より熱伝導率の増加が少ない．

解説

(a) グラスウール保温材とは，溶融ガラスを高圧蒸気噴射し繊維化したものをフェルト状に成型したもので，繊維の間に空気を多量に含むことで軽くてすぐれた断熱性を有する．保温板，保温筒，ブランケットとして使用される．最高使用温度は300℃である．

グラスウール保温板2号の24Kの密度は24 kg/m³,熱伝導率は0.049 W/(m·K)以下であり，40Kは密度40 kg/m³，熱伝導率は0.044 W/(m·K)である．密度が大となると熱伝導率は小となる（断熱性能は大となる）．

(b) ロックウール保温材とは，石灰・けい酸を主成分とする岩石を溶融し，これを圧縮空気や遠心力で吹き飛ばして繊維化したものである．保温板，保温筒，フェルト，ブランケットとして使用され，安全使用温度は600℃以下である．

ロックウール保温板の1号の密度は40〜100 kg/m³,2号は101〜160 kg/m³で，号数が大となると密度は大となる．

(c) ポリスチレンフォーム保温材とは，ポリスチレンに発泡剤を添加し発泡して得られる保温材で，製造方法にビーズ発泡と押出し発泡の二つがある．熱伝導はすぐれているが，熱に弱いので安全使用温度の限界は70℃とされている．

ポリスチレンフォーム保温材などに比べ，ロックウール保温材，グラスウール保温材等の繊維保温材は，冠水した場合，繊維の透き間に毛細管現象で水が浸入し，熱伝導率が大となり断熱性能が著しく低下する．

(d) 保温材の選択の基準として，JISでは以下の項目をあげている．
① 使用温度範囲
② 熱伝導率
③ 物理的化学的強さ
④ 耐用年数
⑤ 単位体積当たりの価格
⑥ 工事現場状況に対する適応性
⑦ 難燃性
⑧ 透湿性

(e) 保温材の分類は，JISで以下のように規定されている．
① 人造鉱物繊維保温材；ロック

ウール保温材，グラスウール保温材．

② 無機多孔質保温材；珪酸カルシウム保温材，はっ水性パーライト保温材など粉末を固めた形のもの．

③ 発泡プラスチック保温材；ポリスチレンフォーム保温材のような有機質発泡体．

答 (1)

問19 配管の保温・保冷に関する記述のうち，適当でないものはどれか．
(1) 保温筒を2層以上に分けて施工する場合，各層の縦，横の継目部が同一箇所にならないようにする．
(2) 冷温水管を鋼製の吊り金物で直接支持する場合は，保温外面から150mm程度の長さまで吊り棒に保温を施す．
(3) 断熱材の厚さを2倍にすれば，熱損失は1/2になる．
(4) グラスウール保温材は，水分を含むと熱伝導率が大きくなる．

解説 (1) 配管やダクトに保温材を取り付ける場合，亜鉛鉄線あるいは目張り材で取り付け，天井内やシャフト内の場合は外装材で覆う．暗渠やトレンチ内の場合は，保温材の上に防湿，防水材を施工してから防食テープを巻くか，アスファルトジュートテープ巻きとしてアスファルトプライマを塗る．屋外に露出で設置するような場合は，保温材の上に防水材を施工してから金属板を外装し，金属板の合わせ目などはシール材によりシールする．

保温材を施工する際は，保温材の合わせ目が直線状にならないようにし，2層以上に保温材などを施工する場合は，合わせ目が重ならないようにする．

(2) 冷温水管の吊りバンドの支持部は，防湿加工した合成樹脂製または木製の支持受けを使用して吊りボルトに結露が生じないようにする．なお，やむを得ず配管を直接吊りバンドで支持

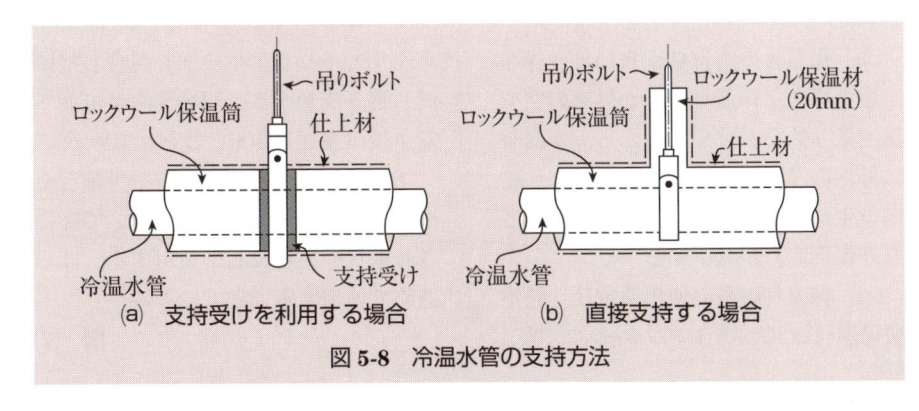

図5-8 冷温水管の支持方法
(a) 支持受けを利用する場合
(b) 直接支持する場合

この問題をマスタしよう

する場合には，150 mm 程度の長さまで吊りボルトに厚さ 20 mm の保温材で被覆する（図5-8）．

(3) 断熱材の厚さを増やせば熱抵抗が増加して伝熱量は減少するが，厚さを 2 倍にしても熱伝導率は 1/2 とならないため，熱損失は 1/2 とならない．

(4) 保温材に含まれる水分が増えると，熱伝導率は急激に大きくなる．繊維質の保温材，たとえばロックウールやグラスウールなどは，フォームポリスチレンなどの気孔質の保温材に比べ，水分を含むと断熱効果が極端に減少する．

答 (3)

問20 保温材に関する記述のうち，適当でないものはどれか．
(1) 多孔質保温材は，繊維質保温材に比べ，冠水した場合熱伝導率の増加が少ない．
(2) 保冷工事に使用する保温材は，透湿性のよい材料がよい．
(3) 有機系発泡質保温材は，繊維質保温材に比べ使用温度が低い．
(4) 保温材は，圧縮により厚さを減少させると断熱性能が低下する．

解説

(a) 保温材の種類として，
① 繊維質保温材（ロックウールやグラスウール保温材）
② 多孔質保温材（けい酸カルシウム，パーライト保温材）
③ 発泡質保温材（ビーズ法ポリスチレンフォーム，ポリスチレンフォーム，フェノールフォーム保温材等）
がある．

(b) 保温材の透湿性が良いと，保冷工事の場合，保温材内部が外部の空気温度より低いわけであるから，保温材に外部の湿度の高い空気が侵入し，結露を生じることにより熱伝導率が大となり保冷能力が低下する．

(c) 保温材の最高使用温度は，発泡質保温材のポリスチレンフォームで 70℃，繊維質保温材のロックウールで 600℃，グラスウールで 350℃程度である．

(d) その他の保温材
① けい酸カルシウムはけい酸と石灰を反応させて，板状または半筒状に成形する．計量で耐熱性に優れ，施工性，経済性もよいことから高温用保温材（650〜1000℃）として使用される．
② 硬質ウレタンフォームはポリオールとイソシアネートを混合し型に流し込み成形する．現場発泡が可能で安全使用温度は 100℃とされている．
③ パーライトは真珠岩や黒耀石を微粒に砕き，1000℃程度に焼いて膨張させ板状や筒状にして使用する．ばら詰めで使用することもできる．

答 (2)

_第6章_
設計図書に関する知識

公共工事標準請負契約約款の内容に関する問題やポンプやファンの仕様の記載事項，各種配管の JIS 規格，工事目的物の損害保険等がポイントとなる．
(1) 請負契約
(2) 公共工事標準請負契約約款
　(a) 請負契約の履行，設計図書
　(b) 禁止事項…一括下請負，一括委任の禁止
　(c) 現場代理人，主任技術者等の選任
　(d) 臨機の措置
　(e) 第三者に及ぼした損害
　(f) かし担保
　(g) 解除権
(3) JIS や SHASE 等に規定する材料とその記号
　(a) 配管の種類と記号
　(b) ダクト・付属品の図示記号
　(c) 衛生設備の図示記号
　(d) 消火設備の図示記号

6.1 請負契約

建設工事の契約当事者間の具体的な権利，義務関係の内容を公正妥当な規範としたものに請負契約約款があり，以下の種類がある．

(1) 請負契約約款の種類

① 中央建設業審議会が定めたものが標準請負契約約款で，3種類ある．
 (イ) 公共工事標準請負契約約款
 (ロ) 建設工事標準下請契約約款
 (ハ) 民間建設工事標準請負契約約款
   甲：比較的大きな工事用
   乙：個人住宅建築用

なお，民間の工事については，この甲に準拠した実施約款として次の②がある．

② 民間（旧四会）連合協定工事請負契約約款

(2) 請負契約の内容

建設工事の請負契約の当事者は，契約の締結に際して次に揚げる事項を書面に記載し，署名または記名押印をして相互に交付しなければならない．（建設業法第19条）

① 工事内容
② 請負代金の額
③ 工事着手の時期および工事完成の時期
④ 請負代金の前金払または出来形部分に対する支払の定めをするときは，その支払の時期および方法
⑤ 設計変更もしくは工事の中止，工期の変更，請負代金の額の変更または損害の負担およびそれらの額の算定方法
⑥ 天災その他不可抗力のよる工期の変更または損害の負担およびその額の算定方法
⑦ 価格等の変動もしくは変更に基づく請負代金の額または工事内容の変更
⑧ 第三者が損害を受けた場合における賠償金の負担
⑨ 工事の完成を確認するための検査の時期および方法ならびに引渡しの時期
⑩ 工事完成後における請負代金の支払の時期および方法
⑪ 各当事者の履行の遅滞その他債務の不履行の場合における遅延利息，違約金その他の損害金
⑫ 契約に関する紛争の解決方法

6.2 公共工事標準請負契約約款

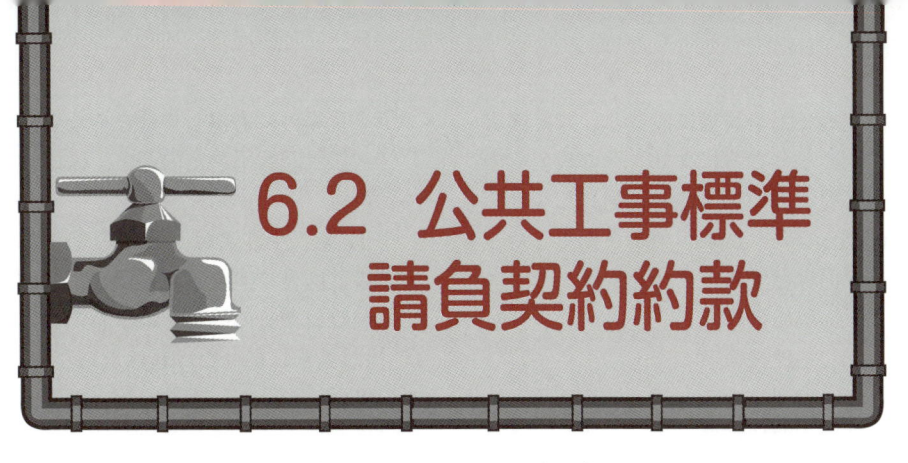

(1) 請負契約の履行，設計図書

　第1条　発注者および受注者は，この約款（契約書を含む．）に基づき，設計図書（別冊の図面，仕様書，現場説明書および現場説明に対する質問回答書をいう．）に従い，この契約（この約款および設計図書を内容とする工事の請負契約をいう．）を履行しなければならない．

　3　仮設，施工方法その他工事目的物を完成するために必要な一切の手段（「施工方法等」という．）については，この約款および設計図書に特別の定めがある場合を除き，受注者がその責任において定める．

(2) 工程表等

　第3条　受注者は，この契約締結後〇日以内に設計図書に基づいて請負代金内訳書および工程表を作成し，発注者に提出しなければならない．

(3) 一括下請負，一括委任の禁止

　第6条　受注者は，工事の全部もしくはその主たる部分または他の部分から独立してその機能を発揮する工作物の工事を一括して第三者に委任し，または請け負わせてはならない．

(4) 監督員

　第9条　発注者は，監督員を置いたときは，その氏名を受注者に通知しなければならない．監督員を変更したときも同様とする．

　2　監督員は，この約款の他の条項に定めるものおよびこの約款に基づく発注者の権限とされる事項のうち発注者が必要と認めて監督員に委任した者のほか，設計図書に定めるところにより，次に掲げる権限を有する．

　　一　契約の履行についての受注者または受注者の現場代理人に対する指示，承諾または協議
　　二　設計図書に基づく工事の施工のための詳細図等の作成および交付または受注者が作成した詳細図等の承諾
　　三　設計図書に基づく工程の管理，立会い，工事の施工状況の検査または工事材料の試験もしくは検査（確認を含む）．

(5) 現場代理人および主任技術者等

　第10条　受注者は，次に掲げる者

を定めて工事現場に設置し，設計図書に定めるところにより，その氏名その他必要な事項を発注者に通知しなければならない．これらの者を変更したときも同様とする．
　　一　現場代理人
　　二　主任技術者
　　　　監理技術者
　　三　専門技術者
　2　現場代理人は，この契約の履行に関し，工事現場に常駐し，その運営，取締まりを行うほか，請負代金額の変更，請負代金の請求および受領，この契約の解除に係る権限を除き，この契約に基づく受注者の一切の権限を行使することができる．
　5　現場代理人，主任技術者（監理技術者）および専門技術者は，これを兼ねることができる．

(6) 工事材料の品質および検査等

　第13条　工事材料の品質については，設計図書に定めるところによる．設計図書にその品質が明示されていない場合にあっては，中等の品質を有するものとする．
　2　受注者は，設計図書において監督員の検査を受けて使用すべきものと指定された工事材料については，当該検査に合格したものを使用しなければならない．この場合において，検査に直接要する費用は，受注者の負担とする．
　4　受注者は，工事現場内に搬入した工事材料を監督員の承諾を受けないで工事現場外に搬出してはならない．

(7) 設計図書不適合の場合，破壊検査等

　第17条　受注者は，工事の施工部分が設計図書に適合しない場合において，監督員がその改造を請求したときは，当該請求に従わなければならない．この場合において，当該不適合が監督員の指示によるときその他発注者の責に帰すべき事由によるときは，発注者は，必要があるとき認められるときは工期もしくは請負代金額を変更し，または受注者に損害を及ぼしたときは必要な費用を負担しなければならない．
　2　監督員は，必要があると認められるときは，工事の施工部分を破壊して検査することができる．
　3　監督員は，工事の施工部分が設計図書に適合しないと認められる相当の理由がある場合において，必要があると認められるときは，受注者に通知して，工事の施工部分を最小限度破壊して検査することができる．
　4　検査および復旧に直接要する費用は受注者の負担とする．

(8) 条件変更等

　第18条　受注者は，工事の施工に当たり，次の各号の一に該当する事実を発見したときは，その旨を直ちに監督員に通知し，その確認を請求しなければならない
　　一　図面，仕様書，現場説明および現場説明に対する質問回答書が一致しないこと（これらの優先順位

が定められている場合を除く．）
　二　設計図書に誤謬または脱漏があること
　三　設計図書の表示が明確でないこと
　四　工事現場の形状，地質，湧水等の状態，施工上の制約等設計図書に示された自然的または人為的な施工条件と実際の工事現場が一致しないこと

(9) 設計図書の変更

第19条　発注者は，必要があると認めるときは，設計図書の変更内容を受注者に通知して，設計図書を変更することができる．この場合において，発注者は，必要があると認められるときは工期もしくは請負代金額を変更し，または受注者に損害を及ぼしたときは必要な費用を負担しなければならない．

(10) 物価の変動等による請負代金額の変更

第25条　発注者または受注者は，工期内で請負契約締結の日から12月を経過した後に日本国内における賃金水準または物価水準の変動により請負代金額が不適当となったと認めたときは，相手方に対して請負代金額の変更を請求することができる．

(11) 臨機の措置

第26条　受注者は，災害防止等のため必要があると認めるときは，臨機の措置をとらなければならない．この場合において，必要があると認めるときは，受注者は，あらかじめ監督員の意見を聴かなければならない．ただし，緊急やむを得ない事情があるときは，この限りでない．

(12) 一般的損害

第27条　工事目的物の引渡し前に，工事目的物または工事材料について生じた損害その他工事の施工に関して生じた損害については，受注者がその費用を負担する．ただし，その損害（保険等によりてん補された部分を除く．）のうち発注者の責に帰すべき事由により生じたものについては，発注者が負担する．

(13) 第三者に及ぼした損害

第28条　工事の施工について第三者に損害を及ぼしたときは，受注者がその損害を賠償しなければならない．ただし，その損害（保険等によりてん補された部分を除く．）のうち発注者の責に帰すべき事由により生じたものについては，発注者が負担する．

2　前項の規定にかかわらず，工事の施工に伴い通常避けることができない騒音，振動，地盤沈下，地下水の断絶等の理由により第三者に損害を及ぼしたときは，発注者がその損害を負担しなければならない．ただし，その損害のうち工事の施工につき受注者が善良な管理者の注意義務を怠ったことにより生じたものについては，受注者が負担する．

3　前二項の場合その他工事の施工について第三者との間に紛争を生じた場合においては，発注者と受注者が協力してその処理解決に当たるものとする．

⑭ 不可抗力による損害

第29条 工事目的物の引渡し前に，天災等（設計図書で基準を定めたものにあっては，当該基準を超えるものに限る．）で，発注者，受注者双方の責に帰すことができないもの（「不可抗力」）により，工事目的物，仮設物または工事現場搬入済みの工事材料もしくは建設機械器具に損害が生じたときは，受注者は，その事実の発生後直ちにその状況を発注者に通知しなければならない．

3 受注者は前項の規定により損害の状況が確認されたときは，損害による費用の負担を発注者に請求することができる．

⑮ 検査および引渡し

第31条 受注者は，工事を完成したときは，その旨を発注者に通知しなければならない．

2 発注者は，前項の規定による通知を受けたときは，通知を受けた日から14日以内に受注者の立会いの上，設計図書に定めるところにより，工事の完成を確認するための検査を完了し，当該検査の結果を受注者に通知しなければならない．この場合において，発注者は，必要があると認められるときは，その理由を受注者に通知して，工事目的物を最小限度破壊して検査することができる．

3 前項の場合において，検査または復旧に直接要する費用は，受注者の負担とする．

4 発注者は第2項の検査によって工事の完成を確認した後，受注者が工事目的物の引渡しを申し出たときは，直ちに当該工事目的物の引渡しを受けなければならない．

⑯ 請負代金の支払い

第32条 受注者は，前条第2項の検査に合格したときは，請負代金の支払を請求することができる．

2 発注者は，前項の規定による請求があったときは，請求を受けた日から40日以内に請負代金を支払わなければならない．

⑰ かし担保

第44条 発注者は，工事目的物にかしがあるときは，受注者に対して相当の期間を定めてそのかしの修補を請求し，または修補に代えもしくは修補とともに損害の賠償を請求することができる．ただし，かしが重要ではなく，かつ，その修補に過分の費用を要するときは，発注者は，修補を請求することができない．

2 前項の規定によるかしの修補または損害賠償の請求は，引渡しを受けた日から○年以内に行わなければならない．ただし，そのかしが受注者の故意または重大な過失により生じた場合には，請求を行うことのできる期間は○年とする．

　［注］ ○の部分には，原則として，木造の建物等の建設工事の場合には1を，コンクリート造等の建物等または土木工作物等の建設工事

の場合には2を，設備工事等の場合には1を記入する．ただし書の○の部分には，たとえば，10と記入する．

　ただし「住宅の品質確保の促進等に関する法律」による住宅を新築する建設工事の請負契約である場合には構造耐力または雨水の浸入に影響あるものについて修補または損害賠償の請求を行うことのできる期間は10年とする．

⒅ **発注者の解除権**

　第47条　発注者は，受注者が次の各号の一に該当するときは，契約を解除することができる．
　一　正当な理由なく，工事に着手すべき期日を過ぎても工事に着手しないとき．
　二　その責に帰すべき事由により工期内に完成しないときまたは工期経過後相当の期間内に工事を完成する見込みが明らかにないと認められるとき．
　三　主任技術者，監理技術者を設置しなかったとき．
　四　前三号に掲げる場合のほか，契約に違反し，その違反により契約の目的を達することができないと認められるとき．

　第48条　発注者は，工事が完成するまでの間は，必要があるときは，契約を解除することができる．
　2　発注者は，前項の規定により契約を解除したことにより受注者に損害を及ぼしたときは，その損害を賠償しなければならない．

⒆ **受注者の解除権**

　第49条　受注者は，次の各号の一に該当するときは，契約を解除することができる．
　一　設計図書を変更したため請負代金額が3分の2以上減少したとき．
　二　天災等による工事の施工の中止期間が工期の10分の○（工期の10分の○が○月を超えるときは，○月）を超えたとき．
　三　発注者が契約に違反し，その違反によって契約の履行が不可能となったとき．
　2　受注者は，前項の規定により契約を解除した場合において，損害があるときは，その損害の賠償を発注者に請求することができる．

⒇ **火災保険等**

　第51条　受注者は工事目的物および工事材料等を設計図書に定めるところにより火災保険，建設工事保険，その他の保険に付さなければならない．

㉑ **情報通信の技術を利用する方法**

　第54条　この約款において書面により行わなければならないこととされている請求，通知，報告，申出，承諾，解除および指示は，建設業法その他の政令に違反しない限りにおいて，電子情報処理組織を使用する方法その他の情報通信の技術を利用する方法を用いて行うことができる．

6.2　公共工事標準請負契約約款

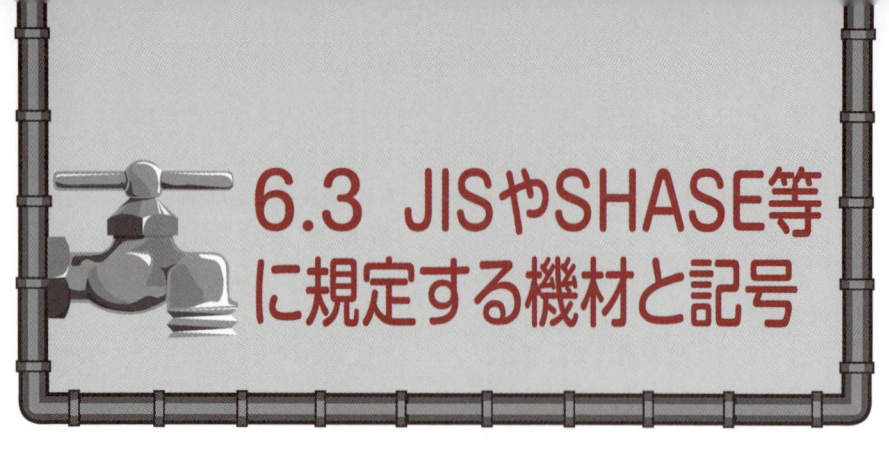

6.3 JISやSHASE等に規定する機材と記号

建築設備等の管工事に使用され，JIS や SHASE その他の規格に定められている機械の名称，記号等を以下に示す．

第 6-1 表　配管の種類と記号

名称	用途	特徴	記号
配管用炭素鋼鋼管	・建築物の配管材料として多く使用されている．	アルカリ性による腐食に強い．管と継手の継続はねじ接合が主である． ・圧力配管用亜鉛メッキ鋼管 ・水配管（水道用）亜鉛メッキ鋼管	SGP ｛黒管 ｛白管（亜鉛メッキ） STPG SGPW
硬質塩ビライニング鋼管 耐熱性硬質塩ビライニング鋼管 ポリエチレン粉体ライニング鋼管	・給水	鋼管の内部に塩化ビニル管を挿入した塩化ビニルライニング鋼管とポリエチレン粉体を鋼管の内面に融着させたポリエチレン粉体ライニング鋼管がある．継手は樹脂をコーティングしたものを用い，管内の流体が管の金属面に触れないようにし，耐食性があるのが特徴．	SGP-VA （SGPにライニング） SGP-VB （SGPWにライニング） SGP-HVA SGP-P
ステンレス鋼管	・給水・給湯	耐食性，耐熱性にすぐれている．ただし，水道水中の塩素の量により，応力腐食の原因ともなるので注意が必要．継手はプレス式，圧縮式，突合せ溶接等がある．	SUS
給水鋳鉄管	・おもに給水用の土中埋設配管	耐久性もあり，強度も鋼管に近いものもある．分水栓を取付けることが可能な肉厚もある．ジョイントはゴムリングによるメカニカルジョイントが多い．	FC
排水用鋳鉄管	・汚水用配管	腐食に対して割合強い．耐久性にもすぐれている．直管には1種と2種がある．接続は鉛コーキングやゴムリングによる可とう性ジョイント方式がとられる．	FC
銅管および黄銅管	・給湯管，小規模の給水管	鋼管に比べ耐食性と可とう性にすぐれている．価格は高価．	CP

| 合成樹脂管 | ・給・排水管 | 硬質塩化ビニル管は耐酸・耐アルカリ性で管内摩擦抵抗が少なく軽量で加工性にすぐれているが，耐熱性，耐衝撃性に弱く，線膨張係数が大きい欠点がある．ただし，最近では耐熱や耐衝撃性を改良したものがある．
・耐衝撃性硬質塩ビ管
・耐熱性硬質塩ビ管
　ポリエチレン管は，軽量で耐熱性，耐寒性，耐衝撃性にすぐれている． | VP (1.0 MPa)
VU (0.6 MPa)
HIVP
HVP
PP |

第 6-2 表　ダクト・付属品の図示記号

種別	図示記号	種別	図示記号
還気ダクト	──RA──	キャンバス継手	
給気ダクト	──SA──	消音部	
外気ダクト	──OA──	フレキシブルダクト	
排気ダクト	──EA──	点検口	AD
排煙ダクト	──SM──	吸気がらり	
角ダクト	H × W	排気がらり	
丸ダクト	φ直径	壁付吹出し口	
角ダクト拡大		壁付吸込み口	
角ダクト縮小		天井付吹出し口	
ダンパ		天井付吸込み口	
電動ダンパ		壁付排煙口	
分流ダンパ・合流ダンパ		天井付排煙口	
		給気口	

6.3　JIS や SHASE 等に規定する機材と記号

第 6-3 表　衛生設備の図示記号（SHASE 001）

種別	図示記号	種別	図示記号
上水給水管		圧力計	
上水揚水管		温度計	
給湯管（往）		流量計	
給湯管（還）		伸縮管継手	
膨張管		防振継手	
汚水排水管		フレキシブル継手	
雑排水排水管			
通気管		和風大便器	
		洋風大便器	
フランジ		小便器	
ユニオン		洗面器	
ベンド		掃除用流し	
90°エルボ			
チーズ		量水器	
90°Y		ボールタップ	
閉止フランジ		給水栓	
キャップ，プラグ		混合水栓	
		給湯栓	
弁		床上掃除口	
逆止め弁		床下掃除口	
安全弁			
減圧弁		汚水ます	
電磁弁		雑排水ます	
自動空気抜き弁		雨水ます	
埋設弁			

第 6 章　設計図書に関する知識

第6-4表　消火設備の図示記号（SHASE 001）

名称	図示記号	名称	図示記号
消火器具		スプリンクラーヘッド（閉鎖型）	○ ▽
屋内1号消火栓	◩	スプリンクラーヘッド（開放型）	⌀
屋内2号消火栓	◤	泡ヘッド（フォームヘッド）	○
屋内消火栓（放水口付）	◩	火災感知ヘッド	●
屋内消火栓 　（放水口・同用ホース付）	◩	流水検知装置（アラーム弁）	△
連結送水管放水口 　（格納箱付）	⊠	配管	
送水口（自立型）	⏦	消火栓管	——X——
送水口（壁付型）	⏦	連結送水管	——XS——
		スプリンクラー管	——SP——

6.3　JISやSHASE等に規定する機材と記号

この問題をマスタしよう

問1 「公共工事標準請負契約約款」に関する記述のうち，適当でないものはどれか．
(1) 監督員の権限には，工事の施工状況の検査または工事材料の試験もしくは検査が含まれる．
(2) 現場代理人の権限には，請負代金額の変更，請負代金の請求および受領が含まれる．
(3) 発注者は，受注者から工事が完成した旨の通知を受けたときは，通知を受けた日から14日以内に検査を完了しなければならない．
(4) 受注者は，完成検査に合格しないときは，直ちに修補して発注者の検査を受けなければならない．

解説 第10条（現場代理人および主任技術者等）
現場代理人は，この契約の履行に関し，工事現場に常駐し，その運営，取締りを行うほか，請負代金額の変更，請負代金の請求および受領，第12条第1項の請求の受理，同条第3項の決定および通知ならびにこの契約の解除に係る権限を除き，この契約に基づく受注者の一切の権限を行使することができる．

答 (2)

問2 公共工事施工中に，現場代理人または主任技術者が標準請負契約約款に基づいてとるべき措置のうち，適当でないものはどれか．
(1) 工事現場内に搬入した工事材料は，監督員の承諾を受けないで工事現場外に搬出してはならない．
(2) 工事材料で設計図書にその品質が明示されていないものは，中等の品質を有するものを選定する．
(3) 工事の施工に伴い騒音，振動，地盤沈下，地下水の断絶などにより第三者に損害を与えた場合は，すべて受注者の負担で措置しなければならない．
(4) 災害防止等のため必要があると認めるときは，臨機の措置をとらなければならない．

解説 （第三者に及ぼした損害）
第28条第1項　工事の施工について第三者に損害を及ぼしたときは受注者がその損害を賠償しなければならない．ただし，その損害のうち発注者の責に帰すべき事由により生じたものについては発注者が負担する．

同条第2項　工事の施工に伴い通常避けることができない騒音，振動，地盤沈下，地下水等の断絶等の理由により第三者に損害を及ぼしたときは，発注者がその損害を負担しなければならない．ただし，その損害のうち工事の施工につき受注者が善良な管理者の注意義務を怠ったことにより生じたものについては受注者が負担する．

答　(3)

問3　JISに規定する材料とその記号の組み合わせのうち，誤っているものはどれか．
(1)　配管用炭素鋼鋼管——SGP
(2)　球状黒鉛鋳鉄品——FCD
(3)　青銅鋳物——BC
(4)　圧力配管用炭素鋼鋼管——SGPW

解説　(a)　配管用炭素鋼鋼管は，亜鉛めっきを施した白管と，していない黒管とに分けられる．この管は一般にガス管と呼ばれ，水，空気，ガス，油，蒸気用などの配管に最も一般に使用されてきた．圧力1.0 MPa以下，温度は−15〜350℃の範囲で使用される．記号はSGP．

なお，SGP（配管用炭素鋼鋼管）の黒管に溶融亜鉛めっきを施したものが水道用亜鉛めっき鋼管（SGPW）であり，水道配管に使用される．水道用亜鉛めっき鋼管は配管用炭素鋼鋼管の白管に比べ亜鉛の付着量が多く，めっき層が良質で付着力が強くなっている．

(b)　圧力配管用炭素鋼鋼管は，配管用炭素鋼鋼管（SGP）より高い圧力——1.0 MPaを超え，10 MPa以下——で使用され，使用温度は350℃以下である．継目無し管と電気抵抗溶接管があり，スケジュール番号で区分される．記号はSTPG．

(c)　その他の配管として，設問のように，
①　青銅鋳物（BC）
②　球状黒鉛鋳鉄品（FCD）
③　高圧配管用炭素鋼鋼管（STS）
等がある．

答　(4)

この問題をマスタしよう

表 6-1　各種配管

名称	記号	用途
配管用炭素鋼鋼管（白）	SGP	冷温水，通気，ガス
〃（黒）	〃	蒸気，油
水道用亜鉛めっき鋼管	SGPW	給水，給湯，雑排水，通気，冷温水
圧力配管用炭素鋼鋼管	STPG	ガス，蒸気，油
ステンレス鋼管	SUS-TPD（一般配管用）	給水，ガス，蒸気
硬質塩化ビニルライニング鋼管	SGP-VA	給水，排水，給湯
耐熱性硬質塩化ビニルライニング鋼管	SGP-HVA	給湯，冷温水
硬質塩化ビニル管	VP	屋外排水管
〃	VU	排水，通気
銅管	CP	給湯
鉛管	LP	冷温水
鋳鉄管	FC	水道・下水道，建築設備の排水

問 4　SHASE に規定する器具の名称と図示記号の組み合わせのうち，誤っているものはどれか．

　　〔器具の名称〕　　〔図示記号〕

(1)　減圧弁

(2)　防振継手

(3)　制水弁

(4)　電動弁

解説　空気調和・衛生工学会 SHASE 001 等による図示記号で，主要なものは間違いないよう確認しておこう．

制水弁，仕切弁等の記号は同一である．

(a)　減圧弁は二次側の圧力を検知して弁の開度を調整する自力式圧力調整弁であり，水用，ガス用，蒸気用などがある．一次側の高圧の流体を二次側において低圧に下げ，一次側の圧力変動があっても，二次側の圧力を一定に保つ自動弁であり，図示記号の R は Reduce（減じる）の意味である．

(b)　制水弁は，水道施設において配水管の配水調整，漏水修理，給水管の分岐やメンテナンスで断水する場合などに設けられる弁で，仕切り弁やバタフライ弁が多く使われている．

(c)　電動弁は弁の開閉を電気的に行うもので，電動機の回転力を減速した後直線運動に変換し弁を開閉させるものである．図示記号の Ⓜ は電動機の意味である．

答　(3)

第7章 施工管理

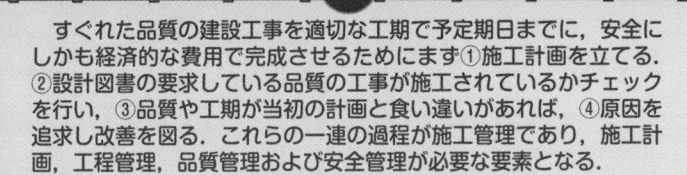

　すぐれた品質の建設工事を適切な工期で予定期日までに，安全にしかも経済的な費用で完成させるためにます①施工計画を立てる．②設計図書の要求している品質の工事が施工されているかチェックを行い，③品質や工期が当初の計画と食い違いがあれば，④原因を追求し改善を図る．これらの一連の過程が施工管理であり，施工計画，工程管理，品質管理および安全管理が必要な要素となる．

　この章では施工計画，工程管理，品質管理，安全管理の他，工事施工に関する機器据付，配管，ダクト，保温保冷に関する出題が必須問題とし出題される．

(1) **施工計画**
　(a) 請負契約の内容：工事内容，請負代金の額，工期，前払金や出来高払いについて，設計変更や工期の変更等
　(b) 工事費：直接工事費，純工事費，工事原価，一般管理費等から構成される

(2) **工程管理**
　(a) 各種工程表：ガントチャート，バーチャート，ネットワーク工程表
　(b) ネットワーク工程表の用語：アクティビティ，イベント，ダミー，最早開始時刻 [E.S]，最遅完了時刻 [L.F]，クリティカルパス，トータルフロート，フリーフロート等

(3) **品質管理**
　(a) 品質管理の用語：管理図，許容差，公差，管理線，管理限界
　(b) 品質管理の7つ道具：パレート図，ヒストグラム，散布図，管理図，特性要因図等がある

(4) **安全管理**
　(a) 災害発生率の指標：度数率，強度率，損失日数
　(b) 安全衛生管理組織：統括安全衛生管理者，安全管理者，衛生管理者，統括安全衛生責任者，元方安全衛生管理者，衛生管理者等

(5) **工事施工**
　(a) 各種設備機器の据付，基礎工事，配管工事，ダクト工事
　(b) 保温保冷，試験運転，調整

7.1 施工計画

(1) 着工時の業務

着工時に関する業務およびそれらのフローを，第 7-1 図に示す．

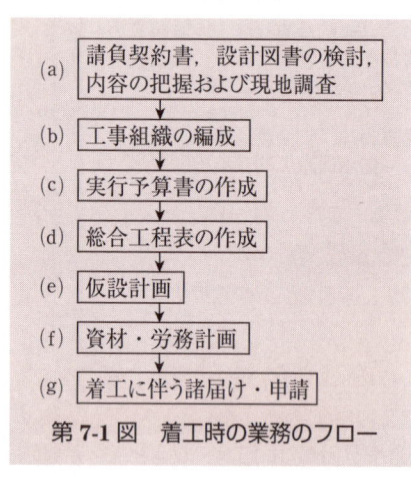

- (a) 請負契約書，設計図書の検討，内容の把握および現地調査
- (b) 工事組織の編成
- (c) 実行予算書の作成
- (d) 総合工程表の作成
- (e) 仮設計画
- (f) 資材・労務計画
- (g) 着工に伴う諸届け・申請

第 7-1 図　着工時の業務のフロー

第 7-1 表　請負契約の特徴

	権利	義務
発注者	・完成物引取の権利	・代金支払いの義務
請負者	・代金受取りの権利	・仕事完成の義務 ・完成までの危険負担 ・かし担保責任

(a) 請負契約書，設計図書の検討，内容の把握および現地調査

① 請負契約の特徴

発注者と請負者の権利義務の関係は第 7-1 表のとおりであり，請負は仕事を完成しない限りいくら労力を費いやしたとしても債務を履行したことにならない．

② 請負契約の基本則

ⓐ 不当に低い請負代金の禁止

ⓑ 不当な資材等の購入強制の禁止

ⓒ 一括請負の禁止（ただし発注者の書面による承諾を得た場合を除く）

③ 設計図書

設計図書とは「建築物」その敷地または工作物に関する工事用の図面（現

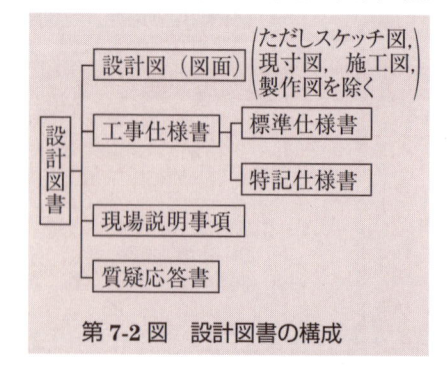

設計図書
- 設計図（図面）　ただしスケッチ図，現寸図，施工図，製作図を除く
- 工事仕様書
  - 標準仕様書
  - 特記仕様書
- 現場説明事項
- 質疑応答書

第 7-2 図　設計図書の構成

寸法その他これらに類するものを除く）および仕様書をいう――建築基準法第2条12（**第7-2図**）．

なお，設計図書の優先順位は，**第7-3図**に示すとおりである．

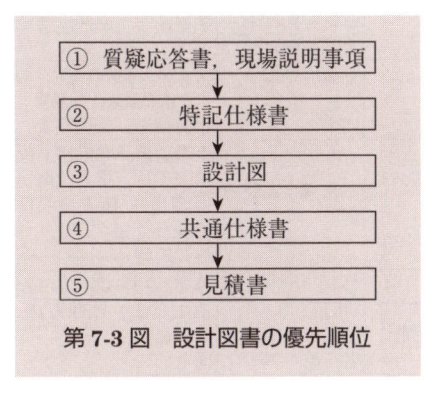

```
① 質疑応答書，現場説明事項
   ↓
② 特記仕様書
   ↓
③ 設計図
   ↓
④ 共通仕様書
   ↓
⑤ 見積書
```

第7-3図　設計図書の優先順位

(b) 工事組織の編成

① 工事管理者（現場代理人）を中心に組織作りが行われる．

② 主任技術者・監理技術者の選任が建設業で求められる．

(c) 実行予算書の作成

工事費の構成を**第7-4図**に示す．

(d) 総合工程表の作成

総合工程表は，工事全体の進捗状況を統括するために作成するもので，各関連部門の工期や手順が総合的に把握できるものでなくてはならない．

(e) 仮設計画

仮設計画は，基本的には施工者が自らの責任と判断で計画するものであり，特に注意するのは火災予防，盗難防止，安全管理である．

(f) 資材・労務計画

総合工程表と実行予算書を基に，必要な機器や材料を必要な時期に必要な数量を必要とする場所に合理的な価格で供給すること．またどのような職種の作業員が何人，どのくらいの期間必要であるかを把握し，作業に手もどり，変更や無理，無駄が無いよう経済的な配員に注意する．

(g) 着工に伴う諸申請

① 施主への諸届

② 労働基準監督署への届け（現場事務所開設に伴うもの）

③ 労災保険等および損害保険

④ 設備工事関連の申請・届出（**第7-2表**）

(2) 施工中の業務

施工中の業務の内容およびフローを**第7-5図**に示す．

(3) 完成時の業務

完成中の業務の内容とフローを**第7-6図**に示す．

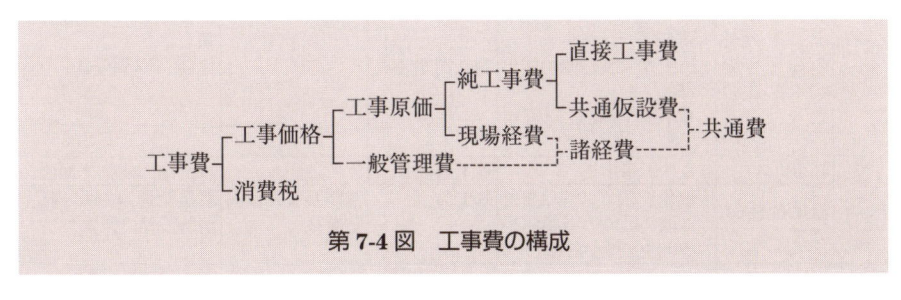

```
                           ┌ 直接工事費
                ┌ 純工事費 ┤
       ┌ 工事原価┤         └ 共通仮設費 ┐
工事価格┤        └ 現場経費              ├ 共通費
工事費 ┤        └ 一般管理費 ─────── 諸経費 ┘
       └ 消費税
```

第7-4図　工事費の構成

7.1　施工計画

第7-2表　申請・届出手続き

設備種別		申請・届出書類の名称	提出時期	提出先	備考
給水設備（共通）	上水道（給水装置）	・水道工事申込書 ・指定給水装置工事事業者設計審査申込 ・指定給水装置工事事業者工事検査申込 ・工事完了届 ・給水申込書	着工前 〃 完了時 〃 使用前	水道事業管理者	案内図，配置図，配管図添付 竣工後工事検査を受ける 工事完成図添付 申込後量水器取付
	8m以上の高架水槽	・確認申請書 ・工事完了届	着工前 完了時	建築主事または指定確認検査機関	配置図，平面図，構造図等
	専用水道	・専用水道確認申請 ・給水開始前の届出	着工前 使用前	都道府県知事 同上	給水量，水源の種別，地点，水質試験，施設等 水質検査，施設検査
排水設備	下水道接続敷地排水	・排水設備計画届 ・工事完了届 ・使用開始届	着工前 完了後5日以内 使用前	下水道事業管理者	工事調書，案内図，配管図添付，排水設備技術者選任　検査を受け検査証受領 新設開始
	公共用水域に排出	・特定施設設置届（カドミウム等排出） ・特定施設使用届出	着工60日前 使用開始前	都道府県知事（市長） 公共下水道管理者	施設の種類，構造，使用方法，処理方法，その他 同上
	河川に排出	・汚水排出届出（50 m³/日以上の汚水排出）	使用前	河川管理者	汚水の水質，量，排出方法，処理の方法
し尿浄化槽		・確認申請書（建築物の申請と同時） ・浄化槽設置届 ・同上（型式認定品の場合） ・工事完了届	着工前 着工21日前 着工10日前 完了後4日以内	建築主事 都道府県知事 建築主事	見取図，形状，構造，大きさ 同上（確認申請以外） 検査を受け検査済証受領
消火設備		・消防用設備等着工届出書 ・防火対象物使用届出書	着工前10日前まで 使用開始7日前まで	消防長または消防署長 消防長	設計図，系統図，仕様書添付，消防設備士が届出　設計書，計算書，系統図等
冷凍設備	フロンガス20以上50 RT/日未満，その他の高圧ガス3以上20 RT/日未満	・高圧ガス製造届出書	製造開始の20日前まで	都道府県知事	ガスの種類，製造施設明細を添付 （高圧ガス保安法）
	フロンガス50 RT/日以上，その他の高圧ガス20 RT/日以上	・高圧ガス製造許可申請書 ・製造施設完成検査申請書 ・高圧ガス製造開始届出書 ・危害予防規程認可申請書	製造開始前 完成時 製造開始時	都道府県知事 〃 〃	ガスの種類，製造計画書添付 検査を受けて検査証受領 （高圧ガス保安法）
ガス設備	都市ガス	・ガス工事申込	着工前	ガス会社	設計図，建物平面図
	液化石油ガス	・液化石油ガス貯蔵または取り扱いの開始届出（300 kg以上貯蔵）	着工前	消防長または消防署長	取扱数量，位置，構造，消防設備の概要

種別		申請・届出書類	時期	提出先	備考
ボイラー・第一種圧力容器設備	新設のもの	・構造検査申請 ・設置届 ・設置検査申請	製造後 設置30日前まで 完成時	労働局長 労働基準監督署長 同上	刻印・検査済印を受ける 配置図，配管図，明細書添付，据付主任者選任 検査を受け検査証受領
	再使用	・使用再開検査申請	竣工時	労働基準監督署長	構造図，明細書，配置図
	小型ボイラー	・設置報告	竣工時	労働基準監督署長	構造図，明細書，配置図
火を使用する設備	熱風炉・かまど等	・火を使用する設備などの設置届出(小型以下)	使用前	消防長，市町村長，消防署長	設備概要，配置図
危険物の製造所・貯蔵所・取扱所	指定数量以上	・危険物設置許可申請 ・水張，水圧検査申請 ・完成検査申請	着工前 施工中 完成時	都道府県知事または市町村長	製造設置，構造明細添付 容器に配管，付属品を取付ける前に申請検査を受け検査証受領
	少量危険物	・少量危険物（指定数量の1/5以上）の貯蔵,取扱届出書	着工前	消防署長	
ばい煙		・ばい煙発生施設設置届出	着工60日前まで	都道府県知事または政令市の市長	ばい煙発生施設の種類，構造，使用方法，処理方法
騒音	特定地域内	・特定施設設置届出 ・特定建設作業実施届	着工30日前まで 作業開始7日前まで	市町村長	特定施設の種類，騒音防止法，配置図 同上
道路使用	管類埋設等	・道路占用許可申請 ・道路使用許可申請	着工前 着工前	道路管理者 警察署長	目的，期日，場所，構造，方法，復旧方法等 目的，場所，期間，方法

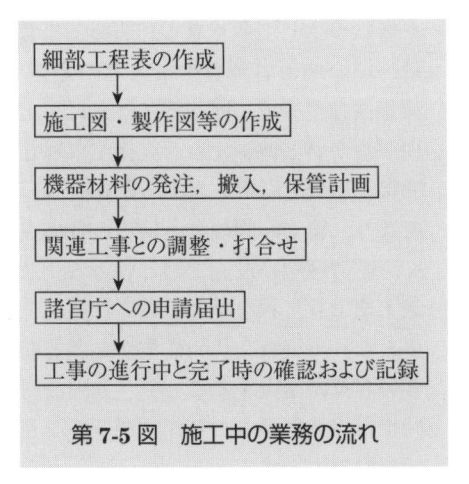

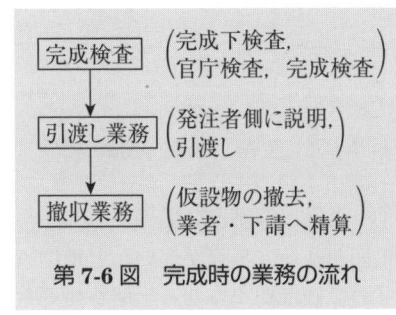

```
細部工程表の作成
   ↓
施工図・製作図等の作成
   ↓
機器材料の発注，搬入，保管計画
   ↓
関連工事との調整・打合せ
   ↓
諸官庁への申請届出
   ↓
工事の進行中と完了時の確認および記録
```

第7-5図 施工中の業務の流れ

```
完成検査 ― (完成下検査, 官庁検査, 完成検査)
   ↓
引渡し業務 ― (発注者側に説明, 引渡し)
   ↓
撤収業務 ― (仮設物の撤去, 業者・下請へ精算)
```

第7-6図 完成時の業務の流れ

7.1 施工計画

7.2 工程管理

(1) 目的と内容

　工程管理とは，建設工事のスタートから完成に至るまで，限られた工期内で，関連のある各種の工事手順や作業の進度を総合的に計画し実行することであり，単に日程的な管理だけでなく，品質管理，安全管理，原価管理と相まって施工管理が意義あるものとなる．

(a) 工程・原価・品質の関係(第7-7図)

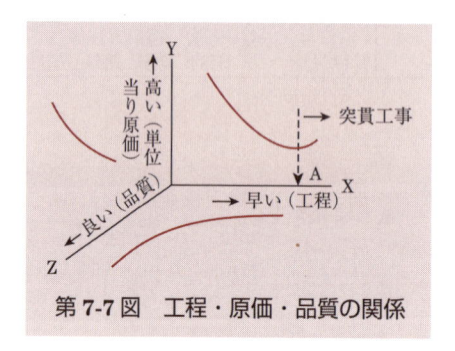

第7-7図　工程・原価・品質の関係

① 工程と原価との関係

　工期が長い（工程が遅い）と単位当たりの原価は高くなり，工期を短くする（工程を早める）と原価は安くなる．しかし，工期を短かくしすぎると突貫工事になり原価は逆に高くなる．

② 品質と工程との関係

　工期を短かくする（工程が早い）と品質は悪くなり，品質を良くしようとすると工期が長くなる（工程が遅くなる）．

③ 品質と原価との関係

　品質を良くしようとすると原価が高くなる．

(b) 適正工期と経済速度

　工事費は，直接工事費と間接工事費から成り立つ．直接工事費は労務費，機材の購入費などで工事に直接かかる費用であり，これは，工期が短かい，つまり工程の進度が速いと工事に重複や無駄が生じて多くなる．間接工事費は，いわゆる管理費や借入金の金利，減価償却費等で，直接費とは逆に，工期が短かいと減少する．直接工事費と間接工事費を合計したものが総工事費であり，**第7-8図**のようにこの最小点Aが経済速度の最適工期といえる．最適工期より工程を早めていくと突貫工事となり，昼夜交代の作業が必要となり労務費が増大することや，無理な同時平行作業や手もどり作業が多くなり工事費は増大する．

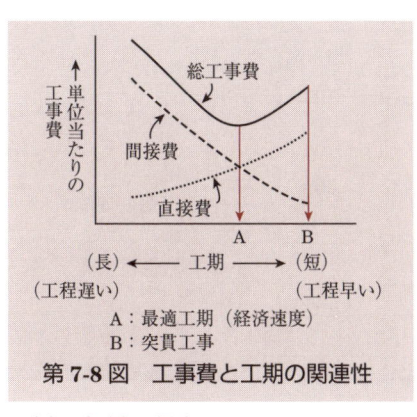

第 7-8 図　工事費と工期の関連性

A：最適工期（経済速度）
B：突貫工事

(2) 各種工程表
(a) 横線式工程表
① ガントチャート

作業名を縦軸にとり，それぞれの作業の達成度を横軸に表したもの．作業間の因果関係が明確でなく，それぞれの所要日数が不明である（第 7-9 図）．

② バーチャート

縦軸に各作業名と工事出来高〔％〕をとり，横軸は工期の時間的経過と暦日をとる．また，作業ごとの予定を横棒線で表す．ガントチャートで不明の部分は改善されるが作業の遅れなどが全体工期に及ぼす影響など把握できない（第 7-10 図）．

(b) 曲線式工程表
① 工程曲線

横軸に時間の経過，縦軸に工事出来高あるいは工事量の累計をとり，工事の出来高の予定と実績とを比較する方法．工事の初期の段階では準備作業や工事の段取などで出来高は少なく，工程が進むとともに作業も軌道にのり出来高も多くなってくる．しかし，工期の終盤では，検査や完成の事務的処理の準備などで再び進度は低下する．したがって，毎日の工事の出来高の累計はＳ字形の曲線を描くのが一般的である（第 7-11 図）．

② 進度管理曲線

①の工程曲線を，工事の予定曲線と実施した結果の曲線とで同一グラフに

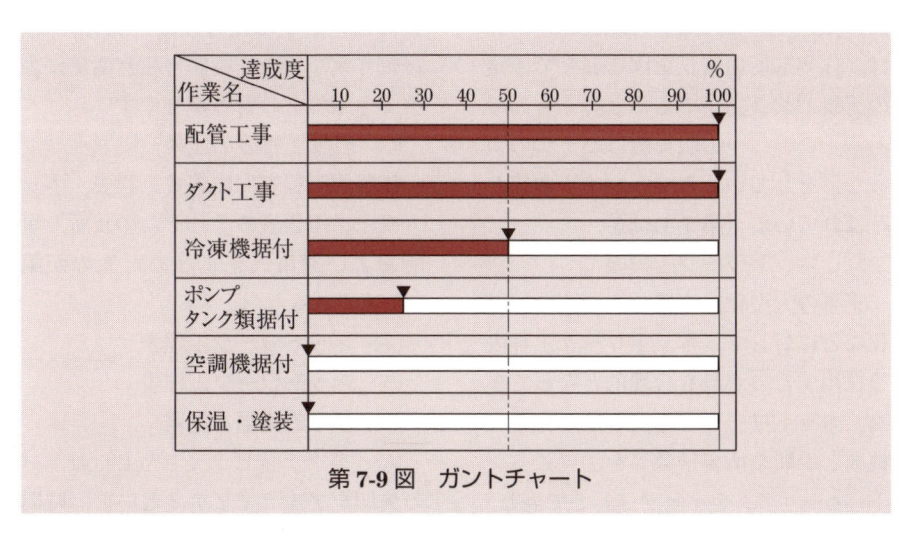

第 7-9 図　ガントチャート

7.2　工程管理

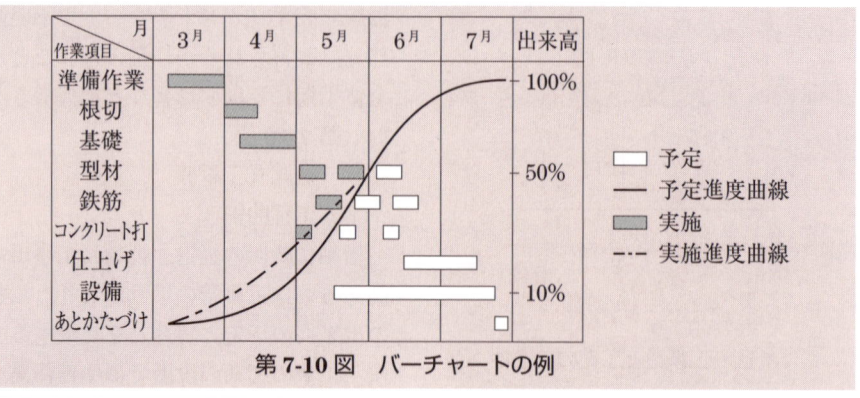

第 7-10 図　バーチャートの例

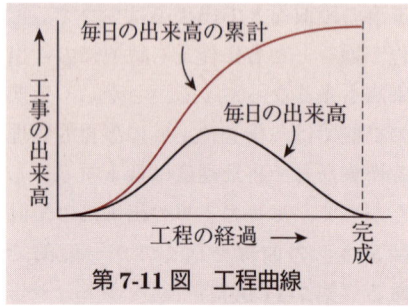

第 7-11 図　工程曲線

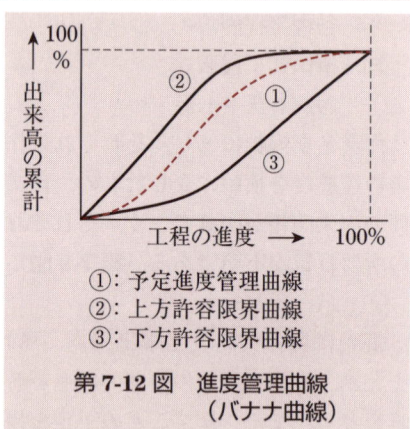

第 7-12 図　進度管理曲線
（バナナ曲線）

①：予定進度管理曲線
②：上方許容限界曲線
③：下方許容限界曲線

表し，工程の進度を管理するのが進度管理曲線である．予定進度曲線には上方許容限界曲線，下方許容限界曲線を設けていて，この二つの範囲内にあれば，作業進度の修正を図ることで予定の工程どおり完了できるというものである．この二つの限界線はバナナのような形をしているので，バナナ曲線と呼ばれている（**第 7-12 図**）．

(c) ネットワーク工程表

工事の大型化，複雑化や工期の短縮化などに対して，ネットワーク工程表を採用するのが最も合理的となってきた．ネットワーク工程表とは，作業の種類と手順や所要日数等を○（イベント）と→（アクティビティ）とで表し，各作業に対する先行作業，並行作業，後続作業などの作業間の相互関係が表示でき工程上の管理がしやすい．

(d) 各種工程表の比較

横線式工程表，曲線式工程表，ネットワーク工程表のそれぞれの長所，短所および適用例をまとめたものが**第 7-3 表**である．

(3) ネットワーク工程表

(a) ネットワーク工程表(1)

① 基本的用語と記号

ⓐ アクティビティ（Activity）；→の矢印をアクティビティといい，時間

第7-3表　各種工程表の比較

	長　所	短　所	適用例
横線式工程表 （ガントチャート，バーチャート）	① 作成が容易． ② わかりやすく誰でも理解できる． ③ 変更・修正が容易．	① 各作業の全体工期に及ぼす影響や位置付が不明． ② 作業間の因果関係が不明． ③ 大規模な工事では細部が表現できない．	① 小規模で単純な工事． ② マスタープラン，概略の工程表．
曲線式工程表	① 工程の進度の全体的傾向を理解できる． ② 作業の予定量と実施との相違がわかりやすい． ③ バナナ曲線により工程管理の目標が立てられる．	① 日程上の管理ができない． ② 暦日での計画は立てられない．	① 工程の全体的な傾向を知るには便利． ② 他の工程表と合わせて利用するとよい．
ネットワーク工程表	① 工事の相互関係がわかる． ② 工程の遅れなどに対して重点管理が可能． ③ ネットワーク手法は相手に対し説得しやすい． ④ 工程の全体と部分の関係が理解できる． ⑤ 工程の変化に対して対応しやすい． ⑥ 大規模で複雑な工事や重要な工事の進行状況の管理，原価管理に適する．	① 作成が比較的むずかしくやっかい． ② 作成や応用に熟練を必要とする． ③ 修正，変更がやや面倒．	① 大型工事． ② 複雑で特殊な工事． ③ 重要な工事．

を必要とする諸作業を表す．ジョブ（Job）ともいう．矢印は，作業が進行する向きに表示する．作業内容は矢線上に書入れ，作業に要する時間（日数）を矢印の下に記入する．この必要となる時間（日時）をDurationという．例として，**第7-13図**のように表現する．

　ⓑ　イベント（Event）；ノード（Nodes）ともいう．作業の結合点のことで，作業の開始および終了時点を示す．記号は〇印で表す．これに番号（自然数）を付けるが，これをイベント番号といい，同じ番号が二つ以上あってはならず，作業の進行方向に次第に大きくなる（**第7-14図**）．結合

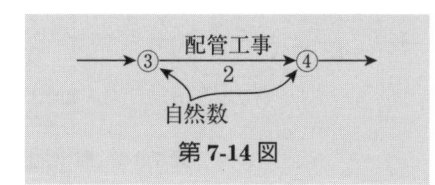

第7-13図

第7-14図

7.2　工程管理

点自体は時間的な要素をもたない．

ⓒ　ダミー（Dummy）；作業の前後関係のみを示し，作業の内容や時間的要素は含まない．記号は点線の矢印（--→）で，架空の作業を意味し，ネットワーク上で補助的に使われる．たとえば，**第 7-15 図**の例では，③，④間にダミーが入ることにより，次のように解釈できる．

- 作業 A が終了すると作業 C がスタートできる．
- 作業 A と作業 B が終了してはじめて作業 D が開始できる．

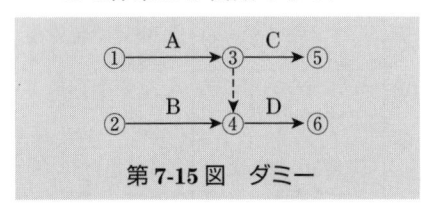

第 7-15 図　ダミー

ⓓ　パス（Path）；ネットワークの中で二つ以上の作業（アクティビティ）の連続したものをいう．

ⓔ　クリティカルパス（Critical Path）；ネットワーク上で，開始（Start）から終了（Finish）までのパスの中で最も日数を要するパス．

② **時間管理**

建設工事は完成時期が定められており，その限られた工期のなかで，それぞれの作業を完了しなければならないという制約がある．したがって，状況によって，工程の調整つまり作業時間の見直しをしなければならなくなる．

ⓐ　イベントタイム；ネットワークのスタートの時点を0として，それぞれのイベントの作業日数を加えていき，その結果，該当イベントでの日数が計算できる．

- 最早開始時刻；それぞれのイベントで最も早く次の作業が開始できる時刻（Earliest Start Time；E.S）．

　計算の方法は，ネットワーク上において，矢印の尾に接するイベントの最早開始時刻にその作業の所要日数を加えて，矢印の頭に接するイベントの最早開始時刻とする．イベントに矢印が二つ以上入る場合は，数値の大きい値をとる（**第 7-16 図**）．

- 最遅完了時刻（Latest Finish Time）；工事が予定した工期以内

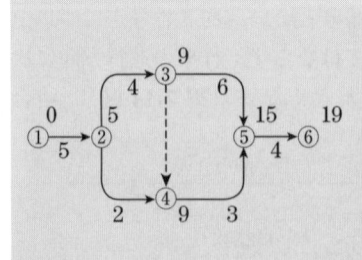

i 番目のイベント ⓘ において，それが出るアクティビティ ⓘ→ⓙ が最も早く開始できる時刻を最早開始時刻（E.S）という．これを計算で求めてみると，

イベント	①	②	③	④	⑤	⑥
算出	0	0+5	5+4	5+4 ∨ 5+2	9+6 ∨ 9+3	15+4
E.S	0	5	9	9	15	19

第 7-16 図　最早開始時刻（E.S）の算出例

222　　　　　　　　　　　　　　　　　　　　　　　第 7 章　施工管理

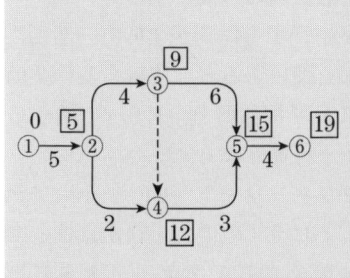

図のネットワークにおいて，最終イベントの最早開始時刻（E.S）を予定した工期として，この工期内に完了するために各イベントが遅くとも終了していなければならない時刻，すなわち最遅完了時刻（L.F）は以下のように求める。

イベント	⑥	⑤	④	③	②	①
算出		19−4	15−3	15−6 ∧ 12−0	9−4 ∧ 12−2	5−5
L.F	19	15	12	9	5	0

第 7-17　最遅完了時刻（L.F）の算出例

で完了するために，それぞれのイベント（結合点）が遅くとも完了していなければならない日時のことで，L.F という。L.F を求めるには，最終イベントの最早開始時刻（E.S）を工期として，E.S と L.F を等しくとり，E.S とは逆に先行作業の所要日数を順次引き算して求める。イベントに矢印の尾が二つ以上接している場合は，小さい方の値をとる（第 7-17 図）。

・最早完了時刻；そのイベントの最も早く完了できる日時のことで，最早開始時刻に後続するアクティビティ（矢印）の所要日数を加えたもの。

・最遅開始時刻；その作業が，全体の工期を守るため必ず着手しなければならない日時．最遅完了時刻からそのアクティビティに要する所要日数を引いたもの。

ⓑ　フロート；ネットワーク上で，最早完了時刻と最遅完了時刻の差だけ遅れても全体工期に影響を及ぼさないが，その余裕時間をフロートという。

各アクティビティのフロートを算出することで，全体の工期を調整，短縮するには，どの作業の日数を短縮すればよいかなどの判断材料となる。

例として，第 7-18 図を見てみよう。この工程の工期の完成に必要な日数は 11 日であるが，作業の経路は⓪→①→③と⓪→①→②→③の二つがあ

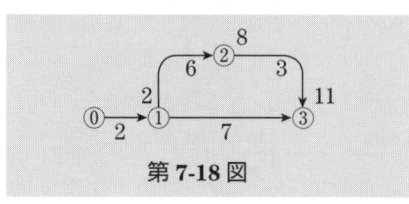

第 7-18 図

る．前者の所要日数は 9 日で後者は 11 日である．したがって，前者と後者の差は 2 日となり，これがフロート（余裕時間）となる．フロートの種類は，トータルフロート（Total Float：T.F，最大余裕時間），フリーフロート（Free Float：F.F，自由余裕時間），インターフェアリングフロート（Interfering Float：I.F，干渉余裕時間）等がある。

・トータルフロート（T.F）；あるアクティビティ（作業）内で取り得る最大余裕時間．一般のネッ

トワーク上でのT.Fの表示方法は，第7-19図の〔T.F$_{ij}$〕となる．トータルフロートの算出例は，第7-20図参照のこと．

＜トータルフロート（T.F）の特徴＞

㋑　T.F＝0ならば他のフロートも0である．

㋺　T.F＝0のアクティビティ（作業）をクリティカルアクティビティ（臨界）といい，余裕時間は無く工程管理上の重点管理の対象となる．

㋩　先行する作業がT.Fの一部または全部を使い切ると，後続する作業は一般に最早開始時刻（E.S）で始めることが不可能となる．

・フリーフロート（F.F）；そのアクティビティの中で，自由に使っても後続するアクティビティに影響を及ぼさない余裕時間．一般のネットワーク上でのF.Fの表示

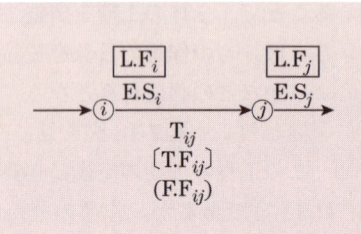

L.F$_i$　：㋑における最遅完了時刻
L.F$_j$　：㋺における　〃
E.S$_i$　：㋑における最早開始時刻
E.S$_j$　：㋺における　〃
〔T.F$_{ij}$〕：㋑→㋺のトータルフロート
〔F.F$_{ij}$〕：㋑→㋺のフリーフロート
T$_{ij}$　：作業㋑→㋺の所要日数

第7-19図

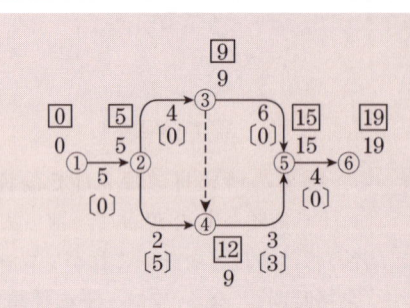

トータルフロートの算出

$$〔T.F_{ij}〕=(\boxed{L.F_j}-E.S_i)-T_{ij}$$
$$=\boxed{L.F_j}-(E.S_i+T_{ij})$$

〔T.F$_{ij}$〕：作業㋑→㋺のトータルフロート
L.F$_j$　：㋺における最遅完了時刻
E.S$_i$　：㋑における最早開始時刻
T$_{ij}$　：作業㋑→㋺の所要日数

$$〔T.F_{45}〕=\boxed{15}-(9+3)=〔3〕$$

アクティビティ	①→②	②→③	②→④	③→⑤	④→⑤	⑤→⑥
計算	5−(0+5)	9−(5+4)	12−(5+2)	15−(9+6)	15−(9+3)	19−(15+4)
T・F	0	0	5	0	3	0

第7-20図　トータルフロートの算出

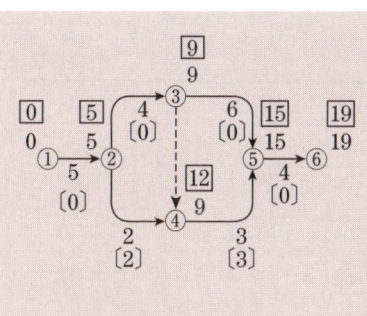

フリーフロート (F.F) の算出

$$[F.F_{ij}] = (E.S_j - E.S_i) - T_{ij}$$
$$= E.S_j - (E.S_i + T_{ij})$$

各記号は第 7-19 図参照

$F.F_{24} = 9-(5+2) = 2$ (②→④間の F.F は 2 となる)

アクティビティ	①→②	②→③	②→④	③→⑤	④→⑤	⑤→⑥
計算	5−(0+5)	9−(5+4)	9−(5+2)	15−(9+6)	15−(9+3)	19−(15+4)
F.F	0	0	2	0	3	0

第 7-21 図　フリーフロートの算出

方法は第 7-19 図の〔$F.F_{ij}$〕となる．フリーフロートの算出例は第 7-21 図参照．

＜フリーフロート (F.F) の特徴＞

④　F.F は T.F より大きくはない．つまり，等しいか小さい．F.F ≦ T.F

⑩　F.F はこれを使い切っても，後続の作業の工程に何ら影響を及ぼさず，後続の作業は最早開始時刻で開始することができる．

・インターフェアリングフロート (I.F)：フリーフロートは，後続するアクティビティの最早開始時刻に影響を与えないものであるが，全体の工期には影響を与えず，後続するアクティビティの最早開始時刻に影響を与えるフロートをインターフェアリングフロートという（第 7-22 図）．

(b) ネットワーク工程表(2)

① クリティカルパス

第 7-23 図において，最初のイベント①から⑧の最終イベントに至る各経路で必要となる日数を計算すると，最大日数が 33 日で，その経路は①→②→④→⑤→⑦→⑧であることがわか

ここで，
T.F$_{24}$ = 〔5〕
F.F$_{24}$ = (2)
よって，
I.F$_{24}$ = T.F$_{24}$ − F.F$_{24}$ = 〔5〕− (2) = 3

第 7-22 図

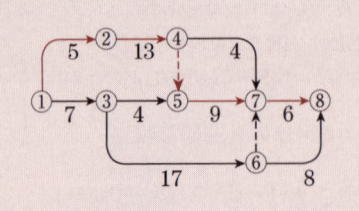

経路	所要日数
①-②-④-⑦-⑧	28
①-③-⑤-⑦-⑧	26
①-②-④-⑤-⑦-⑧	33
①-③-⑥-⑦-⑧	30
①-③-⑥-⑧	32

第 7-23 図

る．このように，すべての経路のうち最も長い日数を必要とする経路をクリティカルパスという．ネットワーク上で，クリティカルパスが1本以上できる．この経路の所要日数が工期を決するため，工程管理上重要である．

ⓐ　クリティカルパスの特徴

・クリティカルパス上のアクティビティ（作業）の各フロート（T.F，F.F，I.F）は0である．

・クリティカルパスは，開始点から終了点までの全ての経路の中で最も日数がかかる経路であり，工程管理上これに着目し，工程短縮等の対策を立てることができる．

・クリティカルパスは必ずしも1本とは限らない．

・クリティカルパス以外の経路も，フロートを使いきると，その経路はクリティカルパスとなる．

・T.Fの小さい経路をセミクリティカルパスといい，これはクリティカルパスになりやすいので工程管理上十分注意する．

・ネットワーク上では，クリティカルパスを一般的に太線で表す．

② 日程短縮

工事の手順やその相互関係を検討してネットワーク工程表を作成し，各作業に標準状態の時間見積を入れ，最早開始時刻を計算すると所要工期が求められる．これをプランニングという．この工期が予定されている日数よりも多ければ，作業日数を調整し工期を短縮しなければならない．このように，工期短縮の操作をスケジューリングと一般に呼んでいる．具体的なスケジューリングの方法は，ネットワーク上の負のトータルフロート（T.F）をもつ経路を選び，その中のいくつかの作業ごとに短縮する日数を求め，工期に間に合うよう日程短縮を行う．

③ 日程短縮の例

第 7-24 図のように最早開始時刻を計算し，所要日数が20日となった工事を3日短縮して17日にする場合について検討すると，日程短縮の検討順序は以下のようになる．

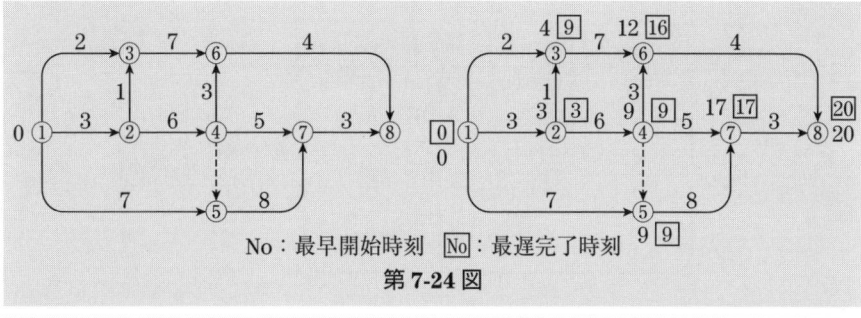

第7-24図

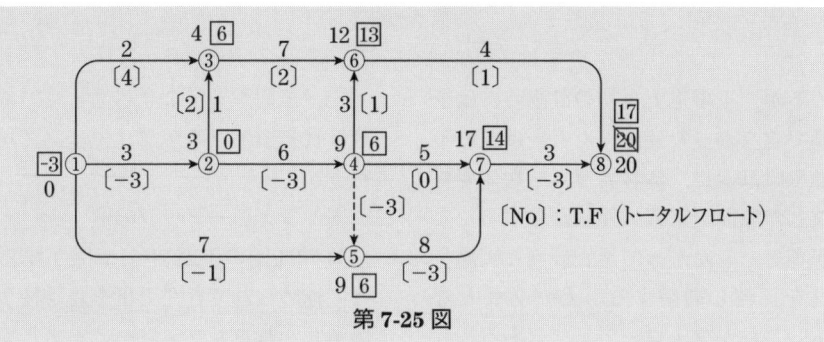

No：最早開始時刻　|No|：最遅完了時刻

第7-25図

[No]：T.F（トータルフロート）

(1) 最終イベント⑧の最遅完了時刻を17日として各イベントの最遅完了時刻を計算すると**第7-25図**のようになる．

(2) 次に第7-25図のT.F（トータルフロート）を計算すると**第7-26図**のようになる．

①→②→④…→⑤→⑦→⑧の経路上では各作業ともT.Fは－3となり，①→⑤では－1となる．

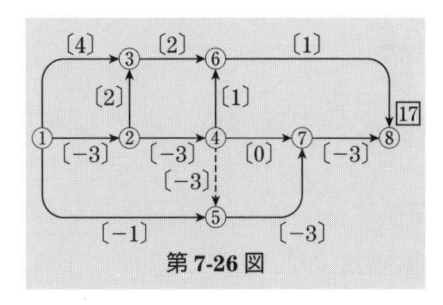

第7-26図

(3) 第7-26図のT.Fが最小の－3の経路がクリティカルパスである．日程短縮の検討は，このクリティカルパスを中心に，－1の経路のようにT.Fが負となっている作業のT.Fが0になるようにすればよい．

(4) 日程短縮の各アクティビティにおいて短縮できる日数の組合せの検討が必要である．

第7-27図は②→④の日数6日（＊6）を2日短縮して4日とし，⑤→⑦の日数8日（＊8）を1日短縮して7日とし，最早開始時刻，最遅完了時刻，各T.Fを算出したものであり，日程を17日に短縮できたことが確認できる．

④　フォローアップ

ネットワーク工程表により工事を進

7.2　工程管理

第7-27図

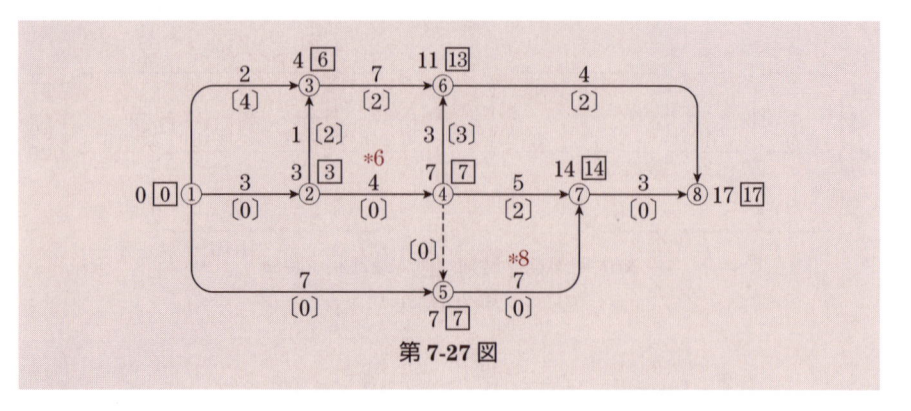

めるが，工事途上当初の計画時には予測できなかった要因，たとえば天候不順や設計変更，資材調達，納期の変更などが原因で工程の遅れが生ずることが多い．したがって適宜計画と実施状況を比較し調整することが必要となる．これがフォローアップである．

フォローアップは次の要領で行う．
(1) 実施状況の把握の時点を決める．
(2) 工程進捗の実情の調査と工程遅れの対策．
(3) 現時点から作業終了までの工期の確認．
(4) 現実に基づく作業手順，各作業間の日程の再調整．
(5) ネットワークの再調整．

(6) 工期が予定より超過している場合は日程短縮（スケジューリング）を行う．

⑤ フォローアップの例

第7-24図の工期20日で完了することで進められてきた工事を着手後7日経過した時点でフォローアップしてみると，①→②で1日，①→③で2日，①→⑤で3日，②→④で2日遅れていることが明らかになった．その結果工期が当初より3日多くなり23日必要であることが**第7-28図**で確かめることができる．これをふまえて工期を短縮するには日程短縮（スケジューリング）の検討が必要となる．

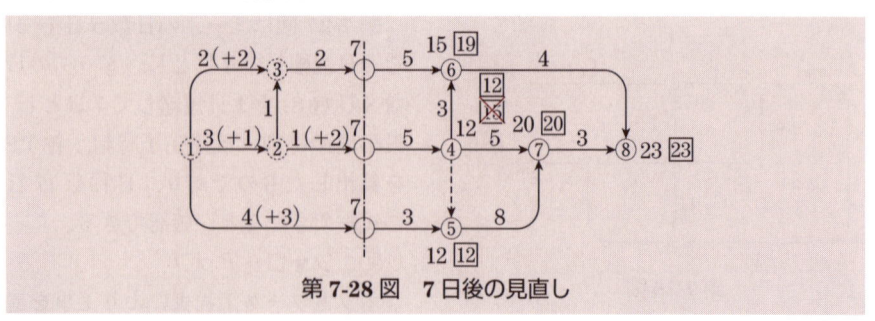

第7-28図　7日後の見直し

228　　第7章　施工管理

7.3 品質管理

(1) 目的と内容

品質管理とは，建設工事の着工の準備段階から完成に到るまで，設計図書で要求される品質を達成するために行われる管理体系といえる．

このことにより，欠陥を未然に防止することができ，工事に関する信頼性を得ることができるとともに，新たな問題点や改善の方策を見い出すことである．

以上の表現を別の視点から眺めてみると以下のような説明ができる．

① 買手の要求に合った品質の品物またはサービスを経済的に作り出すための手段の体系．

② 製品の標準を定め，この標準を維持し，さらに改善を図るようにすること．

③ 品質のバラツキをなくすために最も経済的に目標に達するよう管理すること．

(2) 品質管理の手法

(a) デミングサークル

デミングサークルは，品質管理のステップを4段階に分け，**第7-29図**の

第7-29図　デミングサークル

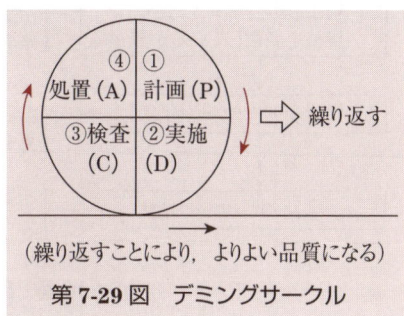

ように，

① 計画（PLAN）；建設工事においては，計画・設計で品質標準を定める．

② 実施（DO）；定めた品質標準どおりの成果物を得るための施工を行う段階．

③ 使用検査（CHECK）；施工された建設工事が，設計や施工の品質標準や施工標準に合致するか否かをチェックする段階．

④ 処置（ACTION）；③の段階で問題があればその対応をする．

を繰り返す．

(b) 品質管理の手順

建設工事における品質管理の手順を，**第7-30図**に示す．

手順	内容
1. 品質特性を決定	結果として品質に影響を及ぼすと考えられるもので，工程の初期段階で調べられるものを用いる
2. 品質標準を決定	設計・仕様書に定められた規格に合い，品質の平均とバラツキの幅を示すもので，管理の対象となり得るものを決める
3. 作業標準の決定	作業の順序や方法を定める（作業の標準化）
4. 作業標準により施工	作業標準により束縛するのではなく，作業標準は守るべきものと理解する
5. 施工状況をデータにとり規格を満たしているか調べる	ヒストグラムを作り，品質のバラツキをみる．また，同じデータで管理図上で工程が安定しているか確める
6. 異常なデータの原因追求	データに管理限界外に出るものや，その限界内にあっても異常な傾向がある場合は原因を追求し，再発防止の対策を考える
7. 一定間隔ごとに繰り返し	一定の時間間隔ごとか，データの量の区切りごとに5に戻り繰り返し

第 7-30 図　品質管理の手順

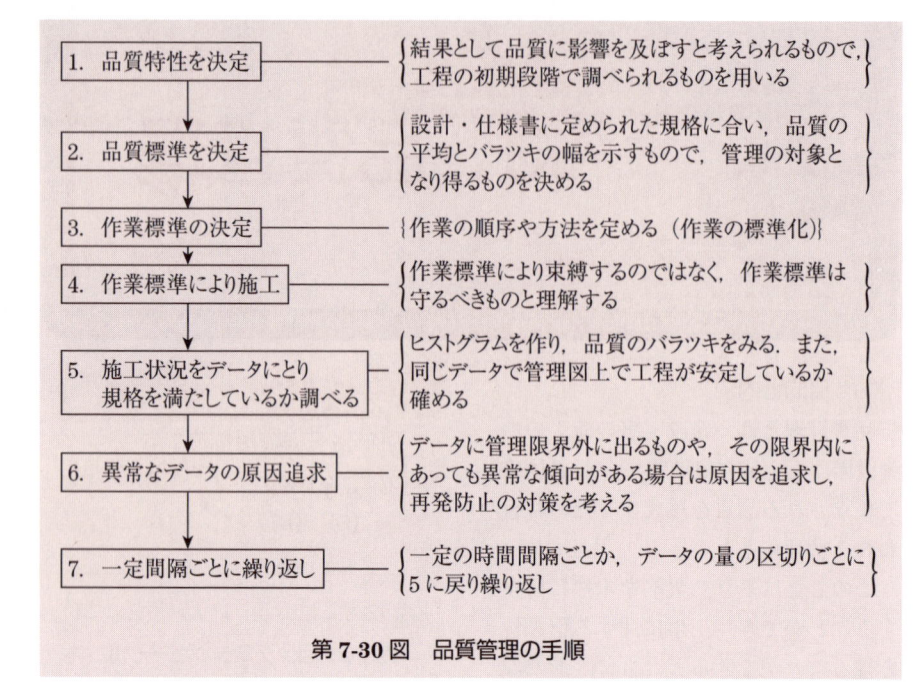

(3) 品質管理の方策

品質管理を進めていくにはその道具としての手段が必要となるが，具体的には QC7つ道具といわれる次の手法が用いられる．

① パレート図；どういう問題点があるか，不良箇所の多さの順位はどうかが判明する．

② 特性要因図；特性と不良箇所の要因が整理できる．

③ ヒストグラム；データを柱状図にし，分布の状況を明らかにできる．

④ 散布図；関連のある二つのデータの相関関係がわかる．

⑤ チェックシート；事前に用意したチェック項目によりチェックし，項目ごとに良不良を確認できる．

⑥ 層別；データの特性をある範囲別にグループ分けする．ヒストグラムを作る時などに利用できる．

⑦ 管理図；異常なバラツキの有無と時間的変化がわかる．

以下におもな手法を説明する．

① パレート図

不良項目を分類し，発生頻度の多い順に並べ，その大きさを棒グラフとし，さらにこれらの大きさを順次累積した折れ線グラフで表したもの．この図から，大きな不良項目がわかるとともに，不良項目が全体に占める割合が明らかになり，効果的な不良箇所削減対策が立てられる（第 7-31 図）．

② 特性要因図

第 7-32 図のように，図が魚の骨

第7-31図　パレート図

第7-32図　特性要因図の例

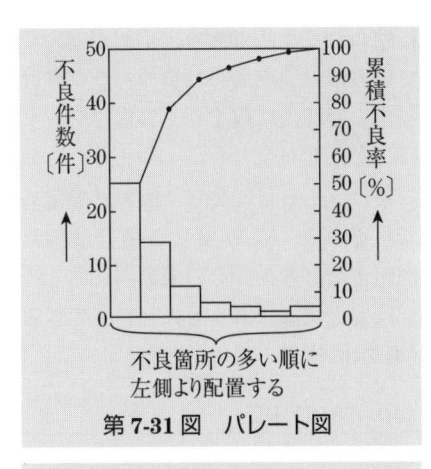

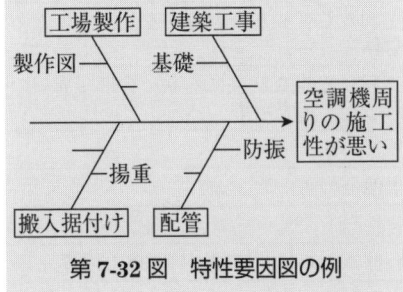

に似ていることから「魚の骨（Fish Bone）図」ともいう．改善したい特性（結果）と，これに直接，間接に影響を及ぼす要因（原因）との関係を関連づけて体系化したものである．

原因としての大項目とそれに関する中，小項目をグループごとに分け，大骨，中骨および小骨に書きこんでいく．これは不良となっている原因を整理し，関係者で原因追求と改善の手段を決め，改善のための全員の意思統一を図ることに利用できる．

③　ヒストグラム

一般に，安定した工程から得られる計量データは，平均値を中心として左右にすそ野をもつ正規分布となることが多い．ヒストグラムは，計量データがどのように分布しているのかを縦軸に度数，横軸にその計量値をある一定の幅ごとに区分し，その幅を底辺とした柱状図で表したもので，一般に上限，下限の規格値を入れている（**第7-33図**）．

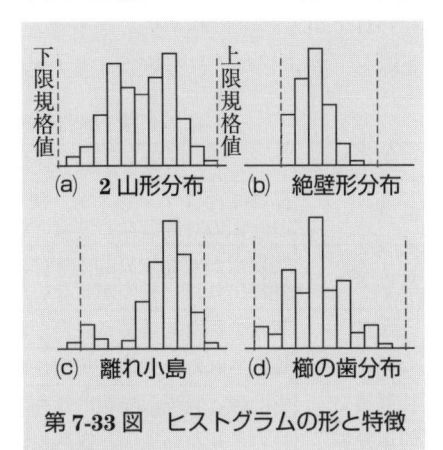

第7-33図　ヒストグラムの形と特徴
(a) 2山形分布　(b) 絶壁形分布
(c) 離れ小島　(d) 櫛の歯分布

④　散布図

第7-34図のように，x, y，二つのデータを座標にプロットしてみて，右上りの集団としての傾向を示せば，xとyは正の相関関係があることがわかる．

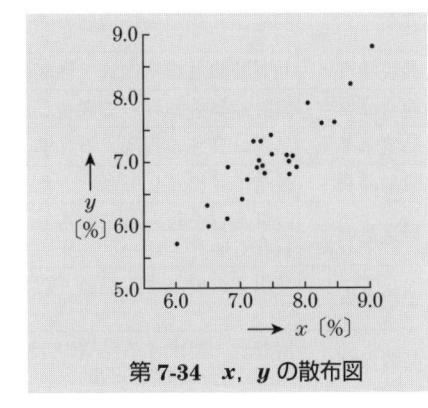

第7-34図　x, yの散布図

7.3　品質管理

また，右下りであれば負の関係があると考えられる．散布図を作ることにより，対応する二つのデータの関連性の有無がわかる．関係があれば品質管理対策に用いることができる．

⑤ 管理図

時間の経過とともに工事が継続して行われている場合に時系列でデータを記録し，安定した工程を維持するために使われる手法である．工程が安定していれば，完成品の品質のバラツキは一定の範囲内に収まり，異常なデータはほとんど発生しない．つまり，このことは，ある目安となる限界線を定めて，それからはみ出した場合は異常が起きたと考え，その限界内にある場合は安定状態にあるものと判断できる（第7-35図）．

第7-4表 品質管理用語（JIS Z 8101より）

用語	内容
品質	品物またはサービスが，使用目的を満たしているかどうかを決定するための評価の対象となる性質・性能の全体
管理図	測定点が管理限界線の中にあれば工程は安定な状態にあり，管理限界線の外に出れば，見のがせない原因があったことを示す
許容差	規定された基準値と規定された限界との差
公差	規定された最大値と規定された最小値との差
管理線	中心線と管理限界線の総称
管理限界	見のがせない原因と偶然原因を見わけるために，管理図に設けた限界
中心線	管理図において，平均値を示すために引いた直線
ヒストグラム，柱状図	測定値の存在する範囲をいくつかの区間に分け，その区間に属する測定値の出現度数に比例する面積をもつ柱（長方形）を並べた図
中央値	測定値を大きさの順に並べたとき，ちょうどその中央にあたる一つの値（奇数個の場合），または中央の二つの算術平均（偶数個の場合）
範囲	測定値のうち，最大の値と最小の値との差
偏差	測定値とその期待値との差
品質特性	品質評価となる性質・性能
適合品質	設計品質をねらって製造した製品の実際の品質．製造の品質ともいう
品質水準	品質の良さの程度．不良率，欠点数，平均，バラツキなどで表す
設計品質	製造の目標としてねらった品質．ねらいの品質ともいう
製造品質	設計品質をねらって製造した製品の実際の品質．できばえの品質適合の品質ともいう
使用品質	使用者の要求する品質．設計品質を企画するときは，これを十分に考察する
品質保証	消費者の要求する品質が十分に満たされていることを保証するために，生産者が行う体系的活動

第 7-35 図　管理図

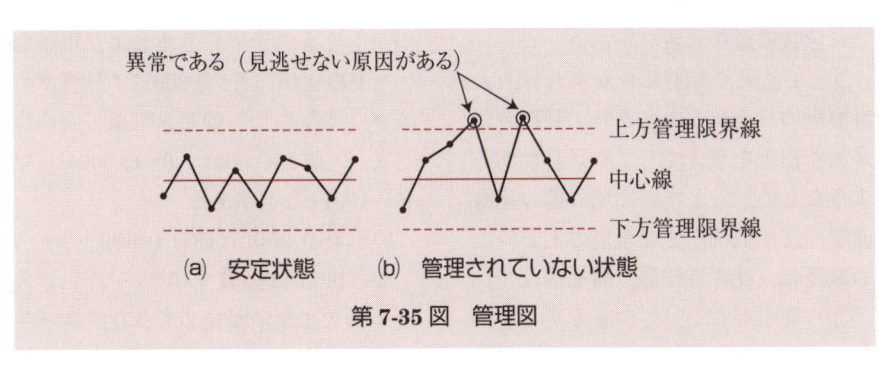

(4) 抜取検査と全数検査

品質管理の本来の意義は，不良品が最初から発生しないように管理することである．その結果として，施工された工事の品質の状態を検査して良否を判定する訳であるが，その検査の方法は全数検査と抜取検査がある．

(a) 抜取検査

ある一定の抜取検査方法により，検査ロットからサンプルを抜き取って試験し，その結果を判定基準と比較して合否の判定をする検査である．

① 抜取検査に適するもの

ⓐ 数量が多い材料（配管，保温材，塗料，支持金物等）．

ⓑ 施工されたマンションやホテルの客室系統等の同形，同パターンのダクトや配管，ダクト保温工事等でⓐ，ⓑともすべての物を検査することは可能であるが不経済となる場合．

② 抜取検査が必要な場合

ⓐ 破壊しなければ検査することができないもの．

ⓑ 試験を行ったら商品価値の無くなってしまうもの．

③ 抜取検査が有利の場合

ⓐ ある程度の不良品の混入が許される場合；全数検査を行うと多くの費用と手間がかかるため，多少不良品が混入してもさしつかえない場合は抜取検査は有利である．

ⓑ 生産者に品質向上の意識をもたすため；抜取検査はロット単位で処理されるため，不合格となった場合の生産者のダメージは大きい．そこで，生産者は品質向上に努めざるを得ない．

④ 計数抜取検査と計量抜取検査

ⓐ 計数抜取検査；品質が良品か不良品かのいずれかで示される場合や単位当たりの欠点数などによって表される場合の検査．

ⓑ 計量抜取検査；ロットから試料を抜き取り，その特性を測定し，平均値，標準偏差，範囲などがわかることにより条件が合えば合格，そうでなければ不合格となるもの．

(b) 全数検査

全ての検査対象物に対して多くの手間と費用をかけて検査するもので，検査の信頼性は高い．

7.3　品質管理

＜全数検査が必要な場合＞

ⓐ　1箇所でも不都合があれば，人身事故のおそれがあったり，利用者に多大な損害を与えてしまう恐れがあるようなもの，たとえば高圧設備の絶縁試験，接地抵抗測定や現場の主要機器の試運転（受変電機器，発電機など）

ⓑ　費用が安く，しかも安定した精度で能率良く検査でき，なおかつ効果が大きい場合．

ⓒ　工程の進度状況などから判断して，不良率が大きく，品質水準に到達していないと思われるもの．
など

抜取検査と全数検査の比較を**第7-5表**に示す．

(5) JISとISO

JISは日本工業規格でありISOは国際標準化機構でISO 9000等の規格を発行している．

ⓐ　JISとISOの関係

これらの関係は，例えばJIS Q 9000はISO 9000を規範に作成された日本工業規格のことである．

ISO 9000ファミリー規格には以下のものがある．

・ISO 9000（JIS Q 9000）；品質マネジメントシステムの基本および用語集
・ISO 9001（JIS Q 9001）；品質マネジメントシステムの要求事項

その他ISO 9004（JIS Q 9004）やISO 19011などがある．

ⓑ　ISO 9000とISO 14000

ISO 9001は品質マネジメントシステムの要求事項が定めてあり，ユーザに信頼感を与え，顧客満足の向上を築く体制作りの指針を定めている．ISO 14001は地球環境問題の深刻さから，企業活動や製品の使用，廃棄による環境管理の規格である．建設業関係ではISO 9000規格やISO 14000規格が審査登録の対象となっている．

2000年のISO 9001の改正は以下のとおり特徴がある．

① 経営者（トップマネジメント）は品質マネジメントシステムを構築し，有効に維持すること．
② 製造業だけでなく，今回の改正でサービス業にも適用しやすくなった．
③ ISO 14000規格の両立性の確保．

第7-5表　抜取検査と全数検査の特徴

抜取検査	全数検査
・一部分を検査して全体の品質を判断する方法で，手数・費用・時間では有利． ・検査対象（ロット）全体を検査しないので，合格となったロットでも不良品が入っていないという保障はない． ・よい品質のロットが不合格になったり悪い品質のロットが合格となる誤りもあり得る．	・検査の信頼性は高い． ・検査の手数，費用，時間がかかる．

7.4 安全衛生管理

(1) 目的と内容

近年は，建設物の大型化，工法の多様化，設備システムの高度化等により労働災害が増加している．これら労働災害を防止するには，それぞれの現場に応じた広義の安全管理体制を確立し実施していくことが必要である．

(2) 労働災害の種類

① 脚立などの足場などからの転落事故．

② 鋼管，大型機材など吊り上げおよび運搬中の事故．

③ 溶接作業に伴う事故．

④ 仮設電源などによる感電事故

などとなっており，

①の転落事故が最も多く全体の約45％を占め，②の吊り上げや車両などによる運搬中の事故を合計すると実に75％を占める．

また，不慣れな現場に初めて入場した作業者が事故に遇う確率は統計的に高く，その現場に新規に入場して7日以内に発生した事故の割合が25％，1か月以内の事故が50％で，新規にその現場の作業を開始してから10日以内にほとんどの事故が発生している．

(3) ハインリッヒの法則

1：29：300の法則ともいわれ，一つの死亡事故には29のヒヤリ，ハッとするできごとが起きており，その潜在的な原因は300存在するということである（第7-36図）．

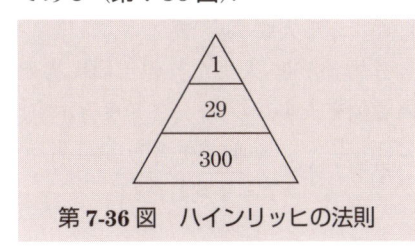

第7-36図 ハインリッヒの法則

(4) 労働災害の発生率

労働災害の発生状況を数値的に把握するには，何らかの指数として表すと便利である．労働省では，指数として以下の3種類を規定して用いている．

(a) 度数率

延労働100万時間当たりの死傷者数のことで災害発生の頻度を表す指数であり以下の式で表される．

$$度数率 = \frac{死傷者数}{労働延時間数} \times 1000000$$

(b) 強度率

延労働1000時間当たりの労働損失日数のことで，災害の規模・程度を表す．

$$強度率 = \frac{労働損失日数}{労働延時間数} \times 1000$$

労働損失日数は以下のように定められている．

① 死亡および永久全労働不能（身体障害1～3級）の場合は，休業日数に関係なく1件について7500日とする．

② 永久一部労働不能の場合は，休業日数に関係なく（第7-6表）による．

③ 一次労働不能による損失は，次式による．

$$労働損失日数 = \begin{pmatrix} 暦日による \\ 休業日数 \end{pmatrix} \times \frac{300}{365}$$

(c) 年千人率

労働者1000人当たりの年間災害死傷者数を表すもので，発生頻度を示す．

$$年千人率 = \frac{年間死傷者数}{\begin{pmatrix} 年平均1日当 \\ たり労働者数 \end{pmatrix}} \times 1000$$

(5) 安全活動

(a) 各種安全活動用語

① T.B.M（ツールボックスミーティング）

作業開始前の短い時間を利用して，道具箱（ツールボックス）を囲んで仕事仲間が安全作業について打合わせ（ミーティング）をすることで，現場で行う安全活動の一つの方法である．

② K.Y.K（または K.Y.T）

危険予知活動（または危険予知トレーニング）の略号で，職場や作業の中に潜む危険要因を知るため，職場の小集団で話し合い，作業の安全重点実施項目を理解する．

③ ヒヤリ・ハット運動

「ヒヤリ」としたり「ハッ」としたが，事故にならずに済んだ事例を取り上げ，その原因を取り除く運動である．

④ 4S運動

安全の基本となる「整理」「整頓」「清掃」「清潔」の頭文字をとり4S運動と名付け，安全活動としたもの．

⑤ ZD運動

ZDとは「ゼロ・デフェクト」（無欠陥）の略で，下からの盛り上がりに重点をおきミスや欠点の排除を目的とした運動．

⑥ オアシス運動

「オハヨウ」「アリガトウ」「シツレイシマシタ」「スミマセン」の頭文字をとって，オアシス運動と名付けられた．お互いの良好なコミュニケーションを築き，作業の安全に寄与しようとするものである．

⑦ O.J.T（On the Job Training）

日常の職場での訓練をいう．

第7-6表

身体障害等級〔級〕	4	5	6	7	8	9	10	11	12	13	14
労働損失日数〔日〕	5500	4000	3000	2200	1500	1000	600	400	200	100	50

7.5 工事施工

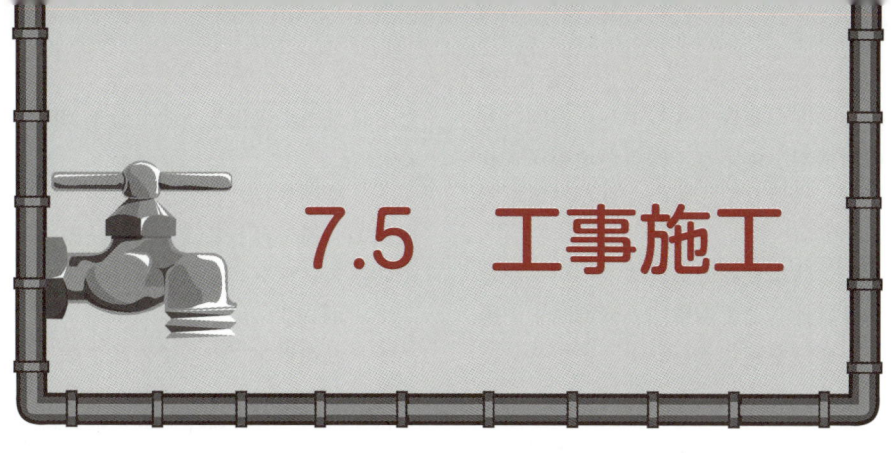

1. 施工計画と実施

(1) 目的と内容

建築初期段階で注意すべきことは，設備工事の施工体制が一般に整わず建築工事に対して遅れがちになることである．この初期段階での基本的な工事のミスや手抜きは建物完成時に設備機器の機能を充分満たすことができないということである．つまり建築基礎工事段階では，床下，床中配管，スリーブ入れ，床下の各種の槽，雑排水槽，湧水槽，汚水槽，蓄熱槽，配管トレンチ等の配置計画，躯体工事時期については，施工図の作成，鉄骨，鉄筋梁の貫通スリーブ入れ，箱入れ，インサート，アンカーボルト，吊り金物，シャフト内の収まりなどの検討および適切な施工が必要となる．

各種設備機器の基礎工事においては，主要機器の搬入，据付に先立ち，コンクリートの打込み，アンカーボルトの取付け，コンクリート基礎の仕上げ等についての準備が必要となる．

設備主要機器の据付工事は他の関連工事に影響することがあるので，搬入時期，経路，将来の機器更新時のことも考慮におくことが大切である．また取付基礎，架台，振動，耐震対策等，建築担当者とも十分な打合わせ，検討が望まれる．

その他各種設備機器の据付，配管，ダクト，保温，保冷等の材料および各工事についての注意事項と工事完了後の試験・調整について以下に述べる．

2. 基礎工事

(1) 基礎工事の要点

① 基礎コンクリートはレディーミクストコンクリートまたは現物練りとし多量のコンクリートを使用する場合は前者とする．その調合比はセメント1，砂2，砂利4の割合が一般的である．

② コンクリートの基礎はコンクリート打設後，適切な養生を行い10日以内に機器を据付けてはならない．

③ 耐震基礎は床スラブや梁の鉄筋と緊結されたアンカーボルトにより十

分な強度が確保できるよう，強固なもので機器を固定し，機器が地震により転倒，横滑りをしないような対策をとる．

④　防振基礎の場合ストッパーなどを設け地震による機器の転倒防止や過大な変位を起こさないようにする必要がある．

3. 機器の据付

(1) 送風機

①　送風機のコンクリート基礎の高さは，一般的に 150～300 mm 程度とし，幅は送風機架台より 100～200 mm 大きくする．

②　送風機の固有振動数・回転速度・荷重等に配慮し，取付位置は個々の防振材に均等に負荷がかかるようにする．

③　送風機とモータが直結されている場合は軸芯が水平で一直線になるように定規とテーパーゲージ（隙間ゲージ）を使用してチェックする．また必要なときは送風機とモータとベースの間にライナーを入れて調整する．

④　Vベルト駆動の送風機はVベルトの回転方向が，ベルトの下側引張となるよう電動機の回転方向を設定する．

⑤　Vベルトの最初の張り具合はVベルトが指でつまんで，90度程度ひねれるか，指で押してVベルトの厚さ程度たわむ程度するが，時間経過と

ともに長さが変化するので時々調節する．

⑥　振動や音の影響がある場合，送風機の共通架台と基礎の間に防振ゴムや防振スプリングを設ける．

(2) ポンプ

①　渦巻ポンプの基礎の高さは，一般的に 300 mm とし，基礎上の排水溝に排水目皿を設け排水系統に間接排水する．

②　ポンプとモータの軸が水平であること，カップリング面，ポンプの吐出および吸込みフランジ面の外縁および間隙をチェックする．軸芯の調整はポンプおよびモータの水平をチェックし，ついで軸継手のフランジ面について外縁および間隙の寸法をチェックする．一般に外縁の狂いは 0.03 mm 以下，間隙の誤差は 0.1 mm 以下におさえる．この狂いが大きい場合はベースの下にライナーと金属性くさびを打ち込んで調整する．

③　渦巻ポンプの水量調整は吐出し側の弁で行う．

④　配管および弁の荷重が直接ポンプにかからないようにする．

⑤　負圧となるおそれがある吸込管

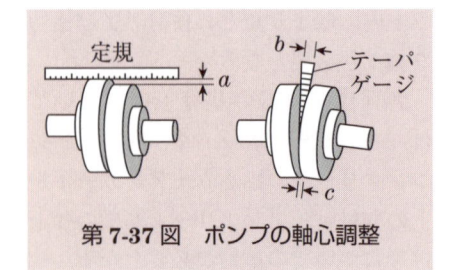

第 7-37 図　ポンプの軸心調整

には連成計を取付る．

(3) 冷却塔

① 冷却塔は建物の屋上や地上に設置されることが多い．本体の自重，風圧，地震等に十分対応できるよう構造体と一体となったコンクリート基礎上に直接または形鋼製架台上に水平に堅固に取付ける．

② 高置タンク給水方式の場合は，ボールタップによる冷却塔への補給水の供給には，高置タンクの低水位より3m以上の差が必要となる．

③ 冷却塔の周囲に壁面や設備が多いと冷却塔から排出される高温多湿の空気が冷却塔の空気取入口にショートサーキットするため十分な離間隔距離をとる．

(4) 冷凍機

① 冷凍機は蒸気圧縮式（遠心冷凍機，スクリュー冷凍機等）と吸収式（吸収冷凍機，直焚き吸収冷温水器）に分類される．大部分が大型重量機器であるため，基礎コンクリートの大きさは，機器が十分設置できる余裕のあるスペースとし床面より高くする．

② 基礎は鉄筋コンクリート製とし，冷凍機の運転時における重量の3倍以上の長期負荷に耐えられるものとする．また基礎の表面はモルタル塗りとし，据付面は水平に仕上げる．

③ 圧縮機の回転運動や往復運動により振動を生じる冷凍機は防振対策として機器の変位や転倒防止の耐震ストッパーなどを設ける．また機器に直接接続する冷水，冷却水の配管の荷重が直接本体にかからないようにするとともにチューブの保守・点検に支障のない位置に取外し用のフランジを設けることが望ましい．

④ 耐震基礎はアンカーボルトをスラブや梁の鉄筋と緊結するだけではなくコンクリートの強度も検討する必要がある．

⑤ 凝縮器のチューブ引出し用に有効な空間が必要でかつ保守点検のため周囲は1m以上の作業スペースを確保する．

(5) ボイラー

① 搬入はクレーン車などを使用し，据付は基礎の上に引き込み，中心および基礎ボルトと位置を確認した後，その場所に静かに下ろしクサビで水平，垂直を調整し，基礎ボルトを締めつける．その後クリアランスにコンクリートを充填し固定する．

② 鋳鉄製セクショナルボイラのセクションの組立は一般に後セクションから行う．

③ 伝熱面積3m^{2}を超えるボイラ（小型や簡易ボイラは除く）は専用の区画された場所（ボイラ室等）に設置する．

④ 煙道は10m以内ごとに伸縮継手を設け，45°以上の曲り部や必要な箇所には掃除口を設ける．

(6) 空調機（エアハンドリングユニット）

① コンクリート基礎や床面に防振

7.5 工事施工

ゴムパッドなどを敷いて水平に据付け，地震による変位防止のストッパーを取付ける．

② ドレン配管の勾配がとれるよう架台の高さは 100 mm 程度とする．

③ 冷水および温水配管の出入口には，圧力計や温度計を取付けると保守，点検が容易となる．

(7) ファンコイルユニット

① 床置型は室の外壁の窓側面に据え付け，壁面より 50 〜 60 mm 離して堅固に取付ける．

② 天井つり下げ型は，内壁の壁面に面した場所に取付けると室内気流分布がよい．

③ 天井つり下げ型や埋込型は，ドレンパンの取付やドレン配管の勾配に注意する．

(8) エアコン（セパレート型）

① セパレート型エアコンの場合，冷媒配管が長くなると配管抵抗が増すので，膨張弁の冷媒通過量が減少し機器能力が低下する．冷媒配管長による能力補正が必要となる．

② 室外機を風通しの良い場所に設置すると，凝縮器での冷媒の熱交換率が良くなるので機器能力は向上する．

③ 冷媒配管は機器の規定の圧力を保つ必要があるので，配管の長さにより冷媒封入量を調整する．

(9) ガス機具

① 密閉式；ガス器具を屋内に配置し，給気，排気を屋外に通じる給排気筒により行うもの．

② 半密閉式；ガス器具を屋内に配置し，排気（燃焼排ガス）だけを屋外に排出するもの．

③ ガス器具の逆風止めの取り付けは，屋外と屋内に圧力差が生じて燃焼ガスが押し込められたとき，逆風止めから排出して燃焼が不完全にならないような働きをするもので，屋内側に設置する．

④ 排気筒・給排気部には防火ダンパー等を取り付けてはならない．ガス器具に直結した排気筒・給排気部に防火ダンパー等（火災時に火炎，煙等を遮断する目的の設備や風量調整装置等）を設置すると，防火ダンパーの誤作動等により大きな事故の原因となり得るので取り付けてはならない．

⑤ 排気筒を天井裏等の隠蔽部分に設置する場合は，接続部と排気部を排気漏れの無い構造とし金属以外の不燃材料で覆うこと．

⑥ 排気筒の横引き部分は原則とし 5 m 以下とし，先上がり勾配とする．

⑽ 給水 FRP 製タンク

① タンク内部の保守点検を容易かつ安全に行うことができる位置に直径 0.6 m 以上の円が内接できるマンホールを設ける．

② 保守点検を容易に安全に行うためタンク上部は 1 m 以上，底部および周壁は 0.6 m 以上のスペースを必要とする．

③ タンクに接続する排水管および通気管以外の取り出し管には可撓継手

を使用する．タンクなど振動の発生しない機器回りには，地震による配管のずれを吸収するため可とう継手を使用する．

④　基礎上に満水時の重量で底板に変形を乗じない，十分な支持面をもつ鋼製架台を介して水平になるよう設置する．高置タンクは地震の他，風圧，積雪などに配慮する．

⑤　底板を点検できるように，山型の鉄筋コンクリート基礎上に 400 mm 以内の平行桟の鋼製架台を設置しその上にタンクを堅固に取付ける．

(11) 貯湯タンク

①　据え付けは「ボイラ及び圧力容器安全規則」による．

②　加熱コイルのある貯湯タンクなどコイルの引き出しスペースを確保する．

③　第 1 種圧力容器に相当するものは構造検査に合格したものとする．

(12) FRP 浄化槽

①　浄化槽の掘削深度の調整は捨てコンクリートで行う．捨てコンクリートは基礎栗石地業工事のあと，型枠，槽本体の位置，槽本体の固定金具や浮上防止金具の取付位置などの墨出しを行うために打設するもので，水平に仕上げる．深く掘りすぎた場合は基礎栗石地業で調整せず，捨てコンクリートで高さを調整する．厚みは 50～60 mm 程度である．

②　槽本体は水平に据付けなければならない．水平でないと処理水質が悪くなる．槽の水平がとれない場合はライナー等を槽の下に入れて調整する．

③　浄化槽の掘削は土留を十分に行い，深さ 2 m 以上の作業を行う場合は作業主任者を選任する．

④　浄化槽は国交大臣の型式認定を受けたものでなければ使用できない．（建基令第 32 条）

⑤　据え付け後槽内を満水にして 24 時間以上漏水しないことを確かめる．

⑥　設置工事の監督は浄化槽設備士が行う（浄化槽法第 29 条）

4. 配管

(1) 給水管

①　管の地中埋設深さ（土かぶり）は重車両通路では 1200 mm 以上，車両通路では 750 mm 以上，一般の敷地では 300 mm 以上，寒冷地では凍結深度以上とする．

②　給水立て主管からの各階への分岐管等主要な分岐管には，分岐点に近接して止水弁を設ける．

③　主配管には保守，改修の際を考慮し，配管の取り外しが可能なように適当な箇所にフランジ継手を設ける．

④　高層建築物等水栓器具など吐出圧が 500 kPa を超えないようにゾーニングするが，静水頭が 40 m 以上となると予想される配管には，ウォーターハンマー防止のためにエアーチャンバーなど設ける．

7.5　工事施工

⑤　給水管と排水管が平行に埋設される場合は，両配管の水平間隔は500 mm以上とし，交差する場合も給水管は排水管の上方に埋設する．

(2) **排水配管**

①　屋内排水管の勾配，呼径65以下は最小1/50，75以上〜100以下は最小1/100，125は最小1/150，150以上は最小1/200．

②　排水立て管の管径は，これに接続する排水横枝管の管径より小さくしてはならない．

③　洗面器の排水管の管径は30 mm以上とする．

④　排水配管にはユニオン継手も使用してはならない．

(3) **空気調和の配管**

①　横走り下り勾配の蒸気配管で管径を縮小する場合は偏心径違い継ぎ手を用いる（**第7-38図**）．

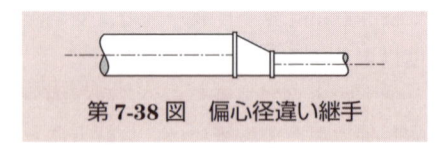

第7-38図　偏心径違い継手

②　冷温水，冷却水配管の最底部には，排水弁（水抜弁）を設ける．

③　蒸気往き管の管末には蒸気トラップを設け凝縮水および空気を排出する．

④　温水配管の勾配は先上がりとし配管内の空気抜きを行う．

⑤　梁貫通部分には管の伸縮がある場合，梁貫通のスリーブを設ける．

⑥　施工中の配管の開口部には，異物が入らないようキャップを取り付けておく．

⑦　配管用フレキシブルジョイントを取り付ける目的は，配管の軸に垂直方向の変位つまり，たわみ，ねじれ，機器の振動などを吸収するためである．軸方向の変位を吸収する継手は伸縮継手である．

(4) **配管の接合**

①　鋼管のねじ接合する場合，ねじ切は自動電動ねじ切り機を使用する．ねじ部には管内の流体に適したシール材を塗布して，余ねじ部とパイプレンチ跡に錆止めを塗布する．

②　溶接接合には突き合せ溶接，差し込み溶接およびフランジ溶接などがある．

③　突き合せ接合では管端部に適切な開先加工を施し，ルート間隔をとって溶接する．

④　硬質塩化ビニルライニング鋼管をねじ接合する場合は，管端の防食を確実にするため管端防食継手を用いる．

(5) **配管の支持**

①　複数本の平行の横走り配管を支持する場合は，同一の支持形鋼により支持し，1本ずつ吊り下げない．

②　Uボルトは配管の振れ止め用とし，固く締めすぎないようにする．固く締め過ぎると配管の伸縮にUボルトが追従できない．鋼管など材質のやわらかい配管をUボルトや吊りバンドで支持する場合は，ビニール，ゴム

等で被覆し保護する．

③ 横走り配管を支持する吊りボルトが長すぎると，地震時の水平入力に対して配管が共振することもあるので極力短くする．

④ 配管から下段の配管を吊る共吊りは，上段の配管に荷重がかかるので行わない．

(6) 配管と保温材

① 保温材の目地は同一線上にならないようにずらす．

② 保温の厚さは保温材本体の厚さとし，外装材および補助材の厚さは含まない．

③ 配管の保温・保冷の施工は水圧試験の後で行う．

④ 横走り配管に取り付けた筒状保温材の抱き合せ目地は，管の上下面を避け，管の横側に位置するように施設する．

⑤ 蒸気管などが，壁・床などを貫通する場合には，伸縮があるので貫通部分およびその面から前後約 25 mm 程度は保温被覆は行わない．

⑥ 保温材の鉄線巻きは原則として 50 mm ピッチ以下としラセン状巻とする．

⑦ テープ状の粘着テープ，アルミガラスクロスなどは，テープ巻きの重なり幅を原則として 15 mm 以上とする．

⑧ 配管およびダクトの床貫通部は，保温材保護のため床面より高さ 150 mm 程度までステンレス鋼板などで被覆する．

⑨ 綿布，ガラスクロス，防水麻布や垂直配管の金属外装材を取付ける場合，雨水の侵入を防止するため，下から上に巻き上げる．

⑩ 屋内配管の保温剤表面の防湿は，アルミホイールペーパー，アスファルトフェルト，ポリエチレンフィルムなどで全面被覆する．

⑪ 保温筒は原則として厚さが 75 mm 以下の場合は単層，75 mm を超える場合は複層とする．

⑫ ポリスチレンフォーム，硬質ウレタンフォームなどは，細かい気泡が独立しているので，水濡れしても断熱効果は変らない．

(7) 配管材料

(a) 配管記号

名称	記号	備考
硬質塩化ビニル配管	VP（肉厚）VU（薄肉）	
水道用亜鉛メッキ鋼管	SGPW	配管用炭素鋼鋼管の白管より亜鉛の付着量が多い．
配管用炭素鋼鋼管	SGP	黒管と白管がある．
圧力配管用炭素鋼管	STPG	
耐衝撃性硬質塩化ビニル管	HIVD	
一般用ステンレス鋼管	SUS-TPD	

7.5 工事施工
243

(b) 異種管の接続と継手

管の種類	継手の種類
鋼管と銅管	絶縁継手
鋳鉄管と鉛管	LY継手
鋳鉄管と塩化ビニル管	VS継手
鋼管と排水用鋳鉄管	GS継手

(c) 配管と色別

配管	水	空気	蒸気	ガス	油
色	青	白	暗い赤	うすい黄	茶色

(JIS Z 8102 物体色の色名)

5. ダクト

(1) 一般

① 厨房・浴室など多湿性のある用途に使用する横引き配管ダクトなどはその継ぎ目および継手は外面よりシールを施すかはんだ付とする．

② 防火区画，防火壁，防煙壁などを貫通するダクトは，その隙間をモルタル，ロックウール保温材，その他の不燃材で埋める．その貫通部に保温を施す場合は，ロックウール保温材などの不燃材を使用する．

(2) ダクトの接続施工

亜鉛鉄板製ダクトの接続には第7-39図に示す工法がある．

(3) 長方形ダクト

① アングルフランジ工法による接続はガスケットを挟み，ボルトで緊密に締付ける．（第7-40図）

② 共板工法はダクト本体を成形加工してフランジとする．

③ 共板工法のダクトの接続にはコーナー金具とコーナーボルト・共板による折り加工の共板フランジ，フランジ押え金具（クリップ）およびボルト付金具等がある．

④ ダクトの直管部は主に2点接続法で製作される．2枚の鉄板を組み合せて製作しはぜは2箇所となる．

⑤ ダクトに曲管部，異形管は主に4点接続法で行う．4枚の鉄板を組み合せはぜは4箇所となる．

亜鉛鉄板製ダクト ─┬─ アングルフランジ工法 ─┬─ 共板フランジ工法
　　　　　　　　　└─ コーナーボルト工法　　└─ スライドオンフランジ工法

第7-39図

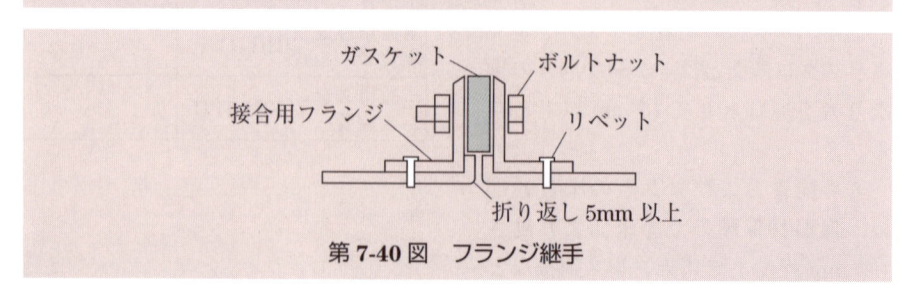

第7-40図　フランジ継手

⑥　長方形ダクトの板厚は，長辺寸法により決まる．

⑦　コーナーボルト工法ダクトの横走り部のつり間隔はアングル工法ダクトの場合より小さくする．

(4) 円形スパイラルダクト

①　スパイラルダクトの接続は差し込み継手または接合甲フランジを用いる．差し込み継手は外面によく接着剤を塗って両端をダクトに差し込み，鋼製タッピングねじで接合し，アルミ粘着テープ巻き仕上げするか，または接合用フランジを用いて行う．

②　スパイラルダクトは，はぜ部が多いため特に補強の必要は無い．

6. 試験運転，調整

(1) 単体

試運転調整：工事が完了すれば各機器や各系統ごとに試運転調整を行い総合的な運転調整を行う．

主要機器類は単独試運転調整を行う．つまり機器類やシステムとしての一連の設備機器類が規定どおり施工されていることを確認後，機器単体としての回転方向，運転状態が正常であるか，異状な騒音，振動，発熱はないか等について確認しながら試運転を行う．

(a) 冷凍機

冷水ポンプ，冷却水ポンプ，冷却塔のインターロックを確認した後，これらを起動し，次に冷凍機のスイッチを入れる．

運転時の電圧，電流および各部の圧力・温度が適正か，各保護装置の作動の確認などを行う．

(b) 冷却塔

電源スイッチを入れ，振動，騒音，回転方向等を点検する．冷却水の散水，分配状態を点検，調整する．

(c) ボイラー

補機類（給水ポンプ，給油ポンプ，サービスタンク等）や付属品（バーナー，安全弁，水位計，圧力計等）を点検する．

缶体に水を張り，蒸気ボイラーの場合は水面計により，温水ボイラは水高計により水頭圧を確認する．

蒸気ボイラでは主蒸気弁を閉め，温水ボイラでは入口・出口の弁を開き循環ポンプを起動する．

バーナーの起動スイッチを入れ，排気・着火・燃焼の順に作動することを確認する．

蒸気ボイラーの場合は圧力計の指示を，温水ボイラーの場合は温度計の指示を確認する．

(d) ポンプ

軸受の注油を確認する．

ポンプを手で回して回転むらがないか，グランドパッキンの締め付け状態を点検する．

吐出弁を閉めて瞬時起動させ回転方向を点検する．

吐出弁を閉めた状態で起動させ過電流に注意しながら吐出弁を徐々に開い

て規定水量とする．

グランドパッキンは構造上適当に漏水させることでパッキン部分を冷却・潤滑する構造になっているため水滴の滴下が適切か確認する．

(e) 送風機

軸受の注油や据付状態を点検する．

送風機を手で廻して羽根と内部に異常の無いことを確認する．

吐出ダンパーを全閉にする．

電源の手元スイッチを入れ瞬時運転させ，回転方向を確認する．

吹出口，還気口のシャッター，チャンバーなどの風量調整ダンパーを全開にし，徐々に絞って調整する．

吐出ダンパーを徐々に開いて規定風量に調整する．

(2) 総合試運転調整

主要機器の単体試運転を行い問題なければ，それぞれの機器能力の設計数値にセットする．

(a) 空調設備

各機器の運転順序に注意する．冷房運転の場合，空気調和機→冷水ポンプ→冷却水ポンプ→冷却塔→冷凍機の順に運転する．停止する場合はこれと逆の順序となる．

暖房時の運転順序は空気調和機→温水ポンプ→ボイラーの順となる．運転停止の場合はこの逆の順序となる．

(b) 給排水設備

単体機器の試運転後総合運転に入るが，高置タンク方式の給水配管方式では，水源（本管接続，メータ，浸水タンク）→送水（揚水ポンプ，高置タンク，主管，枝管）→給水機器（各種衛生器具，貯湯タンク，湯沸機等）→排水処理などの順に運転する．

(c) 配管設備の試験

給水配管，蒸気配管，冷媒配管，空調用水配管，油配管等の圧力がかかる配管は満水試験，通水試験，耐圧試験，煙試験などを行うが，排水管は満水試験，衛生器具等取付後通水試験を行い，煙試験を行うこともある．

排水管工事の施工手順は排水管施工→満水試験→器具の取付→通水試験

この問題をマスタしよう

問1 施工計画書の作成において考慮すべき作業と作業内容に関する記述のうち，適当でないものはどれか．

　　　　（作業名）　　　　　　　　（作業内容）
(1) ピット内の配管作業 ――― 酸素欠乏危険作業の技能講習を修了した者を作業主任者として配置する．
(2) クレーンによる揚重作業 ― 道路上の作業の場合，所轄警察署に道路占用許可申請書を提出する．
(3) バックホウによる掘削作業― 騒音の大きさは敷地の境界で，85デシベルを
　　（出力80kW以上）　　　　超えないようにする．
(4) 配管気密試験作業 ――――― 使用するガスは空気，または不燃性ガスとする．

解説　(1) 酸素欠乏危険場所における作業では，酸素の供給や換気は十分でなければならず，事業者は，酸素欠乏危険作業について，酸素欠乏危険作業主任者技能講習を修了した者のうちから作業主任者を選任しなければならない（酸素欠乏症等防止規則）．ここで酸素欠乏とは空気中の酸素の濃度が18％未満である状態をいい，酸素欠乏症とは酸素欠乏の空気を吸入することにより生ずると認められる症状が発生した状態をいう．

　事業者は，酸素欠乏作業に労働者を従事させるときは空気中の酸素の濃度を18％以上に保つように換気しなければならない．また監視人等を置き，異常があったときは直ちに報告することや作業場への入・退場させるときは人員を点検することを義務づけている．

(2) 道路において工事もしくは作業をしようとする者または当該工事もしくは作業の請負人は，当該行為に係る場所を管轄する警察署長の「道路使用の許可」を受けなければならない（道路交通法）．

(3) 特定建設作業の一つである，原動機の定格出力80 kW以上（一定の限度を超える大きさの騒音を発生しないものとして環境大臣が指定するものを除く）のバックホウによる掘削作業の騒音の規制値は，敷地境界線上85 dB以下に規制されている（騒音規制法）．

(4) 配管の気密試験は，空気や不燃性ガスを用いて，配管の漏れがないか，圧力ゲージにより管内での圧力降下を調べることである．

答　(2)

問2 施工計画に関する説明のうち適当でないのはどれか．
(1) 実行予算書作成の目的は設計図書類や工期などを理解し，工事原価の検討を行い，施工中の工事費を管理する基本資料とする．
(2) 施工計画書には総合施工計画書，工種別施工計画書があり，仮設計画や施工要領書なども含まれるのが一般的である．
(3) 工事原価は，純工事費と現場経費を合わせたもので，人件費は一般管理費に含まれる．
(4) 仮設計画は施工者がその責任において計画するもので，施工中に必要な現場事務所，作業場，足場，仮設水道，電力などを設置することである．

解説 一般管理費は，本支店従業員の給与，地代家賃，広告宣伝費，租税公課などで，工事に直接関わる人件費は現場経費である．

答 (3)

問3 設備工事における届出書類と提出時期の組み合わせのうち，誤っているものはどれか．

〔届出書類〕　　　　　　　　　　　　〔提出時期〕
(1) 高圧ガス製造届出書（フロンガスによる1日の冷凍能力が20トン以上50トン未満の冷凍機） ── 製造開始の20日前迄
(2) 消防用設備等着工届出書 ──────────── 着工10日前迄
(3) ばい煙発生施設設置届出書 ─────────── 設置40日前迄
(4) 第1種圧力容器の設置届 ──────────── 工事開始の30日前迄

解説 (1) 高圧ガス製造の許可申請は，製造開始の20日前までに，製造する高圧ガスの種類，施設の位置，構造および設備ならびに製造方法を記載した書面を添えて，都道府県知事に届け出なければならない（高圧ガス保安法第5条2項）．

(2) 消防用設備等の設置に係る工事をしようとするときは，着手する日の10日前までに消防用設備着工届を消防長または消防署長に届け出なければならない（消防法第17条14）．

(3) ばい煙を大気中に排出する者は，ばい煙発生施設を設置しようとするときは，環境省令で定めるところにより都道府県知事に届け出なければならない（大気汚染防止法第6条，10条）．
ばい煙発生施設設置届出書に関する事項を**表7-1**に示す．

(4) 事業者は事業場の業種および規模が政令で定めるものに該当する場合において，機械等を設置する場合は着工30日前までに労働基準監督署長に届けなければならない（労働安全衛生法第

表 7-1

申請・届出書類の名称	ばい煙発生施設設置届出書
提出時期	着工 60 日前まで
提出先	都道府県知事
届出の内容	ばい煙発生施設の種類，構造，使用方法，処理の方法
ばい煙発生施設	ガスタービン ディーゼル機関	燃料の燃焼能力が重油換算で 1 時間当たり 50l 以上の場合
	ガス機関 ガソリン機関	燃料の燃焼能力が重油換算で 1 時間当たり 35l 以上の場合
	ボイラー	伝熱面積 10m^2 以上か，バーナーの燃料の燃焼能力が重油換算で 1 時間当たり 50l 以上の場合

88 条 1 項)．上記の届けをしようとするときは明細書，配置図，配管図，据付主任者選任等を労働基準監督署長に提出しなければならない（ボイラ及び圧力容器安全規則第 10 条)．

答 (3)

問 4 建設主事または都道府県知事等に，提出する届出書または申請書のうち，数値が適当でないものはどれか．

(1) 液化石油ガス設備工事届出書：床面積の合計が 500 m^2 の事務所に液化石油ガスの工事をする場合
(2) 建築確認申請書：屋上から架台の高さ 10 m の位置に高架水槽を設置する場合
(3) 危険物施設設置許可申請書：貯蔵量が 1000 L の灯油用オイルタンクを設置する場合
(4) ばい煙発生施設届出書：伝熱面積が 10 m^2 のボイラーを設置する場合

解説 (a) 液化石油ガス設備工事の届出は，その工事が完了した時点で，液化石油ガス保安法に基づき都道府県知事に届出なければならない．具体的内容は「学校，病院，興業場その他多数の者が出入りする施設または多数の者が居住する建築物の場合，工事完了後遅滞なく届け出なければならない．」とされており，事務所の場合は，床面積が 1000 m^2 以上はこれに該当する．

(b) 指定数量以上の危険物の製造所・貯蔵所・取扱所の設置許可申請書は，着工前に，消防法に定めるところにより都道府県知事または市町村長に届出なければならない．灯油（第 2 石油類）の指定数量は 1000 L であり，これ以上の貯蔵は許可申請が必要となる．

(c) 届出の必要となるボイラーの施設は「環境省令で定めるところにより算定した伝熱面積が 10 m^2 以上であるか，またはバーナーの燃料の燃焼能力が重油換算 1 時間当たり 50 L 以上のもの」と

この問題をマスタしよう

定められている．

(d) ばい煙発生施設設置届出書は大気汚染防止法の定めるところにより着工60日前までに都道府県知事に届け出なければならない．

(e) 建築主は，建築などの工事の着手前に，その計画が建築基準法関係規定に適合するものであることについて，確認の申請を提出して，建築主事または指定確認検査機関の確認を受け確認済証の交付を受けなければならない．（建基法第6条1項，2項，第6条の2）

建築物の確認申請に建築設備が含まれるときは，建築確認と一緒に申請する．エレベーターやエスカレーターを既存の建物に設置する場合は，単独の確認申請が必要となる．（建基法第87条の2，令第146条）

なお，確認申請が必要となる一般工作物は以下のとおりである．

① 煙突；高さ6mを超えるもの．
② 鉄筋コンクリート造の柱，鉄柱，木柱；高さ15mを超えるもの．
③ 広告塔・装飾塔，記念塔；高さ4mを超えるもの．
④ 高架水槽，物見塔，サイロ等；高さ8mを超えるもの．
⑤ 擁壁；高さ2mを超えるもの．

答　(1)

問5 建築設備工事における設置届出と提出時期の組み合わせのうち，誤っているものはどれか．

〔届出〕　　　　　　　　　　　〔提出時期〕
(1) 騒音の特定施設設置届出 —— 着工30日前まで
(2) 排水の特定施設設置届出 —— 着工10日前まで
(3) 浄化槽（型式認定品）設置届出 —— 着工10日前まで
(4) 新設のボイラー設置届出 —— 着工30日前まで

解説 排水の特定施設設置届は，着工60日前までに都道府県知事に提出する．

答　(2)

問6 申請・届出書類とその提出先の組み合わせとして，誤っているものはどれか．

（申請・届出書類）　　　　　　（提出先）
(1) 高圧ガス製造許可申請書 —— 都道府県知事
(2) 少量危険物取扱届出書 —— 消防署長
(3) 危険物貯蔵所設置許可申請書 —— 消防署長
(4) ばい煙発生施設設置届出書 —— 都道府県知事または市の長

解説 　(a) 危険物の製造所，貯蔵所，取扱所の申請・届出書の提出先は以下のとおり．

① 少量危険物などの貯蔵，取扱届出書；都道府県火災予防条例により，完成時消防署長に提出．ここで，少量危険物とは指定数量の 1/5 以上指定数量未満．

② 指定数量以上の製造所，貯蔵所，取扱所等の設置許可申請書；消防法により，都道府県知事または市町村長に着工前に提出する．

(b) 冷凍機設備関連の届出事項は，高圧ガス保安法により以下のとおり定められている．

① 高圧ガス製造許可申請書；製造開始の 20 日前までに都道府県知事に提出する．

② 製造施設完成検査申請書；完成時に都道府県知事に提出．

③ 高圧ガス製造開始届出書；製造開始時に都道府県知事に提出．

答 (3)

問 7 建設現場で発生する再利用ができない廃棄物の処分の計画に関する記述のうち適当でないものはどれか．
(1) 破損したタイル衛生陶磁器は安定型産業廃棄物として処分する．
(2) オイルタンクに残っていた古い重油は特別管理産業廃棄物として処分する．
(3) 設備用の廃ビニル管の端材は安定型産業廃棄物として処分する．
(4) 除去された飛散性アスベストを含有している保温材は特別管理産業廃棄物として処分する．

解説 　産業廃棄物の処理及び清掃に関する法律（廃棄物処理法）によると，安定型産業廃棄物には廃プラスチック類（塩化ビニル管等），金属くず，ゴムくず，ガラスくず，コンクリートくず，がれき類が含まれる．

特別管理産業廃棄物には飛散性アスベスト廃棄物，廃 PCB 類，廃酸（pH 2.0 以下）の硫酸等，廃アルカリ（pH 12.5 以上），引火点 70℃ 以下の揮発油，灯油，軽油類が含まれる．重油は含まれない．

答 (2)

問 8 安全管理に関する記述のうち，適当でないものはどれか．
(1) 労働災害の死傷者数とは，死亡者および休業 2 日以上の負傷者の数である．
(2) 建設業における労働災害の死傷者数は，墜落・転落が原因のものが第 1 位である．
(3) 安全施工サイクルとは，朝礼に始まり，TBM，安全巡回，工程打合せ，片付けなどの日常活動のサイクルである．
(4) 4S 運動とは，整理，整頓，清掃，清潔の頭文字の S をとって 4S という．

この問題をマスタしよう

解説 (a)「死亡者および負傷者の数は，審査基準日の属する（1月1日から12月31日までをいう．）の前年および前々年に業務災害（業務の性質を有する通勤による負傷，疾病，障害または死亡を含む）による死亡者および負傷者（当該業務災害により連続4日以上休業した者に限る．）の数とし，通勤災害によるものを除くものとする．」と「経営事項審査の事務取り扱いについて」に規定されている．

(b) 建設業における死傷災害の実体については，平成12年に建設業で発生した死亡および休業4日以上の死傷災害の発生状況では，総数29747人のうち墜落，転落が全体の33％で第1位であり，建設機械によるもの25％，続いて飛来落下によるもの11％となっている．

答 (1)

問9 工程管理における経済性に関する記述のうち，適当でないものはどれか．

(1) 作業の直接費は，突貫作業を行い工期を短縮すると安くなる．
(2) 施工速度が遅くなると，一般に間接費は高くなる．
(3) 総費用の最も安くなるときの施工速度を経済速度という．
(4) 工事の採算がとれるときの施工速度を採算速度という．

解説 (a) 工事の総費用は，直接費と間接費を合計したものであるが，工程を速くする（工期を短縮する）と，工事に直接かかる時間割増金や労働者を増やしたりすることにより人件費等の直接費は大きくなる．また，管理部門の社員の給与や租税，交通費，通信費などの間接費は工期が短くなることにより減少する．

第7-8図のように，直接費と間接費を合わせた総費用は，工程を速くし単位時間の出来高を上げるとしだいに安くなるが，突貫工事のように施工速度を極端に上げると急上昇する．この境

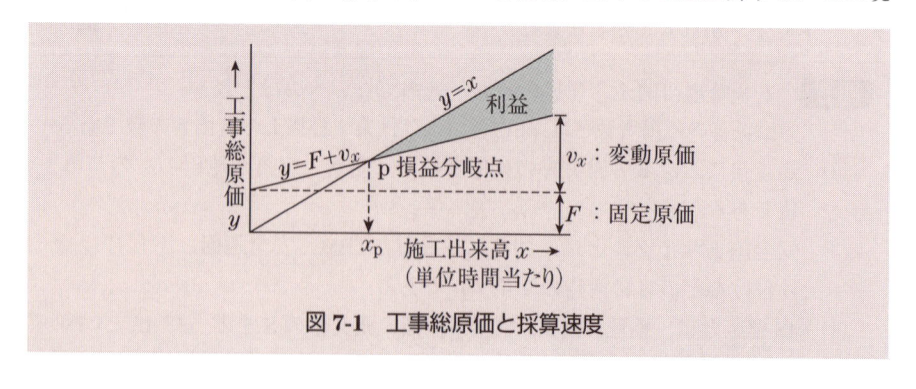

図 7-1 工事総原価と採算速度

目を経済速度という．

(b) 図 **7-1** において，施工出来高 x と工事総原価 y は比例関係があるものとし，原価直線 $y = F + v_x$ と $y = x$ との交点 p における出来高を x_p とすると，施工出来高が x_p 以上の場合利益が出ることになる．p 点を損益分岐点といい，このときの施工出来高 x_p を上げるときの施工速度を採算速度という．

答 (1)

問10 ネットワークを用いた工程管理に関する記述のうち，適当でないものはどれか．
(1) スケジューリングとは，計画全体を所定の目標に適合するように調整することをいう．
(2) フォローアップは，工事完成直前の試運転調整時に行うことが最も効果的である．
(3) 工程管理を行う場合には，クリティカルパス上の作業を遅れないようにするのが効果的である．
(4) プランニングとは，ネットワークを作成し，各作業の所要時間を見積り，標準ペースでその工事が何日で完成するか計算する段階までをいう．

解説 ネットワーク工程表に基づいて工事を進めた場合，当初の計画段階では予想もしなかった諸原因により，たとえば，天候や異常気象，建築や関連工事の遅れ，客先の要求による設計変更等により計画が大幅に狂うことがある．これに対応するには，当初の予定と現実とを比較し，工期が遅れる原因を把握し計画を修正する必要がある．このような作業をフォローアップ（進度管理）という．

答 (2)

問11 図のネットワーク工程表の，イベント番号 ⑥→⑦ のアクティビティの，トータル・フロート（T.F）は何日か．

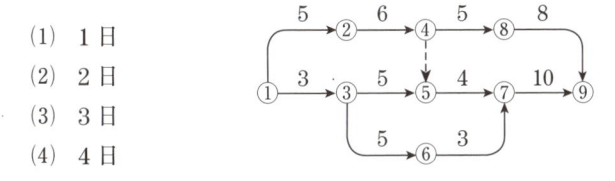

(1) 1日
(2) 2日
(3) 3日
(4) 4日

解説 (a) 設問のネットワーク工程表の全体の所要日数を求めるために，まず最早開始時刻をそれぞれのアクティビティごとに求める．

最早開始時刻（E.S または E.S.T）は，

最も早く次の作業が開始できる時刻である．その求め方は，アクティビティの矢印の尾に接する結合点（イベント）の最早結合時刻に，その作業の所要時間を加えて矢印の頭の部分に接する結合点の最早開始時刻とする．

最遅完了時刻（L.F または L.F.T）は，工事が予定している工期内で完了するために，その作業が遅くとも完了していなければならない日時のことで，最終イベント（結合点）の最早開始時刻を所要工期とし，先行作業の所要日数を順次引き算して求める．

最早開始時刻（E.S.T）および最遅完了時刻（L.F.T）をネットワーク工程表に書入れてみる．

(b) トータルフロート（T.F）は任意の作業内でとり得る最大余裕時間のことで，トータルフロートの求め方は，以下の方法による．

⑥→⑦のT.Fの求め方を図7-3に示す．

答 (4)

図7-2

図7-3

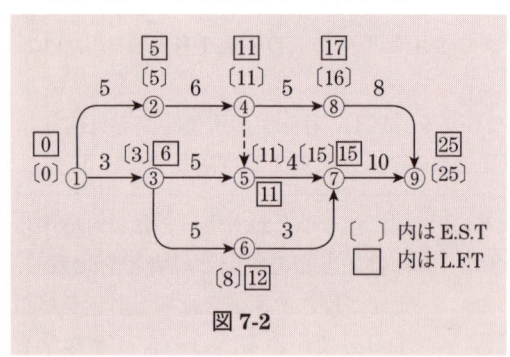

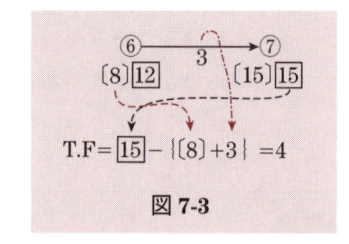

問12 図のネットワーク工程表に関する記述のうち，誤っているものはどれか．

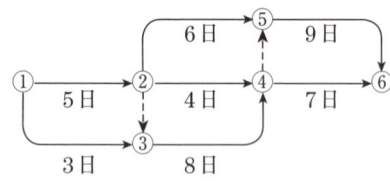

(1) 作業④→⑥のトータルフロートは，2日である．
(2) イベント③の最遅完了時刻は，7日である．
(3) イベント⑤の最早開始時刻は，13日である．
(4) 作業②→④のトータルフロートは，4日である．

解説

(a) 設問のネットワーク上の最早開始時刻（E.S.T）および最遅完了時刻（L.F.T）をそれぞれ，○印内，□印内に記入する（図 7-4）．

(b) 作業④→⑥のT.F（トータルフロート）は，

T.F = 22 − {13 + 7} = 2

より2日である．

(c) イベント③の最遅完了時刻は，図より5日である．

(d) イベント⑤の最早開始時刻は図より13日である．

(e) 作業②→④のT.F（トータルフロート）は，

T.F = 13 − {5 + 4} = 4

より4日である．

(f) 図において，クリティカルパスは，①→②→③→④…⑤→⑥となる．

答 (2)

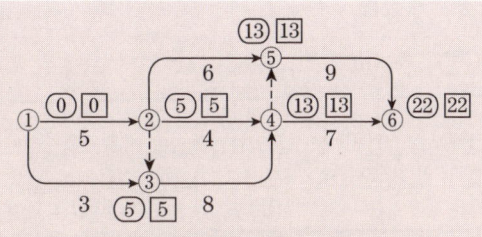

図 7-4

○内：E.S(T)：最早開始時刻
□内：L.F(T)：最遅完了時刻

問13 図のネットワークにおいて工事着手後7日経過したところでフォローアップした結果，各作業の完了までに作業Cに4日，作業Dに1日，作業Eに6日必要であった．次の記述のうち，誤っているものはどれか．

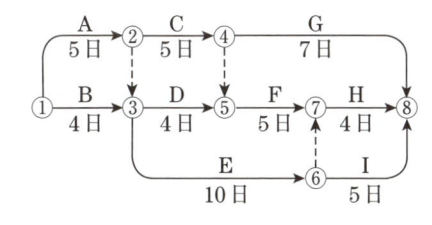

(1) 作業Cが1日遅れた．
(2) 所要工期が長くなった．
(3) クリティカルパスが変った．
(4) 作業Hのフロートが変った．

この問題をマスタしよう

解説

(a) 問題に示すネットワーク図の工期は，各イベントでの最早開始時刻より20日であることがわかる（図7-5）．

(b) フォローアップのため7日経過後のネットワーク図を図7-6に示す．

① 作業Cが1日遅れGがスタートできる日が1日遅れる．

② 所要工期は当初とフォローアップ時の所要日数と変らない．

③ 図のクリティカルパスは，①→②→③→⑥→⑧．

④ 図のクリティカルパスは，①→②→④→⑤→⑦→⑧．

(c) ⑦→⑧のトータルフロート(T.F)は以下のとおり．

① フォローアップ前の場合
T.F = 20 − {15 + 4} = 1

② フォローアップ時
T.F = 20 − {16 + 4} = 0

答 (3)

図 7-5

図 7-6 工事着手7日経過後のネットワーク

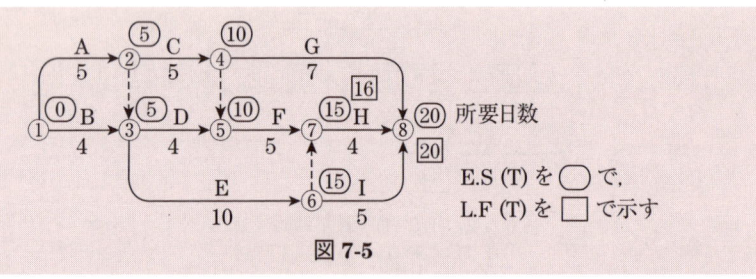

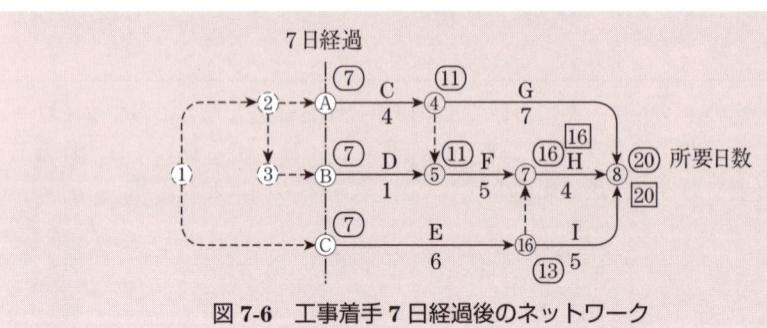

問14 品質管理に関する記述のうち，適当でないものはどれか．

(1) デミングサークルの目的は，作業を計画→実施→検討→処置と繰り返すことによって，品質の改善を図ることである．

(2) 許容差とは，規定された基準値と規定された限界値との差をいう．

(3) 抜取検査は，冷凍機，ボイラー等の大形機器の検査に適している．

(4) QC工程表は，工程順に品質確認のための作業をまとめたものである．

解説 (a) デミングサークルは品質管理活動において「品質を重視する意識」を土台とし，次の4段階のステップを繰り返し続けていくことである．

① 計画（Plan）：計画段階で品質標準を定める．

② 実施（Do）：定められた品質標準どおりの成果物を得るための施工を行う．

③ 検査（Check）：施工された建設工事が，設計や施工の品質標準，施工標準に合致するか否か検査する．

④ 処置（Action）：③の検査（Check）の段階で問題があれば，それに対する処置を行う．

以上のサイクルを繰り返すことにより品質管理の目標が達せられる．

(b) 許容差とは，規定された基準値と規定された限界値との差のことをいう．また，データのバラツキの許容される限界をいう．

(c) 抜取検査とは，ある一定の抜取検査方法により検査ロットからサンプルを抜き取って試験し，その結果を判定基準と比較し合否の判定をする検査であり，以下の場合に適用する．

① 数量が多い場合．たとえば配管，保温材，塗料やダクト工事，塗装工事など．

② 破壊しなければ検査できない場合．

③ ある程度不良品の混入が許される場合．

答 (3)

問15 図はある製品を製造したときのヒストグラムである．今後とるべき措置として，適当なものはどれか．

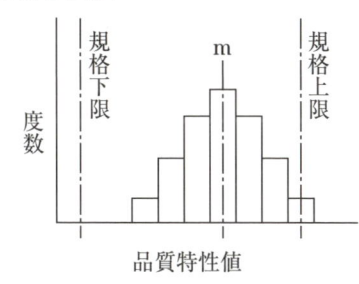

(1) 平均値を下限のほうに移動するよう原因を追求し改善する．
(2) 全体にバラツキがないので現状でよい．
(3) 分布の山を平らにするよう原因を追求し改善する．
(4) 規格上限を超えているが，下限にゆとりがあるので現状でよい．

解説 　ヒストグラムの柱状図が，規格値（上限規格値と下限規格値）の範囲において正規分布をしていることが望ましいが，**図 7-7** のそれぞれについて検討してみる．

① (a)図は平均値が規格値の中央部にあり，分布状況も正規分布で，上限・下限値への余裕もある．

② (b)図はデータの分布が二つの山を形成しており，不良原因があるか，二つの母集団が混じり合っているものもあり，測定方法を含めて見直す必要がある．

③ (c)図は全体の形状は異常無いが，下限値を割り込んでいるため，平均値を中央部に移動させることが必要である．

④ (d)図はデータの分布が二つに分かれ，山が二つになっており，何らかの検討を要する原因が存在する．

本問の場合，平均値が上限値よりであることから，(1)の措置が適当である．

答 (1)

図 7-7　ヒストグラムの形状

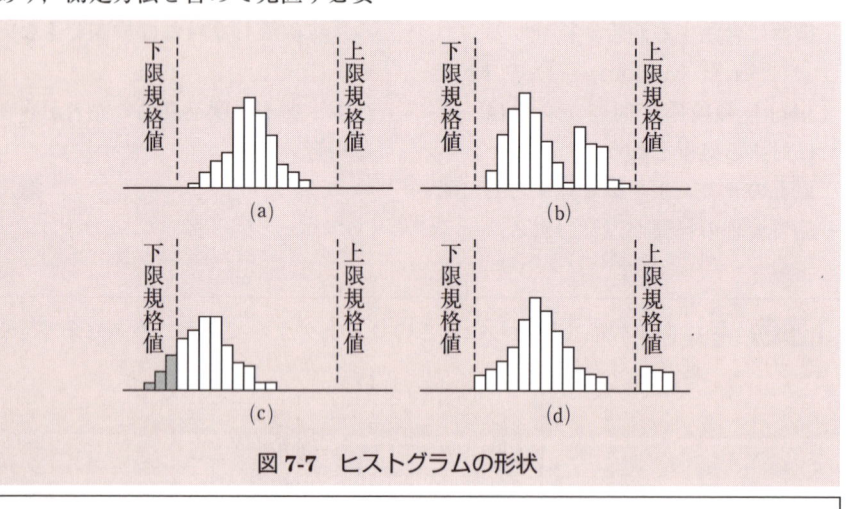

問16　検査に関する記述のうち，適当でないものはどれか．
(1) 抜取検査は，連続体やカサモノおよび被検体を破壊しなければならない場合に行う．
(2) 全数検査は，防災機器や特殊な機器または後から取替えのきかない場合に行う．
(3) 抜取検査は，ロットとして判断され不合格になった場合の影響が大きいので，生産者へ品質管理の努力を払うことの刺激を与える効果がある．
(4) 同じ検査特性を得るのであれば，抜取検査の抜取り回数を多くすると，検査ロット当たりの検査数量は大きくなる．

解説 (a) 抜取検査が必要な場合
① 連続体やカサモノ
配管類，保温材，支持金物，継手，吹出口，弁，水栓等.
② 破壊検査の場合
全数検査ができないもので，防火ダンパーの温度ヒューズ，閉鎖型スプリンクラーヘッドなど.
③ 品質水準は必ずしも満足ではないが，全数検査を必要とするほどでもなく，悪いロットだけは全数選別するなどの方法がとられる場合.
(b) 全数検査が必要な場合
① 熱源などの大型機器 冷凍機，ボイラなど.
② 法的に必要な災害防止機器
スプリンクラー設備の流水検知装置，安全弁，排煙口など.
③ 特注機器
(c) 抜取検査はメーカなどに品質向上の刺激を与えたい場合や検査の成績によって格付けをしたい場合など効果的である.
(d) 抜取検査は数回行う方式があり，各回の検査形式はそれぞれ定められている．抜取回数を多くすれば検査ロット当たりの平均検査数は小さくなり，検査にかかる費用も少なくなる.

答 (4)

問 17 計数抜取検査と計量抜取検査に関する文中，□内に当てはまる語句の組み合わせとして，適当なものはどれか.

□A□抜取検査は，測定や計算が複雑で手数がかかるが，□B□抜取検査に比べてサンプルの大きさが小さくてすむので，破壊試験の場合や検査費用が高価な場合などに使用して有利なことが多い．□C□抜取検査は，正規分布を仮定しているので，明らかに正規分布と異なる分布形の製品には適用できない.

　　〔A〕　〔B〕　〔C〕
(1)　計量――計数――計数
(2)　計数――計量――計数
(3)　計数――計量――計量
(4)　計量――計数――計量

解説 (a) 計数抜取検査には，不良個数による抜取検査と欠点数による抜取検査がある．たとえば，ロットから抜き取ったサンプルを試験し，その中の不良個数がある数以下であればロットを合格とし，ある数以上であればロットを不合格とするのが不良個数による抜取検査で，ロットから抜き取ったサンプルを試験し，その中の欠点数を数え，その欠点数がある数以下であればロットを合格とし，ある数以上であればロットを不合格とするというのが欠点数による抜取検査である.
(b) 計量抜取検査は，ロットから抜

この問題をマスタしよう

表 7-2　計数抜取検査と計量抜取検査との比較

（JIS Z 9001「抜取検査通則」より抜粋）

品質の表し方	計数抜取検査		計量抜取検査
	（不良個数による検査）	（欠点数による検査）	
	良品・不良品	欠点	計量値
検査の実施	検査に熟練を要しない．検査設備が簡単である．検査が簡単である．		一般に検査に熟練を要する．検査設備が複雑である．計算が複雑である．
	検査所要時間が少ない．	検査所要時間が比較的少ない．	検査所要時間が多い．
運用についての理論上の制約	ランダム抜取り以外には分布形の制約はない．		ランダム抜取りのほかに，特性値が正規分布するとみなされる場合に限る．
良いロットと悪いロットの判別力と検査個数	同等の判別力を得るには，サンプルの大きさが大きくなる．検査個数が等しければ判別力が悪くなる．		同等の判別力を得るにはサンプルの大きさが小さくなる．検査個数が等しければ判別力がよくなる．
適用して有利な場合	検査の費用が品物の価値に比べて割安なもの．検査の時間・設備・人手をあまり要しないもの．検査項目が多数あって，ロットの品物を総合的に保証した場合．		検査の費用が品物の価格に比べて割高なもの．検査に時間・設備・人手を比較的多く要するもの．特定の重要項目だけロットの品質を保証したい場合．
	不良品はそっくり良品と交換するような場合．	欠点は修理または修正して良品とするような場合．	個々の不良品や欠点よりも，ロットの平均的品質のほうが重要な場合．

き取ったサンプルの特性などを測定し，その平均値などを判定基準と比較しこれを満足していればロットを合格とし，満足していなければロットを不合格とするというような場合である．この検査方法は，ロットの平均的品質が個々の不良品や欠点より重要な場合や検査の費用が製品の価格に比べ割高な場合などに有利である．この場合，特性値が正規分布することが条件となる．

(c) 抜取形式による分類

抜取検査は形式により次のように分類でき，これらの各形式はいずれの抜取検査に対しても，また計数・計量いずれの抜取検査に対しても同様に適用できる．

①　1回抜取検査；1回の試料の調査でロットの合否を決める方式．

②　2回抜取検査；第1回の検査で合否の中間の結果を示した場合，2回目の試料の結果を追加して合否を決定する．

③　多回抜取検査；毎回定められた量の試料を抜き取り，各回の試料を調べた結果を一定基準と比較し合否および不確定の3種に分類しながらある一定回数までに合否を決定する方式．

④　逐次抜取検査；1個ずつ，また

は一定個数ずつ測定試験をしながら，その集計成績を一定基準と比較することによりロットの合否を決める方式．

答 (4)

問18 空気調和設備の試運転調整に関する記述のうち，適当でないものはどれか．
(1) 渦巻ポンプは，エアー抜きを行い，吐出弁を閉じ，回転方向を確認して運転調整を始める．
(2) 冷凍機は，冷水ポンプ，冷却水ポンプ，冷却塔などのインターロックを確認して始動する．
(3) 遠心送風機は，ダンパーを全開にし，回転方向を確認して運転調整を始める．
(4) ボイラーは，バーナーの起動スイッチを入れ，火炎を監視し，始動時の不着火，失火の場合のバーナー停止などの動作を確認する．

解説
(1) 渦巻きポンプは，呼び水をしてエアー抜きをし，吐出側の弁を閉じ，吸込側の弁を開ける．ポンプ内の満水確認を行い，徐々に吐出弁を開いて送水する．
(2) 冷房時の運転順序は，空調機→冷水ポンプ→冷却水ポンプ→冷却塔→冷凍機，と運転する．停止するときはこの逆の運転となる．このようにインターロック回路が必要である．
(3) 多翼型ファン（シロッコファン）を代表とする遠心送風機は，風量が増加すると軸動力がそれにつれて増加する．ダンパーを全開にして運転を開始すると過負荷状態となる．ダンパーを閉じた状態では風量が0であるので，軸動力は最小であるからスタートはダンパーを閉じて行う．
(4) ボイラーのバーナーの起動時は，起動スイッチをONした後，燃焼状態（炎の状態）に異常が無いか確め，始動時に失火や不着火の場合はバーナーが確実に自動停止することなどを確認する．

答 (3)

問19 ガス溶接に関する記述のうち，「労働安全衛生法」または「高圧ガス取締法」上，適当でないものはどれか．
(1) 酸素用のホースは赤色，可燃性ガス用のホースは黒色のものを使用すること．
(2) 溶解アセチレンの容器は，立てて置くこと．
(3) ガス容器を運搬するときは，キャップを施すこと．
(4) ホース内の異物の除去には，窒素または油気のない乾燥空気を用い，圧縮酸素は使わないこと．

この問題をマスタしよう

解説　(a) 導管および吹管の取扱い上注意すべき点は，以下のとおりである．

① 酸素用ホースは黒色，可燃性ガス用のホースは赤色とする．

② ホース内の異物の除去には，窒素または油気のない乾燥空気を用い，圧縮酸素を使用しない．

(b) 事業者は，ガス溶接等の業務に使用するガス等の容器については，次に定めるところによらなければならない．

① 次の場所においては設置し，使用し，貯蔵し，または放置しないこと．
・通風または換気の不十分な場所
・火気を使用する場所およびその付近

② 容器の温度を 40℃ 以下に保つこと．

③ 転倒のおそれがないように保持すること．

④ 衝撃を与えないこと．

⑤ 運搬するときは，キャップを施すこと．

⑥ 溶解アセチレンの容器は立てて置くこと．

⑦ 使用するときは容器の口金に付着している油類およびじんあいを除去すること．

⑧ バルブの開閉は静かに行うこと．

答　(1)

問20　排水管の施工に関する記述のうち，適当でないものはどれか．
(1) 屋外排水配管は，管径の 200 倍以内に排水ますを設けた．
(2) 排水横管の直管部に設ける掃除口の取付け間隔は，管径が 100 mm の場合 12 m とした．
(3) 屋内排水横管の勾配は，管径 65 mm 以下のものは 1/50，管径 75 mm および 100 mm のものは 1/100 とした．
(4) 共同住宅の排水立て管には，3 階以下ごとに 1 個の割合で満水試験継手を取り付けた．

解説　(1) ますやマンホールは，屋外排水配管の維持管理が容易にできるように次の箇所に設ける．

① 管路の起点．

② 管路の方向や勾配が大きく変化する箇所．

③ 直線配管で管内径の 120 倍以内の箇所．

(2) 掃除口は，清掃用具を用いて配管内を清掃する目的で設けられるものであり，次の箇所や必要と思われるところに設ける．

① 排水横主管や排水横枝管の起点．

② 排水管が 45 度を超える角度で方向を変える箇所．

③ 長さが長い横走り管の途中．

④ 排水横主管と敷地排水管の接続点に近い場所

⑤ 排水管の管径が 65 mm 以下の場合は 300 mm 以上，75 mm 以上の場合は 450 mm 以上の作業用の空間が確保できる位置．

⑥ 排水立て管の最下部，またはその付近．

⑦ 排水横管で，管径 100 mm 以下では 15 m 以内，100 mm を超えるときは 30 m 以内ごと．

(3) 排水横管の勾配は，管径 65 mm 以下は最小 1/50，管径 75 mm，100 mm は最小 1/100，管径 125 mm は最小 1/150，管径 150 mm 以上は最小 1/200 とする．

(4) ブランチが複数存在する場合，満水試験のための満水継手を 3 階以下ごとに 1 個取り付ける．

答 (1)

問 21 スリーブ，インサートおよびアンカー工事に関する記述のうち，適当でないものはどれか．
(1) 耐震上重要な大型機器のアンカーとして，J 型アンカーボルトを使用した．
(2) 吊りボルト用インサートとして，鋼製のものを使用した．
(3) 水密を要しない地中梁（ばり）を貫通する鋼管用のスリーブとして塩化ビニール管を使用した．
(4) 防火区画の床を貫通するダクトの実管スリーブとして，厚さ 1.2 mm の鉄板を使用した．

解説 (a) 耐震を考慮した場合の設備機器のアンカーボルトの施工方法には，後打ち方式，箱抜き方式，埋込方式がある（図 7-8）．

後打ち方式は，コンクリート打設後にドリル等で必要な箇所に穴をあけアンカーボルトを打込むもので，この方式にはエキスパンションアンカーとケミカルアンカーがある．引張り荷重に対する許容度は箱抜き，埋込方式に比べて小さいため重量の小さい機器に限定される．

箱抜き方式は，基礎コンクリート打設時にアンカーボルト用の穴をあけて

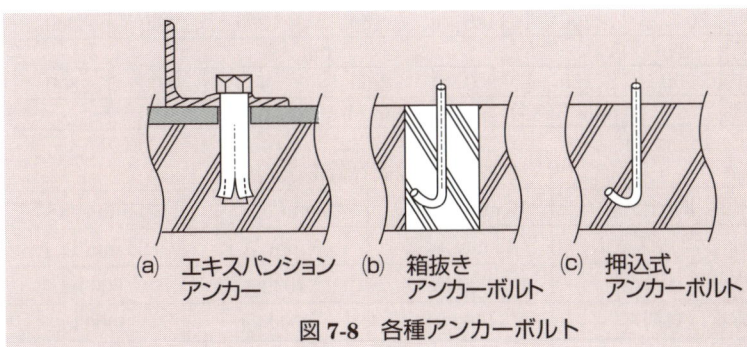

(a) エキスパンションアンカー (b) 箱抜きアンカーボルト (c) 押込式アンカーボルト

図 7-8　各種アンカーボルト

おき，機器据付時にアンカーボルトを入れモルタルなどで充てんする．埋込み方式に比べ強度が小さいため大型機器の場合補強を行う．

　埋込み方式は，基礎コンクリート打設前にアンカーボルトの位置を決め，コンクリート打設時にアンカーボルトが設置されるもので引張り荷重に対して強度が大きい．

　(b) 配管を支持する吊りボルトの選定は，配管重量とボルト強度（インサート強度）により選定する．表 7-3 のインサートの許容荷重は鋼製インサートの場合であり，鋳物インサートの場合は 1/4 程度の強度となる（図 7-9）．

　(c) 防火区画の壁や床を貫通する部分に防火ダンパーを直接取り付けるの

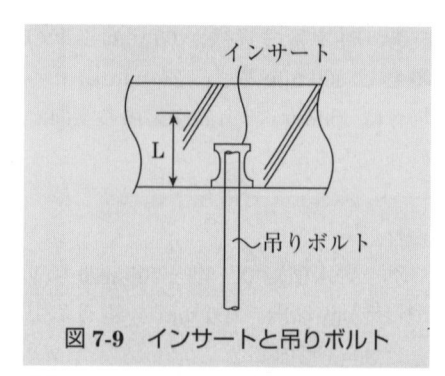

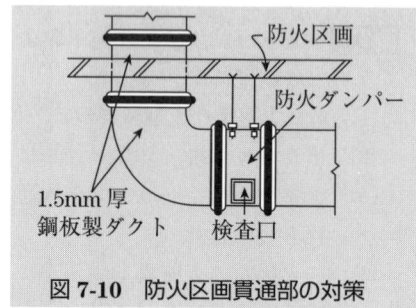

図 7-9　インサートと吊りボルト

図 7-10　防火区画貫通部の対策

第 7-3　インサートの選定表

(a) 配管重量表

呼び径	80 以下	100	125	150	200	250	300
重量〔kg/m〕	25	40	50	65	110	150	200

（注）1. 配管重量は満水状態で保温（外装は亜鉛鉄板）を施した鋼管の重量にバルブ等の重量を見込み 1.3 倍した値である．
　　　2. 他の配管（銅管，ステンレス管，ビニル管等）や鋼管であっても蒸気等の満水でない管でも上表による．

(b) 単独吊の吊りボルト径

呼び径	80 以下	100	125	150	200	250	300
吊間隔	2 m	\multicolumn{6}{c}{4 m}
荷重〔kg〕	50	160	200	260	440	600	800
吊ボルト径	\multicolumn{3}{c}{10 mm（3/8″）}	12 mm(1/2″)	\multicolumn{2}{c}{16 mm（5/8″）}	−

(c) インサートの許容荷重

吊りボルトの径	10 mm（3/8″）	12 mm（1/2″）	16 mm（5/8″）
インサートの埋込深さ L	45 mm 以上	55 mm 以上	65 mm 以上
許容引抜荷重（長期）	200 kg	400 kg	600 kg
最大荷重（短期）	1500 kg	2500 kg	4000 kg

が原則であるが，防火ダンパーを壁や床から離して取付ける場合はその区画は 1.5 mm 厚以上のダクトで接続する（建基令第 112 条第 16 項第四号により告示第 2565 号で定められている）（図 7-10）．なお防火ダンパーには温度ヒューズ形ダンパーと煙感知器連動形ダンパーおよび熱感知器連動形ダンパーがある．温度ヒューズ形ダンパーはダンパー部に高熱の気流が入ると，ヒューズが溶解し，自動的に閉鎖する．温度ヒューズは 72℃ 程度で溶解するのが普通である．その他のダンパーは煙や熱感知器で作動し，煙の拡散，火災の延焼を防止する．

答　(4)

問22 耐震対策において，図のような機器を床上に設置した場合に比べ，天井吊りとした場合に，アンカーボルトにかかる引抜応力は，何倍になるか．ただし，設計用水平震度は 1.0 とし，設計用鉛直震度は 0.5 とする．

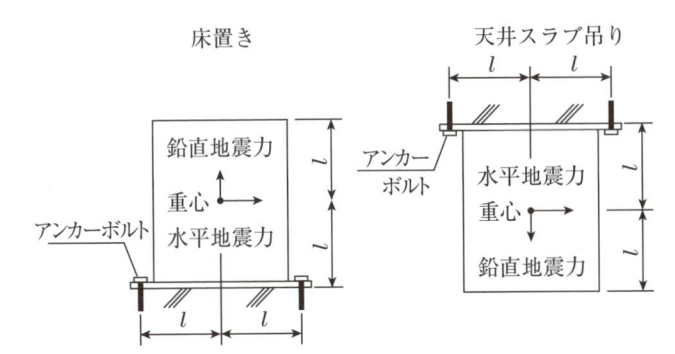

床置き　　　　　　　　天井スラブ吊り

(1) 2 倍
(2) 3 倍
(3) 4 倍
(4) 5 倍

解説　(a) 機器の重量 W 〔N〕とすると，

$$W = m \cdot g$$

ここで，m：機器の質量〔kg〕
　　　　g：重力の加速度〔m/s^2〕

水平地震力 F_h は，
　F_h =（設計水平震度）× W 〔N〕
鉛直地震力 F_v は，
　F_v =（設計鉛直震度）× W 〔N〕

(b) 図 7-11 において，F をアンカーボルトの引抜応力とし，P 点を中心に曲げモーメントを検討してみると，

$$F_1 \cdot 2l + W \cdot l = F_v \cdot l + F_h \cdot l$$
$$= (0.5W + W) \cdot l$$

$$\therefore \quad F_1 = \frac{1}{4} \cdot W = 0.25W$$

(c) 図 7-12 において，同様に曲げモーメントの関係は，

この問題をマスタしよう

$$F_2 \cdot 2l = (W + F_v) \cdot l + F_h \cdot l$$
$$= 2.5W \cdot l$$
$$\therefore \quad F_2 = 1.25W$$

$$\frac{F_2}{F_1} = \frac{1.25W}{0.25W} = 5$$

答 (4)

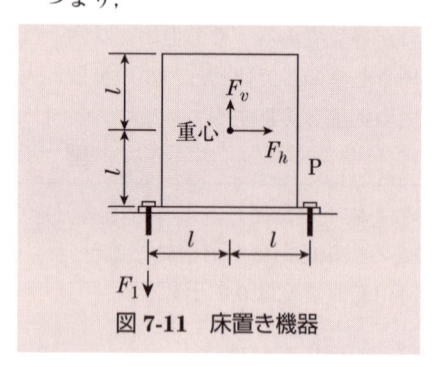

つまり,

図 7-11 床置き機器

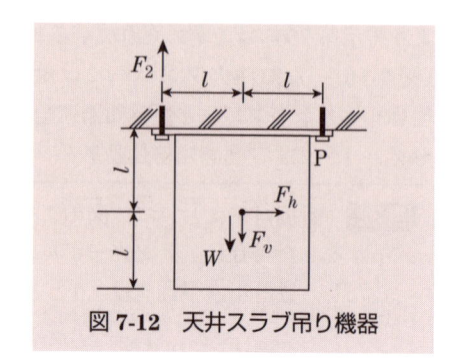

図 7-12 天井スラブ吊り機器

問23 次式は図のように機器が設置されているときのアンカーボルト1本当たりに働く最大引抜式の計算式である．式中の □ 内に当てはまる文字式の組み合わせとして，正しいものはどれか．

ただし，機器の重量を W，水平震度を 1.0，鉛直震度を 0.5，ボルト1本に働く最大引抜力を R_a，$a < b$ とする．

$$R_a = \frac{h_G - \boxed{A}}{\boxed{B}} W$$

　　　　　〔A〕　　　　〔B〕
(1)　$\dfrac{a}{2}$　———　$4a$

(2)　$\dfrac{3}{2}a$　———　$4a$

(3)　$\dfrac{b}{2}$　———　$2b$

(4)　$\dfrac{b}{2}$　———　$4b$

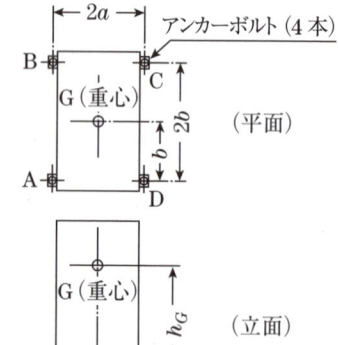

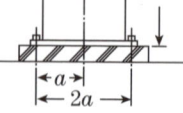

解説 図 7-13 において，AとBのアンカーボルトを軸として考慮し，地震時に機器の重心に水平地震力 f_h，鉛直地震力 f_v が作用すると，AB軸を中心として左側に転倒させようとする力が働き，以下のようにモー

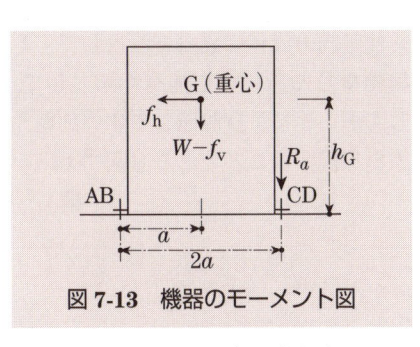

図 7-13 機器のモーメント図

$$= f_h \cdot h_G \quad (3)$$

ここで，f_h は水平地震力で，

$$f_h = K_H \cdot W \quad (K_H \text{は水平震度})$$
$$\therefore \; f_h = W$$

f_v は鉛直地震力で，

$$f_v = K_V \cdot W \quad (K_V \text{は鉛直震度})$$
$$f_v = \frac{1}{2}W$$

メントのつりあいの式が成り立つ．

① 右側（時計）回りのモーメント

$$(W - f_v)\, a + 2R_a \times 2a \quad (1)$$

② 左側回りのモーメント

$$f_h \cdot h_G \quad (2)$$

(1)式と(2)式はつり合っているから，

$$(W - f_v)\, a + 2R_a \times 2a$$

したがって，(3)式は，

$$\left(W - \frac{1}{2}W\right) \cdot a + 4R_a \cdot a = W \cdot h_G$$

$$\therefore \; R_a = \frac{h_G - \dfrac{1}{2}a}{4a} \cdot W$$

答 (1)

問24 空気調和機における冷温水コイル周りの配管図において，適当でない箇所はどれか．
(1) 往き管および還り管のコイルへの接続位置
(2) ストレーナーの位置
(3) 三方弁の位置
(4) 短絡管の位置

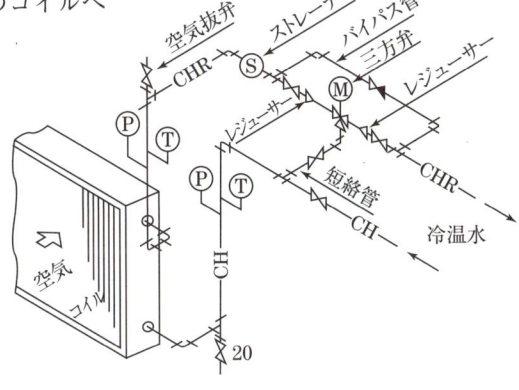

冷温水コイル周りの配管図

解説 (a) 空気調和機の冷温水コイル内は，フィンを持った細いチューブが密に通っており，そのチューブ内には空気が滞留しやすく，冷温水の通りが妨げられる．

冷温水には空気が混入しており，コイル内の冷温水は，空気が抜けやすいよう，コイルの下側から入り，上側に抜ける方が望ましい．また，熱交換的にも，下側の空気流入側から入り，上側の空

この問題をマスタしよう

気流の上流側から出る方が好ましい．

(b) 三方弁は配管内のゴミなどが詰まりやすく，故障の原因となるため，その流入側にストレーナーを設ける必要がある．つまり，ストレーナーの目的は管内の流体に混って流入してくる異物やじんあい等を補そく除去して，じんあい等により故障しやすい制御弁等を保護することである（図 7-14）．

答 (2)

図 7-14　空調機冷温水コイル周り配管図

(a) 三方弁

(b) 二方弁

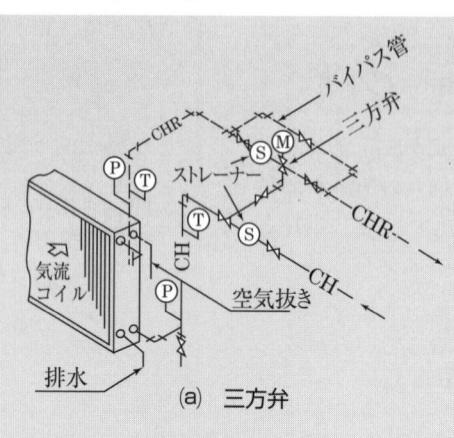

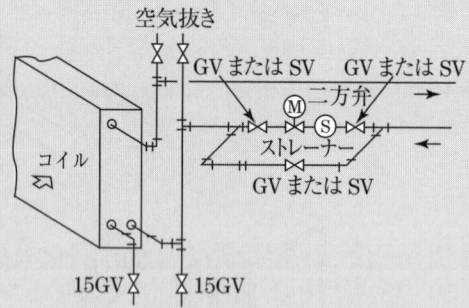

注）GV（または SV）およびストレーナーは主管と同一寸法とし，バイパス管，同 GV（または SV）は，二方弁と同一寸法とする

問25 排水・通気配管に関する記述のうち，適当でないものはどれか．
(1) 超高層建物の排水立て管は，流速を減じる目的でオフセットを設ける．
(2) 間接排水管の配管が長い場合は，機器に近接して排水トラップを設ける．
(3) 排水横枝管を合流させる場合は，水平に近い勾配で接続する．
(4) 屋外排水ますの間隔は，直管部では管内径の 120 倍以内とする．

解説　(a) 建物の上下階に垂直に設ける配管を平行に移動する配管形式がオフセットである．オフセットを行う場合，エルボやベントを用いるが，排水立て管に対して45°以下のオフセットの管径は垂直な立て管と同じとしてよいが，45°を超える場合は別に考慮しなければならない．排水立て管のオフセット部は圧力の変動が大きいため，オフセットの上部および下部600 mm以内の部分には排水横管を接続してはならない．排水立て管内を流下する水は，空気抵抗により一定の流速までしか増大せず，オフセットを設けて流速を減じることは現在行っていない．

(b) 飲料水や厨房機器，医療関係の機器の排水は，直接排水管に接続しないで，排水管との間に空間を設けて間接的に排水する．また，間接排水を受ける水受け容器は，容易に近づくことができ，換気のよい位置に設け，かつトラップを有しているか，近くにトラップが設けられていなくてはならない．

(c) ますやマンホールは配管の維持管理が容易にできるように設ける．

① 配管の起点

② 配管の方向や勾配が大きく変化する箇所

③ 直管部では管内径の120倍以内の箇所

答 (1)

問26 ダクトの継目の名称と図の組み合わせのうち，適当なものはどれか．

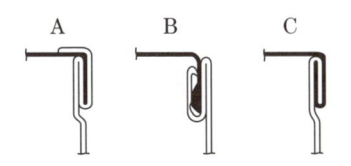

A　　B　　C

（ボタンパンチ　　（角甲はぜ）　　（ピッツバーグはぜ）
スナップはぜ）

(1)　B ——— A ——— C
(2)　B ——— C ——— A
(3)　A ——— B ——— C
(4)　C ——— A ——— B

解説　はぜ（鉤）は，ダクトを製作する際に使われるもので，板金を相互にかみ合うように折り曲げて接合する．ボタンパンチスナップはぜ，甲はぜ，ピッツバーグはぜなどがあるが，長方形ダクトでは組立てが容易なボタンパンチスナップはぜが多く用いられるが，甲はぜやピッツバーグはぜは強度があるため，内圧の強度が要求される高速ダクトや排煙ダクトに使われる．

ダクトの断面は矩形が多いが，内部

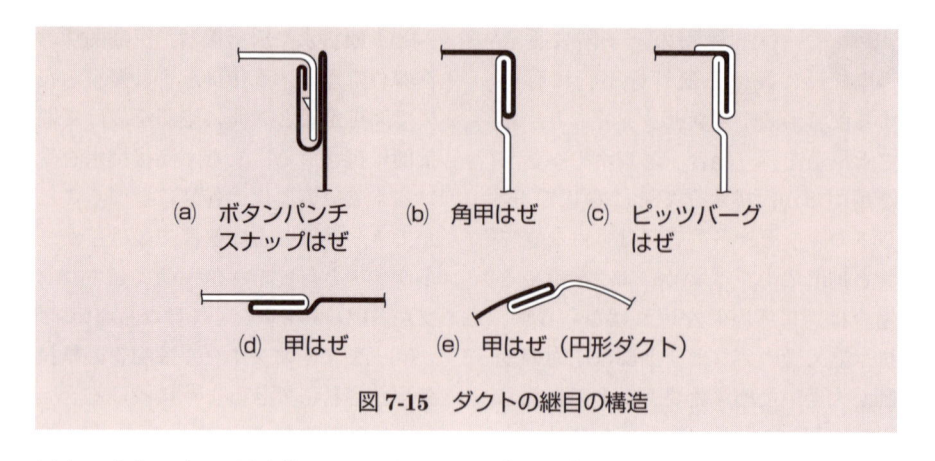

(a) ボタンパンチスナップはぜ　(b) 角甲はぜ　(c) ピッツバーグはぜ
(d) 甲はぜ　(e) 甲はぜ（円形ダクト）

図 7-15　ダクトの継目の構造

圧力の大きいものは円形ダクトが用いられることが多い．円形ダクトは板を丸めてはぜ組みで作る場合もあるが，帯板をはぜ組みしながら，らせん状に巻いて作られるスパイラルダクトが多い．スパイラルダクトの鉄板の合わせ目は，甲はぜ掛けである（図 7-15）．

答　(2)

問27　長方形ダクトに関する記述のうち，適当でないものはどれか．
(1) 長方形ダクトのアスペクト比は，1：4 以下とすることが望ましい．
(2) ダイヤモンドブレーキまたは補強リブは，保温を施さないダクトに使用しない．
(3) 遠心送風機の吐出し口から曲部までの距離を羽根径の 1.5 倍以上とする．
(4) 長方形ダクトのわん曲部の内側半径は，原則として半径方向の幅以上とする．

解説　(1) ダクトは，建築上の納まりの良さから断面の形を長方形とする場合が多いが，同一風量を送風する場合，表面積が最も小さくてすむのが円形断面であり，次に正方形の断面である．長方形にする場合でも，縦対横の比率（アスペクト比）は 4 以下とすることが望ましい（図 7-16）．

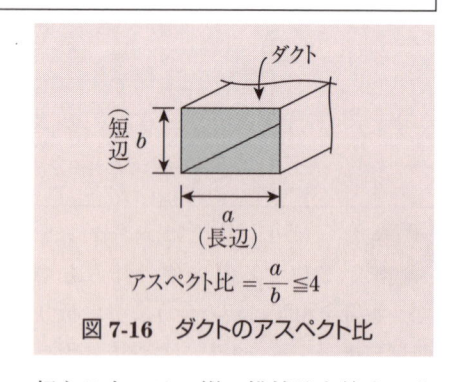

アスペクト比 $= \dfrac{a}{b} \leqq 4$

図 7-16　ダクトのアスペクト比

(2) ダクトの長辺が 750 mm を超えるものは横補強，長辺が 1500 mm を超えるものは，縦，横補強を施す．また長辺が 450 mm を超える保温を施さ

ないダクトは，板そのものに補強を施す．

① 補強の方法

・ダクトの横方向の補強は最大間隔 925 mm の形鋼（通常 910 mm 間隔）

・ダクトの縦方向の補強は中央部に 1，2 か所の形鋼

・長辺が 450 mm を超える保温を施さないダクトの板は，間隔 300 mm 以下の補強リブやダイヤモンドブレーキを設ける（図 7-17）．

(3) 送風機の吐出口直後での曲り

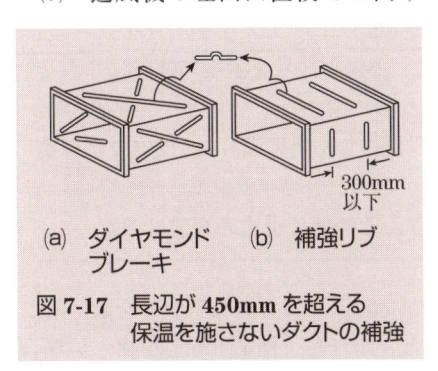

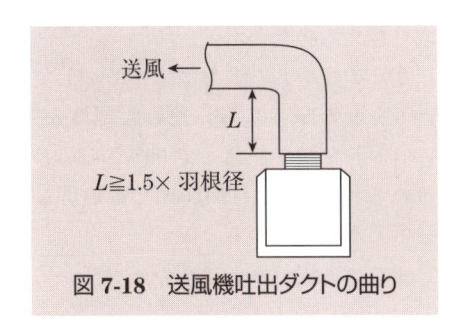

図 7-18 送風機吐出ダクトの曲り

は，急激な曲りを避け，曲部までの距離を羽根径の 1.5 倍以上とする（図 7-18）．

(4) ダクトのわん曲部の内径半径が小さすぎると摩擦抵抗が増し，振動や騒音の原因となるので，わん曲部の内側半径はダクトの半径方向の幅以上とする．

なお，送風機を出てすぐの曲り部の方向は，送風機の回転方向にする方が抵抗が少ない．回転方向に逆らう方向の場合，案内羽根などを設ける．

図 7-17 長辺が 450mm を超える保温を施さないダクトの補強
(a) ダイヤモンドブレーキ
(b) 補強リブ

答 (2)

問28 送風機の据付けおよび保守点検に関する記述のうち，適当でないものはどれか．

(1) V ベルトは，日がたつにつれ長さが変化するのでときどきプーリ間の距離を調整する．
(2) V ベルトの張力は，指で押して V ベルトの厚さ位たわむ程度とする．
(3) 一般に V ベルトは，水や油によって侵されることはほとんどない．
(4) 送風機とモータ側のプーリの心出しは，外側面に定規や水糸などを当て出入りを調整して行う．

解説 (1) V ベルトは，経年劣化し日時の経過とともに長さが変化するため，時々調節しなければならない．数本のベルトを並列して使用する場合は，長さのそろったものを使用し，交換する場合は，全部同時に

この問題をマスタしよう

取り替える必要がある．

(2) Vベルトの張力は，指で押してVベルトの厚さくらいたわむ程度か，Vベルトを指でひねって90°くらいひねれる程度あるいは0.5％くらい伸びを生じる程度とする．

(3) ゴム製ベルトは油やガソリンに侵されるので，注意が必要である．

(4) 送風機とモータ側のプーリの心出しは，原則として外側面に水糸などをあて一直線にあるかをチェックする．

答　(3)

問29 架設通路に関する記述のうち，「労働安全衛生法」上に定められている数値として，誤っているものはどれか．

(1) 勾配は30度以下とする．ただし，階段を設けたものまたは高さが2m未満で丈夫な手掛を設けたものはこの限りではない．

(2) 墜落の危険のある箇所には，高さ75cm以上の丈夫な手すりを設ける．ただし，作業上やむを得ない場合は，必要な部分を限って臨時にこれを取りはずすことができる．

(3) 建設工事に使用する高さ8m以上の登りさん橋には，7m以内ごとに踊場を設ける．

(4) 勾配が20度を超えるものには，踏さんその他の滑止めを設ける．

解説　労働安全衛生規則第552条，架設通路の構造についての規定であり，以下のとおりである．

① 丈夫な構造とすること．

② こう配は，30度以下とすること．ただし，階段を設けたものまたは高さが2m未満で丈夫な手掛を設けたものはこの限りではない．

③ こう配が15度を超えるものには，踏さんその他の滑止めを設けること．

④ 墜落の危険のある箇所には高さ75cm以上の丈夫な手すりを設けること．ただし，作業上やむを得ない場合は，必要な部分に限って臨時にこれを取り外すことができる．

⑤ たて坑内の架設通路でその長さが15m以上であるものは，10m以内ごとに踊場を設けること．

⑥ 建設工事に使用する高さ8m以上の登りさん橋には，7m以内ごとに踊場を設けること．

答　(4)

問30 機器の据付に関する記述のうち適当でないのはどれか．
(1) 床置き型パッケージ型空気調和機の基礎高さは，ドレン管の排水トラップの深さ（封水深）が確保できるように 150 mm とする．
(2) 冷凍機は基礎コンクリート打設後，10 日が経過した後に据え付けた．
(3) パッケージ型空気調和機はコンクリート基礎上に防振ゴムパットを敷いて水平に据え付けた．
(4) 冷却塔の補給水口の高さは，高置タンクの低水位からの落差を 1 m 未満とする．

解説 (a) ドレン配管は，排水管からの影響をさけるため間接排水とする必要がある．
(b) 基礎コンクリートはコンクリート打設後適切な養生を行い 10 日間経過後に機器を据え付る．
(c) 冷却塔への補給水は高置タンク給水方式の場合，高置タンクの低水位より 3 m 以上の水頭差を確保する．

答 (4)

問31 ポンプの据付に関する記述のうち適当でないのはどれか．
(1) ポンプは据付時軸心の狂いの無いことを確認し，カップリング外周の段違いや両面の誤差がないようにする．
(2) 排水用水中ポンプは，点検引上げに支障がないように点検用マンホールの真下から十分に離して設置した．
(3) 負圧となるおそれのあるポンプの吸込管には連成計を設ける．
(4) ポンプの基礎は床上 300 mm 高とし，基礎表面の排水みぞに排水目皿を設ける．

解説 (1) 軸心のチェックはポンプをモータの水平を確かめ，次に軸継手のフランジ面の外縁および間隙をチェックする．外縁の狂いは 0.03 mm 以下，間隙の誤差は 0.1 mm 以下とする．修正はベースの下にライナーを打込んで修正する．
(2) マンホールの真下から十分離れては保守・点検に不都合となる．
(3) ポンプの吸込側で負圧となる場合は，大気圧以上と以下が計測できる連成計を取付ける．
(4) ポンプの軸封装置から滴下する水は，基礎表面の排水みぞの排水目皿を経て最寄の排水系統に間接排水する．

答 (2)

問32 配管の施工に関する記述のうち適当でないのはどれか．
(1) 塩化ビニルライニング鋼管の切断に適しているのはパイプカッターである．
(2) 塩化ビニルライニング鋼管のライニング部の面取りの際には鉄部を露出させてはならない．
(3) 配管用炭素鋼鋼管のねじ加工後，ねじ径をテーパねじ用リングゲージで確認した．
(4) 塩化ビニル管を接着接合する場合は，受口，差し口の両面に接着剤を塗布する．

解説 (1) 鋼管，ライニング鋼管の切断に適しているのは帯のこ盤（バンドソー），弓のこ盤，ねじ切機搭載型丸のこ切断器などである．パイプカッターは内面にめくれができるので好ましくない．

(2) ライニング鋼管の切断後，スクレーパーなどの工具によって管端の面取りを行い接続時コアがスムーズに入るようにする．

(3) ねじ接合にはテーパねじを使用するのが一般的である．ねじ加工機を使用する．ねじ加工後ねじ径はテーパねじ用リングゲージで，管端がゲージの許容範囲にあることを確認する．

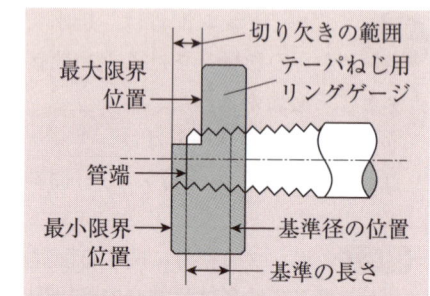

管または管継手の末端が切り欠きの範囲内にあれば合格とする．

第7-19図　テーパねじリングゲージによる検査

(4) 塩化ビニル管の接合法としてのTS接合は接着剤により受け口と差し口を一体化する工法である．

答 (1)

問33 ダクトの施工に関する記述のうち適当でないのはどれか．
(1) スパイラルダクトの差し込み接合では，継手，シール材，鋼製ビス，ダクト用テープを使用する．
(2) ダクト系の風量バランスをとるため，主要な分岐ダクトには風量を調整するため一般にダンパを取付ける．
(3) ダクトの曲管部の内側半径は，ダクト巾の1/2以上とし，それ未満の場合はガイドベーンなど入れて局部抵抗の減少を図る．
(4) 消音エルボや消音チャンバの消音材にはポリスチレンフォーム保温材を用いる．

解説
(a) スパイラルダクトの接合はフランジ継手接合と差し込み継手接合がある．差し込み継手を接続する場合には，継手の外面にシール材を塗布し，スパイラルダクトを差し込み，鋼製ビス（鉄板ビス）止めし，その上にダクト用テープで差し込み長さ以上の外用を二重巻きとする．

(b) 長方形ダクトのエルボの内側半径（R）はダクトの幅（W）の 1/2 以上とする．またダクト幅より内側半径が小さい場合はガイドベーンを付ける．

(c) 消音エルボや消音チャンバの吸音材にはグラスウール保温材など使用する．

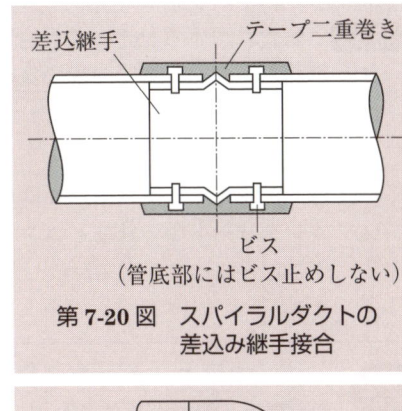

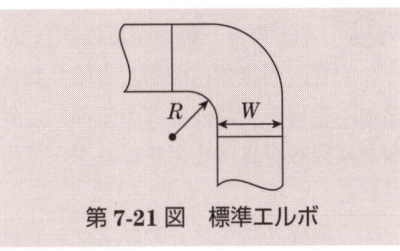

答 (4)

第 7-20 図　スパイラルダクトの差込み継手接合

第 7-21 図　標準エルボ

問 34 塗装に関する記述のうち適当でないのはどれか．
(1) 亜鉛メッキ面の鋼管に塗装を行う場合はウォッシュプライマを下地処理剤として使う．
(2) 蒸気管の塗装にアルミニウムペイントを使用した．
(3) 塗装の目的は材料面の保護としての防水，耐候性，耐薬品や耐久性を高めるためである．
(4) 300℃程度の高温で変色，変質しない塗料はない．

解説
(a) 亜鉛メッキが施されている鋼管に塗装を行う場合は，エッチングプライマーやウォッシュプライマを使用して下地処理を行う．

(b) 加熱するとアルミニウムの粉は鉄の表面に融着して耐熱性の塗膜が形成される．耐食性，耐水性，耐候性が良く，蒸気管，屋外オイルタンク，トラップ，放熱器などに用いられる．

(c) シリコン樹脂等とアルミ粉，亜鉛粉末等を原料とした塗料で常温乾燥により 300℃ でも使用できる耐熱塗料があり煙導や蒸気配管など特殊な場所で用いられる．

答 (4)

問35 防食に関する記述のうち適切でないのはどれか．
(1) 鋼管とステンレス管の接続は防食を考慮し，絶縁継手を使用する．
(2) 絶縁ユニオン，絶縁フランジは接合面にパッキンやガスケットを押入する．
(3) 外部電源方式の電気防食ではプラス極に防食する対象を接続する．
(4) コンクリート中の鉄筋とコンクリート壁を貫通する土中埋設配管が接続することにより生じるマクロセル腐食では陽極側の土中埋設配管が腐食する．

解説 (1) 鋼管とステンレス鋼管，鋼管と銅管が接続されて，その配管内の流体に酸素が供給される給水，給湯や空調の配管の一部には異種金属接触腐食防止用絶縁継手が使用される．
(2) 絶縁ユニオン，絶縁フランジは小口径管用に用いる防食対策である．
(3) 外部電源方式は直流の防食電流を流し続ける方式でマイナス極に被防食体を接続し防食電流を流入させる方式である．
(4) マクロセル腐食対策として絶縁継手，配管の塗装などがある．

答 (3)

問36 試運転，調整に関する記述のうち適当でないのはどれか．
(1) 送風機やポンプの風量調整や流量調整はダンパや弁を徐々に開いて行う．
(2) 遠心送風機は手で廻して，異常音が無いことを確認する．
(3) うず巻ポンプはグランドパッキン部からの水滴の滴下が適切か確認する．
(4) うず巻ポンプの回転方向を確認するのに瞬時運転してはならない．

解説 (a) 送風機を手で廻して羽根と内部に異常が無いかを確認する．ポンプは手で回して回転むらがないか等を確かめる．
(b) ポンプのグランドパッキン部から適度に漏水させることでパッキン部分を冷却する構造になっている．
(c) 回転方向を確認するために送付機やポンプを瞬時起動させる．

答 (4)

第8章 法規

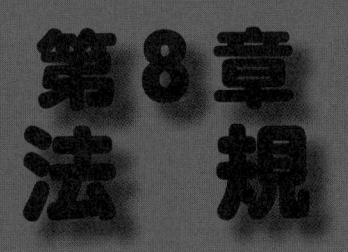

　出題の対象となる法令は，建設業法，建築基準法，労働基準法，労働安全衛生法，消防法，廃棄物の処理及び清掃に関する法律（廃棄物処理法），建設工事に係る資材の再資源化に関する法律（建設リサイクル法），騒音規制法，水道法，下水道法等がある．

(1) 建設業法
　(a) 建設業の許可　① 国土交通大臣と都道府県知事の許可
　　　　　　　　　② 特定建設業と一般建設業の許可
　(b) 建設工事の請負契約
　　　　① 請負契約の内容の書面化
　　　　② 一括下請負の禁止，不当な資材などの強制購入の禁止，不当に低い請負代金の禁止
　(c) 施工技術の確保…主任技術者，監理技術者の設置

(2) 建築基準法
　(a) 用語の定義…特殊建築物，建築設備，特定行政庁，建築工事，居室等
　(b) 換気設備，排煙設備…必要となる建築物，種類

(3) 労働基準法
　(a) 労働条件　① 労働協約，就業規則および労働契約
　　　　　　　② 均等待遇，禁止事項，解雇制限
　(b) 労働時間，休憩，休日　(c) 年少者

(4) 労働安全衛生法
　(a) 安全衛生管理体制…単一事業所と複合事業所との相違
　(b) 危険を防止するための措置…作業床，昇降設備，脚立，移動はしご等

(5) 消防法
　(a) 消防の用に供する設備～消火設備，警報設備，避難設備
　(b) 屋内消火栓設備…1号消火栓，2号消火栓

(6) 廃棄物の処理及び清掃に関する法律（廃棄物処理法）
　(a) 廃棄物　① 一般廃棄物，特別管理一般廃棄物
　　　　　　② 産業廃棄物，特別管理産業廃棄物
　(b) 産業廃棄物管理票（マニフェスト）

(7) 建設工事に係る資材の再資源化等に関する法律（建設リサイクル法）
　(a) 建設資材廃棄物　① 分別解体等　② 再資源化
　(b) 特別建設資材廃棄物　① 縮減　② 再資源化等
　(c) 分別解体等の実施

(8) 水道法
　(a) 用語の定義…水道，水道事業，簡易水道事業，水道施設，給水装置等
　(b) 水質基準…省令による

(9) 下水道法
　(a) 用語の定義…下水，下水道，公共下水道，流域下水道，都市下水路，終末処理場等
　(b) 放流水の水質基準…pH値，BOD，SS，大腸菌群数等
　(c) 排水設備の構造…管渠の勾配，ますの構造

(10) 騒音規制法
　(a) 特定施設　(b) 特定建設作業

8.1 建設業法

(1) 目的と内容
(a) 目的
建設業の健全な発達と公共の福祉の増進.

(b) 内容
① 建設業の資質の向上（つまり社会的立場の向上，経営基盤の強化等，優良業者を育てる，不良・不適格業者の排除）.
② 請負契約の適正化を図る（発注者と請負者，元請負者と下請負者との契約上の適正化を図る）.
③ 適正な施工を確保（設計仕様に基づく工事を行い発注者を保護→顧客満足）.
④ 施工技術の確保（主任技術者，監理技術者等の設置）.

(2) 用語の定義
① 建設工事；土木建築に関する工事をいい，28工事に分類されている.
② 建設業；建設工事の完成を請負う営業をいい，元請，下請その他いかなる名義をもってするかを問わない.
③ 建設業者；建設業法に基づき許可を受けて建設業を営む者.
④ 発注者；建設工事の注文者，ただし，他の者から請負った工事を下請へ注文する者を除く.
⑤ 元請負人；下請契約における注文者で建設業者であるもの.
⑥ 下請契約；建設工事を他の者から請け負った建設業を営む者と他の建設業を営む者との間で，その建設工事の全部または一部について締結される請負契約をいう.
⑦ 指定建設業；建築工事業，土木工事業，電気工事業，管工事業，鋼構造物工事業，舗装工事業，造園工事業の7業種で，建設業法第15条第2号の規定により政令で定める建設業.

(3) 建設業の許可
建設業を営もうとする者は，建設業の区分に従い許可を受けなければならない，と建設業法第3条で定められており，許可は建設業の区分に応じて与えられる.

(a) 許可の種類
・国土交通大臣の許可…2以上の都道府県の区域内に営業所を設けて営業しようとする場合.

- 都道府県知事の許可…1の都道府県の区域内のみに営業所を設けて営業しようとする場合.

この建設業の許可は,営業についての地域的制限はなく知事許可で全国で営業できる.
- 一般建設業の許可
- 特定建設業の許可

(b) **許可の免除**

軽微な建設工事のみを請負うことを営業とする者は,建設業の許可を受けなくとも営業を行うことができる.

＜軽微な建設工事＞
① 建築一式工事
  ⓐ 工事1件の請負代金の額が1500万円に満たない工事
  ⓑ 延べ面積が150 m^{2}未満の木造住宅工事
② その他の工事
  工事1件の請負代金の額が500万円に満たない工事.

(c) **一般建設業と特定建設業の許可**

① 特定建設業の許可

発注者から直接請け負う1件の建設工事で,その工事の全部または一部を,下請代金の額(その工事に係る下請契約が2以上あるときは,下請代金の額の総額)が3000万円(建築工事業については4500万円)以上となる下請契約を締結して施工しようとする者が受けるもので,それ以外の者は一般建設業の許可を受けることになる.

したがって,以下の場合は,特定建設業の許可を受けた者でなければ,発注者から直接請け負った建設工事を施工するための下請契約を締結してはならない.
  ⓐ その下請契約に係る下請代金の額が1件で3000万円(建築工事業は4500万円)以上である下請契約.
  ⓑ その下請契約を締結することにより,その下請契約およびすでに締結された当該建設工事を施工するための他のすべての下請契約に係る下請代金の総額が3000万円(建築工事業については4500万円)以上となる下請契約.

② 許可の申請
  ⓐ 国土交通大臣の許可を受ける場合;その,おもなる営業所の所在地を管轄する都道府県知事を経由して国土交通大臣に.
  ⓑ 都道府県知事の許可を受ける場合;その営業所の所在地を管轄する都道府県知事

(提出書類)
- 許可申請書(名称または商号,営業所の所在地等を記載)
- 工事経歴書

直近の過去3年間の各年度ごとにおける工事施工金額を記載した書面.

③ 業種別許可

28の建設工事の種類があるが,原則として許可を受けていない建設業に関する工事を請負うことはできないとされている.これは,一般建設業,特定建設業の許可を問わず適用される.ただし,本体工事に附帯する工事については請負うことができる.

8.1 建設業法

④ 工事に附帯する他の工事

許可を受けた建設業以外の工事は原則としてできないが，本体工事に附帯する工事は請負うことができ，許可を受けた建設業者と下請契約を結ぶことになる．

⑤ 許可の更新

許可の有効期間は 5 年で，引き続き建設業を継続する場合は更新手続きをしなければならない．有効期間が満了する日前 30 日までに，更新のための許可申請書を提出して，許可の更新を受けることになる．

(4) 建設業の許可基準

(a) 一般建設業

① 管理能力

経営業務の管理責任者として許可を受けようとする建設業に関し，5 年（他の建設業については 7 年）以上の経験を有すること．法人の場合は，常勤役員のうち 1 人，個人の場合は本人．

② 技術レベルの確保

営業所ごとに専任の技術者を設置する．

ⓐ 高卒後 5 年以上，大学・専門学校卒業後 3 年以上の実務経験を有する者で一定の学科を修めた者．

ⓑ 学歴に関係なく 10 年以上の実務の経験を有する者．

ⓒ 国土交通大臣がⓐ，ⓑと同等以上の知識，技術，技能があると認めた者．

③ 請負契約の遵守

請負契約に関して，不正または不誠実な行為をするおそれが明らかな者でないこと．

④ 経営基盤，発注者保護

請負契約を履行するのに，十分な財産的基礎や金銭的信用のある者．

(b) 特定建設業

一般建設業の許可条件の他に，さらに以下の基準に適合しなければならない．

① 技術レベルの確保

営業所ごとに置かれる専任の技術者は，以下の条件を満たすこと．

ⓐ 国土交通大臣が定める国家資格者．

ⓑ 一般建設業の許可条件の①，②，高卒 5 年，大卒等 3 年以上の実務経験，または 10 年以上の実務経験の上にさらに，元請になり 4500 万円以上の工事に 2 年以上指導監督的な実務経験を有すること．

ⓒ 国土交通大臣が同等以上の能力を有する者と認定した者．

② 経営基盤，発注者保護

請負代金が 8000 万円以上の工事を履行するのに十分な財産的基礎を有すること．

(5) 請負契約

(a) 請負契約の基本則

建設工事の請負契約の当事者は，おのおの対等な立場における合意に基づいて公正な契約を結び，信義に従って誠実にこれを履行することを原則とする（法第 18 条），としている．→（発注者または注文者の一方による片務性を排除）

その具体的内容として，

ⓐ 不当に低い請負代金の禁止（発

注者は取引上の地位を不当に利用し原価以下となる請負金額で契約してはならない）．（法第19条の3）
ⓑ 不当な資材等の強制購入の禁止．（法第19条の4）
ⓒ 一括下請等の禁止（元請負人があらかじめ発注者から文書により承諾を得ている場合はよい）．（法第22条）
ⓓ 請負契約書の作成（成立した契約の内容を書面化することにより，内容の明確化を図り後日，起こるかも知れない紛争に備える）．（法第19条）
ⓔ 現場代理人等の選任（請負人が現場代理人を工事現場に置く場合，または注文者が監督員を工事現場に置く場合には，その権限の範囲等を相手方に書面で通知する）．（法第19条の2）
ⓕ 見積期間（契約内容となる重要事項を建設業者に提示し，適切な見積期間を設けて見積落し等の問題が生じないよう検討の機会を設けている．（法第20条）(**第8-1表**)．

第8-1表　見積期間

工事予定価格	見積期間
500万円未満	1日以上
500〜5000万円	10日
5000万円以上	15日以上

(6) 元請負人の義務

下請負人の経済的地位と，その体質の改善を図るため，元請負人に対して一定の義務を課している．特に，特定建設業者に対しては下請負人の保護を図っており，下請代金の支払い期日や指導育成に関する義務を定めている（**第8-2表**）．

第8-2表　元請負人の義務一覧

元請負人の義務	義務の内容
下請負人の意見の聴取（法第24条の2）	元請負人は，工程細目，作業方法等を定めようとするときは，下請負人の意見を聞き施工計画を立案する．
下請代金の支払い（法第24条の3）	工事完成または出来高部分に関する支払いを受けたときは，元請負人は1カ月以内に該当下請負人に支払いをすること．
検査および引渡し（法第24条の4）	下請負人から，完成通知を受けたときは，20日以内に完成検査をすること
特定建設業者の下請代金の支払い期日等（法第24条の5）	① 特定建設業者が注文者となった下請契約（下請契約における請負人が特定建設業者または資本金が4000万円以上の法人である場合は除く）については，完成物件の引渡し申し出があったときは，その日から50日以内の日を下請代金支払い日とすること． ② 特定建設業者が50日以内に支払いをしないときは，50日を経過した日から遅延利息を支払わなければならない．
下請負人に対する特定建設業者の指導等（法第24条の6）	① 下請負人が法令に違反しないよう指導すること． ② 下請負人が法令に違反しているときはその事実を指摘し，是正を求めること．

第 8-3 表　技術者の設置が必要となる工事の内容

区分	建設工事の内容	専任を要する工事
主任技術者を設置する建設工事現場	① 請負った建設工事を施工すると き下請に出す金額が合計で3000万円（建築一式工事については4500万円）未満の建設工事現場 ② 付帯工事を施工する際の，付帯工事の主任技術者	国，地方公共団体の発注する工事，学校，マンション等の工事で2500万円（建築一式については5000万円）以上のもの
監理技術者を設置する工事現場	元請の特定建設業者が合計3000万円（建築一式工事については4500万円）以上の工事を下請に出す工事現場	同上
指定建設の監理技術者を設置しなければならない工事現場	指定建設業に係る建設工事で，国，地方公共団体，公共法人が発注する建設工事で，監理技術者の設置を義務づけられている工事現場	同上

注）専任を要する監理技術者は，監理技術者資格者証の交付を受け国土交通大臣の登録を受けた講習を受講した者から選任する．

(7) 施工技術の確保

技術者の設置が必要となる工事の内容を**第 8-3 表**に示す．

(8) 標識

標識は，工事現場用と店舗の2種類があり，以下の内容を公衆の見やすい場所に掲げなければならない．

① 一般建設業または特定建設業の別．
② 許可年月日，許可番号，業種．
③ 商号または名称．
④ 代表者の氏名．
⑤ 主任技術者または監理技術者の氏名．

(9) 帳簿の備付

建設業者は，営業所ごとに，その営業に関する事項で注文者と締結した請負契約に関する事項や下請負人と締結した下請契約に関する事項等を記載した帳簿を備え保存しなければならない．

8.2 建築基準法

(1) 目的と内容

建築物の敷地・構造・設備および用途に関する最低の基準を定めたもので，その内容の構成は第8-1図のとおりである．

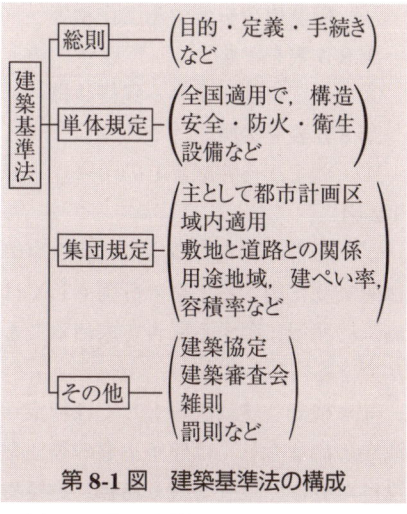

```
              ┌ 総則 ──（目的・定義・手続き など）
              │
建築基準法 ─┤ 単体規定 ──（全国適用で，構造 安全・防火・衛生 設備 など）
              │
              │ 集団規定 ──（主として都市計画区域内適用 敷地と道路との関係 用途地域，建ぺい率，容積率 など）
              │
              └ その他 ──（建築協定 建築審査会 雑則 罰則 など）
```

第8-1図　建築基準法の構成

(2) 用語の定義

① **建築物**；土地に定着する工作物のうち，屋根および柱もしくは壁を有するもの，およびこれに付属する門，塀等，または観覧のための工作物，または地下もしくは高架の工作物内に設ける事務所，店舗，興行場，倉庫その他これらに類する施設をいい，建築設備を含むもの．鉄道法に規定する施設，プラットホームの上家等やサイロ等の貯蔵槽は建築物に含まれない．

② **特殊建築物**；不特定多数の者が出入りする建物，公共的に必要な建物，特殊機能や用途を持つ建築物．（観覧場，集会場，展示場，旅館，共同住宅，工場，倉庫，学校，体育館，病院，劇場，危険物の貯蔵場，火葬場，汚物処理場等）

③ **建築設備**；建築物に設ける電気，ガス，給水，排水，換気，暖房，冷房，消火，排煙もしくは汚物処理の設備または煙突，昇降機もしくは避雷針をいう．エレベーター，エスカレーターおよび小荷物専用昇降機（電動ダムウェーター）は昇降機に含まれ建築設備である．

④ **居室**；居住，執務，作業，集会，娯楽その他これらに類する目的のために継続的に使用する室をいう．更衣室は居室ではない．

⑤ **主要構造部**；壁，柱，床，梁，屋根または階段．ただし，構造上重要

でない間仕切壁，間柱，最下階の床，ひさし等は除く．なお，基礎は主要構造部に含まれない．その理由は，主要構造部は防火上の目的が強いことによる．構造耐力上主要な部分には基礎が含まれる．

⑥ **不燃材料**；コンクリート，れんが，瓦，鉄鋼，アルミ，ガラス，モルタル，しっくい，その他これらに類する建築材料で政令で定める不燃性を有するもの．

⑦ **大規模な修繕**；建築物の主要構造部の1種以上について行う過半の修繕をいう．

⑧ **大規模な模様替**；建築物の主要構造部の1種以上について行う過半の模様替をいう．

⑨ **特定行政庁**；建築主事を置く市町村の区域については，市町村長，その他の市町村の区域については都道府県知事をいう．建築基準法の許可処分などを行う．

⑩ **建築主事**；建築確認などの行政事務を行う者で，都道府県および市町村の建築課などに置かれる職員のこと．建築主事は，都道府県および政令指定の人口25万人以上の市には必ず置かれる．その他の市町村も，任意に建築主事を置くことができる．

⑪ **建築確認**；建築に先立ち，建築主からの申請に対して，建築主事が，その建築計画が建築関係法令の規定に適合しているかどうかを判断する行為．

⑫ **建築**；建築物を新築し，増築し，改築し，または移転することをいう．

(3) **建築確認**

建築主は，工事着工前に，確認申請書を建築主事または指定確認検査機関に提出して，確認を受けなければならない．確認とは，提出された建築計画の内容が，建築基準法その他の法令に適合していることを建築主事が認めることである．なお，確認には消火活動などの面から消防長または消防署長の同意が必要である．

① 確認申請を要する建築物等
第8-4表を参照．

② 確認申請を要する工作物等
第8-5表を参照．

③ 確認申請を要する建築設備
第8-6表を参照．

(4) **着工から完成までの手続き**（第8-2図）

① 報告；特定行政庁，建築主事等は建築物に関する工事の計画もしくは施工の状況に関する報告を求めることができる．

② 検査；建築主事もしくは特定行政庁の命令もしくは建築主事の委任を受けた者は，検査等行う場合，建築物の敷地または建築工事現場に入り検査しもしくは試験し必要な事項について質問することができる．

③ 工事完了届；建築主は，工事を完了した場合，完了した日から4日以内に到達するように建築主事に文書で届出なければならない．

第 8-4 表　確認申請を要する建築物等

建築される区域	建築物の用途，構造，規模	申請対象	確認不要
全国 （建築される区域に関係なし）	特殊建築物(建築物の用途を変更して，特殊建築物にする場合を含む(第87条)) 床面積の合計が 100 m² を超えるもの	・建築（増築の場合は，増築後，これらの面積，階数，高さを超えるものも含む） ・大規模修繕 ・大規模模様替	防火地域および準防火地域外における 10 m² 以内の増築，改築，移転
	木造建築物 ㋑　階数が 3 以上のもの ㋺　延べ面積が 500 m² を超えるもの ㋩　高さが 13 m を超えるもの ㋥　軒の高さが 9m を超えるもの		
	非木造建築物 ㋑　階数が 2 以上のもの ㋺　延べ面積が 200 m² を超えるもの		
都市計画区域内 （知事が，都市計画地方審議会の意見を聴いて指定する区域を除く）	すべての建築物	建築	
知事が，関係市町村の意見を聴いて指定する区域	すべての建築物		

第 8-5 表　確認申請を要する工作物

種類	高さ〔m〕
煙突	＞6
柱（鉄筋コンクリート），鉄柱，木柱等	＞15
広告塔，記念塔，装飾塔等	＞4
高置水槽，サイロ，物見塔等	＞8
擁壁	＞2
観光用の乗用エレベーター，エスカレーター	—

第 8-6 表　確認申請を要する建築設備

(1) エレベーター，エスカレーター
(2) 特定行政庁が指定するもの（し尿浄化槽を除く）

④　完成検査；建築主事またはその委任を受けた者は，工事完了届を受理した日から 7 日以内に法律等に適合しているかどうか検査しなければならない．

⑤　検査済証の交付；建築主事またはその委任を受けた者（市町村もしくは都道府県の吏員等）は，④の検査が法律等に適合していると認めたときは検査済証を交付しなければならない．

⑥　仮使用；建築主は，検査済証の交付を受けた後でなければ使用することができないが，以下の場合は使用できる．

ⓐ　特定行政庁または建築主事が仮使用を承認した場合．
ⓑ　建築主が工事完了届を提出した日から 7 日を経過したとき．

(5) 建築基準法と各種提出書類

第 8-7 表に各種提出書類と提出先を

8.2　建築基準法

第 8-2 図　着工から使用開始まで

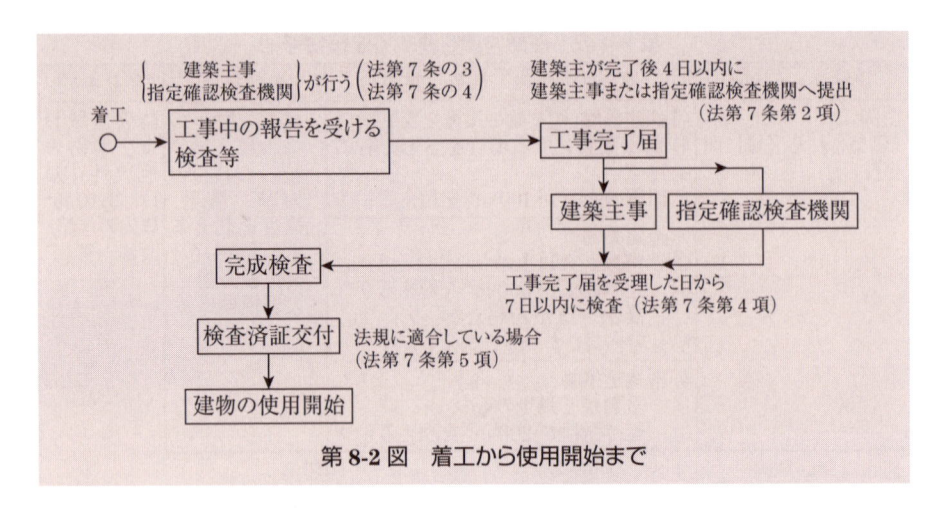

第 8-7 表　各種提出書類と提出先

提出物	提出者	申請または申込先	法根拠
確認申請書	建築主	建築主事 指定確認検査機関	法第 6 条
建築工事届	〃	都道府県知事	法第 15 条
建築物除去届	施工者	〃	〃
仮使用承認申請	建築主	特定行政庁	法第 7 条の 6
工事完了届	建築主	建築主事 指定確認検査機関	法第 7 条
建築設備等の定期検査報告	建築主または管理者	特定行政庁	法第 12 条

示す.

(6) **仮設建築物**

＜仮設建築物に対する制限の緩和＞

① 特定行政庁が指定した非常災害区域で，国等が建築するものや被災者が自ら使用するために建築するもので，延べ面積が 30 m^2 以内のものは，建基法およびこれに基づく規定は適用されない（ただし防火地域を除く）．

② 工事を施工するために設ける現場事務所などの仮設建築物は，確認申請，許可は不要であるが，防火，準防火地域内で 50 m^2 を超えるものは屋根を不燃材料でふくこと．

③ 工事期間中必要となる仮設店舗等は，特定行政庁の許可を受けて仮設建築物として建築することができる．

(7) **居室としての条件**

(a) **採光，換気**

住宅，病院，学校，寄宿舎等の居室には，ある一定面積の窓を設けなければならない．採光のための採光面積と

第 8-8 表　採光，換気のための窓の大きさ

窓の種類	建築物の種類	窓の面積
採光のための窓	住宅の居室	床面積の1/7 以上
	保育所の保育室，幼稚園，学校の教室	床面積の1/5 以上
	病院等の病室，寄宿舎の寝室等	床面積の1/7 以上
	病院の病室等以外の居室	床面積の1/10 以上
換気のための窓	居室	床面積の1/20 以上

床面積の比は，第 8-8 表に示すとおりとする.

① 換気のための開口面積は床面積の 1/20 以上とする．ただし，換気設備を設けた場合はこの限りでない．

② 地階の居室は原則として禁止されているが，空堀（ドライエリア）がある場合，その他衛生上支障がない場合は可能である．

③ 天井高は，一般の場合 2.1 m 以上，部分により高さが異なる場合は，その平均の高さとする．

④ 換気や空調設備が必要な居室は，第 8-9 表に示すとおりである．

⑤ 床の高さは地盤面から 45 cm 以上とする．ただし，防湿措置をした場合はこの限りでない．

⑥ 共同住宅などの各戸の界壁は，遮音上有害な空隙のない構造とし，小屋裏または天井裏に達していなければならない．

(b) **換気設備，空調設備**

換気のための有効な開口部が不足する（居室の床面積の 1/20 以上の開口部がとれない）場合，次のいずれかの換気設備を設けなければならない．

① 自然換気設備

給気口と排気筒付の排気口を有するもので，風圧または温度差による浮力により室内の空気を屋外に排出する方式．

第 8-9 表　換気設備，空気調和設備が必要となる建築物または室

	建築物または室	換気設備の種類	備考
1	一般の建築物の居室（換気上有効な開口部が不足するもの）	自然換気設備 機械換気設備 空気調和設備	1. 換気に有効な開口部が不足する居室とは，窓その他の開口部で換気に有効な面積がその居室の床面積の 1/20 未満の居室のことである． 2. 空気調和設備は中央管理方式とする． 3. 火を使用する調理室などで，室内空気を汚染させない器具または設備のある室，および延べ床面積 100 m^2 以内の住宅の調理室で床面積の 1/10 以上の開口面積 (0.8 m^2 以上) で，かつ器具の発熱量の合計が 12 kW 以下の場合と発熱量の合計が 1 室において 6 kW 以下の居室に設けるストーブ等で，有効な開口部がある場合は除く（令第 20 条の 3）．
2	劇場，映画館，演芸場，観覧場，公会堂，集会場などの特殊建築物の居室	機械換気設備 空気調和設備	
3	調理室，浴室，その他の室で，かまど，こんろその他の火を使用する設備または器具を設けた室	自然換気設備 機械換気設備	

② 機械換気設備

一般に，風道と送風機から構成される設備で，送風機により強制的に換気を行う．第1種機械換気，第2種機械換気，第3種機械換気の3種類がある．

③ 中央管理方式の空気調和設備（第8-3図）

有効換気量 V は，

$$V \geq \frac{20 A_f}{N} \ [\text{m}^3/\text{h}]$$

ただし，$N \leq 10$ とする．

ここで，A_f：居室の床面積 $[\text{m}^2]$
N：実状による1人当たりの占有面積 $[\text{m}^2]$

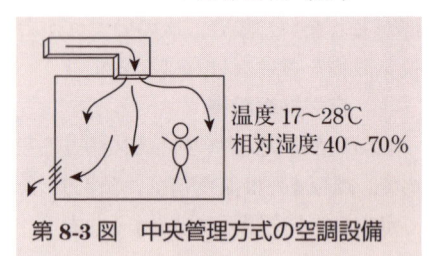

第8-3図 中央管理方式の空調設備

温度，湿度，風量等が，第8-10表に示すように調節できるようにする．

(8) 排煙

ⓐ 排煙設備の設置基準

排煙設備の設置を必要とする建築物またはその部分については，以下の条件のいずれかに該当するものとする．

① 建築物の排煙設備
 ⓐ 特殊建築物で延べ面積が500 m^2 を超えるもの．ただし，学校，体育館等は除く．
 ⓑ 階数が3以上で，延べ面積が500 m^2 を超える建物．

第8-10表 中央管理方式の空調の条件

浮遊粉じんの量	0.15 mg/m³
CO 含有率	10 ppm 以下
CO_2 含有率	1000 ppm 以下
温度	17～28℃（居室における温度を外気の温度より低くする場合は，その差を著しくしないこと）
相対湿度	40～70%
気流	気流 0.5 m/秒以下

※ ホルムアルデヒドの量：0.1 mg/m³ 以下　中央管理方式の空調設備があるか，ホルムアルデヒドの量を 0.1 mg/m³ 以下に保つことができるとして大臣認定を受けた居室についての建材の面積制限の適用は除外される．

 ⓒ 延べ面積が1000 m^2 を超える建築物の床面積200 m^2 を超える大居室．
 ⓓ 排煙上有効な開口部のない居室（無窓の居室）．
② 特別避難階段の付室の排煙設備
 ⓐ 15階以上または地下3階以下の階に通じる直通階段．
 ⓑ 物品販売業を営む店舗で15階以上の売場に通じる階段．
 ⓒ 物品販売業を営む店舗で，5階以上の階の売場の用途に供する床面積の合計が300 m^2 以上の建築物に設ける階段．
③ 非常用エレベーターの乗降ロビーの排煙設備
 ⓐ 高さ31 m を超える建築物
④ 地下街の排煙設備
 ⓐ 地下街の地下道に接する建築物

⑤ 消防法による排煙設備
ⓐ 劇場，映画館などで舞台部の床面積が 500 m² 以上のもの．
ⓑ キャバレー，遊技場，百貨店，駐車場などの地階または無窓階で床面積が 1000 m² 以上のもの．

(b) 排煙設備の構造

排煙風道の煙に接する部分は不燃材料で作り，木材などから 15 cm 以上離すか，または金属以外の不燃材料で 10 cm 以上覆うこと．

防煙壁を貫通する場合は風道と防煙壁との隙間をモルタルやその他の不燃材料で埋める．

(9) 防火

(a) 特殊建築物の構造

耐火建築物としなければならない建物は以下のとおり．
ⓐ 3 階以上の階を特殊用途とする場合．
ⓑ 2 階建以下でも床面積の大きい場合．（例　3000 m² 以上の百貨店等）
ⓒ 1 階以外に主階のある劇場または客席の大きいもの．（客席床面積 200 m² 以上）

(b) 建築物の内装制限の対象部分

① 廊下，階段の内装不燃化（床，幅木は除く）
ⓐ 天井，壁（腰壁を含む）の内装は，不燃材料または準不燃材料とする．
ⓑ 避難階段・特別避難階段の場合は下地とも不燃材料とする．

② 居室の内装制限の対象部分（床，幅木，窓枠，回り縁等除く）
ⓐ 居室の天井，1.2 m 以上の壁は難燃材料を使用できる．ただし，地階や火気使用室では使用できない．

(c) 防火区画等

① 木造建築物の防火壁

延べ面積が 1000 m² を超える建築物は，床面積 1000 m² 以内ごとに防火壁で区画する．

② 異種用途区画の防火隔壁
ⓐ 共同住宅の各戸の界壁や病院，学校，ホテル等の防火上主要な間仕切壁は耐火構造，準耐火構造または防火構造とする．

③ 防火区画
ⓐ 面積区画
　耐火建築物は床面積 1500 m² 以内ごとに区画，準耐火建築物は床面積 1500 m² 以内ごと，1000 m² 以内ごと，500 m² 以内ごとに区画．
ⓑ 11 階以上の高層部分の区画
　床面積 100 m² 以内ごとに区画．ただし，内装制限により 500 m²，200 m² 以内ごととする．
ⓒ 竪穴区画
　地階または 3 階以上の階に居室を有する耐火建築物または準耐火建築物は，階段，吹抜け部分，エレベーターの昇降路，ダクトスペース等の竪穴部分を区画する．
ⓓ 異種用途区画
　用途部分相互間およびその部分．

8.2　建築基準法

8.3 労働基準法

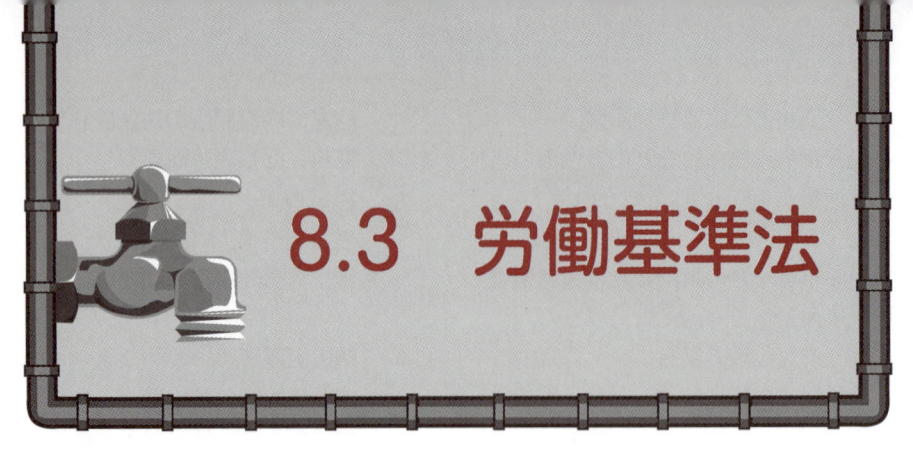

(1) 目的と内容

労働者が人たるに値する生活を営むための必要を充たす労働条件の**最低の基準**を定め，この基準に達しない労働契約は無効とし，**無効となった部分**はこの法律で定める基準による．

(a) 労働条件の決定

① 労働条件は労働者と使用者が**対等の立場**で決定すべきものである．

② 労働者および使用者は，**労働協約**，**就業規則**および**労働契約**を遵守し，誠実にそれぞれの義務を履行しなければならない．

(b) 均等待遇

労働者の国籍，信条または社会的身分を理由として，賃金，労働時間その他の労働条件について**差別的取扱い**をしてはならない．

(c) 差別的取扱いの禁止等

① 使用者は労働者が女性であることを理由として，賃金について男性と**差別的取扱い**をしてはならない．

② 使用者は暴行，脅迫，監禁その他精神または身体の自由を不当に拘束する手段により労働者の意思に反して労働を強制してはならない．

③ 法律により許される場合の他，業として他人の就業に介入し，**中間搾取**による利益を得てはならない．

(d) 労働契約

① 使用者は労働契約の締結に際し，賃金，労働時間その他の**労働条件**を明示しなければならない．

② 労働契約は期間の定めのないものを除き，一定の事業の完了に必要な期間を定めるものの外は，**3年**を超えてはならない．

(e) 使用者が明示すべき労働条件

① 労働契約の期間および就業の場所，従事すべき業務

② 始業，終業の時刻，休憩時間，休日，休暇等

③ 賃金の決定，計算および支払の方法，退職手当の定めが適用される場合の額の決定，計算方法等

④ 臨時の手当，賞与等に関する事項

⑤ 労働者に負担させるべき食費，作業用品等

⑥ 安全，衛生，職業訓練，休職に

関する事項，表彰等
　⑦　災害補償等について
(f)　禁止事項
　①　使用者は，労働契約の不履行について**違約金**を定めまたは**損害賠償額**を予定する契約をしてはならない．
　②　前借金，その他労働することを条件とする前貸の債権と賃金を**相殺**してはならない．
　③　労働契約に付随して貯蓄の契約をさせ，または**貯蓄金**を管理する契約をしてはならない．
(g)　解雇制限
　①　労働者が，業務上負傷または疾病にかかり療養のために休業する期間およびその後**30日間**は解雇してはならない．
　②　使用者が労働者を解雇しようとする場合は，少なくとも**30日前**に予告をしなければならない．予告しない場合は，**30日分**以上の平均賃金を支払わなければならない．
　③　予告の日数は，1日について平均賃金を支払った場合においてはその日数を短縮できる．
(h)　解雇予告の適用除外
　解雇の予告は以下の労働者には適用しない．
　①　日々雇い入れられる者
　②　**2か月**以内の期間を定めて使用される者
　③　季節的業務に**4か月**以内の期間を定めて使用される者
　④　試の試用期間中の者

(i)　賃金
　①　賃金は通貨で直接労働者にその全額を支払わなければならない．
　②　賃金は**毎月1回以上**，一定の期日を定めて支払わなければならない．
　③　使用者の責に帰すべき事由により休業する場合は，平均賃金の**100分の60**以上の手当を支払う．
　④　出来高払制その他の請負制で使用する労働者については，使用者は労働期間に応じ一定額の賃金の保証をしなければならない．
(j)　金品の返還
　使用者は，労働者の死亡または退職の場合において，権利者の請求があった場合，**7日以内**に賃金を支払い，積立金，保証金，貯蓄金等，労働者の権利に属する金品を**返還**しなければならない．
(k)　労働時間
　①　休憩時間を除き，1週間に**40時間**を超えてはならない．
　②　1週間の各日においては，休憩時間を除いて1日について**8時間**を超えてはならない．
　③　労働時間を延長しまたは休日に労働させた場合，**2割5分**以上**5割**以下の範囲内で割増賃金を支払う．
　④　労働時間が6時間を超える場合は少なくとも**45分**，8時間を超える場合は少なくとも**1時間**の休憩時間を与える．
(l)　年少者（第8-4図）
　①　児童が満**15才**に達した日以降の最初の**3月31日**が終了するまで，

8.3　労働基準法

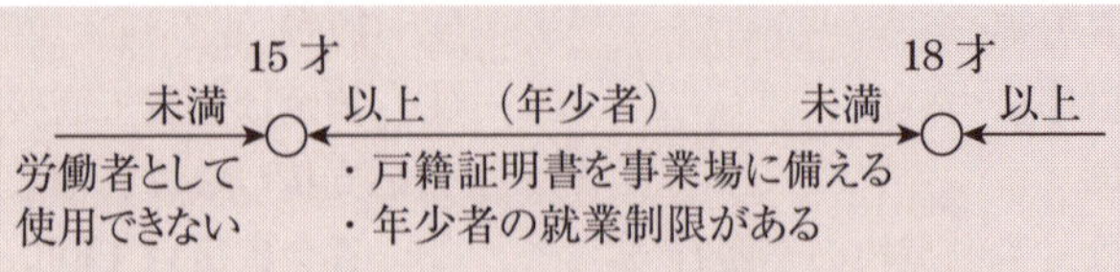

```
15才                    18才
未満 ─○─ 以上 (年少者) 未満 ─○─ 以上
労働者として  ・戸籍証明書を事業場に備える
使用できない  ・年少者の就業制限がある
```

第8-4図　年少労働者

労働者として使用できない．

② 満 **18 才**に満たない者について**戸籍証明書**を事業場に備え付ける．

③ **親権者**または**後見人**は，未成年者に代わって労働契約を締結してはならない．

④ 未成年者は，独立して賃金を請求することができる．親権者または後見人の賃金受取代行は禁止．

⑤ 満 18 才に満たない者を，**午後 10 時から午前 5 時**までの間使用してはならない．ただし **16 才以上の男子**は除く．

⑥ 年少者の就業制限業務（第 8-11 表）．

第8-11表　年少者就業制限業務の例

1. クレーン，デリックまたは揚貨装置の運転の業務
2. クレーン，デリックまたは揚貨装置の玉掛けの業務（2 人以上の者によって行う玉掛けの業務における補助作業の業務を除く．）
3. 土砂が崩壊するおそれのある場所または深さが **5m 以上**の地穴における業務
4. 高さが **5m 以上**の場所で，墜落により労働者が危害を受けるおそれのあるところにおける業務
5. 足場の**組立，解体**または**変更**の業務（地上または床上における補助作業の業務を除く．）
6. ボイラーの取扱い業務（小型ボイラーを除く．）

(m) 災害補償

① 業務上負傷または疾病した場合，使用者は療養の費用を負担する．

② 労働者の療養中，平均賃金の **100 分の 60** の休業補償を行う．

③ 労働者が業務上死亡した場合，平均賃金の **1000 日分**の遺族補償を行う．

④ 療養開始後 **3 年**経過してもなおらない場合 **1200 日分**の打切補償を行い，その後の補償を行わなくともよい．

(n) 就業規則

① 作成および届出

常時 **10 人以上**の労働者を使用する場合，就業規則を作成し，行政官庁に届け出なければならない．

ⓐ 始業，終業の時刻，休憩時間，休日，休暇等について

ⓑ 賃金の決定，計算の方法，支払いの時期等

ⓒ 退職手当，賞与等について

② 作成の手続き

使用者は，就業規則の作成または変更について，労働者の**過半数**で組織する**労働組合**がある場合は労働組合，ない場合は労働者の過半数を**代表する者**の意見を聴かなければならない．

8.4 労働安全衛生法

(1) 目的と内容

労働基準法と相まって，労働災害の防止のための危害防止基準の確立，責任体制の明確化および自主的活動の促進の措置を講ずる等，その防止に関する総合的，計画的な対策を推進することにより，職場における労働者の安全と健康を確保するとともに，快適な職場環境の形成を促進することである（第 8-6 図）．

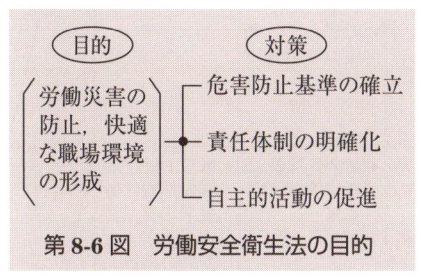

第 8-6 図　労働安全衛生法の目的

(2) 用語の定義（法第 2 条）

① 労働災害；労働者の就業に係る建設物，設備，原材料，ガス，粉じん等により，または作業行動その他業務に起因して，労働者が負傷し，疾病にかかり，または死亡することをいう．

② 労働者；労働基準法第 9 条に規定する労働者をいう．労基法第 9 条の労働者の定義は「職業の種類を問わず，前条の事業または事務所に使用される者で賃金を支払われる者」と定めており，したがって，同居の親族のみを使用する事業または家事使用人については，労働基準法は適用されない．また船員法の適用を受ける船員や国家公務員（現業を除く）も適用されない．

③ 事業者；事業を行う者で，労働者を使用するものをいう．つまり，事業の経営主体をいい，個人企業にあってはその事業主個人を，会社その他法人にあっては法人を指す．

④ 化学物質；元素および化合物をいう．

⑤ 作業環境測定；作業環境の実態を把握するために，空気環境その他の作業環境について行うデザイン，サンプリングおよび分析（解析を含む）をいう．

(3) 安全衛生管理体制

各事業所の自主的な安全衛生活動を制度的に取入れるために，労働安全衛生法は安全衛生管理組織の設置を規定している．

第 8-12 表 一般的な安全衛生管理組織（単一事業場）

名称	総括安全衛生管理者	安全管理者	衛生管理者	安全衛生推進者	産業医	救護技術管理者
法規	法第 10 条	法第 11 条	法第 12 条	法第 12 条の 2	法第 13 条	
選任者	事業者	事業者	事業者	事業者	事業者	事業者
事業場の規模	(イ) 建設・林業・鉱業 100 人以上 (ロ) 製造業, 電気・ガス等 300 人以上 (ハ) その他 1000 人以上	左記の(イ), (ロ)で, 常時 50 人以上の労働者を使用	常時 50 人以上の労働者を使用	常時 10 人以上 50 人未満	常時 50 人以上. 常時 1000 人以上または有害業務 500 人以上は専属	ずい道工事, 圧気工法による事業場
選任の期限	14 日以内	14 日以内	14 日以内		14 日以内	
選任報告書提出先	所轄労働基準監督署長	同左	同左	氏名を掲示するなどして関係労働者に知らせる.	同左	
資格	その事業場で事業の実施を統括管理する者	・大学・高専の理科系卒（職業訓練大の長期指導員訓練課程を含む）後実務 3 年以上. ・高校理科系卒実務 5 年以上 ・労働安全コンサルタント ・厚生労働大臣の定める者	・医師・歯科医師 ・第 1 種衛生管理者の免許, 衛生工学衛生管理者の免許を受けた者 ・厚生労働大臣の定める者 ・労働衛生コンサルタント	・大学・高専卒（職訓大長期含）, 実務 1 年以上 ・高卒実務 3 年以上 ・実務 5 年以上 ・労働基準局長が定めた者 ・労働安全・衛生コンサルタント	医師	
業務内容	・安全管理者, 衛生管理者および救護技術管理者の指揮 ・安全・衛生に関する業務を統括管理	・総括安全衛生管理者の補佐 ・作業場を巡視し危険を防止する措置をとる ・労働者の危険防止 ・安全教育 ・労働災害再発防止 ・省令で定める労働災害の防止等 ・事業場に専属（ただし 300 人以上の労働者の場合は専任）	・総括安全衛生管理者の補佐 ・作業場の巡視 ・健康障害防止 ・衛生教育 ・健康診断	安全管理者, 衛生管理者の業務	・毎月 1 回作業場を巡視, 労働者の健康障害を防止するための措置 ・労働者の健康管理 ・衛生教育 ・健康障害原因調査 ・作業環境の維持管理 ・衛生管理者に対する指導助言	

(a) 一般的な安全衛生管理組織（単一事業所の場合）（第8-12表）
① 労働災害を防止するための組織の構成
  ⓐ 総括安全衛生管理者（法第10条）
  ⓑ 安全管理者（法第11条）
  ⓒ 衛生管理者（法第12条）
  ⓓ 安全衛生推進者（法第12条の2）
  ⓔ 産業医（法第13条）
  ⓕ 救護技術管理者（法第25条の2）
  ⓖ 作業主任者（法第14条）
がある．
② **安全・衛生に関する調査・審議機関**（第8-13表）
  ⓐ 安全委員会（法第17条）
  ⓑ 衛生委員会（法第18条）
  ⓒ 安全衛生委員会（法第19条）

(b) 同一場所において請負契約の関係にある数事業者が混在する場合の安全衛生管理組織（第8-14表）
労働災害を防止するための組織の構成は，次のとおりである．
  ⓐ 統括安全衛生責任者（法第15条）
  ⓑ 元方安全衛生管理者（法第15条の2）
  ⓒ 店社安全衛生管理者（法第15条の3）
  ⓓ 安全衛生責任者（法第16条）

(c) 作業主任者（法第14条）
事業者は，労働災害を防止するため，管理を必要とする作業については，都道府県労働局長の免許を受けた者か，同局長または同局長の指定する者が行う技能講習を終了した者のうちから作業主任者を選任し，その者にその作業に従事する労働者の指揮等を行わせなければならない．

また，事業者は，作業主任者を選任したときは，作業主任者の氏名およびその者に行わせる事項を作業場の見やすい場所に掲示する等により，関係労働者に周知させなければならない．

① **作業主任者を選任する必要がある作業（令第6条）の例**
  ⓐ アセチレン溶接装置を用いて行う金属の溶接，溶断・加熱の作業．
  ⓑ ボイラー取扱作業（小型ボイラーを除く）．
  ⓒ 掘削面の高さが2m以上となる地山の掘削作業．
  ⓓ 高さ5m以上の建築物の骨組みまたは塔であって，金属性の部材により構成されるものの組立，解体または変更の作業．
  ⓔ 土留め支保工の切りばり，腹起しの取付，取り外し作業．
  ⓕ 第一種圧力容器の取扱いの作業．

(d) 職長等の教育（法第60条）
新たに職務につく職長やその他の作業する労働者を直接指導，または監督する者に対して，事業者は，次の事項について安全または衛生のための教育を行う．

8.4 労働安全衛生法

第8-13表　安全・衛生に関する調査・審議機関

法規	安全委員会 法第17条, 令第8条	衛生委員会 法第18条, 令第9条	安全衛生委員会 法第19条
事業場の種類・規模	① 建設業, 林業, 鉱業, 製造業のうち木材, 木製品製造業, 化学工業, 鉄鋼業, 金属製品製造業および輸送用機械器具製造業, 運送業のうち道路貨物運送業および港湾運送業, 自動車整備業, 機械修理業, 清掃業…50人以上 ② 総括安全衛生管理者を選任すべき事業場の業種（ただし①に掲げるものを除く）…100人以上	常時50人以上の労働者	事業者は安全委員会, 衛生委員会を設けなければならないときは, それぞれの委員会にかえて安全衛生委員会を設置することができる.
調査審議内容	安全委員会は次のことを調査審議して事業者に対し意見を述べる. ① 労働者の危険を防止するため基本となるべき対策. ② 労働災害の原因および再発防止対策で安全に係るもの. ③ 労働者の危険に関する重要事項. ・安全に関する規程の作成 ・安全教育の実施計画の作成 ・監督官庁からの指示, 勧告, 指導について, 危険防止について	衛生委員会は次の事を調査, 審議して事業者に対し意見を述べる. ① 労働者の健康障害を防止するための基本となる対策に関すること ② 労働者の健康の保持増進を図るための基本となるべき対策 ③ 労働災害の原因および再発防止で衛生に係るもの ・衛生に関する規程の作成 ・衛生教育の実施計画の作成 ・作業環境測定の結果と対策 ・定期健康診断の結果と対策	安全委員会, 衛生委員会の内容に準ずる.
委員の構成	① 総括安全衛生管理者またはその事業の実施を統括管理する者もしくはこれに準ずる者から事業者が指名した者で1人で議長を兼ねる. ② 安全管理者のうちから事業者が指名した者 ③ 事業場の労働者で, 安全に関し経験を有する者のうち事業者が指名したもの 議長以外は労働組合等の推薦により指名	① 同左 ② 衛生管理者のうちから事業者が指名した者 ③ 産業医のうちから事業者が指名した者 ④ 事業場の労働者で衛生に関し経験を有する者のうちから事業者が指名した者 ⑤ 事業場の労働者で作業環境測定士で事業主の指名した者. 議長以外は労働組合等の推薦により指名	安全委員会, 衛生委員会の内容に準ずる.

注) 1. 安全委員会, 衛生委員会は毎月1回以上開催する.
　　2. 同上の重要な記録は3年間保存する.

第 8-14 表　事業者が混在する場合（請負契約にある事業者）

	統括安全衛生責任者	元方安全衛生管理者	安全衛生責任者	店社安全衛生管理者
法規	法第 15 条	法第 15 条の 2	法第 16 条	法第 15 条の 3
選任者	特定元方（建設業または造船業）事業者	同左	特定元方事業者以外の関係請負人	元方事業者
事業場の規模	常時 50 人以上の労働者が従事する事業場	同左	同左	常時 20 人以上
選任の期限				
選任報告書提出先				
資格	その事業場で事業の実施を統括管理する者	・大学・高専の理科系卒，実務 3 年以上 ・高校理科系卒，実務 5 年以上 ・厚生労働大臣が定める者		・大学・高専卒で 3 年以上の実務 ・高卒で 5 年以上の実務 ・8 年以上の実務
業務内容	元方事業者と下請事業者の多くの労働者が混在して作業をすることによる労働災害防止のため，以下の事項を統括管理する． ① 協議組織の設置と運営 ② 作業間の連絡 ③ 作業場所の巡視 ④ 関係請負人が行う安全・衛生教育の指導援助 ⑤ 工程に関する計画，作業場所における機械，設備等の配置に関する計画 　等	・統括安全衛生責任者の指揮を受け統括管理すべき事項のうち技術的事項を管理する．	・統括安全衛生責任者への連絡および受けた連絡を関係者に連絡する． ・統括安全衛生責任者からの連絡事項の実施の管理 ・混在作業による危険の有無の確認	建設業の中小規模現場において，元方事業者が，鉄骨造，鉄骨鉄筋コンクリート造の建築物の建設，ずい道等の建設，圧気工法による作業等の現場で統括安全衛生責任者の選任を要する現場を除く 20 人以上の現場に必要． ・現場を少なくとも毎月 1 回巡視． ・現場の協議組織に参加． ・工程に関する計画，作業場所における機械設備等の設置の計画の確認． ・統括安全衛生管理を行う者に対する指導．

8.4　労働安全衛生法

① 作業の方法の決定および労働者の配置に関する事項.
② 労働者に対する指導または監督の方法に関する事項.
③ 労働災害を防止するために必要な事項で省令で定める以下の事項.
ⓐ 作業設備および作業場所の保守管理に関すること.
ⓑ 異常時等における措置に関すること.
ⓒ 現場監督として行うべき労働災害防止活動に関する内容.

(e) **就業制限業務**（法第61条，規則第41条）

法律で定められている業務で，一定の資格や，免許等を有しないものは就業できない業務を就業制限業務という．その例を，第8-15表に示す．

(4) 労働災害の防止
(a) 墜落等による危険の防止
① 高さ2m以上の箇所での作業
ⓐ 高さ2m以上の箇所で作業を行う場合は，**作業床を設ける**．作業床を設けることが困難な場合は，**防網を張り安全帯を使用させる**等の措置を講じなければならない．
ⓑ 高さ2m以上の作業床の端，開口部等で墜落のおそれのある箇所には，**囲い，手すり，覆い**等を設ける．なお，囲い等を設けられないときは，**防網を張り安全帯を使用させる**．
ⓒ 高さ2m以上の箇所で作業を行うとき，悪天候のため危険が予想される場合は，作業に従事させてはならない．また，必要な照度を確保する．

② 昇降設備の設置
ⓐ 高さまたは深さが**1.5m**を超える箇所で作業を行うときは，昇降するための設備等を設ける．

③ 移動はしごの構造（第8-7図）
ⓐ 丈夫な構造,材料に著しい損傷，腐食がないこと．
ⓑ 幅は**30cm**以上，滑り止め装

第8-15表 就業制限業務

業務の区分	業務につくことができる者
つり上げ荷重が5トン以上のクレーンの運転の業務（安衛令20，クレーン則68）	クレーン・デリック運転士免許保有者
つり上げ荷重が5トン以上のデリックの運転の業務（安衛令20，クレーン則68）	クレーン・デリック運転士免許を受けた者
制限荷重が5トン以上の揚貨装置の運転の業務（安衛令20）	揚貨装置運転士免許を受けた者
つり上げ荷重が1トン以上（5トン未満）の移動式クレーンの運転の業務（安衛令20，クレーン則68）	1．移動式クレーン運転士免許保有者 （2．小型移動式クレーン運転技能講習修了者）

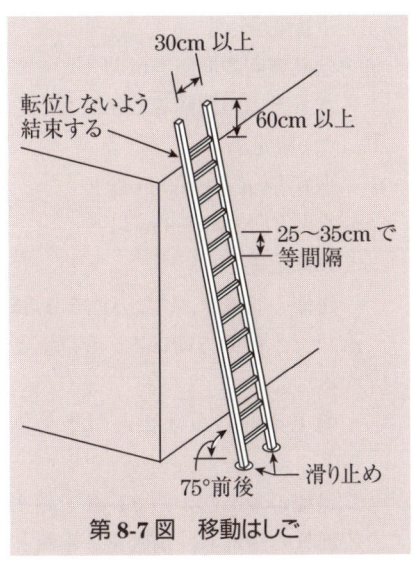

第 8-7 図　移動はしご
（図中注記：30cm 以上／転位しないよう結束する／60cm 以上／25〜35cm で等間隔／75°前後／滑り止め）

　　置等の転位を防止する措置を講ずる．
　ⓒ　踏み桟は **25 cm 以上 35 cm 以下**で等間隔に設ける．
④　脚立の構造
　ⓐ　丈夫な構造，材料に著しい損傷，腐食がないこと．
　ⓑ　脚と水平面との角度を **75 度以下**とする．
　ⓒ　踏み面は作業を安全に行うために必要な面積とする．

(b)　飛来崩壊災害による危険の防止
①　高所からの物体の投下
　ⓐ　**3 m 以上**の高所から物体を投下するときは，投下設備を設け，監視人を置く．
　ⓑ　ⓐの措置が講じられていないときは，3 m 以上の高所から物体を投下してはならない．
②　物体の落下
　ⓐ　作業のための物体の落下による危険を防止するため，**防網**を設け，**立入区域**を設ける．
③　物体の飛来
　ⓐ　飛来防止の設備を設け，**保護具**を使用させる．
④　保護帽の着用
　ⓐ　上方において作業を行っているときに，その下方で作業を行う場合は保護帽を着用させる．
(c)　通路
①　安全保持
　ⓐ　作業場内には安全な通路を設け，**表示**をし，採光または**照明**を設ける．
　ⓑ　屋内に設ける通路は高さ **1.8 m**以内に障害物を置かない．

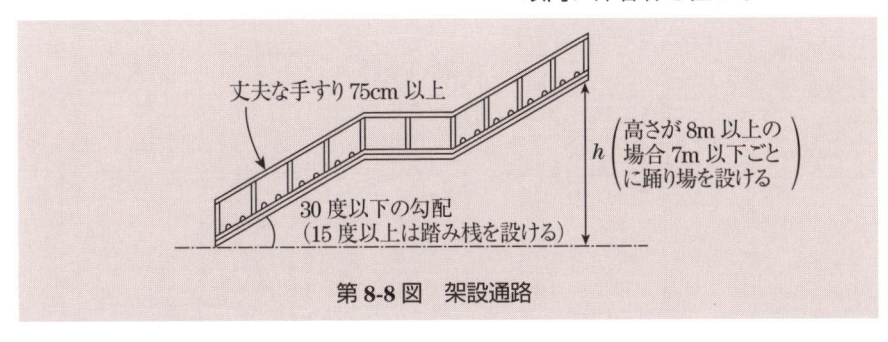

第 8-8 図　架設通路
（図中注記：丈夫な手すり 75cm 以上／30 度以下の勾配（15 度以上は踏み桟を設ける）／高さが 8m 以上の場合 7m 以下ごとに踊り場を設ける／h）

8.4　労働安全衛生法

ⓒ 機械面の通路幅は **80 cm 以上**とする．
② 架設通路の構造（第 **8-8** 図）
ⓐ 勾配は **30 度以下**とする．また **15 度**を超えるものには踏み桟その他の滑り止めを設ける．
ⓑ 墜落の危険がある所には，高さ **75 cm 以上**の手すりを設ける．
ⓒ **8 cm 以上**の登り桟橋には，**7 m** 以内ごとに踊場を設ける．

(d) 足場
① 作業床の構造（第 **8-9** 図）
ⓐ 幅は **40 cm 以上**，床材間のすき間は **3 cm 以下**とする．
ⓑ 墜落の危険のおそれがある箇所には，**75 cm 以上**の手すりを設ける．

(e) 鋼管足場
① 構造
滑動，沈下防止のためベース金具を用い，かつ敷板等を用いる．また，**筋かい**で補強する．
② 壁つなぎ，控えの間隔
単管足場，わく組足場（高さ 5 m 未満のものを除く）の壁つなぎ，または控えの間隔は下記のとおり．

ⓐ 単管足場
・垂直方向の間隔 **5 m 以下**
・水平方向の間隔 **5.5 m 以下**
ⓑ わく組足場
・垂直方向の間隔 **9 m 以下**
・水平方向の間隔 **8 m 以下**
③ 単管足場
ⓐ 建地の間隔は，けた方向を **1.85 m 以下**，梁間方向は 1.5 m 以下とする．
ⓑ 地上第一の布は **2 m 以下**の位置とする．
ⓒ 建地の最高部から **31 m** を超える部分の建地は，鋼管を 2 本組とする．
ⓓ 建地間の積載荷重は **400 kg** を限度とする．
④ わく組足場
ⓐ 最上層および **5 層**以内ごとに水平材を設ける．
ⓑ 高さ **20 m** を超えるとき，および重量物の積載を伴う作業を行うときは使用する主わくは高さ **2 m 以下**とし，主わく間の隔は **1.85 m 以下**とする．

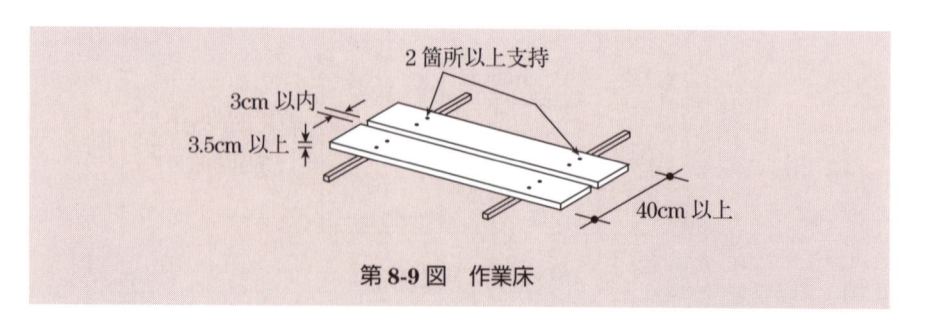

第 8-9 図　作業床

8.5 消防法

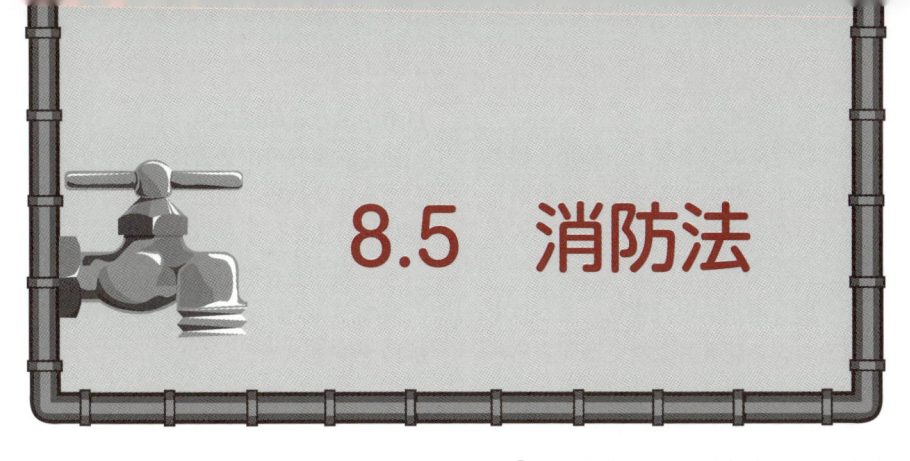

(1) 目的と内容

火災の予防，警戒，鎮圧と国民の生命，身体，財産を火災から保護するとともに，災害による被害の軽減，秩序の保持を目的とする．（法第1条）

(2) 用語の定義（法第2条，第8条，第17条）

① 防火対象物；山林または舟車，船きょもしくはふ頭に繋留された船舶，建築物その他の工作物もしくはこれらに属する物をいう．

② 関係者；防火対象物または消防対象物の所有者，管理者または占有者をいう．

③ 消防対象物；山林または舟車，船きょもしくはふ頭に繋留された船舶，建築物その他の工作物または物件をいう．

④ 危険物；別表（省略）に掲げる発火性または引火性物品をいい，第1類から第6類まで指定されている．第8-16表に，例として第4類の一部と

第8-16表 危険物第4類の品名と指定数量

種別	品名	性質	指定数量〔L〕
第4類	特殊引火物		50
	第1石油類	非水溶性液体（ガソリンなど）	200
		水溶性液体	400
	アルコール類		400
	第2石油類	非水溶性液体（灯油など）	1000
		水溶性液体	2000
	第3石油類	非水溶性液体（重油など）	2000
		水溶性液体	4000
	第4石油類	（ギヤ油など）	6000
	動植物油類		10000

備考 非水溶性液体とは，水溶性液体以外のものであることをいう．
水溶性液体とは，1気圧において，温度20度で同容量の純水と緩やかにかき混ぜた場合に，流動がおさまった後も当該混合液が均一な外観を維持するものであることをいう．

指定数量を示す．

⑤ 特定防火対象物；不特定多数の者が出入する防火対象物で，火災が発生した場合大きな被害が予想されるもの．

⑥ 複合用途防火対象物；二つ以上の用途を含む防火対象物で令別表第一の(1)項から(15)項までのいずれかに該当するもので，それぞれ独立していると認められるもの．

(3) 消防用設備の設置

消防設備士免状の交付を受けていない者は，法で定める技術上の基準もしくは設備等技術基準に従い設置しなければならない消防用設備等の設置にかかわる工事や整備に関する施工はできない．また，甲種消防設備士は消防用設備等に係る工事をしようとするときは，その工事をしようとする日の10日前までに消防用設備等の種類，工事の場所その他必要な事項を消防長または消防署長に届け出る．

防火対象物の関係者は，工事が完了したら4日以内に消防長または消防署長に届け出る．

(a) 屋内消火栓設備

設置が必要となる建築物を，第 8-17 表に示す．

(b) スプリンクラー設備

設置が必要となる建築物を，第 8-18 表に示す．

(c) 特殊消火設備

水噴霧消火，泡消火，不活性ガス消火，ハロゲン化物，粉末消火設備等設置しなければならない建築物またはその特定の用途部分を，**第 8-19 表**に示す．

(d) 屋外消火栓設備

① 設置が必要となる建築物

建物用途にかかわらず，平家の場合は1階，2階建以上の場合は1，2階の床面積の合計が，

ⓐ 耐火建築物では 9000 m² 以上

第 8-17 表　屋内消火栓設備の設置が必要な建築物

消防令別表第1による分類	規模	
	一般	地階・無窓階 4階以上の階
劇場，映画館，公会堂，集会場	500 m² 以上 (1000 m² 以上) 〔1500 m² 以上〕	100 m² 以上 (200 m² 以上) 〔300 m² 以上〕
遊技場，飲食店，百貨店，ホテル，共同住宅，病院，社会福祉施設，幼稚園，学校，図書館，サウナ，公衆浴場，工場，スタジオ，倉庫等	700 m² 以上 (1400 m² 以上) 〔2100 m² 以上〕	150 m² 以上 (300 m² 以上) 〔450 m² 以上〕
神社，寺院，事務所等	1000 m² 以上 (2000 m² 以上) 〔3000 m² 以上〕	200 m² 以上 (400 m² 以上) 〔650 m² 以上〕

注）〔 〕内：耐火構造で内装制限した建築物
　　（ ）内：耐火構造または内装制限した準耐火構造の建築物

第 8-18 表　スプリンクラー設備の設置が必要な建築物

区分	規模等
高層建築物 （11 階以上のもの）	特定防火対象物 … すべての階 その他の建築物 … 11 階以上の階
地下街・準地下街	地下街 …………… 延べ 1000 m^2 以上 準地下街 ………… 延べ 1000 m^2 以上で特定用途部分が 500 m^2 以上
大規模な建築物	特定防火対象物 　　延べ 6000 m^2 以上 　　（平家建を除く，ただし，病院・店舗では延べ 3000 m^2 以上） 　　地階・無窓階 …… 1000 m^2 以上 　　4〜10 階 ………… 1500 m^2 以上 　　((2)項または(4)項では 1000 m^2 以上) 複合用途防火対象物 　　特定用途部分が 3000 m^2 以上の場合 　　（特定用途部分が存在する階に限る）
特殊用途部分	劇場，映画館等 … 300 m^2 以上の舞台部 ラック倉庫 ……… 700 m^2 以上　高さ 10 m を超えるもの 　　（耐火 2100 m^2 以上，簡耐 1400 m^2 以上） 指定数量の 1000 倍以上の準危険物等
老人ホーム等	要介護者施設 …… 275 m^2 以上

第 8-19 表　特殊消火設備の設置を要する建築物

防火対象物またはその部分	消火設備
飛行機等の格納庫	泡消火設備・粉末消火設備
自動車の修理・整備に使用される部分の床面積 ① 地階または 2 階以上の階，200 m^2 以上のもの ② 1 階，500 m^2 以上のもの	泡消火設備・不活性ガス消火設備 ハロゲン化物消火設備 粉末消火設備
駐車場に使用される部分の床面積 ① 地階または 2 階以上の階，200 m^2 以上のもの ② 1 階，500 m^2 以上 ③ 昇降機を使用する構造，収容台数 10 台以上のもの	水噴霧消火設備 泡消火設備 不活性ガス消火設備 ハロゲン化物消火設備 粉末消火設備
発電機室，変圧器室等の電気設備室 床面積 200 m^2 以上のもの	不活性ガス消火設備 ハロゲン化物消火設備 粉末消火設備
ボイラー室，鍛造室，乾燥室等 床面積 200 m^2 以上のもの	
通信機器室，床面積 500 m^2 以上のもの	

　ⓑ　準耐火建築物では 6000 m^2 以上
　ⓒ　その他の建築物では 3000 m^2 以上

② 屋外消火栓設備の設置免除

　スプリンクラー設備，水噴霧消火設備，泡消火設備等を設置したときは，その有効範囲について屋外消火栓を設

置しないことができる.

③ 屋外消火栓の技術基準
ⓐ 消火栓を中心に半径 40 m の円で建築物の各部分をカバーするように配置する.
ⓑ 放水量 350 L/分以上
ⓒ 放水圧力（先端）: 2.5 kgf/cm^2（0.25 MPa）以上
ⓓ 水源の水量: 個数（最大 2）× 7 m^3 以上

(e) **連結送水管設備**

消防隊の消火活動に使用されるものである.

① 設置が必要となる建築物
ⓐ 地階を除く階数が 7 階以上のもの全部.
ⓑ 地階を除く階数が 5 階以上で延べ面積 6000 m^2 以上のもの全部.
ⓒ 地下街で延べ面積が 1000 m^2 以上のもの.
ⓓ 延長 50 m 以上のアーケード.

② 技術基準
ⓐ 連結送水管の放水口は, 3 階以上の階に, 階ごとに各部分から一つの放水口までの水面距離が 50 m 以下になるよう設ける. ただし, アーケードの場合は 25 m 以内とする.
ⓑ 送水口は, 消防ポンプ車が容易に接近できる位置に設ける.

(f) **連結散水設備**

地階部分が設置の対象となり, 建物の外部の消防ポンプ車より消火水を圧送し消火する.

① 設置が必要となる建築物
ⓐ 地階の床面積の合計が 700 m^2 以上のもの

② 技術基準
ⓐ 散水ヘッドは天井または天井裏に設ける.
ⓑ 送水口は消防ポンプ車が容易に接近できる位置に設ける.

(g) **排煙設備**

① 設置が必要となる建築物
第 8-20 表を参照.

第 8-20 表　排煙設備の設置基準

	設置対象となる建築物	対象となる部分
消防法による排煙設備	劇場, 映画館, 演芸場, 観覧場, 公会堂, 集会場	舞台部で床面積が 500 m^2 以上のもの
	地下街	延べ面積 1000 m^2 以上のもの
	キャバレー, ナイトクラブ, 遊技場, ダンスホール, 百貨店, マーケット, 店舗, 展示場, 車庫, 駐車場, 格納庫, 航空機の発着場の待合室等	地階または無窓階で床面積が 1000 m^2 以上のもの

② 技術基準
ⓐ 手動起動装置または火災の温度上昇による自動起動装置を設ける.
ⓑ 風道は不燃材料で作り, 耐火構造の壁または床を貫通する箇所や延焼の防止上必要な箇所には, 外部から容易に開閉することができ, かつ防火上有効な構造を有す

るダンパーを設ける．
ⓒ 非常電源を附置する．
(h) 非常コンセント設備
① 設置が必要となる建築物
ⓐ 地階を除く階数が11以上のもの．
ⓑ 地下街で延べ面積が1000 m² 以上のもの．
② 技術基準
ⓐ 設置は，階ごとに，各部分からの水平距離が50 m 以内になる位置に設ける．
ⓑ 非常コンセントは，単相交流100 V で15 A 以上の電源を供給できること．
ⓒ 電源は非常電源とする．
(i) 自動火災報知設備
① 設置が必要となる建築物
令第21条による．
② 技術基準
ⓐ 一般事項
・1の警戒区域の面積は600 m² 以下とし，1辺の長さは50 m 以下とする．ただし，主要な出入口から内部を見通すことができる場合は1000 m² 以下とすることができる．
・警戒区域は2以上の階にわたらないこと．
・感知器は，その感知能力に応じた受持面積ごとに1個以上の個数を設置する．
・警戒区域が5を超えるものはP型，R型またはGP型の1級受信

機とする．
・非常電源を設けること．
(j) 非常警報設備
非常ベルやサイレン，非常放送設備をいう．
① 設置が必要となる建築物
令第24条による．
② 技術基準
ⓐ 非常ベルは押ボタン発信機で作動させ，非常放送は出火階と直上階のみに放送できるようにし，各階のスピーカへの配線は系統分けを行う．
ⓑ 非常電源を附置すること．
ⓒ 配線は耐熱配線とする．
(k) 誘導灯設備
① 設置が必要となる建築物
ⓐ 特定防火対象物；各階に必要
ⓑ その他の防火対象物；地階，無窓階，11階以上の階に必要
誘導灯は，設置する建物の延べ面積や階の床面積により大型，中型，小型の分類があり，その基準により使い分けが必要となる．
② 技術基準
ⓐ 誘導灯の種類と機能；避難口誘導灯，通路誘導灯（廊下通路誘導灯，室内通路誘導灯，階段通路誘導灯）および客席誘導灯に分類される．
ⓑ 非常電源として，停電時に20分間点灯できるバッテリーが内蔵されている．

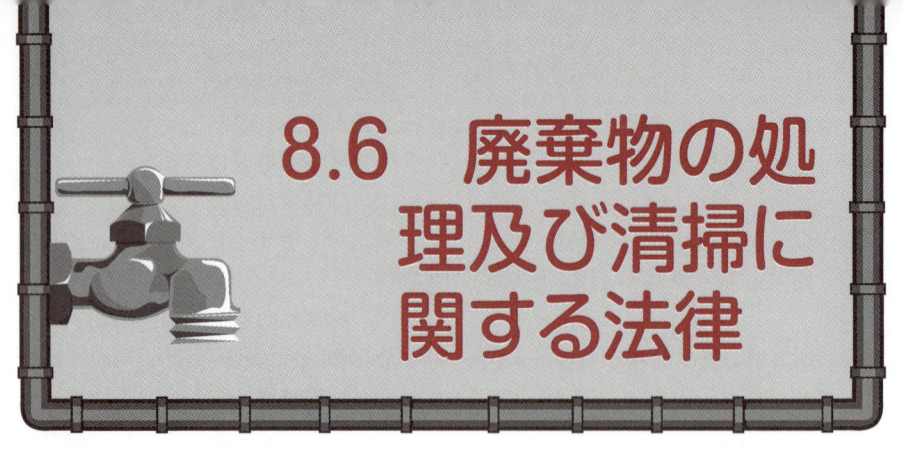

8.6 廃棄物の処理及び清掃に関する法律

(1) 目的と内容

廃棄物の排出の抑制，適正な分別，保管，収集，運搬，再生，処理等を行い，生活環境を清潔にすることにより，生活環境の保全，公衆衛生の向上を図る．廃棄物処理法と略される．

(2) 建設工事に派生する廃棄物を分類すると以下のようになる

(a) 廃棄物

固形状や液体状のもので，気体状のものや放射性廃棄物は除かれ，以下のような種類のものである．

ごみ，粗大ごみ，燃え殻，汚泥，糞尿，廃油，廃酸，廃アルカリ，動物の死体，その他の汚物または不要物で廃棄物は一般廃棄物と産業廃棄物に分類される．

(b) 一般廃棄物

我々市民の日常生活の中から排出されるものが中心となる．一般廃棄物は産業廃棄物以外の廃棄物であるが，市民の日常生活に伴って発生するごみ等の他，建設工事等の事業活動に伴い発生する廃棄物で産業廃棄物に相当しない特別管理一般廃棄物がある．

(c) 特別管理一般廃棄物

一般廃棄物のうち爆発性，毒性，感染性などの強いもので以下に含まれるポリ塩化ビフェニルを使用する部品
① 廃エアコン
② 廃テレビ受信機
③ 廃電子レンジ

(d) 産業廃棄物

事業活動により発生する廃棄物のうち，燃え殻，汚泥，廃油，廃酸，廃アルカリ，廃プラスチック類等がある．

また工作物の新築，改築または除去等の建設業に係る紙くず，木くず，繊維くず，コンクリートの破片等は産業廃棄物である．

(e) 特別管理産業廃棄物

産業廃棄物のうち爆発性，毒性，感染性その他，人の健康や生活環境に被害を生ずる恐れのあるものとして，廃油，pH 2 以下の廃酸，pH 12.5 以上の廃アルカリや廃PCB，PCB汚染物，廃石綿等の特定有害産業廃棄がある．

(f) 建設業関連の特別管理産業廃棄物

① 廃油

引火点70℃未満の揮発油類，灯油類および軽油のうち廃油であるものでディーゼル機関で使用される重油の廃油はこれに含まれない．

② 廃PCB等，PCB汚染物

変圧器や蛍光灯の安定器のPCB絶縁油はPCBを含む廃油に該当する．PCBが付着した紙くず，廃プラスチック，金属くずやPCB絶縁油を含む変圧器や蛍光灯の安定器は特定有害産業廃棄物である．

③ 廃石綿等

産業廃棄物のうち，石綿建材除去作業に関係する廃棄物で飛散するおそれがあるもので，そのおそれのない石綿を含む非飛散性のスレート，ダクトのガスケット等の成形品はこれに該当しない．

石綿建材除去作業に関係する廃棄物には，石綿保温材，珪藻土保温材，パーライト保温材，除去作業に用いられたプラスチックシート，防じんマスク，作業衣やその他の用具や器具で石綿が付着しているおそれのあるものである．

(3) 事業者の責務

事業者は産業廃棄物を自ら処分しなければならない．

具体的には自ら運搬または処分する場合と，運搬，処分を業とする者等，他人に委託する場合に分けられる．

(a) 事業者が自ら処理する場合の基準

① 収集・運搬

廃棄物が飛散，流出しないようにし，悪臭，騒音，振動等により生活環境の保全に支障が生じないようにすること．積替えを行う場合は周囲に囲いが設けられ，産業廃棄物の積替えの場所であることが表示されていること．

保管する産業廃棄物の数量が，1日当りの平均的な搬出量に7を乗じて得られる数量を超えないようにすること．

② 処分・再生

収集，運搬と同様な対応を要求されるが，保管する廃棄物の数量が1日当りの平均的な搬出量に14を乗じて得られる数量を超えないこと．

(b) 産業廃棄物の処理を他の者に委託する場合の基準

① 運搬，処分または再生

運搬，処分または再生については，委託しようとする産業廃棄物が，その事業に含まれる産業廃棄物の運搬の業や処分または再生を業として行える者や厚生労働省で定める者である．

② 委託契約

委託契約は以下の条項が含まれる書面により行うこと．

(イ) 委託する産業廃棄物の種類および数量

(ロ) 運搬の最終目的地の所在地

(ハ) 処分または再生する場所の所在地，方法および処理能力

8.6 廃棄物の処理及び清掃に関する法律

(ニ)　最終処分の場所の所在地，方法および処理能力等

③　建設工事に直接関係する特別管理産業廃棄物

飛散性アスベスト（廃石綿）の処理の主な基準は以下のとおり．

　(イ)　収集，運搬を行う場合は，他のものと区別すること．

　(ロ)　処分，再生の方法は溶融設備を用いて充分溶融すること．

　(ハ)　埋立処分にあたっては，耐水性の材料で二重に梱包するか固形化するかのいずれかで処分すること．

　(ニ)　運搬，処分を委託する際には，委託する者にあらかじめ，特別管理産業廃棄物の種類，数量，性状，荷姿，取扱いの注意事項を文書で通知すること．

(4)　**産業廃棄物管理票（マニフェスト）**

産業廃棄物を排出した事業者が，その処理を委託する場合，受託した者に対して産業廃棄物管理票（マニフェスト）を交付しなければならない．

(a)　**交付**

排出事業者は，産業廃棄物の種類ごと，運搬先ごとに産業廃棄物管理票を交付しなければならない．

(b)　**期限**

運搬受託者の管理票交付者への送付期限は運搬を終了した日から10日とする．処分受託者の管理票交付者への送付期限は処分を終了した日から10日とする．

(c)　**保有期間**

運搬，処分受託者から業務終了後に送付された管理票の写しを5年間保存しなければならない．またそれぞれの受託者も5年間保存しなければならない．

(d)　**産業廃棄物管理票の交付を要しない場合**

①　市町村または都道府県や国に産業廃棄物の収集もしくは運搬または処分を委託する場合．

②　専ら再生利用の目的となる産業廃棄物のみの収集もしくは運搬または処分を行う者に委託する場合．

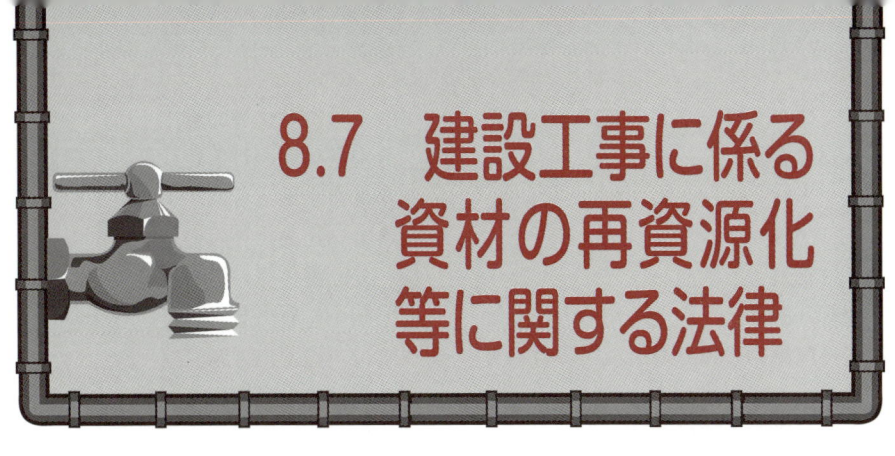

8.7 建設工事に係る資材の再資源化等に関する法律

(1) 目的と内容

特定の建設資材の分別解体や再資源化等を促進する措置を講ずるとともに解体工事業者の登録制度を実施すること等により再生資源の利用および廃棄物の減量などにより，資源の有効利用や廃棄物の適正な処理を図ることを目的とする．建設リサイクル法と略される．

(2) 定義

(a) 建設資材

建設工事（土木建築に関する工事）に使用する資材をいう．具体的にはコンクリート，アスファルト，木材，金属，プラスチック等である．

(b) 建設資材廃棄物

建設資材が廃棄物（廃棄物の処理及び清掃に関する法律に規定する廃棄物）になったものをいう．建設業に係るものは産業廃棄物であるが，請負契約にならない自ら施工する者が排出する廃棄物は一般廃棄物である，

(c) 分別解体等

① 建築物等を解体する工事では建設資材廃棄物をその種類ごとに分類しつつ，その工事を計画的に施工する行為．

② 新築工事等の場合，工事にともない副次的に生ずる建築資材廃棄物を種類ごとに分別しつつ施工する行為

(d) 再資源化

① 分別解体等に伴って生じた建設資材廃棄物を，そのまま用いることでなく，資材または原材料として利用することができる状態にする行為をいう．

② 分別解体等に伴って生じた建設資材廃棄物を燃焼のために用いることができるものやその可能性のあるものについて熱を得ることができる状態にする行為をいう．

(e) 特定建設資材

コンクリート・木材その他建設資材のうち，それらが廃棄物となり再資源化が，資源の有効な利用および廃棄物の減量と図る上で必要であり，再資源化が，経済性の面において制約性が著しくないと認められるもので以下に掲げる建設資材である．

① コンクリート

② コンクリートおよび鉄から成る建設資材
③ 木材
④ アスファルト・コンクリート

(f) **縮減**

焼却，脱水，圧縮その他の方法で建設資材廃棄物の大きさを減ずる行為をいう．

(3) **分別解体等の実施**

(a) **実施対象建設工事**

特定建設資材を用いた建築物等の解体工事やそれらを使用する新築工事等でありその規模が一定基準以上のものであり，分別解体等の義務付け対象者は対象建設工事の受注者または自主施工者である．

(b) **分別解体等の義務付け対象建設工事**

① 建築物の解体：床面積の合計が $80\ m^2$ 以上
② 建築物の新築：床面積の合計が $500\ m^2$ 以上
③ 建築物の修繕，模様替え：請負代金の額が1億円以上
④ 建築物以外の解体工事や新築工事：請負代金の額が500万円以上

(c) **分別解体等の届出**

分別解体等の対象建設工事の発注者または自主施工者は，工事着手の7日前までに建築物等の構造，工事着手期間，分別解体等の計画等について都道府県知事に届出なければならない．

(d) **再資源化実施義務**

再資源化の実施義務が課せられるのは対象建設工事請負受注者である．特定建設資材は再資源化が義務付けられているが，木材については再資源化施設が少なく，偏在しているため工事現場から50 km 以内にない場合については再資源化に代えて縮減でもよいとされる．

(e) **元請負業者から発注者への報告**

再資源化が完了したときに元請負業者は以下の事項について書面にて発注者に報告するとともに，再資源化等の実施状況に関する記録を作成し，保存しなければならない．

① 再資源化が完了した年月日
② 再資源化等をした施設の名称および所在地
③ 再資源化等に要した費用

8.8　その他

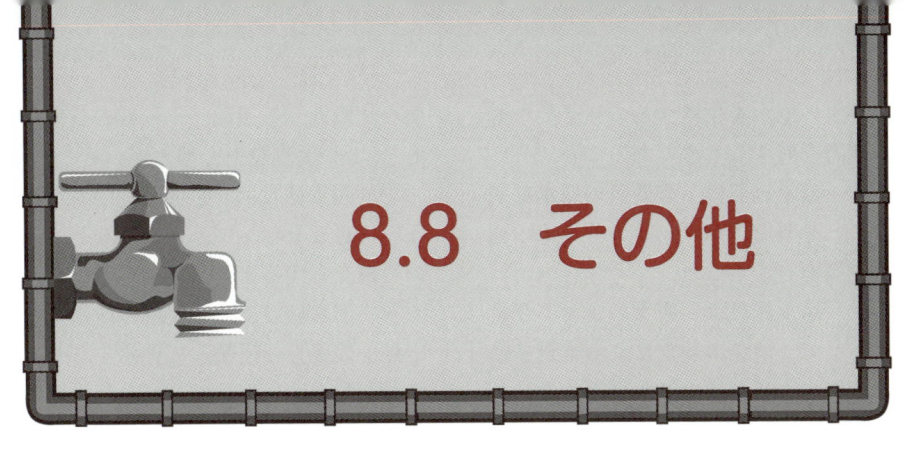

1. 水道法

(1) 目的と内容
清浄で豊富低廉な水の供給を図り，公衆衛生の向上と生活環境の改善に寄与する．

(2) 用語の定義（法第3条）
① 水道；導管およびその他の工作物により，水を人の飲用に適する水として供給する施設の総体をいう．ただし，臨時に施設されたものを除く．

② 水道事業；一般の需要に応じて，水道により水を供給する事業をいう．ただし，給水人口が100人以下である水道によるものを除く．

③ 簡易水道事業；給水人口が5000人以下である水道により，水を供給する水道事業をいう．

④ 専用水道；寄宿舎，社宅，療養所等における自家用の水道，その他水道事業の用に供する水道以外の水道であって，100人を超える者にその居住に必要な水を供給するものをいう（ただし，他の水道から供給を受ける水を水源とし，口径25 mm以上の導管の全長1500 m以下，水槽の有効容量の合計が1000 m^{3}以下の規模のものを除く）．

⑤ 簡易専用水道；水道事業の用に供する水道および専用水道以外の水道であって，水道事業の用に供する水道から供給を受ける水のみを水源とするものをいう（ただし，水の供給をうけるための水槽の有効容量の合計が10 m^{3}以下のものは除かれる）．

⑥ 水道施設；水道のための取水施設，貯水施設，導水施設，浄水施設，送水施設および配水施設であって，当該水道事業者または専用水道の配置者の管理に属するものをいう．

⑦ 給水装置；需要者に水を供給するために水道事業者の施設した配水管から分岐して設けられた給水管およびこれに直結する給水用具をいう．

(3) 施設基準（水道法第5条）
① 取水施設は，できるだけ良質の原水を必要量取り入れることができるものであること．

② 貯水施設は，渇水時においても

必要量の原水を供給するのに必要な貯水能力を有するものであること．

③ 導水施設は，必要量の原水を送るのに必要なポンプ，導入管，その他の設備を有すること．

④ 浄水施設は，原水の質および量に応じて，前条の規定による水質基準に適合する必要量の浄水を得るのに必

要な沈殿池，ろ過池，その他の設備を有し，かつ消毒設備を備えていること．

⑤ 送水施設は，必要量の浄水を送るのに必要なポンプ，送水管，その他の設備を有すること．

⑥ 配水施設は，必要量の浄水を一定以上の圧力で連続して供給するのに必要な配水池，ポンプ，配水管，その

第 8-21 表　水質基準

水道法第 4 条第 2 項の規定に基づく水質基準に関する省令（平成 23 年 1 月 28 日，厚生労働省令第 11 号）によるおもな基準

一般細菌	1 mL の検水で形成される集落数が 100 以下であること．
大腸菌	検出されないこと．
カドミウム	0.003 mg/L 以下であること．
水銀	0.0005 mg/L 以下であること．
鉛	0.01 mg/L 以下であること．
ヒ素	0.01 mg/L 以下であること．
六価クロム	0.05 mg/L 以下であること．
シアン	0.01 mg/L 以下であること．
硝酸態窒素および亜硝酸態窒素	10 mg/L 以下であること．
フッ素	0.8 mg/L 以下であること．
ベンゼン	0.01 mg/L 以下であること．
クロロホルム	0.06 mg/L 以下であること．
ブロモホルム	0.09 mg/L 以下であること．
総トリハロメタン（クロロホルム，ジブロモクロロメタン，ブロモジクロロメタンおよびブロモホルムのそれぞれの濃度の総和）	0.1 mg/L 以下であること．
亜鉛	1.0 mg/L 以下であること．
鉄	0.3 mg/L 以下であること．
銅	1.0 mg/L 以下であること．
ナトリウム	200 mg/L 以下であること．
マンガン	0.05 mg/L 以下であること．
塩化物イオン	200 mg/L 以下であること．
カルシウム，マグネシウム等（硬度）	300 mg/L 以下であること．
蒸発残留物	500 mg/L 以下であること．
pH 値	5.8 以上 8.6 以下であること．
味	異常でないこと．
臭気	異常でないこと．
色度	比色法などにより 5 度以下であること．
濁度	比濁法などにより 2 度以下であること．

他の設備を有すること．

(4) **水質基準**（法第4条）

水道により供給される水は，厚生労働省令により水質基準を満たすものでなければならない（**第 8-21 表**）．

(5) **給水義務**（法第 15 条）

水道事業者の義務は，次のとおり．

① **水道水の供給義務**

給水区域内の需要者から給水の申込を受けたときは拒否できない．

② **水道水の常時供給義務**

災害時以外常時水を供給しなければならない．

③ **給水停止**

水道料金を支払わないとき，正当な理由なしに給水装置の検査を拒んだとき給水を停止できる．

(6) **給水装置の構造および材質**（法第 16 条）

政令で定める基準は，次のとおり．

① 配水管の取付け口の位置は，他の給水装置の取付け口から 30 cm 以上離すこと．

② 配水管への取付け口における給水管の口径は水の使用量に比し，過大すぎないこと．

③ 配水管の水圧に影響を及ぼすおそれのあるポンプに直結されていないこと．

④ その給水装置以外の水管その他の設備に直接連結されていないこと（クロスコネクションの禁止）．

⑤ 水槽，プール，流し等に給水する給水装置には,逆流防止の措置をとること．

(7) **検査の請求**（法第 18 条）

① 給水装置の検査を水道事業者に請求できる．

② 水質検査を水道事業者に請求できる．

(8) **簡易専用水道の管理**（法第 34 条）

ⓐ 簡易専用水道の設置者は，省令で定める基準に従い，その水道を管理しなければならない．

・水槽の掃除を 1 年以内ごとに 1 回，定期に行うこと．

ⓑ 簡易専用水道の設置者は，省令の定めるところにより，地方公共団体の機関または厚生労働大臣の登録を受けた者の検査を受けなければならない．

・この検査は 1 年以内ごとに 1 回とする．

2. 下水道法

(1) **目的と内容**

公共下水道，流域下水道および都市下水路の設置などの基準を定め，下水道の整備を図り，公衆衛生の向上に寄与し，公共用水域の水質の保全を目的とする．

(2) **公共下水道**

ⓐ **放流水の水質基準**（法第 8 条）

公共下水道から河川その他の公共の水域または海域に放流される水の水質は政令で定める技術上の基準に適合するものでなくてはならない（**第 8-22 表**）．

第 8-22 表　放流水の水質基準
（下水道法施行令第 6 条）

水素イオン濃度	pH5.8 以上 8.6 以下
大腸菌群数	3000 個 /cm^3 以下
浮遊物質量	40 mg/L 以下

以下は処理方法により異なる計画放流水質．
・生物化学的酸素要求量〔mg/L〕：10 以下，10 を超え 15 以下
・窒素含有量〔mg/L〕：10 以下，10 を超え 20 以下，20 以下
・りん含有量〔mg/L〕：0.5 以下，0.5 を超え 1 以下，1 を超え 3 以下，1 以下，3 以下

(b)　排水設備（法第 10 条）

公共下水道の使用が開始された場合，以下の者は，その土地の下水を公共下水道に流入させるために必要な排水管，排水渠，その他の排水設備を設置しなければならない．

①　建築物の敷地の土地では建物の所有者．

②　建築物の敷地でない土地では土地の所有者．

③　道路その他の公共施設の敷地である土地では公共施設を管理する者．

(c)　排水に関する受忍義務（法第 11 条）

他人の土地または排水設備を使用しなければ下水を公共下水道に流入させることが困難であるときは，他人の土地に排水設備を設置したり，他人の設置した排水設備を使用することができる．

①　他人の土地または排水設備にとり，最も損害の少ない方法とする．

②　他人の排水設備を使用する者は，利益を受ける割合に応じ費用を負担する．

3. 騒音規制法

(1)　目的と内容

工場および事業場における事業活動ならびに建設工事に伴って発生する騒音と自動車騒音の許容限度を定め生活環境を保全する．

(2)　用語の定義

①　特定施設；工場または事業場に設置される施設のうち著しい騒音を発生する施設で，政令で定めるもの（空気圧縮機および送風機で原動機の定格出力が 7.5 kW 以上のもの）．

②　規制基準；特定施設を設置する工場または事業場において発生する敷地の境界線における許容限度．

③　特定建設作業；建設工事として行われる作業のうち著しい騒音を発生する作業で，政令で定めるもの．

＜政令第 2 条＞　著しい騒音を発生する作業とは以下の装置を使用する作業（ただし，作業が開始した日に終るものを除く）．

ⓐ　くい打機，くい抜機
ⓑ　びょう打機
ⓒ　さく岩機
ⓓ　空気圧縮機（電動機以外の原動機を用いるものであって 15 kW 以上のもの．）
ⓔ　コンクリートプラント，アスファルトプラント
ⓕ　バックホー（原動機が 80 kW

以上のもの.)

(3) 地域の指定

都道府県知事は，住居，病院または学校の周辺の地域等で，住民の生活環境を保全する必要があると認める地域を，騒音を規制する地域として指定しなければならない.

① 第1号区域
ⓐ 特に静穏の保持を必要とする区域.
ⓑ 住居用として静穏の保持を必要とする地域.
ⓒ 居住の他，商業，工業等の地域で相当数の住居が集合しているため，騒音の発生を防止する必要がある地域.
ⓓ 学校，保育所，病院，図書館，特養老人ホームの敷地の周囲概ね80mの区域.

② 第2号区域
指定地域の中で上記以外の区域.

(4) 特定建設作業の実施の届出

指定地域内において特定建設作業を伴う建設工事を施工しようとする者は，作業開始の日の7日前までに環境省令で定めるところにより，次の事項を市町村長に届けなければならない.

① 氏名，名称および住所
② 建設工事の目的に係る施設または工作物の種類
③ 特定建設作業場所および期間
④ 騒音の防止の方法

(5) 特定建設作業の騒音規制基準

① 敷地境界線の騒音…85デシベル以下.
② 夜間の作業禁止時間
第1号区域；午後7時～午前7時
第2号区域；午後10時～午前6時
③ 1日の作業時間の限度
第1号区域；10時間以内
第2号区域；14時間以内
④ 作業期間の限度…連続6日間以内.
⑤ 作業禁止日…日曜日，その他の休日.

この問題をマスタしよう

問1 民間の事務所ビルの建設工事において，「建設業法」で定める主任技術者または監理技術者の配置に関する記述のうち，誤っているものはどれか。

(1) 請負金額が500万円である管工事を下請けとして請け負った者は，主任技術者を配置しなければならない。

(2) 請負金額が3000万円である管工事を下請けとして請け負った者は，専任の主任技術者を配置しなければならない。

(3) 下請契約の合計金額が4000万円となる管工事の元請業者は，専任の監理技術者を配置しなければならない。

(4) 下請契約の合計金額が5000万円となる管工事の元請業者は，監理技術者資格者証の交付を受けている者を監理技術者として配置しなければならない。

解説

(a) 軽微な工事以外（建築一式工事の場合は1500万円以上，その他の工事では500万円以上）の工事の請負者は建設業の許可を受けていることが条件であり，請負った建設工事を施工するときは，一定の資格または施工実務の経験を有する者を主任技術者として置かなければならない。

(b) 「民間の事務所ビル」は「公共性のある工作物に関する重要な工事」に該当し，請負代金の2500万円以上の工事であるため専任の主任技術者が必要となる．公共性のある工作物に関する重要な工事とは，

① 国や地方公共団体が注文者である工作物の工事

② 鉄道，道路，ダム，飛行機，港湾施設，上下水道，電気事業用やガス事業用施設

③ 学校，児童福祉法に規定する児童福祉施設，集会場，図書館，美術館，教会，工場，倉庫，病院，百貨店，事務所，ホテル，旅館，共同住宅等に関する工事をいう。

(c) 下請契約の合計金額が4000万円となる管工事の元請業者は，監理技術者を置かなければならない．また「公共性のある工作物に関する重要な工事」で工事1件の請負代金の額が2500万円以上のため監理技術者は専任でなければならない．

(d) 国，地方公共団体その他政令で定める法人が発注者である工作物に関する建設工事については，専任の者でなければならない．監理技術者は，監理技術者資格者証の交付を受けている者であって，国土交通大臣の登録を受けた講習を受講した者のうちから選任しなければならない．

答 (4)

問2 次の記述のうち，「建設業法」上，違法となる営業にあたるものはどれか．

(1) ある県の知事の許可を受けている建設業者が，隣りの県が発注した建設工事を受注し施工した．
(2) 一般建設業の許可を受けている建設業者が，請負代金額5000万円の建設工事を受注し自ら直接施工した．
(3) 一般建設業の許可を受けている建設業者（建築工事業以外）が，発注者から直接請け負った工事のうち，二つの建設業者にそれぞれ請負代金額2500万円，1000万円の下請工事を発注した．
(4) 大臣の許可を受けている建設業者が，下請業者として請負代金額500万円の建築一式工事以外の建設工事を受注し施工した．

解説

(a) 建設業の許可業者は，本社や営業所の所在地が二つ以上の都道府県になる場合は国土交通大臣の許可を，一つの都道府県のみに営業所を有する場合には都道府県知事の許可を受けなければならない．

営業は全国どこでも可能である．ただし，軽微な建設工事のみを請負うことを営業とする者はこの限りでない．なお，ここで掲げる営業所とは，本店または支店もしくは支店に準ずる場所をいい，常時建設工事の請負契約を締結することができる事務所である．

(b) 一般建設業の下請契約可能な金額は，3000万円未満（建築一式工事の場合は4500万円未満）であり，特定建設業者は，発注者から直接請負った一つの建設工事のために，その工事の全部，または一部を3000万円（建築一式工事の場合は4500万円）以上となる下請契約を結んで施工する建設業者である．

選択肢(2)の場合は，自ら直接施工するのだから下請契約と関わりは無い．

(c) 一般建設業者とは建設業を営もうとする者であって特定建設業者以外の者であり，特定建設業者は，建設業を営もうとする者であって，その営業にあたって，その者が発注者から直接請負う1件の建設工事につき，その工事の全部または一部を，下請代金の額（その工事に係る下請契約が2以上あるときは，下請代金の額の総額）が建築工事業以外の場合3000万円以上となる下請契約を締結して施工しようとする者であり，選択肢(3)は下請契約における請負代金の額が3500万円となるため，特定建設業の許可を受けている建設業者でないと施工できない．

(d) 選択肢(4)のように，大臣許可を受けている建設業者が，下請業者として請負金額500万円の工事を受注し施工したとしても何ら問題はない．

答 (3)

問3 県から管工事を直接請け負った建設業者が工事現場に監理技術者を置く場合，当該監理技術者に関する記述として，「建設業法」上，正しいものはどれか．
(1) 監理技術者が監理技術者資格者証の交付を受けていないときは，1級管工事施工管理技士の合格証明書等を提示できるようにしておかなければならない．
(2) 現場代理人を置く場合は，監理技術者とは別に置かなければならない．
(3) 監理技術者は，他の工事の主任技術者を兼ねることができない．
(4) 当該管工事に電気工事が付帯し，自ら施工する場合は，監理技術者のほか電気工事に関する主任技術者を置かなければならない．

解説

(a) 公共性のある工事における監理技術者の資格は次のとおりである．

① 発注者から直接請負った元請の特定建設業者は，その建設工事を施工するために締結した下請契約の請負代金の額（下請契約が2以上のときはその総額）が3000万円（建築一式工事の場合は4500万円）以上の工事を行うときは監理技術者を置かなければならない．

② 公共性のある重要な工事で，国，地方公共団体等が発注するもので工事1件の請負代金の額が2500万円（建築一式工事の場合は5000万円）以上の場合は，現場ごとに専任の監理技術者でなければならない．また，監理技術者資格証の交付を受けている者であって，国土交通大臣の登録を受けた講習を受講した者のうちから選任しなければならない．

(b) 建設工事現場に監理技術者を置く場合は，現場代理人を兼ねることができる．主任技術者についても同様である．

(c) 設問の場合，専任の監理技術者であり他の工事の主任技術者を兼ねることができない．

(d) 許可を受けた建設業に係る建設工事に付帯する他の建設工事を施工する場合において，自ら施工する場合は技術上の管理をつかさどる以下のいずれかの者を置き施工するか，当該建設工事の許可を受けた建設業者に施工させなければならない．

ⓐ 高卒後5年，大卒後3年以上の実務経験を有する者
ⓑ 10年以上実務の経験がある者
ⓒ 施工管理技士等

よって，付帯する電気工事を自ら施工する場合，「当該工事現場における建設工事の施工の技術上の管理をつかさどるもの」は，必ずしも主任技術者でなくてよい．

答 (3)

問 4 次の記述のうち,「建築基準法」上,誤っているものはどれか.
(1) 検査済証の交付は,建築主事または委任を受けた地方公共団体の職員が行う.
(2) 120 m² の応急仮設建築物を建築する場合は,確認申請が不要である.
(3) 工事完了前の建築物の仮使用の承認は,所轄の消防署長が行う.
(4) 既存の百貨店にエスカレーターを設置する場合,確認申請が必要である.

解説 検査済証の交付を受けるまでの建築物は使用の制限を受けるが,特定行政庁が安全上,防火上および避難上支障がないと認めたときはこの限りでない.(法第7条の六)

答 (3)

問 5 次の記述のうち,「建築基準法」上,誤っているものはどれか.
(1) 地階とは,床が地盤面下にある階で,床面から地盤面までの高さがその階の天井の高さの 1/3 以上のものをいう.
(2) 機械室のみからなる地階で,水平投影面積の合計が建築面積の 1/8 以下のものは,建築物の階数に算入しない.
(3) 鉄造の階段は,耐火構造の階段である.
(4) 鉄製の戸で,鉄板の厚さが 0.7mm のものは,防火戸である.

解説 (1) 地階とは天井高の 1/3 以上が地下にある階.つまり床が地盤面下にある階で,床面から地盤面までの高さがその階の天井の高さの 1/3 以上のもの.
(2) 昇降機塔,装飾塔,物見塔その他これらに類する建築物の屋上部分または地階の倉庫,機械室その他これらに類する建築物の部分で,水平投影面積の合計が,それぞれ,その建築物の建築面積の 1/8 以下のものは階数に算入しない.
(3) 鉄造の階段は耐火構造の定義の「壁,柱,床その他の建築物の部分の構造のうち耐火性能に関して,政令で定める技術的基準に適合する鉄筋コンクリート造,れんが造その他の構造で,国土交通大臣が定めた構造方法を用いるものまたは国土交通大臣の認定を受けたもの」に該当する(平成12年建設省告示第1399号第六).
(4) 政令で定める防火設備として防火戸およびドレンチャーがある.防火戸の構造基準で定められている防火戸の鉄板の厚さは 0.8 mm 以上 1.5 mm 未満のものをいう.

したがって,選択肢(4)が誤りである.

答 (4)

問6 換気設備（中央管理方式の空気調和設備を除く）に関する記述のうち，「建築基準法」上，誤っているものはどれか．
(1) 公会堂，集会場に設ける換気設備は，機械換気としなくてもよい．
(2) 事務所建築物に設ける換気設備は，換気に有効な開口部の面積が，当該居室の床面積に対して 1/20 以上あれば，特に機械換気としなくてもよい．
(3) 発熱量の合計が 6 kW 以下の火を使用する器具を設けた室（調理室を除く）で換気上有効な開口部を設けた場合には，換気設備を設けなくてもよい．
(4) 地階を除く階数が 3 以上である建築物のダクトは，不燃材料で造る．

解説 (a) 特殊建築物の居室に設ける換気設備は，機械換気設備または中央管理方式の空気調和設備であること．（令第 20 条の二）
(b) 地階を除く階数が 3 以上である建築物，地階に居室を有する建築物または延面積が 3000 m^2 を超える建築物に設ける換気または冷房の設備の風道，ダストシュート等は不燃材料で造る．（令第 129 条の二の五）

答 (1)

問7 「労働安全衛生法」に規定する責任者または管理者とその職務の組み合わせのうち，正しいものはどれか．
(1) 統括安全衛生責任者—労働者の安全または衛生のための教育の実施
(2) 元方安全衛生管理者—安全管理者および衛生管理者の指揮
(3) 安全衛生責任者—統括安全衛生責任者から受けた連絡事項の関係者への連絡
(4) 総括安全衛生管理者—元方安全衛生管理者の指揮

解説 (1) 統括安全衛生責任者の職務は，特定元方事業者と関係請負人の労働者が同一の場所で作業を行うことによる労働災害防止のための必要な措置を講じ元方安全衛生管理者を指揮する．
＜具体的な業務＞
① 協議組織の設置および運営
② 作業間の連絡，調整
③ 作業場所の巡視
④ 関係請負人が行う安全衛生の教育に対する指導，援助
⑤ 工程および機械，設備等の配置に関する計画の作成
⑥ 労働災害を防止するため必要な事項
(2) 元方安全衛生管理者の職務は，統括安全衛生責任者の指揮を受け統括

第8章 法 規

管理すべき事項で，上記の①〜⑥までの各項目の技術的事項の管理．

(3) 安全衛生責任者の職務は，統括安全衛生責任者への連絡およびそれから受けた事項の関係者への連絡．

① 作業計画等の調整．

② 元請，下請の混在による危険の有無の確認．

③ 後次の請負人の安全衛生責任者との連絡調整．

(4) 総括安全衛生管理者の職務は，安全管理者，衛生管理者の指揮と以下の業務の統括管理．

① 労働者の危険または健康障害を防止するための措置．

② 安全教育，衛生教育の実施．

③ 健康診断の実施，健康増進のための措置．

④ 労働災害の原因の調査および再発防止対策．

⑤ 労働災害を防止するための業務．

答 (3)

問8 「労働安全衛生法」上に定められている元方安全衛生管理者の資格に関する記述のうち，下線部が正しいものはどれか．

(1) 学校教育法による高等学校または中等教育学校において理科系統の正規の学科を修めて卒業した者で，その後3年以上建設工事の施工における安全衛生の実務に従事した経験を有する者．

(2) 学校教育法により高等学校または中等教育学校において理科系統の正規の学科を修めて卒業した者で，その後4年以上建設工事の施工における安全衛生の実務に従事した経験を有する者．

(3) 学校教育法により大学または高等専門学校における理科系統の正規の課程を修めて卒業した者で，その後2年以上建設工事の施工における安全衛生の実務に従事した経験を有する者．

(4) 学校教育法による大学または高等専門学校における理科系統の課程を修めて卒業した者で，その後3年以上建設工事の施工における安全衛生の実務に従事した経験を有する者．

解説 (a) 元方安全衛生管理者とは，統括安全衛生責任者を選任した事業者は，厚生労働省令で定める資格を有する者のうちから，元方安全衛生管理者を選任し，そのものに技術的事項を管理させなければならない．（労働安全衛生法第15条の2）

(b) 元方安全衛生管理者に関して，労働安全衛生規則は以下のとおり定めている．

則第18条の3 法第15条の2第1項の規定による元方安全衛生管理者の選任は，その事業上に専属の者を選任して行わなければならない．

この問題をマスタしよう

則第18条の4　法第15条の2第1項の厚生労働省令で定める資格を有する者は，次の通りとする．
一　学校教育法による大学または高等専門学校における理科系統の正規の課程を修めて卒業した者で，その後3年以上建設工事の施工における安全衛生の実務に従事した経験を有する者．
二　学校教育法による高等学校または中等教育学校において理科系統の正規の学課を修めて卒業した者で，その後5年以上建設工事の施工における安全衛生の実務に従事した経験を有するもの
三　前二号に掲げるもののほか，厚生労働大臣が定めるもの．

則18条の5　事業者は，元方安全衛生管理者に対し，その労働者および関係請負人の労働者の作業が同一場所において行われることによって生ずる労働災害を防止するため必要な処置をなしえる権限を与えなければならない．

答　(4)

問9　安全管理者に関する記述のうち，「労働安全衛生法」上，誤っているものはどれか．
(1) 事業者は，通常50人以上の労働者を使用する建設業の事業場には，安全管理者を選任しなければならない．
(2) 高等学校で理科系統の正規の学科を修めて卒業した者で，その後5年以上産業安全の実務に従事した経験を有するものは，安全管理者の資格を有する．
(3) 安全管理者の選任は，その事由が発生した日から30日以内に行わなければならない．
(4) 事業者は，安全管理者を選任したときは，遅滞なく，報告書を所轄労働基準監督署長に提出しなければならない．

解説
(a) 安全管理者の選任までの期限は14日以内で，事業者が選任する．
(b) 単一事業所における安全衛生管理体制
① 建設業の場合で，常時100人以上の労働者を使用する事業場に選任する者：総括安全衛生管理者
② 建設業の場合で，常時50人以上の労働者を使用する事業所に選任する者：安全管理者，衛生管理者，産業医，安全衛生委員会
③ 10人以上50人未満の労働者を使用する事業所に選任する者：安全衛生推進者

答　(3)

問10 作業現場の安全対策に関する記述のうち，「労働安全衛生法」上，適当でないものはどれか．
(1) 架設通路で勾配が15度を超えるものには，踏み桟その他の滑り止めを設けなければならない．
(2) 高さが2m以上の箇所で作業を行うときは，安全のために必要な照度を保たなければならない．
(3) 高さが1.5mを超える場所で作業を行うときは，労働者が安全に昇降するための設備を設けなければならない．
(4) 丸太足場の地上第一の布は，5m以下の位置としなければならない．

解説 丸太足場の建地の間隔は2.5m以下とし，地上第一の布は3m以下の位置に設けること（図8-1）．

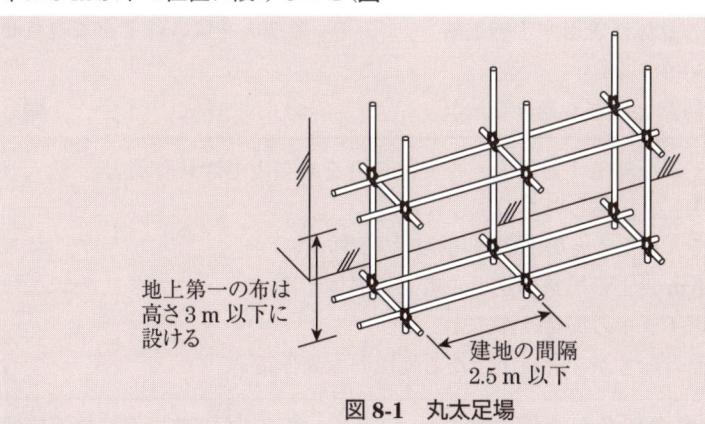

答 (4)

図 8-1 丸太足場

地上第一の布は高さ3m以下に設ける
建地の間隔 2.5m以下

問11 充電中の架空電線に近接する場所で工作物の建設を行う場合において作業者の感電の防止のために講ずる措置として，「労働安全衛生法」上，適当でないものはどれか．
(1) 作業者に活線作業用器具を使用させること．
(2) 架空電線に絶縁用防具を装着すること．
(3) 監視人を置き，作業を監視させること．
(4) 架空電線を移設すること．

解説 (a) 高圧活線近接作業あるいは低圧活線近接作業においても，充電電路に近接する場所で電路またはその支持物の敷設，点検，

この問題をマスタしよう

323

修理，塗装等の電気工事の作業を行う場合に，充電電路に接触することにより感電の危険が生ずるおそれがあるときは，その充電電路に絶縁用防具を装着しなければならない．ただし，労働者に絶縁用保護具を着用させて行う場合，絶縁用保護具を着用する身体の部分以外の部分が電路に接触するおそれがないときはこの限りでない（労働安全衛生規則第342条，第347条）．

ここで，

① 絶縁用保護具とは，電気ゴム手袋，電気用帽子，電気用ゴム長靴等で作業を行う者の身体に着用する感電防止用保護具をいう．

② 絶縁用防具とはゴム絶縁管，ゴムシート，ビニルシート等電路に取付ける感電防止用装具をいう．

③ 活線作業用器具とは作業を行う者の手で持つ部分が絶縁材料で作られた棒状の絶縁工具をいう．

(b) 充電電路に近接する場所で，労働者が作業中または通行の際に感電の危険があるときは次の措置を講じること（労働安全衛生規則第349条）．

① 充電電路を移設すること
② 囲いを設けること
③ 充電電路に絶縁用防具を装着すること
④ 監視人を置き作業を監視させること

答 (1)

問12 管工事を施工する場合，作業主任者を必要としない作業として，「労働安全衛生法」上，正しいものはどれか．
(1) し尿を入れたことのある浄化槽の内部作業
(2) 高さ5m以上の構造の足場の組立て解体作業
(3) 小型ボイラーの据付け作業
(4) 掘削面の高さが2m以上となる地山の掘削作業

解説 作業主任者を選任すべき作業（政令で定める作業）．

① 吊り足場；5m以上の構造の足場の組立て，解体または変更の作業．

② 建築物の組立て，解体；5m以上のものの組立て，解体または変更．

③ コンクリート造の解体；5m以上のものの解体または破壊．

④ 酸素欠乏場所；具体的な場所として，

ⓐ ケーブル，ガス管等地下に埋設される物を収容するための暗渠，マンホールまたはピット内部．

ⓑ 雨水，河川の流水等が滞留する槽，暗渠，マンホール，ピットの内部．

ⓒ し尿を入れたことのある浄化槽の内部作業など．

その他は解説部分を参照のこと．

答 (3)

第8章 法規

問13 「労働基準法」上，満18歳に満たない者を就業させてはならない業務はどれか．
(1) 最大積載荷重が1000 kgの荷物用エレベーターの運転の業務
(2) 高さが3 mの場所で，墜落により労働者が危害を受けるおそれのあるところにおける業務
(3) クレーンの玉掛けの業務を2人で行う場合の補助作業の業務
(4) 重量30 kgの重量物を継続的に担う業務

解説 (1) 満18歳に満たない者を就業させてはならない危険な業務は，年少者労働基準規則に定められている．同規則第8条第五号には，「最大積載荷重が2トン以上の人荷共用もしくは荷物用または高さが15 m以上のコンクリート用エレベーターの運転の業務」と定められているので，選択肢(1)は該当しない．

(2) 「高さが5 m以上の場所で，墜落により労働者が危害を受けるおそれのあるところにおける業務」(同規則第8条第二十四号) と定められているので，選択肢(2)は該当しない．

(3) 「クレーン，デリックまたは揚貨装置の玉掛けの業務 (2人以上の者によって行う玉掛け業務における補助作業の業務を除く．」(同規則第8条第十号) と定められているので，選択肢(3)は該当しない．

(4) 満18歳未満の年少者の「重量物取扱い業務の就業制限」は，**表 8-1** に示すとおりである (同規則第7条)．したがって，選択肢(4)の作業には就けない．

表 8-1 重量物取扱い業務の就業制限

年齢および性		重量〔kg〕	
		断続作業の場合	継続作業の場合
満16才未満	女	12	8
	男	15	10
満16才以上満18才未満	女	25	15
	男	30	20

答 (4)

問14 災害補償に関する記述のうち，「労働基準法」上，誤っているものはどれか．
(1) 労働者が業務上負傷し，治ったとき身体に障害が存する場合，使用者は，その障害の程度に応じて障害補償を行わなければならない．
(2) 療養補償を受ける労働者が療養開始後3年を経過しても負傷が治らない場合，使用者は，平均賃金の500日分の打切補償を行い，その後は補償を行わなくてもよい．
(3) 労働者が業務上負傷し，療養のため賃金を受けない場合，使用者は，平

この問題をマスタしよう

均賃金の 60/100 の休業補償を行わなければならない．
(4) 労働者が業務上死亡した場合，使用者は，遺族に対して平均賃金の 1000 日分の遺族補償を行わなければならない．

解説　・打切補償；療養補償を受ける労働者が，療養開始後3年を経過しても負傷または疾病がなおらない場合においては，使用者は平均賃金の 1200 日分の打切補償を行い，その後の補償は行わなくてもよい（法第 81 条），と定められている．

答　(2)

問15　危険物の貯蔵に関する記述のうち「消防法」上，誤っているものはどれか．
ただし，第1，第2および第3石油類は非水溶性とする．
(1) 灯油 400 L と A 重油 1500 L を屋内のタンク専用室に貯蔵する場合は，屋内タンク貯蔵所とみなされる．
(2) ガソリン 100 L と軽油 600 L を屋内タンク専用室に貯蔵する場合は，屋内タンク貯蔵所とみなされる．
(3) 灯油 3000 L と B 重油 6000 L を同一専用室に貯蔵する場合，その貯蔵量を指定数量で除した数の和は 9 である．
(4) ガソリン 400 L と A 重油 4000 L を同一専用室に貯蔵する場合，その貯蔵量を指定数量で除した数の和は 4 である．

解説　消防法で定める危険物は，発火性または引火性物品で第1類から第6類まで指定されている．危険物第4類の種類と内容および指定数量を以下に示す．ただし水溶性のものを除く．
・第1石油類；指定数量 200 L，ガソリンの他，引火点が 21℃未満のもの．
・第2石油類；指定数量 1000 L，灯油および軽油のほか，引火点が 21℃以上 70℃未満のもの．
・第3石油類；指定数量 2000 L，重油およびクレオソート油の他引火点が 70℃以上 200℃未満のもの．

(a) 指定数量以上の危険物は，貯蔵所以外の場所で貯蔵し，または製造所および取扱所以外の場所で取り扱ってはならない．ただし所轄消防長または消防署長の承認を受ければ 10 日以内なら許可される．
(b) 危険物の貯蔵については，2 以上の危険物の場合，その品名ごとの数量をそれぞれの指定数量で除し，その和が1以上となるときは指定数量以上の危険物を貯蔵し，または取扱っているものとみなす．
(c) 設問の各場合について検討して

みると

① 灯油, A重油の各指定数量は1000 L および 2000 L, したがって,

$$\frac{400\mathrm{L}}{1000\mathrm{L}} + \frac{1500\mathrm{L}}{2000\mathrm{L}} = 1.15$$

② ガソリン, 軽油の各指定数量は 200 L および 1000 L, したがって,

$$\frac{100\mathrm{L}}{200\mathrm{L}} + \frac{600\mathrm{L}}{1000\mathrm{L}} = 1.1$$

③ 灯油, B重油の各指定数量は 1000 L および 2000 L, したがって,

$$\frac{3000\mathrm{L}}{1000\mathrm{L}} + \frac{6000\mathrm{L}}{2000\mathrm{L}} = 6$$

④ ガソリン, A重油の各指定数量は 200 L および 2000 L, したがって,

$$\frac{400\mathrm{L}}{200\mathrm{L}} + \frac{4000\mathrm{L}}{2000\mathrm{L}} = 4$$

答　(3)

問16　防火対象物と消火設備の組み合わせとして,「消防法」上, 誤っているものはどれか.

　　　（防火対象物）　　　　　　　　（消火設備）
(1)　ホテルで 200 m² 以上のボイラー室 ──── 粉末消火設備
(2)　200 m² 以上の地下駐車場 ──────── 泡消火設備
(3)　美術館で 200 m² 以上の変電室 ────── 泡消火設備
(4)　飛行機の格納庫 ─────────────── 粉末消火設備

解説

(a)　設問は, 防火対象物と消火設備の組み合わせの可否についての問題であるが, これについては政令第13条に基準が示されている（表8-2）.

ここでは表に記載されている特殊消火設備について以下の説明を加えておく.

① 粉末消火設備；粉末消火剤の種類は第1種から第4種まであり以下のとおりである.

　・第1種粉末……炭酸水素ナトリウム（重炭酸ソーダ）
　　　　　　　……BC 消火剤
　・第2種粉末……炭酸水素カリウム
　　　　　　　……BC 消火剤
　・第3種粉末…リン酸アンモニウム
　　　　　　　……ABC 消火剤
　・第4種粉末……炭酸水素カリウムと尿素との反応物
　　　　　　　……BC 消火剤

粉末消火設備の特徴は, 他の消火設備に比べて消火剤が固体粉末であることや, 消火剤を均一に放射するための配管が必要であることである.

② 泡消火設備；石油精製工場や駐車場などに用いられるもので, 消火ポンプで圧送された水に泡消火剤を混合して消火泡を発生し, 燃焼物の表面を覆い, 冷却効果と泡層による窒息により消火する設備である. 屋内消火栓と同様, 湿式と乾式がある.

③ 不活性ガス消火設備；電気火災

この問題をマスタしよう

表 8-2 特殊消火設備

(消防法施行令第 13 条)

適用場所	消火設備		水噴霧	泡	不活性ガス	ハロゲン化物	粉末	スプリンクラー
飛行機または回転翼航空機の格納庫				○		○		
屋上部分で回転翼航空機・垂直離着陸航空機の発着場				○		○		
自動車の修理,または整備に供される部分	地階・2 階以上	200 m²		○	○	○	○	
	1 階	500 m²		○	○	○	○	
駐車の用に供される部分	地階または 2 階以上	200 m²	○	○	○	○	○	
	1 階	500 m²	○	○	○	○	○	
	屋上部分	300 m²	○	○	○	○	○	
	立体駐車場収容台数 10 以上		○	○	○	○	○	
発電機・変圧器などの電気設備室 200 m²					○	○	○	
鍛造場・ボイラー室・乾燥室など多量の火気使用部分 200 m²					○	○	○	
通信機器室 500 m²					○	○	○	
指定数量の 1000 倍以上の指定可燃物を貯蔵し取扱う部分	綿花類,木毛,かんなくず,ぼろ,紙くず,糸類,わら類,※1 合成樹脂類		○	○	(全)○			○
	石炭・木炭		○					○
	木材加工品,木くず		○	○	(全)○	(全)○		○
	※2 合成樹脂類		○	○				○
	可燃性固体類		○	○	○	○	○	○
	可燃性液体類		○	○	○	○	○	

※1：不燃性または難燃性でないゴム製品,ゴム半製品,原料ゴム,ゴムくず.
※2：不燃性または難燃性でないゴム製品,ゴム半製品,原料ゴム,ゴムくずを除く.
注) ハロン代替消火設備
新ガス系消火設備が開発されているが,イナート系とハロカーボン系（ふっ素系）がある.イナート系には IG-100（N_2 ガス 100％）,IG-541,IG55 の 3 種類がある.ハロカーボン系には HFC-227ea,HFC-23 があり,いずれもオゾン層を破壊しない.技術上の基準では,IG-100,IG-541 および IG-55 については不活性ガス消火設備として,HFC-23 および HFC-227ea についてはハロゲン化物消火設備として分類されている.

や油火災に効果があり，容器に貯蔵された不活性消火剤を放射し，その気化熱による冷却効果と酸素の遮断により消火する設備である．消火後の汚損，損傷はほとんどないが，操作や退去を誤ると人命にかかわることになる．

(b) ハロゲン化物消火設備の使用抑制

ハロン消火剤はオゾン層を破壊する特定物質として指定され，わが国では1994年以降の構造が中止されている．設置または備蓄されているハロン消火剤を一元的に管理し環境への影響を最小限とするべく活動が行われている．

現存量の消火剤は限られているので，有効に使うため使用抑制対象部分および使用抑制対象外と指定されている．使用抑制対象外となる部分は特定用途防火対象物，通信機関係室などである．

答　(3)

> **問17**　事務所建築物に設置するスプリンクラー設備に関する文中，〔　〕内に当てはまる数値の組み合わせとして，「消防法」上，正しいものはどれか（ただし，ヘッドは標準型・1種・R2.3m）．
>
> 事務室のスプリンクラーヘッド1個当たりの放水量は〔A〕L/min以上とし，防火対象物の各部分からスプリンクラーヘッドまでの水平距離は，耐火建築物では〔B〕m以下，その他の建築物では〔C〕m以下とする．
>
> | | 〔A〕 | 〔B〕 | 〔C〕 |
> |----|------|------|------|
> | (1) | 80 | 2.1 | 1.7 |
> | (2) | 80 | 2.3 | 2.1 |
> | (3) | 130 | 2.3 | 2.1 |
> | (4) | 130 | 2.5 | 2.3 |

解説　スプリンクラー設備は，火災の感知から消火までを自動的に行えること，出火場所に限定して自動的に放水し消火できることなどで，建物に設置される初期消火設備のなかで，最も効率的に消火を行うことができる優れた消火設備である．消火ポンプといわれる加圧送水ポンプ，水源，送水口，流水検知装置（自動警報弁），配管や弁類および水を放出する天井や屋根に設置されるスプリンクラーヘッド等から構成される．

湿式といわれる方式の場合は，ヘッドまでの配管系統には加圧水が充たされており，火災が発生すると，ヘッドの感熱部（ヒュージブルリンクやグラスバルブ）が火災時の熱により溶けて，ヘッドのシール機構が分解し放水される．ヘッドの開放により放水され配管内の圧力が低下すると圧力スイッチが作動し，消火ポンプが起動して，消火水を圧送する．これとともに自動火災報知設備の火災受信機に火災の表示を行う．

この問題をマスタしよう

(a) ヘッドの先端における放水圧力および放水量は，以下のとおりである．
① 閉鎖型スプリンクラーヘッド（標準型，小区画型，側壁型）および開放型のスプリンクラーヘッドの放水圧力は，0.1 MPa 以上 1 MPa 以下．
② 放水量は，閉鎖型スプリンクラーヘッドの標準型および側壁型と開放型スプリンクラーヘッドは 80 L/分以上，閉鎖型スプリンクラーヘッドで小区画型は 50 L/分以上．
(b) ヘッドは天井面の各部より以下の水平距離をとるよう設置されること．
舞台部以外の一般の室の場合，
・耐火建築物では，一つのヘッドまでの水平距離は 2.3 m 以下（高感度型は 2.6 m 以下）．
・耐火建築物以外では，2.1 m 以下（高感度型では 2.3m 以下）．

答　(2)

問18　「廃棄物の処理および清掃に関する法律」に関する記述のうち，誤っているものはどれか．
(1) 建設業者は，工事により発生した産業廃棄物の運搬および処分を一括して産業廃棄物運搬業者に委託することができる．
(2) 建設業者は，工事により発生した特別管理産業廃棄物の運搬を他人に委託する場合には，運搬を受託した者に対し，特別管理産業廃棄物管理票を交付しなければならない．
(3) 建設業者は，建設工事に伴って生じた廃棄物を自らの責任において適正に処理しなければならない．
(4) 建設工事に伴って生じた廃棄物のうち，廃プラスチック，金属くず，工作物の除去に伴って生じた木くずやコンクリートの破片は，産業廃棄物である．

解説　産業廃棄物に関する規制は法令により以下のとおり定められている．
(1) 産業廃棄物
(a) 産業廃棄物を事業者が処理する場合
① 事業者自ら産業廃棄物の運搬または処分を行う場合
ⓐ 事業者は，政令で定める産業廃棄物の収集，運搬または処分を行う場合には政令で定める基準に従わなければならない．
ⓑ 事業所は，その産業廃棄物が運搬されるまでの間，環境省令で定める技術上の基準に従い，生活環境の保全上支障のないようにこれを保管しなければならない．
(b) 運搬または処分を第三者に委託する場合
① 事業者は，その産業廃棄物の運

搬または処分を他人に委託する場合には，その運搬については産業廃棄物収集運搬業者その他環境省令で定める者に，その処分については産業廃棄物処分業者その他環境省令で定める者にそれぞれ委託しなければならない．

(2) 特別管理産業廃棄物

(a) 特別管理産業廃棄物を事業者が処理する場合

① 特別管理産業廃棄物を事業者が自ら運搬または処分を行う場合

ⓐ 政令で定める特別管理産業廃棄物の収集，運搬および処分に関する基準に従わなければならない．

ⓑ 事業者は，その特別管理産業廃棄物が運搬されるまでの間，特別管理産業廃棄物保管基準により保管しなければならない．

(b) 運搬または処分を他人に委託する場合

事業者はその運搬については特別管理産業廃棄物収集運搬業者，その他環境省令で定める者に，その処分について は処分業者その他環境省令で定める者にそれぞれ委託しなければならない．

(c) 特別管理産業廃棄物管理責任者

① 事業活動に伴い特別管理産業廃棄物を生ずる事業場を設置している事業者は，事業場ごとに特別管理産業廃棄物管理責任者を置かなければならない．ただし，自ら特別管理産業廃棄物管理責任者となる事業場についてはこの限りでない．

② 特別管理産業廃棄物管理責任者は環境省令で定める資格を有する者であること．

(d) 多量排出事業者は，環境省令で定めるところにより都道府県知事に報告しなければならない．

(e) 石綿保温材

特別管理産業廃棄物は廃油，廃酸，廃アルカリ，感染性産業廃棄物，PCBを含む廃油，PCB汚染物等の他石綿保温材も含まれる．（廃棄物令第2条の4）

答　(1)

問19 産業廃棄物に関する記述のうち「廃棄物の処理及び清掃に関する法律」上間違っているものはどれか．

(1) 専ら再生利用する産業廃棄物のみの運搬又は処分を業として行う者に，当該産業廃棄物のみの運搬又は処分を委託する場合は，産業廃棄物管理票の交付を要しない．

(2) 産業廃棄物管理票を交付された運搬受託者及び処分受託者は，その運搬又は処分が終了した日から10日以内に，管理票の写しを管理票交付者に送付しなければならない．管理票の写しの送付を受けた管理票交付者は，その写しにより運搬又は処分が終了したことを確認し，送付を受けた日より5年間保存しなければならない．

この問題をマスタしよう

(3) タンクに残っていた古い重油は，特別管理産業廃棄物である．
(4) 現場監理事務所で生じ飲料用の空き缶は，金属くずに相当するが，産業廃棄物ではなく，一般廃棄物である．は，その写しにより運搬又は処分が終了したことを確認し，送付を受けた日より5年間保存しなければならない．

解説 (a) 産業廃棄物管理票の交付を要しない場合は，以下のとおりである．

① 市町村または都道府県や国に産業廃棄物の運搬または処分を委託する場合．

② 専ら再生利用の目的となる産業廃棄物のみの収集もしくは運搬や処分を業として行うものに委託する場合．

(b) 運搬受託者，処分受託者の管理票交付者への送付期限は，運搬や処分を終了した日から10日とする．管理票交付者が送付を受けた管理票の写しの保存期間は5年である．

(c) 特別管理産業廃棄物には，飛散性の廃石綿や廃PCB，廃酸（pH 2.0以下）廃アルカリ（pH 12.5以上）や引火点が70℃以下の引火性廃油であり，重油は引火性廃油ではない．

(d) 紙くず，木くず，繊維くず，金属くず等は特定の事業活動により発生するものに限って産業廃棄物である．現場監理事務所で生じる飲料用の空き缶は事業活動によって生じたものでないので一般廃棄物である．

答 (3)

問20 「建設工事に係る資材の再資源化等に関する法律」に関する記述のうち，誤っているものはどれか．

なお，対象建設工事とは，特定建設資材を用いた建築物等の解体工事または特定建設資材を使用する新築工事等であって，一定規模以上のものをいう．

(1) 対象建設工事においては，建設業法で定められた請負契約書に分別解体等の方法，解体工事に要する費用等を追加して記載する必要がある．
(2) 対象建設工事を着手する場合において，都道府県知事等に届け出なければならないのは，その工事を発注者から直接受注した者である．
(3) 対象建設工事に係る特定建設資材廃棄物の再資源化が完了したときは，元請業者がその実施状況に関する記録を作成し，保存しなければならない．
(4) 対象建設工事受注者は，その一部を下請に出す場合においては，当該下請業者に対して対象建設工事を着手するに当たり都道府県知事等に届け出られた事項を告げる必要がある．

解説 （1）対象建設工事の請負契約の当事者は建設業法第19条第1項に定めるものの他，分別解体等の方法，解体工事に要する費用等，その他の主務省令で定める事項を書面に記載し，署名または記名押印して相互に交付しなければならない．（法第13条第1項）

（2）対象建設工事の発注者または自主施工者は工事に着手する日の7日前までに都道府県知事等に届け出なければならない．（法第10条第1項）

（3）対象建設工事の元請負業者は，当該工事に係る特定建設資材廃棄物の再資源化が完了したときは，主務省令で定めるところにより，その旨を当該工事の発注者に書面で報告するとともに，当該再資源等の実施状況に関する記録を作成し，これを保存しなければならない．（法第18条第1項）

（4）対象建設工事受注者は，その請負った建設工事の全部または一部を他の建設業を営む者に請け負わせようとするときは，当該他の建設業を営む者に対して，当該建設工事について第10条第1項の規定により届け出た事項を告げなければならない．（法第12条第2項）

答（2）

問21 建設資材廃棄物および解体工事業に関する記述のうち「建設工事に係る資材の再資源化等に関する法律」上間違っているのはどれか．

(1) 建設業法上の管工事業の許可を受けた者が解体工事業を営もうとする場合は，当該業を行おうとする区域を管轄する都道府県知事の登録を受けなければならない．

(2) 特定建設資材とは，廃プラスチック類など再資源化が過度の負担になると認められるが，再資源化が特に必要である建設資材廃棄物をいう．

(3) 対象建設工事の請負契約の当事者は，建設業法で定めるもののほか，分別解体等の方法，解体工事に要する費用その他の事項を書面に記載しなければならない．

(4) 再資源化とは分別解体等に伴って生じた建設資材廃棄物を，資材又は原材料として用いることができる状態にする行為をいう．

解説 （1）解体工事業を営もうとする者は，その業を行おうとする区域を管轄する都道府県知事の登録を受けなければならない．ただし，建設業法上の土木工事業，建築工事業またはとび，土木工事業に係る許可を受けた者を除くとされている．

（2）特定建設資材とは，コンクリート，コンクリートおよび鉄からなる建設資材，木材，アスファルトコンクリー

トであり，これらは建設資材廃棄物となった場合，その再資源化が資源の有効な利用および廃棄物の減量を図る上で特に必要であり，かつその再資源化が経済的に過度の負担にならないものであるからである．

(3) 法（建設リサイクル法）による対象建設工事の請負契約の当事者は建設業法で定めるもののほか分別解体の方法，解体工事に要する費用等を書面に記載しなければならない．

(4) 再資源化とは，建設資材廃棄物を資材または原材料として利用すること（そのまま利用することを除く）ができる状態にすることや，熱を得ることに利用することができる状態にする行為である．

答 (2)

問22 水道に関する用語の定義のうち，「水道法」上，誤っているものはどれか．
(1) 給水装置とは，需要者に水を供給するために水道事業者の施設した配水管から分岐して設けられた給水管およびこれに直結する給水用具をいう．
(2) 水道とは，導管およびその他の工作物により，水を人の飲用に適する水として供給する施設の総体をいう．
(3) 簡易水道事業とは，給水人口が5000人以下である水道により，水を供給する水道事業をいう．
(4) 専用水道とは，寄宿舎，社宅，療養所等における自家用の水道で，100人以下の者に必要な水を供給するものをいう．

解説 専用水道とは，寄宿舎，社宅，療養所などにおける自家用の水道その他水道事業の用に供する水道以外の水道であって，100人を超える者にその居住に必要な水を供給するものをいう．ただし，他の水道から供給を受ける水のみを水源とし，かつ，その水道施設のうち地中または地表に施設されている部分の規模が政令で定める基準以下である水道を除く．

＜政令で定める基準＞
① 口径25 mm以上の導管の全長 1500 m
② 水槽の有効容量の合計が1000 m^3

答 (4)

問23 給水栓における水道水が，通常の場合，保持すべき最小残留塩素濃度の組み合わせとして，「水道法」上，正しいものはどれか．

〔遊離残留塩素濃度（ppm）〕 〔結合残留塩素濃度（ppm）〕
(1) 0.1 ──────────── 0.4
(2) 0.4 ──────────── 0.1
(3) 1 ──────────── 4
(4) 4 ──────────── 1

解説 飲料水の水質基準として，水道法第4条第2項による「水質基準に関する省令」（平成23年厚労省令第11号）があり，水道水は事業者により，この水質基準に適合していることが要求されているほか，給水栓において水道法施行規則第16条第3項により一定の残留塩素を保持している水が給水される．第4章解説（第4-1表）参照．

答　(1)

問24 建築物の内部に設ける飲料用の給水タンクに関する記述のうち，適当でないものはどれか．
(1) 給水タンクの天井，底または周壁は，建築物の他の部分と兼用してはならない．
(2) 内部の保守点検のために直径45cm以上のマンホールを設ける．
(3) 有効容量が2m³以上の給水タンクには，衛生上有害なものが入らない構造の通気のための装置を設ける．
(4) 給水タンクの上にポンプ，空気調和機等の機器を設ける場合は，飲料水を汚染することのないように衛生上必要な措置を講ずる．

解説 建築物の内部，屋上等に給水タンクおよび貯水タンクを設ける場合は，以下の点に留意する．（建設省告示第1597号より）

① 給水タンク等の天井，底または周壁は建築物の他の部分と兼用しないこと（6面点検できること）．

② 内部の保守点検を容易かつ安全に行うことができる位置に，ほこりその他衛生上有害なものが入らないように有効に立上げたマンホール（直径60cm以上の円が内接することができるものに限る．）を設けること．ただし，給水タンク等の天井がふたを兼ねる場合はこの限りでない．

③ ほこり，その他衛生上有害なものが入らない構造の通気のための装置を有効に設けること．ただし，有効容量が2m³未満の給水タンク等についてはこの限りでない．

この問題をマスタしよう

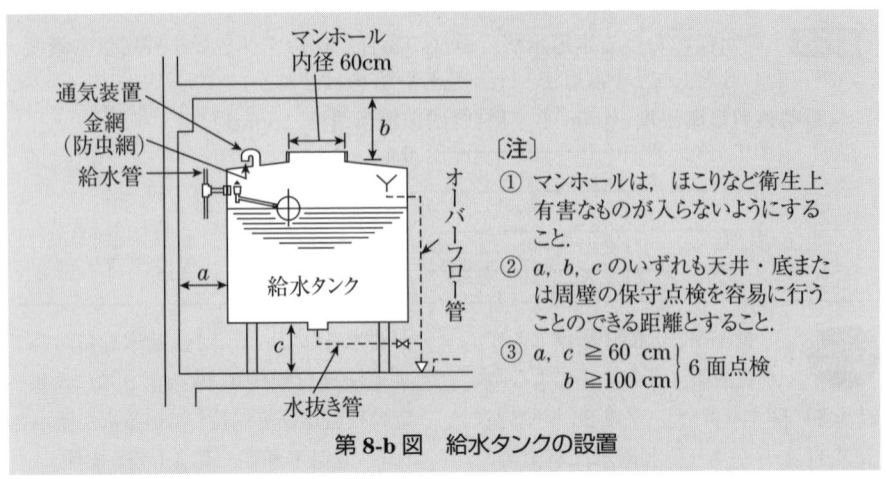

```
          マンホール
          内径 60cm
通気装置
金網
(防虫網)                    〔注〕
給水管                       ① マンホールは，ほこりなど衛生上
                              有害なものが入らないようにする
            オーバーフロー管      こと．
     給水タンク              ② $a, b, c$ のいずれも天井・底また
                              は周壁の保守点検を容易に行う
                              ことのできる距離とすること．
                           ③ $a, c \geq 60$ cm ｜
                              $b \geq 100$ cm ｜ 6面点検
      水抜き管
```

第 8-b 図　給水タンクの設置

④　給水タンク等の上にポンプ，ボイラー，空気調和機等の機器を設ける場合においては，飲料水を汚染することがないように衛生上必要な措置を講ずること．

⑤　内部には，飲料水の配管設備以外の配管設備を設けないこと．

⑥　水抜き管を設ける等内部の保守点検を容易に行うことができる構造とすること．

⑦　ほこり，その他衛生上有害なものが入らない構造のオーバーフロー管を有効に設けること．

答　(2)

問25　下水道に関する用語の定義として，「下水道法」上，誤っているものはどれか．

(1)　都市下水路とは，主として市街地における下水を排除するため地方公共団体が管理している下水道で，その規模が一定以上のものであり，かつ，当該地方公共団体が指定したものをいう．

(2)　流域関連公共下水道とは，主として汚濁の著しい河川流域周辺の市街地における下水を排除するために地方公共団体が管理する下水道で，かつ，終末処理場を有するものをいう．

(3)　流域下水道とは，地方公共団体が管理する下水道により排除される下水を受けて，これを排除し，処理するために地方公共団体が管理する下水道で，2以上の市町村の区域における下水を排除し，かつ，終末処理場を有するものをいう．

(4)　下水道とは，下水を排除するために設けられる排水管，排水渠，その他の排水施設，これに接続して下水を処理するために設けられる処理施設またはこれらの施設を補完するために設けられるポンプ施設等をいう．

解説　(1) 都市下水路は主として市街地における下水の排除を目的とした地方公共団体が管理をしている下水道で，排水区域の面積10 ha以上，下水道法で都市下水路と指定したものである．原則として開渠であり，終末処理場を有しないため，トイレからの汚水を流入させることはできず，水質汚濁防止法の排水基準の規制を受ける公共用水域となる．

(2) 流域関連公共下水道とは，流域下水道に接続する公共下水道をいう．

(3) 流域下水道とは2以上の市町村の区域における下水を排除し処理するものであって（終末処理施設），流域内の公共用水域の水質保全を目的として，流域内の各都市の生活環境整備を図るものである．

(4) 下水道とは設問のとおり．

答　(2)

問26　排水設備の構造に関する記述のうち，「下水道法」上，誤っているものはどれか．

(1) 排水設備は，耐水性の材料で造り，かつ，漏水を最小限度のものとする措置を講ずること．
(2) 管渠の勾配は，原則として100分の1以上とすること．
(3) もっぱら雨水を排除すべきますの底には，深さが15 cm以上のどろためを設けること．
(4) 分流式の公共下水道に下水を流入させるために設ける排水設備は，し尿と雑排水を分離して排除する構造とすること．

解説　(a) 排水設備とは，敷地内の下水を公共下水道に流入させるために必要な排水管，排水渠，その他の設備を排水設備という．技術基準は，下水道法施行令第8条により定められている（第4章解説参照）．

(b) 公共下水道の形式に対する排出方法の内容は，以下のとおりである．

・合流式下水道のある区域；雨水と汚水や雑排水などの排水をすべて合流させ，下水道へ排出する．

・分流式下水道のある区域；雨水は雨水専用の下水道へ放流する．雨水以外の排水は処理場へ導かれる下水道へ排出する．

・汚水を放流できる下水道のない区域；汚水をし尿浄化槽で処理した後，雑排水と雨水をまとめるか単独で下水道または開渠へ排出する．

答　(4)

この問題をマスタしよう

問27 公共下水道管理者が当該下水道を継続して使用する者に除害施設の設置を義務づけることができる水質基準として,「下水道法」上,誤っているものはどれか.
(1) 水素イオン濃度が水素指数6以下または8以上の下水
(2) 特定事業場が排除するカドミウム濃度が0.1 mg/Lを超える下水
(3) 特定事業場が排除する生物化学的酸素要求量が600 mg/L以上の下水
(4) 温度が45度以上の下水

解説 (a) 除害施設を設置すべき下水の水質の項目とその範囲については,第4章解説を参照(政令第9条).
(b) 特定事業場から下水排除の制限に係わる水質基準（汚水処理設備を設置しなければならない水質）（政令第9条の4）

① カドミウム濃度；0.1 mg/Lを超える下水
② シアン化合物；0.1 mg/Lを超える下水
③ 有機リン化合物；1 mg/Lを超える下水

答 (1)

問28 環境関係法令に関する記述のうち,誤っているものはどれか.
(1) 「騒音規制法」上,原動機の定格出力が5.5 kW以上の送風機は,特定施設となる.
(2) 「振動規制法」上,原動機の定格出力が7.5 kW以上の圧縮機は,特定施設となる.
(3) 「水質汚濁防止法」上,処理対象人員が500人を超えるし尿処理施設は,特定施設となる.
(4) 「大気汚染防止法」上,伝熱面積が10 m^{2}以上であるボイラーは,ばい煙発生施設となる.

解説 (1) 「騒音規制法」上,「特定施設とは,工場または事業場に設置される施設のうち,著しい騒音を発生する施設であって政令で定めるものをいう.」(法第2条第1項)
政令第1条および令別表第1第二号により,空気圧縮機および送風機の場合,原動機の定格出力が7.5 kW以上のものである.
(2) 「振動規制法」上,「特定施設とは工場または事業場に設置される施設のうち,著しい振動を発生する施設を

いい，政令で定めるものである.」(法第2条第1項)

政令第1条および令別表第一第二号により，圧縮機では原動機の定格出力が7.5 kW以上のものが特定施設である.

(3)「水質汚濁防止法」および政令第1条により「特定施設」とは例えば以下のとおりである.

① し尿処理施設（処理対象人員500人以下のものを除く）
② 産業廃棄物処理施設
③ 病院（300床以上）の厨房施設，入浴施設，洗浄施設
④ 下水道終末処理施設
⑤ 生コン製造業のバッチャープラント

など.

(4)「大気汚染防止法」上，「ばい煙発生施設」とは，工場または事業場に設置されるボイラーなどでばい煙を発生し，排出するもののうち，そのボイラーなどから排出されるばい煙が大気汚染の原因となるものをいう．たとえば，ボイラーでは伝熱面積10 m²以上またはバーナーの燃料の燃焼能力が重油換算で50 L/h以上のもの．

答 (1)

問29「大気汚染防止法」に関する文中，〔 〕内に当てはまる語句の組み合わせとして，正しいものはどれか．

ばい煙を大気中に排出する者は，ばい煙発生施設を設置しようとするときは，〔A〕に届け出なければならない．また，その届出が受理された日から〔B〕を経過した後でなければ工事に着手できない．

　　　　〔A〕　　　　　〔B〕
(1)　都道府県知事――――30日
(2)　市町村長――――――30日
(3)　都道府県知事――――60日
(4)　市町村長――――――60日

解説　(a) ばい煙とは，燃料その他の燃焼に伴い発生する硫黄酸化物，ばいじんおよび物の燃焼，合成，分解その他の処理に伴い発生するカドミウムおよびその化合物，塩素および塩化水素およびふっ化水素，鉛およびその化合物，窒素酸化物等をいう．(法第2条)

(b) ばい煙発生施設とは，工場または事業場に設置される施設で，ばい煙を発生し，および排水するもののうち，その施設から排出されるばい煙が大気の汚染の原因となるもので，以下の施設をいう．（令第2条）

この問題をマスタしよう

①	ガスタービン,ディーゼル機関	燃料の燃焼能力が重油換算1時間当たり50L以上
②	ガス機関,ガソリン機関	燃料の燃焼能力が重油換算1時間当たり35L以上

(c) ばい煙発生施設の設置の届出；ばい煙発生施設を設置しようとするときは環境省令で定めるところにより都道府県知事に届けなければならない．その届出が受理された日から60日を経過しないと原則として工事に着手できない．（法第10条）

(d) ばい煙発生施設の届出事項

ばい煙発生施設を設置しようとするときは，次の事項を都道府県知事に届け出なければならない．

① 氏名，名称および住所ならびに法人にあっては代表者の氏名
② 工場または事業場の名称および所在地
③ ばい煙発生施設の種類
④ ばい煙発生施設の構造
⑤ ばい煙発生施設の使用の方法
⑥ ばい煙の処理の方法

(e) (d)による届出事項は以下の書類を添付しなければならない．

排出口から排出される硫黄酸化物もしくは特定有害物質の量または排出物に含まれるばいじんもしくは有害物質の量およびばい煙の排出方法．

答 (3)

第9章 実地試験

　学科試験合格者に対して，後日実地試験が課せられ，これに合格し1級管工事施工管理技士の技術検定の合格者となることができます．試験の形式は各年若干変更になる可能性もありますので注意してください．いずれも解答は記述式です．誤字，脱字などに気を付けましょう．
　No.1　必須問題
　　設問1，設問2（空気調和設備，給排水衛生設備の施工）
　No.2，No.3　2問題のうち1問題を選択
　No.4，No.5　2問題のうち1問題を選択
　　No.4は工程表
　　No.5は労働安全衛生に関する問題
　No.6　必須問題
　　施工体験記

(1) 実地試験の目的

建設現場において，受験者が施工計画，工程管理，品質管理，安全管理の施工管理全般にわたり十分な実務経験と知識があり，設問の内容に対して的確に記述し，解答する能力の有無を判断すること．

(2) 最近の出題傾向

6問出題し4問解答．

① 問題1；給排水衛生設備および空調換気設備や配管等に関する問題（必須）．

② 問題2，問題3；同上（どちらか一題選択）．

③ 問題4；ネットワーク工程表の問題，問題5；法規，労働安全衛生法，建設業法他（どちらか1題選択）．

④ 問題6；施工体験記述

(3) 施工体験記述問題について

実地試験の他の問題より採点のウェイトが高く，減点方式で採点されるものと推定され，この問題の出来，不出来で合格するか否かが決まるとも言われている．

受験者が，管工事の施工管理技士として，それにふさわしい実務経験と知識が十分あり，かつ記述能力があるかどうかが問われるわけである．

施工体験記述問題に対しての準備の心構えと実際の試験にあたり，基本的な留意事項を以下に示す．

① 簡潔，かつ正確な文章で記述する．

② 受験者が実際に体験した事実に基づいて解答すること．また比較的最近の事例の方が好ましい．

③ 過去に経験した代表的な工事に関して，施工計画，工程管理，品質管理，安全管理などの施工管理項目について，あらかじめ答案を用意しておき，どの管理項目が出題されても，内容に一貫性があり，設問の趣旨に対して整合性のある記述ができるよう，2, 3回繰り返し練習しておくことが必要である．

ここで，施工管理項目について概略の説明を加えておく．

ⓐ 施工計画

工事着工前に行う計画・立案で，工事の方向性を決定する大切な管理項目．仮設計画，工事組織の編成，労務計画，資材計画等．

ⓑ 工程管理

工期内に工事を完成させるための一連の創意，工夫，努力や行程表の作成．

ⓒ 品質管理

機器や材料の機能や寸法，設置据付状態だけでなく，システムとしての設備が設計図書の内容に適合するよう工事を管理する内容をいう．

ⓓ 安全管理

作業員や工事関係者だけでなく作業場付近の第三者に工事による障害が発生することのないように管理する内容をいう．

問題 No.1 は必須問題です．必ず解答してください．解答は別紙解答用紙に記入してください．

【No.1】 次の設問 1，設問 2 の答を解答欄に記入しなさい．

〔設問 1〕 設問 1，次の(1)〜(4)に示す図について適切なものには○，適切でないものには×を正誤欄に記入し，×とした場合には改善策を記述しなさい．

(1) ポンプ吸込み管

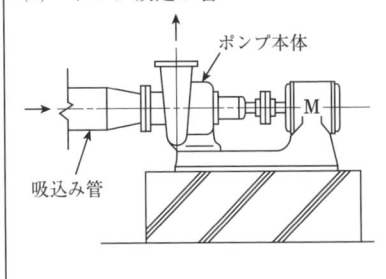

ポンプ本体
吸込み管

(2) 空気調和機冷温水回り三方弁装置

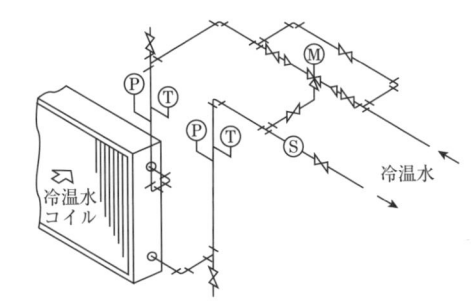

冷温水コイル
冷温水

(3) ポンプ回りの配管

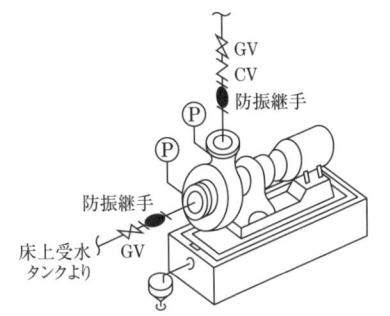

GV
CV
防振継手
防振継手
床上受水タンクより
GV

(4) ビルのエキスパンションジョイント部の耐震対策

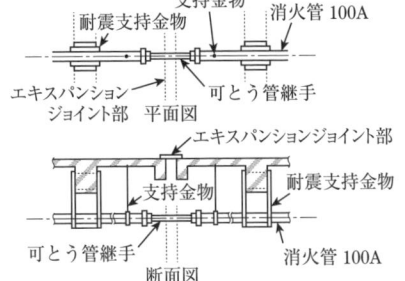

支持金物
耐震支持金物
消火管 100A
エキスパンションジョイント部
可とう管継手
平面図

エキスパンションジョイント部
支持金物
耐震支持金物
可とう管継手
断面図
消火管 100A

No	○，×	適切でない理由又は改善策
(1)		
(2)		
(3)		
(4)		

343

〔設問2〕 (5)に示す図について適切であれば○，適切でない場合は×を正誤欄に記入し，さらに吹出口をボックスまたは羽子板に取付ける場合，シャッターの向きを簡単な図で示し説明しなさい．

(5) 吹出口上部のシャッターの取付

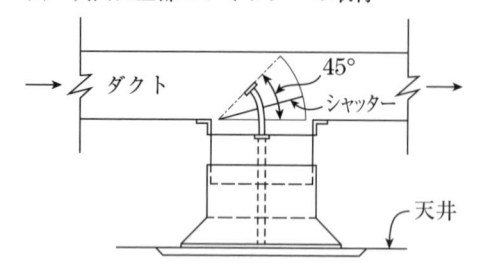

No	○, ×	適切でない理由又は改善策
(5)		

作図スペースと説明

【No.1】の答

〔設問1〕

No	適, 否	適切でない理由又は改善策
(1)	×	図では吸込管の上部に空気だまりができ，水量が減少したり，揚水不能を起こす．偏心異形継手を使用し空気だまりができないようにする．
(2)	×	冷温水の流れが逆である．冷温水はコイルの下側から入り上方に抜けるほうが，空気が良く抜けスムーズに流れる．三方弁にゴミが詰まらないように上流側にストレーナーを設ける．
(3)	○	
(4)	×	図は配管の軸方向だけに可撓継手が設けられているが，軸と直角方向にも設ける必要がある．

〔設問2〕

No	適, 否	適切でない理由又は改善策
(5)	○	

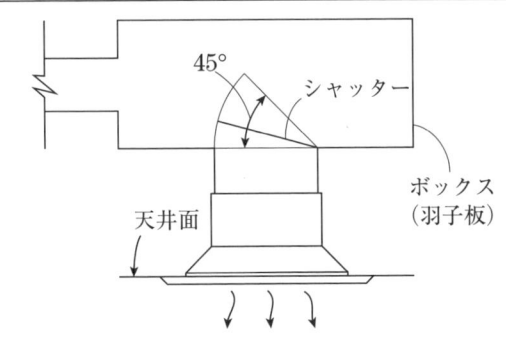

理由：ボックスにより風量の容積が拡大されるので動圧の影響が少なくなり偏流が無く均等に吹出すことができる．

問題 No.2 と No.3 の 2 問題のうちから 1 問題を選択し解答しなさい．

【No.2】 冷温水管を施工する場合の留意事項を 4 つ解答欄に具体的に記述しなさい．
　ただし，現場受入れ検査，配管加工，工程管理及び安全管理に関する事項は除く．

【No.3】 雑排水槽に排水用水中モータポンプを据え付ける場合の留意事項を 4 つ解答欄に具体的かつ簡潔に記述しなさい．
　但し，工程管理及び安全管理に関する事項は除く．

【No.2】の解答例
(1) 配管は温水による伸縮があるので伸縮継手を使うか，スイベル継手を使用する．
(2) 管内に空気だまりができないよう配管する．
(3) 配管勾配は 1/250 以上とする．
(4) 主管の内部は原則としてベント管を利用する．
(5) 配管を支持する場合，支持金物が結露しないように，保温の施工代を見込む（冷水管の場合）
(6) 機器廻りの配管は保守や更新のため取外しが容易な施工をする．

【No.3】の解答例
(1) ポンプには規定水位以下で運転を制限しているものがあるので注意が必要．
(2) ポンプの据付位置は排水流入口から離れた場所で点検や引き上げに支障がないところとする．
(3) 排水ポンプの取付位置は壁，底面より 200 mm 以上離して設置する．
(4) 原則として 2 台設置し，交互運転させる．
(5) マンホールはメンテナンスが容易に行えるようポンプの上部に設ける．

問題 No.4 と No.5 の 2 問題から 1 問題を選択し解答しなさい．

【No.4】 図に示すネットワーク工程表において次の設問に答えなさい．

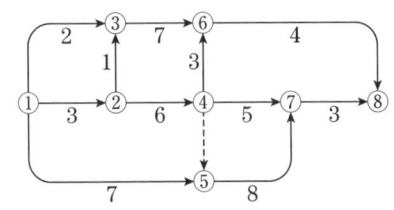

```
        2    ③  7   ⑥    4
              1  3
   ①   3    ②  6   ④   5   ⑦   3   ⑧
                        
              7    ⑤    8
```

(1) 各イベントの最早開始時刻を（ ）の内に，最遅完了時刻を□内に記入しなさい．

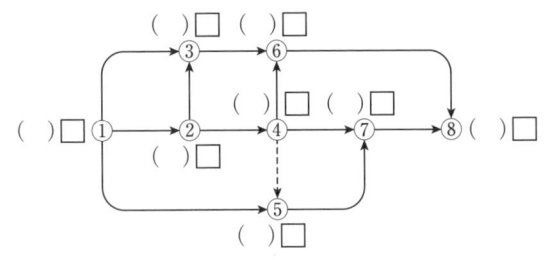

```
              ( )□   ( )□
               ③     ⑥
                    ( )□  ( )□
  ( )□  ①   ②    ④    ⑦    ⑧ ( )□
              ( )□
                    ⑤
                    ( )□
```

(2) クリティカルパスを求めイベント番号で示しなさい．

(3) 各クティビティのトータルフロートを〔 〕内に記入しなさい．

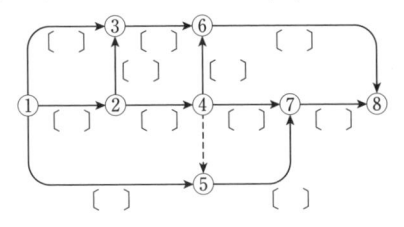

```
              〔 〕 ③ 〔 〕 ⑥ 〔     〕
                〔 〕  〔 〕
  ①  〔 〕  ②  〔 〕 ④ 〔 〕 ⑦ 〔 〕 ⑧
                       ⑤
              〔 〕       〔 〕
```

(4) 日程短縮を検討しなければならないとしたら上図のトータルフロートの図よりどのルートを検討すべきか．又トータルフロートとの関連はどうか．

(5) 実際は工事着工後 6 日を経過した時点で進行状況をチェックしたところ，①→②で 1 日，①→③で 2 日，①→⑤で 3 日，②→④で 2 日遅れていることがわかった．その後の工程は予定どおり進行するものとし，フォローアップの結果，工期は何日多くなったか求めなさい．

【No.5】 労働安全衛生に関する文中，□□内に当てはまる「労働安全衛生法」上に定められている数値又は用語を解答欄に記入しなさい．

(1) 事業者はAの切りばり又は腹おこしの取付又は取外の作業については　A　作業主任者を選任し，その者に当該作業に従事する労働者の指揮その他の厚生労働省令で定める事項を行わせなければならない．

(2) 事業者は石綿等を取り扱う作業については，　B　技能講習を修了した者のうちから　B　を選任し，その者に作業の方法を決定させ労働者を指揮させた．

(3) 事業者は，常時50人以上の労働者を使用する事業場において，安全委員会，衛生委員会又は安全衛生委員会を毎月1回以上開催し，その議事で重要なものに係る記録を作成し，これを　C　年間保存しなければならない．

(4) 事業者は，つり上げ荷重が1トン未満の移動式クレーンの運転（道路上を走行させる運転を除く）の業務につかせるときは，当該労働者に対して，当該業務に対する安全のための　D　を行わなければならない．

【No.4】の答

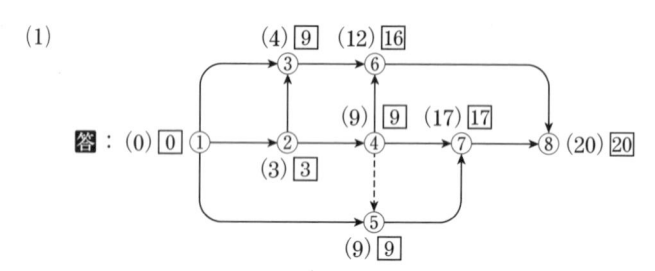

(1) 答：(0)⓪ ① (3)③ ② (4)⑨ ③ (9)⑨ ④ (12)⑯ ⑥ (9)⑨ ⑤ (17)⑰ ⑦ ⑧ (20)⑳

(2) 上図の最早開始時刻と最遅完了時刻が同一で，日数のかかるルート
①→②→④⋯→⑤→⑦→⑧

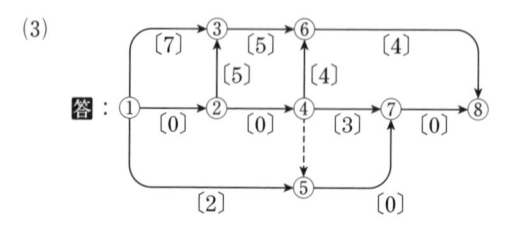

(3) 答：① 〔7〕 ③ 〔5〕 ⑥ 〔4〕 ⑧
     〔0〕 ② 〔5〕 〔4〕
     〔0〕 ④ 〔3〕 ⑦ 〔0〕
     〔2〕 ⑤ 〔0〕

(4) トータルフロート0のルートがクリティカルパスであるが日程短縮後はク

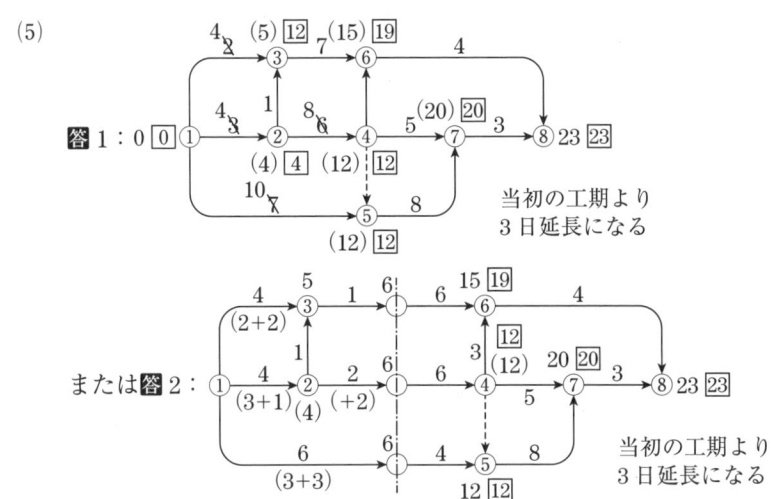

リティカルパスが変わることもあるのでトータルフロートの数値が低いパスも日程短縮の検討対象とする．

①→②→④…→⑤→⑦→⑧　20日
①→⑤→⑦→⑧　　　　　18日

(5) **答** 1：0

当初の工期より3日延長になる

または**答** 2：

当初の工期より3日延長になる

【No.5】の答

(1) A　土止め支保工
(2) B　石綿作業主任者
(3) C　3
(4) D　特別の教育

（参考）移動式クレーンを運転する場合の必要条件

1t 未満	特別教育
1t〜5t 未満	技能講習
5t 以上	運転士免許

問題 No.6 は必須問題です．必ず解答してください．解答は別紙解答用紙に記入してください．

【No.6】あなたが経験した管工事のうちから，代表的な工事を1つ選び，次の設問の答えを解答欄に記入しなさい．

〔設問1〕その工事につき，次の事項について記述しなさい．
(1) 工事件名

(2) 工事場所
(3) 設備工事概要
(4) 現場での施工管理上のあなたの立場または役割
〔設問2〕 上記工事を施工するに当たり「工程管理」上，あなたが特に重要と考えた事項を1つあげ，それについてとった措置または対策を簡潔に記述しなさい．
(1) 特に重要と考えた事項
(2) とった措置または対策
〔設問3〕 上記工事を施工するに当たり「材料・機器の現場受入検査」において，あなたが特に重要と考えて実施した検査内容を1つ簡潔に記述しなさい．
(1) 特に重要と考えて実施した検査内容

【No.6】の答（参考）

〔設問1〕
(1) 工事件名：三田Nビル新築工事　空調設備工事
(2) 工事場所：東京都港区三田5丁目
(3) 設備工事概要：延面積4100m^2，9階建，鉄骨鉄筋コンクリート造
　　　　空調設備工事　空冷式パッケージ型空調機7.5kW×16台，5.5kW×2台
(4) 現場での施工管理上のあなたの立場または役割：工事主任

〔設問2〕
(1) 特に重要と考えた事項：天候不順と一部設計変更により建築工事が当初の予定より3週間遅れたため工期短縮が重要と考えた．
(2) とった措置または対策：関係他業者との合同会議で各作業の進捗度の確認を行い，工程表にてフォローアップ後，機材の発注，作業員の増員と配置を調整し，工期中に無事完成することができた．

〔設問3〕
(1) 特に重要と考えて実施した検査内容：材料，機器等の数量の過不足，仕様，規格，材質，寸法等を注文書や納品書などで確認するとともに，主要機器の試験成績書類を受領し，運搬，搬入時の損傷，破損が無いかをチェックし，不都合な機材は表示し返却した．

索　引

＜数字＞

1回抜取検査 260
1号消火栓 134
1：29：300の法則 235
2回抜取検査 260
2号消火栓 134
4S運動 236

＜英字＞

A火災 133
A工法 192
A種接地工事 51
A特性 24

BF型 141
BOD 9, 32, 169
BOD除去率 143, 168
B火災 133
B種接地工事 51

CD管 64
CEC 71
CET 4
CFC 25
clo 4
CO 5
CO_2 6
COD 9
COP 19, 40
C火災 133
C種接地工事 51
C特性 24

DHC 104
DI 4, 29
DO 9
DOP法 85
Duration 221

D種接地工事 51
D動作 85

E.S 222
ET 4, 30
ET* 4, 30
EW 30

F.F 224
FF型 141
FRP浄化槽 241

GHG 25
GWP 42

HCFC 41
HEPAフィルター 83, 186
HFC 42
h-x線図 21

I.F 225
ISO9000 234
ISO14000 234
I動作 85

JIS 234

K.Y.K 236
K.Y.T 236

LCC 71
L.F 223
LPG 140

met 4
MRT 31, 91

NC-30 44
NC曲線 24, 43

NC値 24
NO_x 6
NPSH 180
NR数 24
N値 24

ODP 41
O.J.T 236
OT 4, 30

PAL 71
PF管 64
pH 7, 33
PID動作 85
PMV 5
ppm 8
ppm硬度 8
P動作 85

QC7つ道具 230

RMR 4, 30
RT 17

SGP 211
SGPW 211
SHF 74
SI法 192
SM材 54
SS 8

TAC温度 73
T.B.M 236
T.F 223
TOC 9
TOD 9
TVOC 6
TVOC値 7

索　引　351

USRT ················· 18	一括下請負 ············ 201	円形スパイラルダクト ····· 245
U ボルト ··············· 242	一酸化炭素 ············· 5	塩素注入井 ············ 151
	一般建設業者 ·········· 317	エンタルピー ············ 20
VAV ············· 77, 102	一般廃棄物 ············ 306	鉛直地震力 ············ 265
VOC 値 ················ 6	移動はしご ············ 298	
V ベルト ··············· 271	イベント ··············· 221	**お**
	イベントタイム ·········· 222	オアシス運動 ·········· 236
ZD 運動 ·············· 236	イベント番号 ·········· 221	往復動冷凍機 ·········· 185
ZEB ·················· 26	インサート強度 ·········· 264	横流送風機 ············ 188
	インターフェアリングフロート ············ 225	オーガスト式乾湿温度計 ············ 20
＜あ＞	インダクションユニット ··· 82	オキシダント ············ 28
アクティビティ ·········· 220		屋外消火栓設備 ········ 302
足場 ················· 300	**＜う＞**	屋内消火栓 ············ 133
アスペクト比 ············ 270	ウォーターハンマー	屋内消火栓設備 ········ 302
アスマン式乾湿球温度計 ··· 20	············ 14, 111, 119	屋内消火栓の設置基準 ··· 134
圧縮冷凍 ·············· 172	ウオッベ指数 ·········· 139	汚水処理 ·············· 142
圧力 ·················· 178	魚の骨図 ·············· 231	汚水ます ·············· 152
圧力水頭 ·············· 12	請負契約 ······ 200, 214, 280	オゾン層破壊 ············ 25
圧力損失 ·············· 13	請負契約の履行 ········ 201	オゾン層破壊係数 ········ 41
圧力タンク方式 ······· 122, 157	請負契約約款 ·········· 200	音の大きさ ············· 23
圧力配管用炭素鋼鋼管 ····· 211	請負代金額の変更 ······ 203	音の合成 ·············· 23
後打ち方式 ············ 263	請負代金の支払い ······ 204	音の強さ ·············· 22
アネモ型吹出し口 ······· 193	雨水排水設備 ·········· 128	音の強さのレベル ········ 22
アプローチ ········· 174, 187	雨水吐室 ·············· 116	音の速さ ·············· 22
洗落とし式 ············ 191	雨水ます ·············· 153	オフセット ········· 127, 269
アルカリ骨材反応 ········ 52	渦巻ポンプ ············ 179	親ぐい横矢板工法 ········ 55
アルカリ性 ·········· 8, 33	打切補償 ·············· 326	オリフィス管 ············ 43
泡消火設備 ········ 136, 327	埋込み方式 ············ 264	温水循環方式 ············ 90
アンカーボルト ·········· 263	上向き配管 ············ 124	温水暖房 ·········· 89, 104
安全委員会 ············ 296		温度 ·················· 15
安全衛生委員会 ········ 296	**＜え＞**	温度計 ················ 20
安全衛生管理組織 ······ 294	エアーチャンバー ········ 241	温度ヒューズ形ダンパー ··· 265
安全衛生推進者 ········ 294	エアコン ·············· 240	
安全衛生責任者 ····· 297, 321	エアハンドリングユニット	**＜か＞**
安全活動 ·············· 236	··············· 82, 239	加圧送水装置 ······ 135, 164
安全管理者 ············ 294	エアフィルター ········ 81, 83	開口面積 ·············· 287
安全管理者の選任 ······ 322	エアホイールファン ······ 178	解雇制限 ·············· 291
安全装置 ·············· 140	衛生委員会 ············ 296	解雇予告の適用除外 ····· 291
	衛生管理者 ············ 294	がいし引き工事 ·········· 48
＜い＞	衛生器具 ·············· 181	階段接合 ·············· 154
硫黄酸化物 ············ 28	衛生器具の規格 ········ 182	回転板接触方式 ········ 142
イオン積 ··············· 8	液化石油ガス ·········· 140	開放型 ················ 136
イオン濃度 ············· 8	エネルギー代謝率 ····· 4, 30	開放式膨張タンク ········ 158
易操作性 1 号消火栓 ····· 134	エネルギーの面的利用 ··· 26	化学的酸素要求量 ········ 9
委託契約 ·············· 307	エルボ返し ············ 110	化学物質 ·············· 293
位置水頭 ·············· 12	鉛管 ················· 195	各階ユニット方式 ········ 78
一括委任 ·············· 201		

索引

各個通気管·················· 162	完成時の業務············ 215	給水量の算定············ 120
各個通気方式·················· 128	間接加熱方式············ 124	急速ろ過方式·········· 114, 150
確認申請············ 250, 285	間接工事費············ 218	給排水設備············ 246
確認申請書·················· 286	間接排水············ 160	供給圧力············ 167
確認済証·················· 250	完全黒体············ 16	強制循環式············ 124
かご形誘導電動機········· 62	完全流体············ 34	京都議定書············ 25
火災保険·················· 205	緩速ろ過方式·········· 114, 150	強度率············ 236
華氏温度·················· 15	貫通孔············ 66	許可············ 317
かし担保·················· 204	感電の防止············ 323	許可申請············ 248
加湿器·················· 81	監督員············ 201	許可の更新············ 280
過剰空気·················· 17	ガントチャート············ 219	局所式給湯方式············ 123
可照時間·················· 3	監理技術者········ 316, 318	曲線式工程表············ 219
ガス管·················· 211	管理限界············ 232	居室············ 283, 286
ガス機具·················· 240	管理図············ 230, 232	許容差············ 232, 257
ガス常数·················· 38	管理線············ 232	許容電流············ 46
ガスの種類·················· 167		禁止事項（労働契約の）… 291
ガス溶接·················· 261	**＜き＞**	金属管工事············ 59
仮設計画·················· 215		金属ばね·········· 194, 195
仮設建築物·················· 286	気温············ 2	金品の返還············ 291
架設通路············ 272, 300	機械換気設備············ 288	
型枠存置期間·················· 65	機械換気方式············ 93	**＜く＞**
活性汚泥法·················· 142	機械還水法············ 88	
活性炭フィルター······ 84, 186	危険物············ 301, 326	空気過剰率············ 17
活線作業用器具·················· 324	危険予知活動············ 236	空気加熱器············ 81
過電流遮断器·················· 51	危険予知トレーニング… 236	空気線図············ 73
かぶり厚さ·················· 53	気候············ 2	空気調和············ 70
可変風量ユニット········· 77	気候図············ 2	空気調和機············ 81
仮使用·················· 285	技術者の設置············ 282	空気調和の配管············ 242
仮使用承認申請········· 286	気象············ 2	空気調和の4要素········· 70
カルノーの原理·················· 38	キシレン············ 6	空気量············ 52
乾き空気·················· 20	規制基準············ 314	空気冷却器············ 81
乾き度·················· 18	基礎代謝量············ 3	空調エネルギー指数········· 71
簡易水道事業·················· 311	逆サイホン作用············ 155	空調設備············ 246
簡易専用水道····· 120, 156, 311	脚立············ 299	空調負荷············ 71
簡易専用水道の管理······ 313	キャビテーション············ 180	空調方式············ 76
換気·················· 286	吸音············ 44	クーリングタワー············ 173
換気設備············ 287, 320	救護技術管理者············ 294	グラスウール保温材······ 196
換気設備の設置基準··· 94	吸収冷凍············ 172	クリティカルパス····· 222, 225
管渠·················· 118	吸収式冷凍機············ 183	クリモグラフ············ 2
環境影響評価法·················· 26	吸収冷凍機············ 184	クロ············ 4, 29
管渠の合流·················· 154	給水FRP製タンク············ 240	グローブ温度計············ 30
換気量·················· 108	給水管············ 116, 155, 241	クロジュースの原理············ 16
管径····· 125, 127, 131, 140, 170	給水義務············ 313	クロスコネクション 120, 155
関係者·················· 301	給水設備············ 119	クロスコネクションの禁止
乾式·················· 136	給水装置············ 115, 311	············ 313
乾式フィルター·················· 83	給水装置の構造············ 313	
完成検査·················· 285	給水装置の材質············ 313	**＜け＞**
	給水タンク············ 335	計画一日最大給水量········ 151

索　引　　　353

計画下水量………………… 117	光化学大気汚染…………… 26	最早完了時刻……………… 223
経済速度………………… 218, 253	鋼管足場…………………… 300	最大引抜式………………… 266
けい酸カルシウム………… 198	好気性処理………………… 169	最遅開始時刻……………… 223
計数抜取検査……… 233, 259, 260	公共下水道………………… 116	最遅完了時刻…………… 222, 254
計数法……………………… 84	公共工事標準請負契約約款	サイホン式………………… 191
軽微な建設工事…………… 279	………………………… 201	サイホンゼット式………… 191
契約の解除………………… 205	公差………………………… 232	サイレントファン………… 178
計量抜取検査……… 233, 259, 260	格子形吹出口……………… 193	先止め式…………………… 124
ケーブル工事……………… 48	工事完了届…………… 284, 286	作業環境測定……………… 293
下水道……………… 116, 125, 337	工事材料の検査…………… 202	作業主任者…………… 295, 324
下水道法…………………… 313	工事材料の品質…………… 202	作業床……………………… 300
結合通気管………………… 163	硬質ウレタンフォーム…… 198	差別的取扱いの禁止……… 290
減圧弁……………………… 212	工事に附帯する他の工事	産業医……………………… 294
検査…………………… 204, 284	………………………… 280	産業廃棄物………………… 306
検査済証…………………… 319	工事費の構成……………… 215	産業廃棄物管理票………… 308
検査済証の交付…………… 285	孔食………………………… 111	産業廃棄物の処理………… 330
検査の請求………………… 313	合成樹脂製可とう電線管… 64	散水ろ床方式……………… 142
建設業……………………… 278	高置水槽…………………… 121	酸性……………………… 8, 33
建設業者…………………… 278	高置タンク方式……… 122, 157	酸性雨……………………… 26
建設業の許可……………… 278	高帳力鋼…………………… 54	三相3線式………………… 47
建設業の許可基準………… 280	工程管理…………………… 218	三相4線式………………… 47
建設業法…………………… 278	工程曲線…………………… 219	酸素欠乏…………………… 247
建設資材…………………… 309	工程表……………………… 201	酸素欠乏危険場所における作
建設資材廃棄物…………… 309	硬度（水の）……………… 8	業………………………… 247
建設リサイクル法………… 309	勾配…………………… 125, 263	散布図……………………… 231
建築………………………… 284	高発熱量…………………… 17	残留塩素…………… 115, 335
建築確認…………………… 284	鋼矢板工法………………… 55	
建築基準法………………… 283	向流形……………………… 174	**＜し＞**
建築工事…………………… 278	合流式……………………… 125	シートパイル工法………… 55
建築工事届………………… 286	コージェネレーションシステ	試験運転…………………… 245
建築主事…………………… 284	ム………………………… 183	色度………………………… 8
建築設備…………………… 283	氷蓄熱………………… 103, 183	事業者……………………… 293
建築設備等の定期検査報告	コールドドラフト………… 29	軸流送風機………… 178, 188, 189
………………………… 286	呼吸商…………………… 4, 29	資材計画…………………… 215
建築物……………………… 283	固有振動数………………… 194	止水弁……………………… 241
建築物除去届……………… 286	コンクリート……………… 52	自然換気設備……………… 287
顕熱………………………… 37	コンデンサの容量………… 60	自然換気方式……………… 93
顕熱負荷…………………… 102		自然循環式水管ボイラー
現場代理人………………… 201	**＜さ＞**	………………………… 176
嫌気性処理………………… 168	サージング………………… 181	下請契約…………… 278, 317
	サーマルリレー…………… 63	下向き配管………………… 124
＜こ＞	災害補償…………………… 292	湿球温度…………………… 20
公共下水道………………… 313	採光………………………… 286	実効温度差……………… 29, 72
コイルばね………………… 194	採算速度…………………… 253	湿式……………………… 136, 329
高圧………………………… 46	再資源化…………………… 309	湿式フィルター…………… 83
高圧屋内配線……………… 48	最小かぶり厚さ…………… 65	湿度………………………… 2
効果温度……………… 4, 30, 92	最早開始時刻………… 222, 253	室内環境基準……………… 32

354　　　　　　　　　　　　　　　　　　　　　　　　　　　　　索　引

指定建設業……………………… 278	職長等の教育……………………… 295	則………………………………… 16, 38
指定フロン…………………… 26, 41	ジョブ……………………………… 221	ストレーナー…………………… 268
始動階級…………………………… 62	情報通信…………………………… 205	スプリンクラー設備
自動火災報知設備……………… 305	処理対象人員……………………… 143	………… 136, 137, 166, 302, 329
自動制御……………………… 85, 86	処理対象人員算定基準………… 144	滑り………………………………… 62
始動方式…………………………… 61	シロッコファン………… 177, 189	スランプ……………………… 52, 65
自動巻取型フィルター…………… 83	伸縮継手………………………… 242	スロット吹出口………………… 193
湿り空気……………………… 19, 20	申請………………………… 215, 216	**＜せ＞**
湿り空気線図……………………… 20	申請書…………………………… 249	
湿り通気管……………………… 130	伸頂通気方式…………………… 129	制御器具番号……………………… 64
シャールの法則…………………… 38	振動伝達率……………………… 195	制水弁…………………………… 212
斜流送風機……………………… 188	進度管理………………………… 253	成績係数……………………… 19, 40
臭気………………………………… 6	進度管理曲線…………………… 219	製造品質………………………… 232
就業規則………………………… 292	じん肺……………………………… 5	静電式集じん器…………………… 84
就業制限業務…………………… 298	新有効温度………………………… 4	生物化学的酸素要求量…… 9, 32
ジューコフスキの式……………… 14	新有効温度………………………… 30	生物膜法………………………… 142
修正有効温度……………………… 4	**＜す＞**	積分動作…………………………… 85
充てん容器……………………… 167		施工中の業務…………………… 215
終末処理場……………………… 117	吸上げ継手………………………… 89	絶縁耐力…………………………… 47
重量物取扱い業務の就業制限	水圧……………………………… 151	絶縁抵抗…………………………… 46
……………………………… 325	水温上昇防止用逃し配管	設計図書………………… 201, 214
重量法……………………………… 84	……………………………… 164	設計図書の変更………………… 203
重力還水法………………………… 88	水撃圧…………………………14, 111	設計図書不適合………………… 202
重力循環式……………………… 124	水撃現象…………………………… 14	設計品質………………………… 232
縮減……………………………… 310	水質基準………………… 312, 313	摂氏温度…………………………… 15
取水施設………………………… 311	水素イオン指数…………………… 33	接触ばっ気方式………………… 142
受水槽…………………………… 156	水素イオン濃度…………………… 8	絶対温度…………………………… 15
主任技術者……………… 201, 316	水道事業………………………… 311	絶対湿度……………………… 2, 20, 39
主要構造部……………………… 283	水道……………………… 114, 311	接地工事…………………………… 51
循環湯量………………………… 158	水道施設………………………… 311	セメント量………………………… 52
消火……………………………… 133	水道直結方式……… 120, 122, 157	遷移流………………………… 11, 35
消火設備………………………… 132	水道法…………………………… 311	全酸素要求量……………………… 9
浄化槽の構造…………………… 143	水道用亜鉛めっき鋼管………… 211	線状吹出口……………………… 193
蒸気暖房……………………87, 104	水平地震力……………………… 265	全水頭……………………………… 12
条件変更………………………… 202	スイベルジョイント……………… 89	全数検査………………… 233, 259
昇降設備………………………… 298	スイベル継手……………… 89, 110	潜熱……………………………… 37
浄水施設………………………… 312	水溶性液体……………………… 301	全熱交換器………………………… 83
上水道…………………………… 114	水量………………………………… 52	線膨張係数………………………… 36
上水道の設置基準……………… 114	スクリュー冷凍機……………… 185	全有機体炭素量…………………… 9
ジョイスト工法…………………… 55	スクロール冷凍機……………… 185	専用水道………………… 311, 334
衝突粘着フィルター…………… 186	スケジューリング……………… 226	**＜そ＞**
蒸発潜熱（水の）………………… 7	相当外気温度……………………… 72	
蒸発タンク………………………… 89	Y－△始動………………………… 61	増圧直結給水方式……………… 122
使用品質………………………… 232	スターデルタ始動………………… 61	増圧直結方式…………………… 157
消防対象物……………………… 301	スタティック形………………… 183	騒音………………………………… 23
消防用設備の設置……………… 302	捨てコンクリート……………… 241	騒音規制基準…………………… 315
除害施設………………… 118, 338	ステファン・ボルツマンの法	騒音規制法……………………… 314

索　引　　　　　　　　　　　　　　　　　355

騒音計……………………………24	第2石油類………………………326	柱状図…………………………232
騒音の規制値…………………247	体膨張係数………………………36	中心線…………………………232
騒音レベル……………………24	ダイヤモンドブレーキ………271	中性……………………………8
騒音を規制する地域…………315	太陽定数…………………………27	中性化…………………………66
総括安全衛生管理者	第4種粉末………………………327	鋳鉄製ボイラー………175, 188
……………………………294, 321	対流暖房……………………103, 105	中央式…………………………158
総揮発性有機化合物……………6	多回抜取検査…………………260	聴感曲線………………………23
総合工程表……………………215	ダクト…………………192, 244, 270	長時間ばっ気方式……………143
総合試運転調整………………246	濁度………………………………8	調整……………………………245
総工事費………………………218	ダクトの補強…………………192	帳簿……………………………282
掃除口…………………………262	ダクト併用ファンコイルユニット方式………………………78	長方形ダクト…………………244
相似法則…………………178, 191	ダクト併用放射冷暖房方式	直接加熱方式…………………124
送水施設………………115, 312	……………………………………80	直接工事費……………………218
相対湿度……………………2, 20	立て形ボイラー………………176	直接リターン方式……………90
装置露点温度……………………74	ダミー…………………………222	直達日射…………………………3
相当温度差………………………72	多翼送風機………………177, 189	貯水施設………………………311
相当外気温度……………………28	ダルトンの法則……………38, 39	貯水タンク……………………335
送風機………81, 176, 238, 246	単管足場………………………300	貯蔵（危険物の）……………326
層別……………………………230	単管式………………………88, 124	直交流形………………………174
層流…………………………11, 35	単管式排水システム…………129	貯湯タンク……………………241
速度勾配…………………………10	タンクなしブースター方式	賃金……………………………291
速度水頭…………………………12	……………………………123, 157	沈殿池…………………………150
損益分岐点……………………253	段差接合………………………154	
損害……………………203, 204	炭酸カルシウム硬度……………8	**＜つ＞**
	単相3線式………………………47	墜落等による危険の防止
＜た＞	単相2線式………………………47	……………………………………298
タービンポンプ………………179	炭素鋼……………………………54	通気管……………………130, 162
ターボファン…………………177	暖房度日…………………………29	通気設備………………………128
ターボ冷凍機…………………183	暖房負荷…………………………73	通気立て管……………………163
第1石油類……………………326	暖房方式…………………………87	ツールボックスミーティング
第一種機械換気…………………93	短絡環……………………………62	……………………………………236
第1種粉末……………………327		通路……………………………299
耐火建築物……………………289	**＜ち＞**	突き合せ接合…………………242
耐火構造………………………319	地域冷暖房………………104, 106	吊りボルト……………………264
大気透過率………………………27	チェックシート………………230	
大規模な修繕…………………284	地階……………………………319	**＜て＞**
大規模な模様替………………284	地階の居室……………………287	低圧………………………………46
第三者に及ぼした損害………211	地球温暖化………………………25	低圧屋内配線……………………47
第三種機械換気…………………94	地球温暖化係数…………………42	定圧比熱…………………………15
第3種粉末……………………327	逐次抜取検査…………………260	定常流……………………………11
第3石油類……………………326	窒素酸化物………………………6	低発熱量…………………………17
代謝………………………………3	着水井…………………………150	定風量単一ダクト方式…………76
対地電圧（屋内電路）…………46	着工時の業務…………………214	定容比熱…………………………15
多位置動作………………………85	中央管理方式の空調…………288	定流量方式……………………110
ダイナミック形………………183	中央式給湯方式………………123	適合品質………………………232
第二種機械換気…………………93	中央値…………………………232	適正工期………………………218
第2種粉末……………………327		鉄筋………………………………53

鉄骨鉄筋コンクリート造… 54	都市ガス…………………… 139	熱伝達量…………………… 37
デミングサークル…… 229, 257	都市下水路………… 116, 337	熱伝導量…………………… 16
電圧降下…………………… 60	度数率……………………… 235	熱電併給システム………… 183
電圧の区分………………… 46	届出………………………… 216	ネットワーク工程表……… 220
天空放射…………………… 3	届出書……………………… 249	熱負荷…………………… 71, 72
店社安全衛生管理者……… 297	届出書類…………………… 248	熱容量……………………… 15
電主熱従運転……………… 186	トムソンの原理…………… 16	熱力学の第一法則………… 16
天井高……………………… 287	共吊り……………………… 243	熱力学の第二法則………… 16
伝導………………………… 16	トラップ……………… 127, 128	年少者……………………… 291
電動機……………………… 49	ドラフト…………………… 29	年少者就業制限業務……… 292
電動弁……………………… 212	トリチェリーの定理……… 12	燃焼の3要素……………… 132
電力損失…………………… 60	取付け管……………… 152, 170	燃焼方式…………………… 123
	トルエン…………………… 6	粘性………………………… 10
＜と＞		粘性係数…………………… 10
ドイツ硬度………………… 8	**＜な＞**	年千人率…………………… 236
等温度線…………………… 18	内装制限（建築物の）…… 289	
等価温度…………………… 30		**＜の＞**
透過損失…………………… 43	**＜に＞**	ノード……………………… 221
統括安全衛生責任者	二位置動作………………… 85	ノズル形吹出口…………… 193
………………… 297, 320	逃し管……………………… 124	のり付けオープンカット工法
導管………………………… 114	逃し通気管…………… 130, 164	……………………… 55
同期速度…………………… 62	二酸化炭素………………… 6	
導水施設…………………… 312	二酸化炭素消火設備	**は**
動粘性係数………………… 10	………………… 136, 327	バーチャート……………… 219
等ラウドネス曲線………… 23	二重ダクト方式…………… 78	ハートフォード接続法…… 88
トータルフロート…… 223, 254	二重トラップ……………… 128	パーライト………………… 198
特殊建築物………………… 283	日較差……………………… 2	廃PCB…………………… 307
特殊消火設備………… 302, 328	日射………………………… 3	ばい煙……………………… 339
特殊継手排水システム…… 130	日射量……………………… 3	排煙機………………… 98, 109
特性要因図………………… 230	日照………………………… 3	排煙口……………………… 98
特定行政庁………………… 284	日照時間…………………… 3	排煙設備…………………… 304
特定建設業の許可………… 279	日照率……………………… 3	排煙設備の構造……… 97, 289
特定建設作業……………… 314	日程短縮…………………… 226	排煙設備の設置基準… 97, 288
特定建設作業の実施の届出	日本冷凍トン……………… 17	排煙ダクト………………… 109
……………………… 315		ばい煙発生施設…………… 339
特定建設資材……………… 309	**＜ぬ＞**	排煙風道…………………… 99
特定施設……………… 314, 338	抜取検査………… 233, 257, 259	配管記号…………………… 243
特定施設設置届…………… 250		配管設備の試験…………… 246
特定フロン…………… 25, 41	**＜ね＞**	配管の支持………………… 242
特定防火対象物…………… 302	根切り……………………… 55	配管の種類と記号………… 206
特別管理一般廃棄物……… 306	ねじ接合…………………… 242	配管の接合………………… 242
特別管理産業廃棄物……… 306	熱移動……………………… 16	配管用炭素鋼鋼管………… 211
特別管理産業廃棄物管理責任	熱回収率…………………… 187	配管用フレキシブルジョイン
者………………………… 331	熱主電従運転……………… 187	ト……………………… 242
特別管理産業廃棄物の処理	熱通過……………………… 16	廃棄物……………………… 306
……………………… 331	熱通過率…………………… 16	廃棄物処理法……………… 306
特別高圧…………………… 46	熱伝達……………………… 37	排水………………………… 125

索　引　　　　　　　　　　　　　　　　　　　　　　　　　　　357

排水管	160, 262	
配水施設	115, 312	
排水設備	117, 314, 337	
排水立て管	159	
排水タンク	161	
配水池	115	
排水トラップ	160	
排水に関する受忍義務	314	
排水配管	242	
廃石綿	307	
排熱回収方式	187	
廃油	307	
ハインリッヒの法則	235	
破壊検査	202, 259	
箱抜き方式	263	
パス	222	
はぜ	269	
パッケージ空調機	82	
発注者	278	
発電効率	187	
発熱量	17	
バナナ曲線	220	
ばね定数	194, 195	
梁貫通孔	54	
パレート図	230	
ハロゲン化物消火設備	138, 329	
範囲	232	
パンカルーバ	193	
半密閉式	240	

＜ひ＞

ヒートポンプ	172	
比エンタルピー	20	
引渡し	204	
飛散性アスベスト	308	
非常警報設備	305	
非常コンセント設備	305	
非常電源	135	
比色法	84	
ヒストグラム	230, 231, 232, 258	
比速度	180	
必要換気量	95	
非定常流	11	
ピトー管	13, 42	
比熱	15	

比熱（水の）	7	
比熱比	16	
微分動作	85	
ヒヤリ・ハット運動	236	
標識	282	
標準活性汚泥方式	143	
表面張力	10	
飛来崩壊災害による危険の防止	299	
比例動作	85	
比例法則	180	
品質	232	
品質管理	229	
品質管理用語	232	
品質水準	232	
品質特性	232	
品質保証	232	

＜ふ＞

ファンコイルユニット	78, 82, 240	
フィードバック制御	85	
封水	128	
フォローアップ	227, 253	
フォン	23	
不快指数	4, 29	
複管式	88, 124	
複合用途防火対象物	302	
輻射暖房	91	
伏越し	117	
不燃材料	284	
浮遊物質	8	
浮遊粒子状物質	28	
フラッシュタンク	89	
ブランチ間隔	127	
プランニング	226	
フリーフロート	224	
ブルドン管	42	
フロート	223	
プロペラファン	178	
分岐開閉器	51	
分岐回路	50	
粉じん	5	
分別解体等	309	
粉末消火設備	138, 166, 327	
分流式	125	

＜へ＞

平均放射温度	31, 91	
米国冷凍トン	18	
閉鎖型	136	
並列運転	190	
ベルヌーイの定理	12, 34	
偏差	232	
変色度法	84	
ベンチュリ管	14, 43	
変風量単一ダクト方式	76	
変風量方式	102	
変流量方式	110	

＜ほ＞

ボイラー	174, 239, 245	
ボイルの法則	38	
防煙区画	97, 108	
防火隔壁	289	
防火区画	289	
防火対象物	301	
防火ダンパー	265	
防火戸	319	
防火壁	289	
報告	284	
放射	16	
放射暖房	91, 92	
防振ゴム	194	
放水圧力	135, 164, 330	
放水型	136	
膨張管	124	
膨張タンク	90, 124, 158	
飽和液線	18	
飽和空気	20	
飽和蒸気線	18	
保温材	196, 197, 198, 243	
補強リブ	271	
保護装置	63	
保護帽	299	
ポリスチレンフォーム保温材	196	
ボリュートポンプ	179	
ホルムアルデヒド	6	
ポンプ	179, 238, 245	
ポンプ性能試験装置	164	
ポンプ直送方式	123	
ボンベの設置場所	140	

＜ま＞

埋設深さ 241
曲り 271
曲げモーメント図 67
摩擦損失水頭 13
摩擦抵抗 10
ます 118, 262
マスキング 24, 44
窓の大きさ 287
マニフェスト 308
丸太足場 323
マルチゾーン方式 80
マルチタイプパッケージ空調
機 79
まわり継手 110
満18歳に満たない者を就業さ
せてはならない業務 325
満水継手 263
マンホール 262

＜み＞

水セメント比 52, 66
水の性質 7
水噴霧消火設備 136, 166
密閉形 174
密閉式 240
見積期間 281

＜む＞

ムーディー線図 14

＜め＞

メット 4

＜も＞

毛細管現象 10
元請負人 278
元請負人の義務 281
元方安全衛生管理者
 .... 297, 321
元止め式 123
モリエ線図 18
モントリオール議定書 25

＜や＞

ヤグロー 30

山留め 55

＜ゆ＞

誘引ユニット 82
融解熱（水の） 7
有効温度 4, 30
有効換気量 95, 105, 288
有効吸込ヘッド 180
誘電ろ材形集じん器 .. 84, 186
誘導電動機 49
誘導灯設備 305
床の高さ 287
ユニット型フィルター 83

＜よ＞

溶解度 7
養生 53
溶接接合 242
溶存酸素 9
翼形送風機 178
横線式工程表 219
予作動式 136, 166
予想給水量 120
予測平均申告 5
よどみ点 34
余裕時間 223

＜ら＞

乱流 11, 35

＜り＞

離隔距離 48
力率改善 60
リバースリターン方式
 .... 90, 110
リフトフィッティング 89
リミットロードファン 178
流域関連公共下水道 337
流域下水道 116, 337
流線 12
流速 170
理論空気量 17
臨界速度 11, 35
臨機の措置 203

＜る＞

ループ通気管 162, 163

＜れ＞

冷温水コイル 267
冷却塔 173, 239, 245
暖冷房デグリーデー 3
冷凍 17
冷凍機 172, 173, 239, 245
冷凍サイクル 18
冷凍トン 17
レイノルズ数 11, 35
冷房負荷 71
レジオネラ属菌 158
レシプロ式冷凍機 185
レディミクストコンクリート
 52
連結散水設備 304
連結送水管設備 304
レンジ 174
連続地中壁工法 55
連続の定理 11

＜ろ＞

労働契約 290
労働災害 235, 293
労働災害の防止 298
労働時間 291
労働者 293
労働条件 290
労務計画 215
ロータリー冷凍機 185
ろ過池 150
ろ床 142
ロックウール保温材 196
露点温度 20
炉筒煙管ボイラー 175

＜わ＞

わく組足場 300

索　引　　　　　　　　　　359

1級管工事施工管理技術検定受験テキスト　改訂新版
2005年11月15日　第1版第1刷発行
2016年3月15日　改訂第1版第1刷発行

編　　者　管工事試験突破研究会
著　　者　加藤　義正（かとう　よしまさ）
発 行 者　田中　久米四郎
編 集 人　久保田　勝信
発 行 所　株式会社 日本教育訓練センター
　　　　　〒101-0051　東京都千代田区神田神保町1-3　ミヤタビル2F
　　　　　TEL　03-5283-7665
　　　　　FAX　03-5283-7667
　　　　　URL　http://www.jetc.co.jp/
印刷製本　株式会社 シナノ パブリッシング プレス

ISBN 978-4-86418-058-0　＜Printed in Japan＞
乱丁・落丁の際はお取り替えいたします。